鱼雷自导信号与信息处理

李志舜　编著

西北工業大學出版社

【内容简介】 本书是在讲义《鱼雷自导系统》和多年来研究生教学讲稿的基础上编写的，书中主要围绕鱼雷自导技术的信号波形、信道(含目标)和接收机三个主要因素进行阐述。全书共分8章。第1章讲述了鱼雷自导的基本原理和鱼雷自导系统的基本结构；第2章和第3章讲述了鱼雷自导信道和目标；第4章讲述了鱼雷自导信号分析；第5章至第8章讲述了自导接收机的相关问题。

本书可作为"兵器科学与技术"学科的研究生教材，略去书中理论偏深的内容，也可作为本科生教材，还可供相关的工程技术人员参考。

图书在版编目(CIP)数据

鱼雷自导信号与信息处理/李志舜编著．—西安：西北工业大学出版社，2004.3

ISBN 7-5612-1722-6

Ⅰ．鱼… Ⅱ．李… Ⅲ．鱼雷自导-研究生-教材 Ⅳ．TJ63

中国版本图书馆CIP数据核字(2004)第125987号

出版发行： 西北工业大学出版社
通信地址： 西安市友谊西路127号 邮编：710072 电话：029-88493844
网　　址： www.nwpup.com
印 刷 者： 陕西东江印务有限责任公司
开　　本： 787 mm×960 mm 1/16
印　　张： 16.25
字　　数： 349千字
版　　次： 2004年5月第1版 2004年5月第1次印刷
印　　数： 1～2 000册
定　　价： 22.00元

前　言

自导鱼雷是一种能自动搜索捕获目标，并以某种导引方式跟踪目标，当命中目标时自动爆炸从而毁伤目标的水下武器。现代鱼雷又称为水下导弹，是海军潜艇、水面舰艇和飞机用于反潜攻舰的主要武器，特别地，是潜艇的克星。第二次世界大战以后，随着科学技术的发展，根据现代战争的需要，潜艇技术和水面舰艇技术得到了飞速的发展。作为反潜攻舰的主要武器，鱼雷技术得到了相应的发展，其发展方向是高航速、远航程、大航深、具有目标识别和反对抗能力、精确导引和高的爆破威力等。鱼雷自导是现代鱼雷的重要组成部分，鱼雷技术的发展，特别是现代科学技术如微电子技术、计算机技术和信号处理技术等的发展，促进了鱼雷自导技术的进步和发展。

实际上，鱼雷自导是装载在鱼雷上的一部小型声纳，就其基本职能而言与声纳和雷达一样都是要探测、测量和识别目标，因此，声纳和雷达采用的信号分析理论、信号检测理论和参数估计理论，甚至一些基本的信号处理技术和方法，对鱼雷自导也适用。然而，鱼雷自导与声纳的工作载体不同，与雷达的工作介质不同，也就是说鱼雷自导与声纳和雷达的工作环境有所差异，因而又有其特点和难点。书中内容力图反映鱼雷自导技术的特点及其最新发展。

本书是“兵器科学与技术”学科的研究生教材（略去书中理论偏深的内容，也可作为本科生教材），是在讲义《鱼雷自导系统》和多年来研究生教学讲稿的基础上编写的，主要围绕鱼雷自导技术的信号波形、信道（含目标）和接收机三个主要因素进行阐述。全书共分 8 章。第 1 章是绪论，主要讲述鱼雷自导技术的过去、现在和未来，鱼雷自导的基本原理和鱼雷自导系统的基本结构等。第 2 章和第 3 章讲述鱼雷自导信道和目标。第 4 章讲述鱼雷自导信号分析，包括信号表示、信号采样、运动点目标的信号模型、信号波形的模糊度函数及其对系统性能的影响、波形选择和设计等。第 5 章至第 8 章讲述自导接收机的相关问题，包括目标定向、信号检测、参数估计和目标识别等。

本书是我国第一部公开出版的有关鱼雷自导技术的研究生教材，书中侧重于对基本理论、基本概念、基本方法和工程实现等问题的阐述，收入了编者及所在科研团队近年来的部分研究成果。其主要特点如下：

(1) 综述了鱼雷自导技术的现状和发展趋势，指出了鱼雷自导技术正向着宽带和低频方向发展，并提出了相应的关键技术，可为进一步研究鱼雷自导技术提供参考。

(2) 详细讨论了鱼雷自导波形分析的相关问题，提出了鱼雷自导波形设计和选择的方法，指出自导波形的设计和选择是以系统对目标信息的要求和干扰背景为依据的，其与信道情况、目标运动规律和鱼雷跟踪目标的不同阶段和主要任务有关，在不同条件下，自导波形的设计是不同的。对不同波形，应采用相应的最佳信号处理器。

(3) 论述了宽带阵列信号处理的相关问题，包括宽带恒定束宽波束形成器和波束域高分辨方位估计等问题。

(4) 论述了频率压缩复本相关器的基本原理和实现方法，这种处理器可同时实现信号检测和目标径向速度与距离的估计。

(5) 论述了自适应滤波器在混响、检测信号中的应用，指出在深海采用推广的自适应相干累积器，在浅海采用自适应混响抵消器加推广的自适应相干累积器，并给出了外场实验结果。

本书由海军工程大学蒋兴舟教授审阅，西北工业大学田琬逸教授对全书进行了审校，李海英博士对全书文稿进行了整理和计算机录入，并提出了许多有益的建议；同时，本书在编写中还得到了很多同行和领导的关心、支持和帮助，在此表示诚挚的感谢。书中引用了参考文献中的部分内容，特向文献作者表示谢意。此外，还要特别感谢编者所在科研团队的同事们，以及给予关心、支持并提出许多宝贵意见的崔景元、李辉、王夏林、梁红等各位领导和老师。

书后附有参考文献目录，便于读者对有关问题进行深入研究。由于编者水平有限，书中不妥和错误之处，敬请读者予以批评指正。

编　者
2003 年 10 月

目　录

第1章　绪　论

第1节　自导鱼雷及鱼雷自导系统综述

一、自导鱼雷的发展

自导鱼雷是一种能自动搜索捕获目标，并以某种导引方式跟踪目标，当命中目标时自动爆炸从而毁伤目标的水下武器。1868年世界上第一条潜水航行的鱼雷问世，距今已有100多年的历史了，那是由在奥匈帝国工作的英国工程师Robert Whitehead发明的。

约在20世纪30年代，各国开始研制自导鱼雷。1943年9月德国首先在海战中使用自导鱼雷，击沉三艘英国的水面舰船。第二次世界大战期间，盟军共发射了340条MK24鱼雷，其中204条击中敌潜艇目标，击沉37艘，击伤18艘；发射MK27—0鱼雷106条，其中33条击中目标，击沉24艘，击伤9艘；发射14条MK28鱼雷，其中4条击中目标。第二次世界大战末期，美国研制成功MK32主动声自导鱼雷，德国研制成功"Geier"主动声自导鱼雷和"云雀"(Lerchel)线导鱼雷[1]。

第二次世界大战以后，随着水声学、信号处理、微电子学、计算机科学、控制及材料学等学科的发展和技术的进步，鱼雷技术也有了飞速的发展，尤其是现代信号处理技术及计算机技术的应用，使得鱼雷自导技术有了一个飞跃。

鉴于反潜战的需要，世界各国一直十分注重发展鱼雷武器。现代鱼雷的发展趋势是高航速、远航程、大航深、具有"会思考"能力及反对抗能力、精确导引和高的爆破威力等。目前，世界各鱼雷强国通常都装备轻型鱼雷、重型鱼雷和火箭助飞鱼雷[2,3]。一般地，轻型鱼雷口径为300～400 mm，典型的为324 mm，长度为2 m左右，用来装备水面舰艇和飞机，也用做火箭助飞鱼雷的弹头。轻型鱼雷主要用于反潜，为了解决装药量少和高爆破威力的矛盾，采用精确制导、垂直命中和定向爆破技术。最具代表性的轻型鱼雷有美国MK50鱼雷、英国鲻鱼(Sting Ray)鱼雷、法国海鳝鱼雷和意大利A290鱼雷等。重型鱼雷典型口径为533 mm，长度为6 m左右，用来装备潜艇和水面舰艇，用以攻击潜艇和水面舰船。重型鱼雷通常为线导和主动声自导，也有的加装尾流自导。鱼雷发射后，首先线导系统工作，导引鱼雷跟踪目标，在鱼雷进入自导工作区域后，自导系统工作，一旦捕获目标，由自导系统导引鱼雷跟踪直至最后命中目标。

最具代表性的重型鱼雷有美国 MK48 ADCAP 鱼雷、英国旗鱼(Spearfish)鱼雷、法国 F17—2 鱼雷和意大利 A184 鱼雷等。火箭助飞鱼雷又称反潜导弹或反潜鱼雷导弹系统,鱼雷是导弹的末级或导弹的战斗部。火箭助飞鱼雷可由水面舰船发射,也可由潜艇发射,是舰艇的中程反潜武器,从类型上可分为弹道式和飞航式。最具代表性的火箭助飞鱼雷有舰用“垂直发射阿斯洛克”(VLA)、潜用“海长矛”(Sea Lance)、舰用“超依卡拉”(Super Ikara)和“米拉斯”(Milas)等。

俄罗斯也是世界鱼雷强国,其鱼雷品种较多,大体可与西方抗衡。此外,俄罗斯还发展了一种重型鱼雷,口径为 650 mm,长度为 10 m 左右,航速可达 50 kn,在此航速下,航程可达约 45 km。

二、现代鱼雷是高新科技的综合体

现代鱼雷是水下导弹,是海军潜艇、水面舰艇和飞机用于反潜攻舰的主要武器,特别地,是潜艇的克星。随着科学技术的发展,根据现代战争的需要,潜艇技术和水面舰艇技术得到了飞速的发展。作为反潜攻舰的主要武器,鱼雷技术也得到了相应的发展。现代鱼雷技术是以系统论、控制论、信息论、电学、声学、光学、流体力学、热物理工程学、电子技术和计算机技术为基础,以提高鱼雷武器战术技术性能为目标的一项多学科的综合性高技术,现代鱼雷是高新科技的综合体,这可从以下几个主要方面来说明。

1. 高航速、大航深和远航程

据报道,国外水面舰船和潜艇的航速超过了 35 kn,个别达到 40～42 kn;潜艇航深达到了 500～600 m,个别超过了 900 m。随着科学技术的发展,舰艇的航速还会有所提高。在这种情况下,鱼雷的航速和航深也应进一步提高,只有达到一定的指标,才能保证鱼雷命中目标的概率。由于水面舰船和潜艇远程探测和攻击能力的不断增强,为了提高实施鱼雷攻击舰艇的安全性,提高鱼雷捕获和命中目标的概率,因此,需要增大鱼雷的航程。

鱼雷航速和航程与鱼雷总体和动力系统参数有关,可用鱼雷航行质量指标来描述。对热动力鱼雷,其航行质量指标为

$$E_{\mathrm{T}}V_{\mathrm{T}}^{2}=\frac{2m_{\mathrm{f}}H}{9.8C_{\mathrm{x}}\Omega\rho}\eta \tag{1.1}$$

式中,E_{T} 为鱼雷航程;V_{T} 为鱼雷航速;m_{f} 为燃料的消耗量;H 为燃料的热值;C_{x} 为鱼雷的阻力系数;Ω 为浸湿面积;ρ 为海水密度;η 为动力推进系统效率,包括热机的效率、传动装置的效率和螺旋桨推进效率。可以看出,热动力鱼雷航速和航程与发动机及推进器的设计、燃料的选择和鱼雷的线型设计有关。对电动力鱼雷,其航行质量指标为

$$E_{\mathrm{T}}V_{\mathrm{T}}^{2}=\frac{2UC}{9.8C_{\mathrm{x}}\Omega\rho}\eta \tag{1.2}$$

式中,U 为推进电机的端电压;C 为电池组的容量;其他参数同式(1.1)。其中动力推进系统的效率包括推进电机的效率、传动装置的效率和螺旋桨推进效率。可以看出,电动力鱼雷航速和

航程与推进电机及推进器的设计、电池的选择和鱼雷线型有关。

综上所述，为了提高鱼雷的航程和航速，应采用低阻的鱼雷线型；设计最佳的鱼雷流体动力布局，在保证鱼雷航行稳定性和机动性的前提下，提高鱼雷的快速性；采用降阻涂料，进一步降低鱼雷阻力；动力推进系统对增大鱼雷航程和提高航速至关重要。据报道，目前热动力鱼雷航速可达 50～70 kn，电动力鱼雷航速可达 40～50 kn，轻型鱼雷航程在 10 km 以上，重型鱼雷航程可达 40 km。

当鱼雷在大深度航行时，主要面临两个问题，一是鱼雷的壳体强度和稳定性问题，一是热动力系统的背压问题，背压增加，会降低发动机的有效功率和增加燃料消耗。因此，为了增大鱼雷航深，应进行壳体优化设计，合理选择壳体材料，以保证在大深度情况下，鱼雷壳体的强度和稳定性。还应指出的是，当鱼雷在大深度工作时，会增加声学基阵阵元间的耦合，在基阵设计时应设法减小这种耦合。目前鱼雷航深可达 500～600 m，最大达 1 100 m。

2. 先进的自导系统

现代鱼雷自导系统融水声学、现代信号处理和计算机技术于一体，使其获得了高的性能指标，这表现在以下几个方面。

(1) 相关检测技术、准相关检测技术、自适应信号检测技术和复杂信号波形在信号检测中应用等技术广泛应用于现代鱼雷自导系统中，使检测阈下降到－10～－20 dB，甚至更低。

(2) 多种自导波形选择。自导波形是主动自导设计中的重要因素之一。鱼雷自导信号波形不仅决定了系统的信号处理方法，而且直接影响系统在分辨力、参数测量精度、抑制混响和反对抗能力等方面的性能。自导波形的设计与选择，与信道情况(如深海或浅海)、目标运动规律 (如低速或高速)和鱼雷跟踪目标的不同阶段(如远程、中程或近程)及主要任务(如检测、估计或识别)有关，在不同条件下，自导波形的最佳设计是不同的。因此，在鱼雷攻击的全过程，将采用多种自导波形，以完成不同阶段的不同任务。

可编程数字信号发生器可以很方便地产生各种自导波形和实现波形之间的转换。目前常用的自导波形有单频矩形(或其他包络)脉冲信号(CW 波形)、线性调频矩形脉冲信号(LFM 波形)、双曲调频信号、伪随机信号和时间分集信号或频率分集信号等。

(3) 分裂阵相位法方位估计技术、密集波束内插方位估计技术、距离与速度联合估计技术和其他最佳估计技术在现代鱼雷自导系统中的应用，使在 1 000 m 距离上，方位估计均方误差小于 0.5°，距离估计均方误差小于 10 m，径向速度估计误差不大于 0.5 kn。

(4) 新一代鱼雷自导系统均具有目标识别与反对抗能力，所采用的技术包括回波信号长度识别，回波信号上升与下降斜率识别，与发射信号结构的对比识别，导引脉冲的采用，尺度识别(体识别)，径向速度、距离和方位门的设置和反对抗弹道的安排等。

(5) 集成电路、微处理器、高速数字信号处理器和计算机技术在现代鱼雷自导系统中的应用，使自导系统的可靠性、可维性、自检能力、扩展能力以及对各种现代信号处理算法的实现和运算能力大大地提高了，为鱼雷自导系统的智能化和“会思考”奠定了基础。

(6) 新一代的轻型鱼雷具有精确导引和垂直命中目标的能力，从而为其命中目标要害部位和定向聚能爆破创造了条件。

3. 定向聚能爆破技术

轻型鱼雷体积小,重量轻,当由飞机携带或作为火箭助飞鱼雷弹头时,可对中远程敌潜艇目标进行攻击,同时轻型鱼雷机动性较好,易于实现最优精确控制和最佳导引。但由于受体积限制,轻型鱼雷装药量较少,一般为 40 kg 左右,最大 80 kg,难以对具有较好防护的现代潜艇构成威胁。因此,现代轻型鱼雷发展了定向聚能爆破技术,使其爆破威力较常规装药方法有大幅度提高。据报道,定向聚能爆破其射流前部速度可达 7 000～8 000 m/s,温度高达 4 000～5 000℃,足以穿透防护精良的潜艇壳体。法国"海鳝"鱼雷其射流能穿透 40 mm 的耐压壳体。

4. 低噪声和隐形设计

鱼雷噪声有辐射噪声和自噪声之分。鱼雷辐射噪声是指在某一距离上测得的航行鱼雷的噪声;鱼雷自噪声是用安装在鱼雷上的水听器测得的航行鱼雷的噪声,对自导鱼雷,测鱼雷自噪声的水听器通常是自导声基阵的阵元。鱼雷辐射噪声级直接影响鱼雷攻击的隐蔽性和发射鱼雷本舰的安全,对线导鱼雷,还影响本舰对鱼雷的导引。鱼雷自噪声级是鱼雷自导系统的主要背景干扰,它对自导作用距离等性能指标产生影响。因此,现代鱼雷均采用低噪声和隐形设计技术,以提高鱼雷的战技性能和鱼雷攻击的隐蔽性。

鱼雷辐射噪声主要由机械噪声、推进系统(主要是螺旋桨)噪声和水动力噪声组成。机械噪声主要是动力系统产生的,推进系统噪声主要是螺旋桨空化噪声和螺旋桨线谱噪声,水动力噪声包括水流流过水听器及鱼雷外部结构时引起的不规则和起伏产生的噪声。

为了降低鱼雷辐射噪声,应进行低噪声头部壳体线型设计,保持头部壳体轮廓的连续性,保证壳体特别是头部壳体表面的光洁度,各大段连接采取隔振措施,低噪声动力系统设计及动力系统的隔振安装,避免因动力系统激振引起壳体的共振和低噪声螺旋桨设计等,此外,还可以采用减阻降噪涂层和采用非金属壳体材料等。

鱼雷自噪声的基本成因与辐射噪声是相同的,机械噪声、螺旋桨噪声和水动力噪声是其三种主要噪声源。辐射噪声经绕射,通过壳体传播和海底、海面及海中的不均匀体反射或散射到达鱼雷自导基阵形成自噪声。因此,为了降低鱼雷自噪声,除采取措施降低鱼雷辐射噪声外,还可以采取以下措施:自导基阵阵元和基阵的指向性设计、换能器的减振安装、基阵的减振安装和基阵硫化层的向后延伸等。

5. 大型线导鱼雷

大型线导鱼雷上配备有线导系统,其与发射鱼雷本舰(制导站)的遥测和遥控系统组成线导鱼雷武器系统。由于制导站的声纳作用距离远,因而可在更远的距离上发射鱼雷,实施对目标攻击;由于武器系统参与工作,因而线导鱼雷具有较强的抗干扰性能;又由于线导鱼雷的末弹道为自导系统工作,所以线导鱼雷可实现精确制导。现代线导鱼雷制导系统的工作方式如图 1.1 所示。图中,目标监视通道 1 和 2 用于观测目标,测定鱼雷参数;鱼雷监视通道用于观测鱼雷,测定鱼雷参数;鱼雷将目标观测数据通过通信通道,传输给制导站;制导站通过操纵通道操纵鱼雷。

制导系统的工作原理：在远距离时，制导站根据目标监视通道1和鱼雷监视通道测得的目标和鱼雷数据，按照某种导引律操纵鱼雷跟踪目标，鱼雷通过目标监视通道2观测目标。鱼雷发现目标后，交由自导系统操纵，并将目标数据传给制导站，制导站起监视作用。当自导系统工作失误时(如导向诱饵)，制导站予以纠正(凌驾权)。鱼雷断线时，自导系统自主工作。

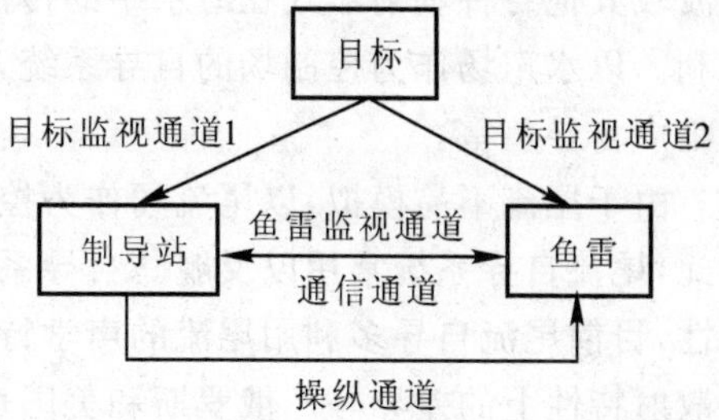

图1.1 现代线导鱼雷制导系统工作方式

6. 尾流自导

水面舰船在航行中，其尾部将产生一条长长的尾流，鉴于舰船尾流的结构及其特性不易模拟，因而利用尾流场工作的自导系统具有很强的抗人工干扰能力。目前现役鱼雷的尾流自导多利用尾流场的声学特性，如尾流与海水声阻抗的差异、尾流与海面散射特性的差异等，尾流场的磁特性和热特性也是人们关注的问题。

7. 精确控制技术

鱼雷控制系统是确保鱼雷正常航行，完成作战使命的重要环节，它通常由敏感元件(测量鱼雷航深、航向和雷体运动参数如姿态角、角速度等)、信号综合、逻辑处理装置、功率放大电路或机构、执行舵机和参量预置机构组成。控制系统采用的技术和性能指标与全雷战技指标、总体布局、导引方式、使用环境、打击对象和动力情况等有关。控制系统的主要功能是对实航弹道中的主控量(鱼雷航深、航向、航行姿态角及角速度)实施自动控制，其控制精度和动态品质应满足要求，确保鱼雷航行的稳定性和机动性；准确实现鱼雷的程序弹道、搜索弹道、导引弹道和再搜索弹道。

现代舰艇技术的发展，使得目标的航速大、航深变化大，机动性和防护性能强，从而须远距离实施鱼雷攻击，这都对控制系统提出了更高的要求。现代鱼雷集自导、线导和控制于一个大系统中，这样，控制系统要综合处理大系统中的各参量，实现对鱼雷主控量(航向、航深、姿态角、角速度)的精确控制，准确实现各种战术弹道。因此，现代控制理论、现代计算机技术和现代敏感元件的应用，使得鱼雷精确控制技术得到了实现。

三、鱼雷自导系统的分类

利用目标辐射或反射的能量发现目标，测定其参量，并对鱼雷进行操纵的系统称为鱼雷自导系统。

通常用表征自导系统的状况和特征的方法对鱼雷自导系统进行分类，主要的分类方法如下。

(1) 按采用的物理场分类：任何自导系统均反应某种物理场的一定作用，这种物理场称为控制场。原则上讲，自导系统可用以进行工作的物理场有磁场、电场、水声场、热场和光场等，但评定利用这些场作为控制场的可能性时，系统作用距离和抗干扰性是最重要的标准。由于声波较其他各种辐射形式在海水中的传播损失最小,因此,水声场作为自导系统的控制场最为有利。以水声场作为控制场的自导系统,称为声自导系统。现役的和在研的自导鱼雷绝大多数是声自导鱼雷。

由于尾流不易模拟,以尾流场作为控制场的自导系统(尾流自导)具有良好的抗干扰性能,因此,尾流自导系统常用以反舰。自导系统可以利用的尾流场的特性有声、磁、热和放射性等特性,目前尾流自导多利用尾流的声学特性,如尾流与海水在声阻抗上的差异和尾流与海面在声散射特性上的差异等。俄罗斯和美国均有尾流自导鱼雷。

(2) 按使用物理场的方法分类:鱼雷自导系统可分为主动自导系统、被动自导系统和主被动联合自导系统。利用自导系统发射并经目标反射回来的物理场导引鱼雷攻击目标的自导系统称为主动自导系统。利用目标本身产生的物理场导引鱼雷攻击目标的自导系统称为被动自导系统。既利用自导系统发射并经目标反射回来的物理场又利用目标辐射的物理场,并按一定程序工作,导引鱼雷攻击目标的自导系统称为主被动联合自导系统。

对声自导系统而言,被动自导系统的主要优点是:对高速目标,自导作用距离较远;当鱼雷辐射噪声很低时,具有良好的攻击隐蔽性;系统简单,易于实现。其主要缺点是:不能攻击静止和消声完善的目标;抗干扰性能差。主动自导系统的主要优点是:通过波形设计和回波分析,可具有较好的抗干扰性能;可攻击静止和消声完善的目标;可以通过波形设计与信号处理方法的结合,使系统具有良好的目标定位(即目标参数精确估计)性能,从而实现精确制导。其主要缺点是:攻击的隐蔽性差,系统复杂。主被动联合自导系统可发挥主动自导和被动自导两者的优点,但须恰当处理联合的工作模式。

(3) 按空间导向方法分类:在一个平面上,通常是水平面导引鱼雷攻击目标的自导系统称为单平面自导系统。在两个平面上,即水平面和垂直面导引鱼雷攻击目标的自导系统称为双平面自导系统。前者用于攻击水面舰船,后者主要用于反潜,也用于攻击水面舰船。

四、鱼雷自导的工作环境

实际上,鱼雷自导是装载在鱼雷上的一部小型声纳,就其基本职能而言,同声纳和雷达没有本质的差别,都是要探测和测量目标,因此,声纳和雷达采用的信号分析理论、信号检测理论和信号参数估计理论,甚至一些基本的信号处理技术和方法,对鱼雷自导也适用。然而,鱼雷自导与声纳的工作载体不同,与雷达的工作介质不同,也就是说鱼雷自导与声纳和雷达工作环境有所差异,因而又有其特点和难点。现对鱼雷声自导的工作环境做如下说明。

1. 复杂的水下信道

鱼雷自导是工作在海洋环境中的,其信道是海水介质。同雷达工作的空中信道相比,水下信道的低信息传输率、色散效应、界面(海底和海面)影响、声速剖面结构的影响、声传播起伏和多径传输等给鱼雷自导的工作造成困难。

众所周知,声波在海水中的传播速度较慢,仅约 1 500 m/s,因此,鱼雷自导检测和测量目标的速度也较慢,如检测 2 km 的目标需要约 3 s 的时间,也就是说,在海洋中信息的传输率低，这给连续检测、跟踪和识别目标带来困难。

传播损失包括空间扩展损失和海水吸收损失。海水吸收损失与频率有关，对较高频率和较远距离，吸收损失占较大比重。对窄带信号，海水吸收损失引起信号能量的衰减；对宽带信号，海水吸收损失可使信号波形产生畸变，即色散效应。

海面和海底对声传播产生很大的影响。海面反射和散射产生反射与散射损失；不平静的海面将产生反射起伏；较平静的海面会产生虚源干涉；海面受温度影响较大，当存在温度负梯度时，会形成影区。海底和海面有许多相似的影响，但其作用更复杂，其对声波的反射损失与海底物质类型、结构和声波入射角有关。

海水中的声速不是一个固定不变的量，它是取决于海水介质中许多特性的一个变量。它随着温度、季节、地理位置及时间而变化。实际测量表明，声速是温度、盐度和压力（深度）的函数，随温度、盐度和深度的增加而增大。"声速剖面"是指声速随深度的变化。深海声速剖面是分层的，由表面层、季度跃变层、主跃变层和等温层构成。浅海声速剖面不稳定、不规则，因而不易预测。声速剖面随季节、时间和纬度而变化。声速剖面对声传播影响很大，可产生声影区和声道，对有声速梯度的海水介质，声线不能直线传播。

海洋中的内波与湍流、温度微结构、生物群的运动、海面的波浪、鱼雷和目标的运动等因素都会引起声信号传播的起伏，它们是随机的、时变的，将影响自导检测与测量目标的稳定性。

声波在海面声道、深海声道和浅海传播时，会产生多路径传播，海底与海面反射、温度或盐度微结构的存在也会形成多路径传播。多路径传播是自导工作的有害因素，它产生信号起伏、信号畸变和去相关。

海洋信道的复杂性、随机性和时变性，使信号产生衰落和模糊，鱼雷自导就是工作在这样复杂的随机时空变信道中的。为了使自导能很好地工作，必须增加自导系统的复杂性，才能取得较为满意的结果。

2. 高速时变载体

鱼雷自导的载体是鱼雷。现代鱼雷航速高达 50 kn 以上，鱼雷在对目标进行搜索、跟踪和再搜索的过程中，往往在双平面进行高速机动，这样，载体本身是高速机动和时变的。高速机动的载体，将增加信号的随机时变性。

3. 严重的干扰背景

鱼雷自导的干扰背景主要是鱼雷自噪声和混响。由于鱼雷高速航行，将产生较强的鱼雷自噪声干扰。又由于随机时变信道的影响和鱼雷在双平面机动航行，鱼雷自噪声并非始终是平稳的和高斯分布的。鱼雷主动自导均以较强的声源级向海中辐射声波，从而产生较强的混响干扰。随机时空变信道的影响使混响也产生时间弥散、频率弥散、角度弥散和起伏。严重的干扰背景给鱼雷自导信号处理增加了难度。

4. 复杂的对抗和反对抗环境

鉴于鱼雷在海战中的重要作用，世界各国在重视发展鱼雷技术的同时，也十分重视发展反鱼雷技术，即目标对鱼雷攻击的对抗，或称目标对抗。海上试验和海战都证明，这些反鱼雷技术能有效地扼制鱼雷攻击。针对反鱼雷技术的发展，现代鱼雷均采用了反对抗措施。目标对抗和鱼雷反对抗是在矛盾和斗争中发展的，随着现代科学技术的发展，人们正在把最新的科学技术发展成就引入到目标对抗技术和鱼雷反对抗技术中来。鱼雷自导就是工作在这样复杂的对抗和反对抗环境中的，并肩负着反对抗的重要使命。

反鱼雷技术大致可分如下几类。

（1）舰艇的寂静设计和隐形设计。在潜艇设计和制造时，尽量降低辐射噪声级和其目标反射强度，例如采用低噪声螺旋桨，在舰艇表面覆以消声瓦或其他吸声防护涂层等，这样就减少了潜艇被探测的可能性和鱼雷攻击的威胁。

（2）战术机动，按照最有利于避开鱼雷攻击的方式逃离。

（3）软杀伤。施放各类人工干扰器材，即鱼雷诱饵，其模仿目标，诱骗自导鱼雷，破坏鱼雷攻击，使鱼雷攻击失效。鱼雷诱饵种类很多，主要是模拟目标信号类和模拟反射体类，它们可以是拖曳式、悬浮式和自航式。使用时一般将诱饵抛射在舰艇和来袭鱼雷之间，然后舰艇作机动规避或逃离。

模拟目标信号类诱饵主要有以下几种。

1）宽带噪声：这是一种连续的宽带噪声，可以用电声转换的方法产生，也可以用机械的方法产生。它的特点是功率大、频带宽，可以模拟特定的噪声，例如某种水面舰艇的辐射噪声。这种干扰信号可以诱骗被动自导或使自导装置阻塞。

2）随机脉冲：周期地产生脉冲信号，其周期、脉冲宽度、填充频率可根据需要设定。这种干扰信号可诱骗主动自导。

3）扫频信号：这是一种周期地进行扫频的连续信号，合理地选择信号参量，例如扫频宽度和扫频周期，可以模拟被动信号和主动信号，从而诱骗被动自导和主动自导。

4）应答机：它产生一个模拟目标回波的信号。当应答机收到鱼雷的发射信号时，即回一个信号，模拟目标回波。回波信号的参量可以是固定的，或者是接收信号的重发。后者是回波重发器，具有更强的欺骗性和干扰能力。

5）利用拖曳线列阵模拟目标尺度：模拟反射体类诱饵有气幕弹，在海水中形成气泡团或气泡幕，其可模拟目标反射，同时具有声屏蔽作用；固定在水下航行器上的金属带，当航行器航行时，金属带展开，模拟运动目标；拖曳空气筏，可模拟具有尺度和结构的运动目标。

（4）硬杀伤：就是摧毁来袭鱼雷。可采用深弹，反鱼雷鱼雷拦截，也可采用防雷网、电磁炮和水下高速旋涡等方法破坏鱼雷攻击。

针对反鱼雷技术，目前采用的较为简单易行的鱼雷反对抗技术有提高鱼雷自导的信号处理能力、设计逻辑门、目标尺度或体目标识别、波形设计、回波信号分析和反对抗跟踪弹道设计等，为了提高反对抗效果，通常是综合采用多种反对抗技术，而不是简单地采用某一种技术。

5. 无人干预，全自动工作

鱼雷自导无人的干预，全自动工作，即使是线导鱼雷，在末制导段也要求鱼雷自导系统自主工作。由于人具有知识和经验，可以提高设备检测与识别目标的能力，因而与雷达和声纳相比,鱼雷自导具有较大难度。

6. 体积和重量

鱼雷的体积和重量受到严格的限制,这在一定程度上约束了自导性能的提高。

五、对自导系统的基本要求

1. 鱼雷自导系统的基本职能

鱼雷自导系统的任务是,在复杂的作战条件下,使鱼雷发现、跟踪和命中目标,从而将目标摧毁。其具有如下基本职能。

(1) 检测目标,即搜索、发现和确认目标存在。

(2) 测量目标,对目标参量如方位、距离和径向速度进行估计,即目标定位。

(3) 识别目标,即提取目标特征,识别目标真伪,进而采取反对抗措施。

(4) 导引鱼雷,按照某种导引律,操纵鱼雷跟踪并命中目标;攻击失效,按某种方式实施再搜索。

2. 对自导系统的基本要求

根据自导系统的基本职能,应对其提出如下基本要求。

(1) 自导作用距离:作用距离是指在一定的目标条件、信道条件和概率准则条件下,鱼雷自导系统恰好动作,即确认目标存在并开始操纵鱼雷导向目标的最大距离。通常期望鱼雷自导有较大作用距离,其可覆盖较大的目标散布,提高鱼雷发现与命中目标的概率。

作用距离是鱼雷的一项综合性指标,其与鱼雷和自导系统本身的参数、信道和目标的特性有关。鱼雷自噪声级和自导系统中许多技术参数的选择对自导作用距离影响很大,信道和目标特性对自导作用距离也有较大影响。

(2) 搜索扇面:搜索扇面是指自导系统搜索目标的最大角度范围。从战术上讲,期望有较大搜索扇面,以覆盖较大的目标散布,提高鱼雷发现与命中目标概率;从技术上讲,搜索扇面过大会降低自导系统的信号干扰比,并使抗干扰性能降低。在实际系统中可采用相控发射、多波束接收或用较窄扇面使鱼雷机动的办法来满足战术和技术对搜索扇面的要求。

目标距离小于自导系统作用距离,在搜索扇面内存在的不能操纵鱼雷的角度范围称为死角。

(3) 导引精度:导引精度指系统引导鱼雷命中目标的准确性,其用引导误差来表征,这是一项决定自导鱼雷使用效果的重要指标。

鱼雷在导引过程中所能达到的鱼雷与目标间的最小距离称为引导误差,或称为脱靶量。允许的引导误差与很多因素有关,如给定的命中概率、战斗装药的重量和特性、目标类型及其防护能力等,一般在几米之内,有的要求直接命中。

引导误差与下列基本因素有关:导引方法与鱼雷的机动性、目标运动规律、鱼雷控制系统的控制精度及动态品质和鱼雷自导系统本身的性能。可见,引导误差是鱼雷的一项综合性指标,在导引方法与鱼雷的机动性、目标运动规律和鱼雷控制系统的性能确定之后,其取决于鱼雷自导系统本身的性能。

鱼雷自导初始捕获目标的距离及方位、目标参数(方位、距离和速度)的估计精度和自导死区距离对引导误差有重要的影响,因此,自导系统应提高检测性能、目标参数估计精度和减小死区距离,以提高导引精度。正确的、最佳的导引弹道设计也很重要,它可以减少鱼雷攻击的航程损失,提高导引精度直至命中目标要害部位和垂直命中目标,减少恶劣水文条件的影响,并有利于鱼雷反对抗。

(4) 可靠性、维修性和安全性:可靠性是指产品在规定时间内,在规定的使用条件下,完成规定功能的概率,它是产品完成任务使命有效性的度量。鱼雷的可靠性指标为平均储存寿命、装载可靠度和工作可靠度,它可根据鱼雷作战使命的需求、相似产品的可靠性指标、所能提供的经费及进度要求和预计可能达到的可靠性指标综合确定。自导系统应满足鱼雷总体分配的可靠性指标要求。

若自导系统由声学基阵、发射机、模拟信号预处理机和数字信号处理机等子系统组成,则其可靠性框图如图 1.2 所示。

图 1.2 自导系统可靠性框图

其可靠性数学模型为

$$R = \prod_{i=1}^{4} R_i(t) \tag{1.3}$$

式中,R 为自导系统工作可靠度;$R_i(t)$ 为各子系统工作可靠度;t 为无故障工作时间。

为了保证鱼雷自导系统的可靠性指标,必须将可靠性工作贯穿于产品方案论证、设计、生产、储存、使用和维修的全过程。在方案论证阶段就应进行可靠性预计,初步估计系统可能达到的可靠性水平,发现薄弱环节,提出改进意见或修改设计方案,以便满足可靠性指标要求。可靠性预计通常采用元器件计数法或应力分析法。在产品设计中应进行安全裕度设计及降额设计、简单化与标准化设计、环境适应性设计、冗余设计、容差与参数漂移设计、电磁兼容性设计、安全性设计和维修性设计等,并进行可靠性估计,发现问题,予以修正。在产品生产阶段,应选择合适的元器件生产厂家,进行元器件的老化筛选,防止人为的错误,以保证产品的可靠性。在储存和使用中,应重视人员培训、产品维修和正确的操作与使用。

应当指出的是,对软件可靠性也应给以充分重视。

维修性是指产品在规定的条件下和规定的时间内完成维修功能的能力。鱼雷自导系统应具有良好的维修性,这也是保证可靠性的一个重要方面。维修性设计应满足如下要求:

1) 具有良好的可达性;

2) 提高标准化和互换性程度;

3）具有完善的防差错措施及识别标记；

4）具有故障检测功能；

5）模块化设计；

6）简化维修操作；

7）保障维修安全。

安全性是指产品在整个寿命周期内且保证完成其功能的前提下，所能获得的最佳安全度。鱼雷自导系统属电子类产品，不含易燃易爆等危险因素，其安全性主要应考虑在不同作战和使用条件下，尽量减少恶劣环境条件如温度、湿度、压力、冲击、振动和电磁干扰等所导致的危险；尽量避免或减少由于人为失误所导致的危险（即设备损坏）。

（5）反对抗能力：反对抗能力指避免或减少目标对抗对鱼雷战术技术性能和对目标攻击效果影响的能力。

鱼雷反对抗通常由目标识别和反对抗策略组成。目标识别包括目标特征提取、特征压缩和分类；反对抗策略包括目标确认逻辑、自导对策和导引弹道配置等。希望提高鱼雷反对抗能力，以提高鱼雷命中目标的概率。

六、鱼雷自导的发展趋势[4]

1．鱼雷自导信号处理技术

信号处理是用来从基阵接收的信号中提取鱼雷进行精确制导并命中目标所需要的有关信息的技术。信号处理技术包括为了检测目标、估计目标参量、目标识别与电子对抗和精确导引而处理来自基阵的复杂信号所开发的软件和硬件应用技术，它是鱼雷自导的关键技术。

不断发展的反鱼雷技术和目标的隐身设计，不断扩大的目标防护范围和复杂的自导工作环境对鱼雷武器系统提出了更高的要求。要在上述条件下实现对鱼雷的精确导引直至命中目标，就要能高置信度地提供有关目标位置和航向的信息以及目标识别所需要的信息。为此，必须采用先进的信号处理技术，提高鱼雷自导提取微弱信号的能力、在复杂对抗环境中识别目标的能力以及消除强干扰的能力和精确估计目标参量的能力。近年来，微电子技术和计算机技术有了飞速的发展，据报道，在过去20年中，微电子元器件的水平在运算速度、存储能力、电路复杂性和价格等方面每3～5年就有一个较大的飞跃，与10年前相比，超大规模芯片的性能和规格提高了数百倍。这为在鱼雷自导上实现各种先进的信号处理技术奠定了基础，促进了鱼雷自导技术的发展。概括起来有如下几个主要方面：

（1）自适应信号处理：鱼雷自导面临的是时变的载体和环境，有高斯的、非高斯的和非平稳的干扰，在这种条件下自适应信号处理可提供多域（空间与时间）的自适应能力。近年来开展的自适应微弱信号检测、自适应阵列信号处理、自适应多维处理、自适应抗干扰技术、自适应快速算法、基于子波变换的自适应滤波和基于高阶统计量的自适应滤波等技术和方法的研究，可大大增强鱼雷自导在信号检测、跟踪和识别等方面的能力。

（2）现代谱分析：利用给定的 N 个样本数据估计一个平稳随机信号的功率谱密度叫做谱

分析。若给定的是 N 个空间采样数据，则进行的是信号的角谱分析。谱分析可用于目标参量估计和目标识别分类。

谱分析方法分为两大类：非参数化方法和参数化方法。非参数化方法又称经典谱分析，如周期图法，其主要缺点是频率分辨率低；参数化方法又叫现代谱分析，或高分辨谱分析，其优点是频率分辨率高。现代谱分析方法有 ARMA 模型法、最大似然法、熵谱估计法和特征分解法等。熵谱估计法包括最大熵法和最小交叉熵法，而特征分解法又称特征结构法或子空间法，包括 Pisarenko 谱分解法、Prony 法、多重信号分类(MUSIC)法和 ESPRIT 法。

现代谱估计方法通常需要较大的计算量和较高的输入信噪比，这给工程应用带来了困难。开展短数据和低输入信噪比信号的现代谱分析方法和可实时运行的快速算法研究，将为鱼雷精确制导、命中目标要害部位和电子反对抗提供依据。

(3) 小波分析：小波分析是近年来迅速发展起来的新兴学科，它同时具有理论深刻与应用广泛的双重意义。它的应用范围包括数学领域本身的许多学科(如数值分析、曲线曲面的构造、微分方程求解和控制导论)、信号分析、图像处理、量子力学、电子对抗、计算机识别、地震勘探数据处理、边缘检测、音乐与语音合成、机械故障诊断等许多方面，所以，“小波”是一种数学内容丰富并具有巨大应用潜力的工具。

傅里叶变换适用于平稳信号分析，它以同一种分辨率来观察信号。小波变换适用于非平稳信号分析，它以不同的“尺度”或“分辨率”来观察信号，或它具有“变焦”特性，既能看到信号概貌，又能看到信号细节。

小波分析在信号处理领域有广泛的应用前景，正在探索和研究的有多尺度信号处理、自适应小波基智能信号检测与处理、神经网络小波变换、基于小波的统计信号处理、图像编码、语音合成与识别的小波分析、计算机视觉与图像处理中的多分辨分析和多尺度分析等。小波分析在鱼雷自导技术中的应用也颇具吸引力，它将在自导信号检测、参量估计、目标特征提取与识别和宽频带自导信号处理中得到广泛的应用。

(4) 神经网络：这是一种不同于其他信号处理的方法，它是在一个由非线性单元组成的分布式多层阵列中完成信号处理的。这些非线性单元用可调线性网络互相连接，网络的权重可通过训练加以改变，从而完成信号检测、参量估计和自动目标特征提取与识别的信号处理功能。

近年来，神经网络的理论发展很快，其应用已渗透到各个领域。神经网络技术是信号处理的一个重要方面，预计将在鱼雷自导的信号检测、目标参量估计、自动目标识别与分类等方面得到应用。

(5) VLSI 系统的体系结构：完成上述先进的信号处理功能需要大吞吐量、高实时运算速度的自导数字硬件系统，并需要采用分布式流水线与并行相结合的多处理器系统。应着重研究这种系统的体系结构及相应的系统软件和并行算法等。硬件可以由通用的 VLSI 芯片组成，也可以由专用集成电路(ASIC)芯片组成。应注意实现部分通用芯片向 ASIC 芯片的过渡，以提高自导系统的可靠性、运算速度和容量。

(6) 其他信号处理算法:着重开展时频分布、高阶统计量和混沌分形等短数据和快速算法的研究。

2. 宽频带自导技术

窄带自导是指带宽远小于其工作中心频率的鱼雷自导系统。顾名思义,宽频带自导通常不满足窄带条件,其带宽可与中心频率相比拟。宽频带自导通常采用宽频带信号。宽频带信号的主要特点是目标回波携带有更多的目标信息量,混响背景相关性弱,有利于目标检测、目标参量精确估计和目标特征提取,同时便于对抗目标的隐性涂层。采用宽频带和多频段,便于进行反对抗波形设计,从而提高鱼雷自导系统的反对抗能力。

意大利的 A244/s 和 A290 均采用了宽频带自导技术,使其具有较强的反对抗能力和较好的海洋信道适应能力。

宽频带自导的关键技术主要有:

(1) 宽频带收发共用换能器及基阵技术。

(2) 宽频带自导信号处理技术及其实时实现算法。

(3) 宽频带自导发射与接收的恒定束宽技术。

(4) 宽频带自导的信道均衡及匹配问题。

(5) 适于宽频带自导信号处理应用软件运行的多处理器系统。

(6) 宽频带自导的体系结构。

3. 低频自导及其相关技术

在确定自导最佳工作频率时,通常采用最大作用距离准则。最佳工作频率是检测距离、特定介质参数、目标参数及设备参数的函数,也就是优质因数的函数,在较低频率上只需较小优质因数就能达到要求的作用距离。若能保持声源级不变,则降低频率,虽然噪声级有所增加,但在较大作用距离上,由于海水吸收系数的减小,仍然会获得益处。也就是说大幅度降低工作频率可以增大作用距离。

采用低频的另一个重要原因是,低频信号携有更多的目标信息量,有利于目标识别和分类。

其关键技术主要有:

(1) 低频自导系统的体系结构。

(2) 共形阵及其相关技术。

(3) 拖曳线列阵及其相关技术。

(4) 超指向性技术。

(5) 相关噪声抑制技术。

4. 新型尾流自导技术

尾流自导具有抗人工干扰能力强的特点,是一种很好的反舰自导技术。目前,美国和俄罗斯均装备有尾流自导鱼雷。舰船尾流除其声学特性可供自导利用外,其温度场、磁场和放射性场的异常特性也可供自导利用。

第 2 节　鱼雷自导的信息空间[1,5]

如前所述，鱼雷自导的基本职能是检测目标的，即搜索、发现和确认目标存在；测量目标，即对目标参量如方位、距离和速度进行估计；识别目标，即提取目标特征，识别目标真伪；导引鱼雷，即按某种导引律，操纵鱼雷跟踪并命中目标，若攻击失败，按某种方式实施再搜索。导引鱼雷可由自导本身完成，也可由自导提供信息单独完成。

通常是在检测目标的基础上，再进行目标参量估计和目标识别的。目标的参量和特征统称为鱼雷自导信息，鱼雷自导信息的全体构成鱼雷自导信息空间，若记为 I，则 I 可表示为

$$I = F[\theta_k,\ \tau,\ f_d,\ c(j)] \tag{1.4}$$

式中，$\theta_k(k=1,\ 2)$ 为目标的方位角和俯仰角；τ 为信号沿传播方向的延时；f_d 为信号的多普勒频移；$c(j)$ 为目标特征子空间，$j=1,\ 2,\cdots$ 为特征数。在某一时刻，该空间的一个点$[\theta_{k1},\ \tau_1,\ f_{d1},\ c_1(j)]$ 与特定的目标 1 对应，而空间的另一个点$[\theta_{k2},\ \tau_2,\ f_{d2},\ c_2(j)]$ 就对应于另一个目标 2。因此，鱼雷自导系统对目标参量估计的精度和对目标特征鉴别的准确性是十分重要的。

目标的距离信息由信号沿传播方向的延时 τ 提供；目标的速度信息由信号的多普勒频移 f_d 提供；目标的角度信息 θ_k 依靠对声波波场的多点空间采样并经相应的运算获取；目标识别是通过对目标信号的特征提取、特征压缩和鉴别运算来完成的。

在实际中，自导总是不能完全确定地了解目标，即不能得到表征特定目标的信息空间中的一个点，而只能知道目标是处在信息空间中某个有限范围内，即得到一个有限体积的“雾团”，也就是说目标信息存在模糊。目标信息的模糊主要来源于两个方面：一方面是探测系统本身固有的有限分辨能力，如用以载荷信息的信号本身的模糊度；另一方面来源于信息传输通道（信道）的模糊效应，如随机空变信道的角模糊、随机时变信道的延时模糊等。接收的信噪比也是产生模糊的一个因素，其受信号功率、信道的损耗程度及干扰背景的制约。为了可靠地获得目标信息，发射波形设计和接收的信号处理技术是两个基本因素。

综上所述，鱼雷自导系统设计者的任务就是了解和掌握系统的信息空间，并解决对信息空间中各种信息的提取、估值和鉴别的运算方法。

第 3 节　鱼雷声自导工作原理[1,6]

鱼雷自导系统的工作可用鱼雷自导方程来描述。在一定的概率判据下，当自导的某种职能（如捕获目标，开始导引）刚好完成时，令接收信号中的需要部分（指信号，即回波或目标噪声）和不需要部分（指背景，即混响或噪声）两者相等所得到的等式，就是鱼雷自导方程，它是一个将介质、目标和自导三者的参数联系在一起的关系式。

鱼雷自导方程可用于自导的性能预报和系统设计。对已有的和正在设计中的鱼雷自导系统做性能预报，这时自导系统的设计性能是已知的，要求对某些有意义的参数如自导作用距离

做出估计。进行系统设计,这时自导作用距离是预先规定的,对自导方程中的特定参数求解,各参数之间的折中,经多次计算,完成设计。

一、主动自导方程

鱼雷主动自导系统的基本工作模型如图1.3所示。主动自导系统工作时,发射机通过声学基阵(通常为收发共用)周期地向海水中发射某种形式的声波,若发射的声信号在信道中传播时遇到目标,则一部分能量被反射回来,形成目标反射信号,或称回波信号,接收机接收这个信号和叠加在信号上的背景干扰,对它进行处理,从而发现目标,并进行目标参量估计和识别,指令装置根据接收机提供的有关信息,输出操纵鱼雷的指令,跟踪目标。主动自导工作时,有两种背景干扰:一种是与发射信号本身有关的,当发射信号在信道中传播时,由信道中的非均匀体或起伏界面(海面与海底)产生的杂乱散射波叠加而成的干扰,称为混响;另一种与发射信号无关,由鱼雷自噪声和环境噪声形成的干扰,称为噪声。一般地,鱼雷自噪声远大于环境噪声,所以噪声干扰主要是鱼雷自噪声干扰。有时还存在人为干扰,如诱饵。

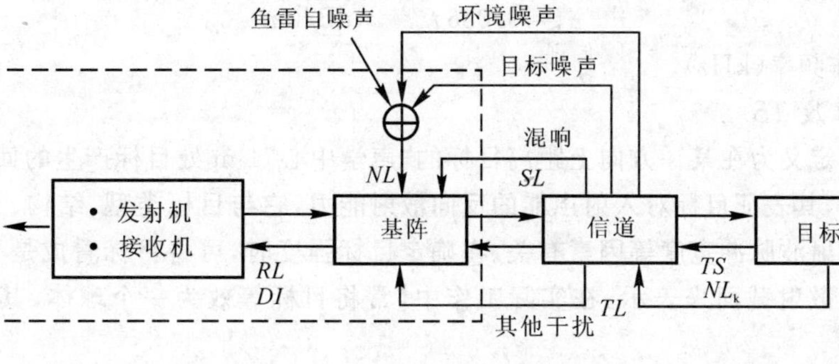

图1.3 鱼雷主动自导系统工作模型

仿照雷达和声纳(鱼雷自导实际是以鱼雷为载体的小型声纳),可以建立鱼雷主动自导方程来描述鱼雷主动自导系统的工作。在鱼雷主动自导系统开始作用并操纵鱼雷导向目标时,连接设备特性、信道特性和目标特性的参数构成的关系式,叫做鱼雷主动自导方程。主动自导方程可分为两种情况:

噪声掩蔽时为

$$SL - 2TL + TS = NL - DI + DT \tag{1.5}$$

混响掩蔽时为

$$SL - 2TL + TS = RL + DT \tag{1.6}$$

下面对主动自导方程中诸参数做一简要说明。

1. *声源级 SL*

声源级是指自导发射机通过基阵发射声波时,在声轴上距声源1 m处产生的声强级。声源

级可表示为

$$SL = (170.7 + 10\lg P_u + 10\lg\eta + DI_T) \quad \text{dB} \tag{1.7}$$

式中，P_u 为馈给基阵的电功率(W)；η 为基阵的电声转换效率，通常为 0.2 ～ 0.7，与换能器的材料和使用的带宽有关；DI_T 为发射指向性指数(dB)。

主动自导声源级范围为 190 ～ 240 dB。

2. 传播损失 TL

传播损失定义为距声源 1 m 处的声强级与传播至目标位置时的声强级之差。这是一个由介质空间的几何和物理特性决定的量，它定量地描述在海洋中距声源 1 m 处至远处某一点之间声强减弱的大小。

通常认为传播损失由扩展损失和吸收损失组成。扩展损失是声能从声源向远处传播时，由于波阵面扩大而引起的有规律能量衰减的几何效应；吸收损失与海水介质的物理特性有关，其与自导工作频率有较强的依赖关系。若只考虑球面扩展和海水吸收，传播损失可表示为

$$TL = (60 + 20\lg R + \alpha R) \quad \text{dB} \tag{1.8}$$

式中，R 为鱼雷至目标的距离(km)；α 为海水吸收系数，通常可按下式计算：

$$\alpha = 0.036 f^{3/2} \quad (\text{dB/km})$$

其中，f 为工作频率(kHz)。

3. 目标强度 TS

目标强度定义为在某一方向上距离目标的“声学中心”1 m 处目标产生的回声声强级与入射声强级之差，其表征目标对入射声能的反向散射能力，它与目标类型、结构、入射舷角、入射波声强级和入射波脉冲宽度等因素有关。在确定目标强度时，可将目标看成是一个点散射体，其强度用等效散射截面来表示。在实际工作中，常将目标等效为一个球体，其目标强度计算式为

$$TS = 10\lg\left(\frac{a^2}{4}\right) = 20\lg\left(\frac{a}{2}\right) \quad (\text{dB}) \tag{1.9}$$

式中，a 为等效球体的半径(m)。显然，半径 $a = 2$ m 的球体的目标强度为零分贝。一般潜艇目标的目标强度为 12 ～ 40 dB，覆以消声瓦的潜艇，其目标强度有较大降低。其他目标的目标强度为 −30 ～ 20 dB。

4. 混响级 RL

混响是海水介质中散射体的散射波在接收机输入端的响应。由于散射体的类别不同，混响分为体积混响、海面混响和海底混响。存在于海水之中的散射体，如海洋生物、非生物体和海水的不均匀结构等产生的混响为体积混响；海面混响是由位于海面或海面附近的散射体产生的；海底混响则是由在海底或海底附近的散射体产生的。为了分析方便，海面混响和海底混响统称为界面混响。

体积混响级可表示为

$$RL_V = (SL - 2TL + S_V + 10\lg V) \quad \text{dB} \tag{1.10}$$

式中，S_V 为体积混响反向散射强度(dB)；V 为混响体积，其表达式为

$$V = \frac{c\tau}{2}\Psi r^2 \tag{1.11}$$

式中，c 为海水的声速，通常取 $c = 1\ 500$ m/s；τ 为发射脉冲宽度(s)；r 为散射点的距离(m)；Ψ 为等效束宽(立体弧度)。

一般地，S_V 在 $-100 \sim -70$ dB 之间。

界面混响级可表示为

$$RL_S = (SL - 2TL + S_S + 10\lg A) \quad \text{dB} \tag{1.12}$$

式中，S_S 为界面混响反向散射强度(dB)；A 为混响面积，其表达式为

$$A = \frac{c\tau}{2}\Phi r \tag{1.13}$$

式中，Φ 为等效束宽(rad)。

一般地，海面混响反向散射强度在 $-50 \sim -30$ dB 之间；海底反向散射强度在 $-30 \sim -10$ dB 之间。

5. 接收指向性指数 DI

为了目标定向和抑制非目标方向的干扰，鱼雷自导基阵通常都设计成具有指向性的。接收指向指数定义为对各向同性噪声无指性水听器输出的声功率级和指向性水听器基阵输出的声功率级之差，其表达式为

$$DI = 10\lg \frac{4\pi}{\int_0^{2\pi}\int_{-\frac{\pi}{2}}^{\frac{\pi}{2}} b(\theta,\varphi)\cos\theta \mathrm{d}\theta \mathrm{d}\varphi} \quad (\text{dB}) \tag{1.14}$$

式中，$b(\theta,\varphi)$ 为基阵指向性函数；θ 和 φ 分别为俯仰角和方位角。

接收指向性指数表示了接收基阵对各向同性噪声的抑制能力。

6. 噪声级 NL

噪声级定义为接收基阵输入的噪声声强级(频谱级)，它应包括海洋环境噪声级和鱼雷自噪声级。目前，由于鱼雷自噪声级远较海洋环境噪声级为大，因此，主要考虑鱼雷自噪声级。应指出的是，随着鱼雷技术的发展，在某些情况下，海洋环境噪声级将需要予以考虑。

鱼雷自噪声级与工作频率、鱼雷航速和鱼雷航深有关。苏联某型鱼雷自噪声声压的经验公式[7] 为

$$p_T = \frac{8.5V_T^{4.8}}{f^{1.65}} \tag{1.15}$$

式中，p_T 为频带是1.8 kHz，航深 $H = 4$ m 的鱼雷自噪声声压(μPa)；V_T 为鱼雷航速(kn)；f 为工作频率(kHz)。不同航深时的自噪声修正量如表 1.1 所示。

表 1.1 不同航深时的自噪声修正量

H/m	2	4	6	8	10	12	14
Δp_{T}/dB	+5	0	−4.5	−9.0	−10.5	−12	−13

将式(1.15) 转化噪声级为

$$NL = (96\lg V_{\mathrm{T}} - 33\lg f - 23.5\lg H + 0.1)\quad \mathrm{dB}/(\mu\mathrm{Pa}\cdot\mathrm{Hz}\cdot\mathrm{m}) \tag{1.16}$$

据报道，现役鱼雷自噪声级一般在 40 ～ 70 dB 之间。

7. 检测阈 DT

检测阈定义为在某一预定的检测判决置信级下在接收机输入端测得的接收机带宽内的信号功率级与 1 Hz 带宽内的噪声功率级之差，其表达式为

$$DT = 10\lg\frac{S}{N_0}\quad (\mathrm{dB}) \tag{1.17}$$

式中，S 为接收机带宽内的信号功率；N_0 为 1 Hz 带宽内的噪声功率。

检测阈有两方面的意义：

(1) 检测系统或信号处理系统本身的性能。检测系统为了完成判决功能，需要一定的输出信噪比，在这一要求的输出信噪比情况下，信号处理系统处理增益越高，则检测阈值越低，或检测系统性能越好。

(2) 在接收机输出端设定一个门限(或称阈值)，以判断目标的有无。接收机的输出超过门限判定为有目标，否则判定为无目标。在接收机输入端存在目标而判定为有目标的概率为检测概率，在接收机输入端不存在目标而判定为有目标的概率为虚警概率。检测概率和虚警概率与接收机输出端的信号加噪声及噪声的概率密度函数、设定的门限和输出信噪比有关，接收机工作特性曲线(ROC 曲线) 表征了检测概率、虚警概率和输出信噪比间的关系。

给定检测概率和虚警概率，由接收机工作特性曲线可以求得需要的输出信噪比，或称检测指数 d，定义为

$$d = \frac{[M(s+n) - M(n)]^2}{\sigma^2} \tag{1.18}$$

式中，$M(s+n)$ 和 $M(n)$ 分别是信号加噪声和噪声的输出均值；σ^2 为输出噪声功率(或方差)。再根据接收机的特点求得检测阈 DT。对于信号确知的情况，可求得

$$DT = 10\lg\frac{d}{2T} \tag{1.19}$$

式中，T 为信号持续时间。在信号确知的情况下，最佳接收机是互相关器或高斯白噪声背景下的匹配滤波器。对于高斯白噪声背景下信号完全未知的情况，可求得

$$DT = 5\lg\frac{dW}{T} \tag{1.20}$$

式中，W 为接收机的带宽。在这种情况下，最佳接收机是能量检测器。

应当指出，接收机工作特性曲线只在理想和有限的条件下适用，如平稳高斯噪声中信号是

稳定的，大的时宽带宽积，只检测一个信号等。当这些条件不满足时，应当对接收机工作曲线进行修正。关于 ROC 曲线修正的问题可参阅有关文献。

二、被动自导方程

被动自导系统工作时，自导本身不发射信号，接收机接收目标辐射噪声和叠加在其上的背景干扰，对它进行处理，从而发现目标，并进行目标参量估计，指令系统根据接收机提供的有关信息，输出操纵鱼雷的指令，跟踪目标。其背景干扰主要是鱼雷自噪声和海洋环境噪声干扰。

被动自导方程为

$$SL_{\mathrm{k}} - TL = NL - DI + DT \tag{1.21}$$

式中，SL_{k} 为目标声源级，其他参数同主动自导方程。

目标声源级即舰艇的辐射噪声级，其定义为距目标 1 m 处单位带宽内的辐射噪声声强级。这一参数通常是在鱼雷战术技术性能中给定的。关于舰船辐射噪声级的数据和计算的经验公式可参阅有关文献。

三、主动自导信息检测方程[8, 9]

鱼雷自导方程在鱼雷自导性能预报和鱼雷自导设计等方面起着重要的作用。然而，随着科学技术和现代军事技术的发展，要求鱼雷具有微弱信号检测能力、目标参量精确估计能力、目标识别能力和精确导引直至垂直命中目标要害部位的能力。显然，基于上述鱼雷自导方程对自导的设计与评价是不充分的，原因如下：

(1) 鱼雷自导方程中所有参数都是能量平均参数，没有考虑环境的时变特性和起伏特性。

(2) 没有考虑鱼雷自导波形特征。

(3) 目标强度不包含目标识别所需要的目标几何和物理信息，如回波的时频分布特性等。

(4) 必须考虑介质和目标的随机空间非均匀性对鱼雷自导性能及目标可检测性的影响。

(5) 回波与干扰背景的时频非平稳性，会使得检测阈不确定。

鉴于上述，鱼雷自导方程只能解决鱼雷自导检测过程中的能量检测问题。实际上，信息检测比能量检测更有效，因此，必须建立主动自导信息检测全过程的数学模型，即建立主动自导信息方程。

主动自导信息过程可表示为算子形式，如图 1.4 所示。图中 x 表示自导发射的“消息”或“信息参量”；v 表示接收机输入端所获得的全部可能“消息”，经处理后消息是 y。

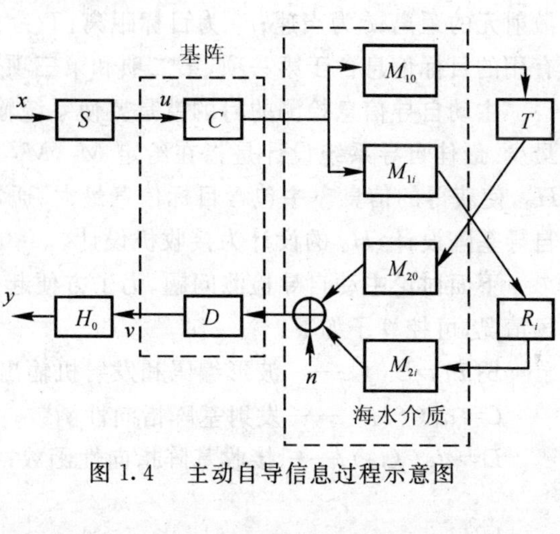

图 1.4 主动自导信息过程示意图

图中各算子含义如下：S 为 x 的消息调制算子，$S(x)$ 通常以时间波形 $u(t)$ 的形式出现；

C 为发射基阵信息转换算子，$CS(x)=u(t,\alpha)$ 提供了一个发射的空间响应；$M_{ji}(j=1,2;\ i=1,2,\cdots)$ 为由发射基阵到第 i 个散射元（$j=1$）和由第 i 个散射元到接收基阵（$j=2$）间的介质空间信息转换算子，通常自导基阵是收发共用的，但由于海洋介质的复杂性和载体的运动，M_{1i} 和 M_{2i} 不会相同。$M_{1i}CS(x)=u(t,r,\alpha)$ 提供一个时间-空间的分布源，其中 t 为时间，r 和 $\alpha(\theta,\varphi)$ 为以基阵中心为原点的空间极坐标距离和角度；$R_i(i=1,\ 2,\cdots)$ 是介质空间内第 i 个混响散射元的散射算子；M_{j0} 为由发射基阵到目标（$j=1$）和由目标到接收基阵（$j=2$）的介质空间信息转换算子；T 为目标散射信息转换算子，目标的全部信息包含在算子 T 中；D 为接收基阵信息转换算子，它对输入接收基阵的观测数据进行变换得到接收波形 $v(t)=D\{\cdot\}$；H_0 为接收机转换算子。

若 n 表示到达接收阵的干扰（噪声消息），则有

$$v=D(M_{\mathrm{T}}+M_{\mathrm{R}})CS(x)+D\{n\} \tag{1.22}$$

$$y=H_0\{v\} \tag{1.23}$$

式中

$$M_{\mathrm{T}}=M_{20}TM_{10}$$

$$M_{\mathrm{R}}=\sum_i M_{2i}R_iM_{1i}$$

M_{T} 和 M_{R} 分别称为目标回波信息算子和混响信息算子。

在实际系统中，算子 D,C,M_{T} 和 M_{R} 等都是时空算子，且常常是相互耦合而不可分割的，可记为

$$M_{\mathrm{c}}=D(M_{\mathrm{T}}+M_{\mathrm{R}})C \tag{1.24}$$

并称为主动自导信道与基阵信息转换算子。于是式(1.23) 可表示为

$$y=H_0M_{\mathrm{c}}S(x)+H_0D\{n\}=$$

$$H_0DM_{20}TM_{10}CS(x)+H_0\sum_{i=1}^{N_{\mathrm{T}}}[DM_{2i}R_iM_{1i}CS(x)]+H_0D\{n\} \tag{1.25}$$

式中，N_{T} 为位于$\left[\frac{cT}{4}-r_{\mathrm{T}}\leqslant r_i\leqslant\frac{cT}{4}+r_{\mathrm{T}}\right]$ 距离范围内的全部混响散射元数；r_i 为第 i 个混响散射元的距离；c 为声速；r_{T} 为目标距离；T 为自导波形长度。式(1.25) 即主动自导信息方程，有用的目标信息含于第一项，第二项和第三项是无用的干扰，分别为混响和噪声。

主动自导信息检测的目的就是要使系统输出 y 中包含目标信息最多，使无用的干扰信息最少。最佳自导系统设计是指在给定 $M_{\mathrm{T}},M_{\mathrm{R}}$ 和 n 的条件下，选择和设计可控算子 D,C,S 和 H_0，使获得的信息 y 中包含目标信息最大。通常称 S 的设计为自导波形设计，C 和 D 的设计为自导基阵设计，H_0 的设计为接收机设计。

下面讨论主动自导检测问题。为了方便起见，将各算子表示成时间-空间的函数形式，对远场情况，可控算子如下：

$S\{x\}\Rightarrow U\{f\}$—— 波形编码和发射机输出波形频谱；

$C\Rightarrow d_{\mathrm{u}}(f,\alpha)$ —— 发射基阵指向性函数；

$D\Rightarrow d_{\mathrm{R}}(f,\alpha)$ —— 接收基阵指向性函数；

$H_0 \Rightarrow H_0(f)$ —— 接收机传输函数。

不可控算子如下：

$T \Rightarrow H_T(f,t,\alpha,s)$ —— 目标传递函数；

$R_i \Rightarrow H_i(f,t,r,\alpha)$ —— 混响散射传输函数；

$M_{ji} \Rightarrow H_{ji}(f,t,r,\alpha)$ —— 介质传输函数。

它们均作为时变、空变线性系统来描述。其中 H_T 是目标散射过程的传输函数；H_i 为混响散射元散射过程的传输函数；H_{ji} 表示从基阵到散射元之间的介质信道的传输函数；参量 s 是一组表征目标信息的参量，如时延（距离）、多普勒频移（速度）、距离延伸尺寸、散射截面和姿态角等。

若假定基阵主波束对准目标，且取该方向为坐标主轴。根据线性系统理论和傅里叶变换原理，接收机的输入回波 $v_T(t)$ 和其输出 $y_T(t)$ 分别为

$$v_T(t) = \int H_{MT}(f,t,r_T,s)U(f)\exp(j2\pi ft)df \tag{1.26}$$

$$y_T(t) = \int H_{MT}(f,t,r_T,s)U(f)H_0(f)\exp(j2\pi ft)df \tag{1.27}$$

接收机的输入混响 $v_r(t)$ 和其输出 $y_r(t)$ 为

$$v_r(t) = \int H_{MR}(f,t)U(f)\exp(j2\pi ft)df \tag{1.28}$$

$$y_r(t) = \int H_{MR}(f,t)U(f)H_0(f)\exp(j2\pi ft)df \tag{1.29}$$

式中

$$H_{MT}(f,t,r_T,s) = d_u(f,0)d_R(f,0)H_{20}(f,t,r_T)H_T(f,t,r_T,s)H_{10}(f,t,r_T) \tag{1.30}$$

$$H_{MR}(f,t) = \sum_{i=1}^{N_T} d_u(f,\alpha_i)H_{2i}(f,t,r_i)H_i(f,t,r_i)H_{1i}(f,t,r_i)d_R(f,\alpha_i) \tag{1.31}$$

式中，α_i 为位于 r_i 的散射元的方位角。

若噪声具有方向性，其时变谱为 $N(f,t,\alpha)$，则接收机输入、输出噪声均方值为

$$\langle |v_n(t)|^2 \rangle = \left\langle \left| \iint_f N(f,t,\alpha)d_R(f,\alpha)\exp(j2\pi ft)df \right|^2 \right\rangle \tag{1.32}$$

$$\langle |y_n(t)|^2 \rangle = \left\langle \left| \iint_f N(f,t,\alpha)d_R(f,\alpha)H_0(f)\exp(j2\pi ft)df \right|^2 \right\rangle \tag{1.33}$$

式中，$\langle\cdot\rangle$ 表示统计平均。这样，就可以获得接收机输出的信号干扰比为

$$\lambda = \frac{|y_T(t)|^2}{\langle |y_r(t)|^2 \rangle + \langle |y_n(t)|^2 \rangle} \tag{1.34}$$

在混响限制和噪声限制条件下，式(1.34)可分别写成

$$\lambda = \frac{|y_T(t)|^2}{\langle |y_r(t)|^2 \rangle} = \frac{\left| \int H_{MT}(f,t,r_T,s)U(f)H_0(f)\exp(j2\pi ft)df \right|^2}{\left\langle \left| \int H_{MR}(f,t)U(f)H_0(f)\exp(j2\pi ft)df \right|^2 \right\rangle} \tag{1.35}$$

和

$$\lambda = \frac{|\ y_{\mathrm{T}}(t)\ |^2}{\langle |\ y_n(t)\ |^2 \rangle} = \frac{\left| \int H_{\mathrm{MT}}(f,\ t,\ r_{\mathrm{T}},\ s) U(f) H_0(f) \exp(\mathrm{j}2\pi f t) \mathrm{d}f \right|^2}{\left\langle \left| \int N(f,\ t,\ \alpha) d_{\mathrm{R}}(f,\ \alpha) H_0(f) \exp(\mathrm{j}2\pi f t) \mathrm{d}f \right|^2 \right\rangle} \tag{1.36}$$

应该说明的是，通常 $v_{\mathrm{T}}(t)$ 也是随机的，因此，$y_{\mathrm{T}}(t)$ 也应取统计平均，即 $\langle |\ y_{\mathrm{T}}(t)\ |^2 \rangle$。在一定的条件下，若 λ 可取得最大值，则这时的自导系统为最佳检测系统，因此，式(1.35)和式(1.36)分别称为混响限制和噪声限制条件下的主动自导检测方程。

综上所述，将主动自导信息方程和检测方程同主动自导方程相比较，可以看出，主动自导方程是根据自导过程的逻辑关系总结出的估计自导性能的平均能量方程；主动自导信息方程和主动自导检测方程则考虑了包含能量关系在内的主动自导过程的信息关系，因此，更具有普遍性，它对信号波形设计、最佳接收机设计和最佳信道匹配都将起着相当重要的作用。自导波形、自导接收机和自导信道是自导系统设计的三个重要因素。从广义的角度出发，这里的自导接收机包含了自导接收基阵。

第 4 节　鱼雷自导系统的基本结构

主动自导系统的基本结构如图 1.5 所示。

换能器基阵由若干换能器阵元组成。它的作用是进行电声转换和声电转换。发射时，它将发射机的大功率电能转换为声能向海水中辐射出去；接收时，它将目标回波和叠加在目标回波上的干扰(如混响和噪声等)的声能转换为电能，供自导电子部分进行处理。一般地，换能器基阵为收发共用。换能器阵元是形成波束的一组基本元件。基阵可以是平面的、柱面的或球面的。通常，基阵前端有导流罩，保持雷顶的线形和表面光洁度，以降低流噪声。导流罩的材料采用钢、玻璃钢或透声橡胶。为了降低通过雷体的传导噪声，基阵应与雷体悬浮隔离。

发射机用以发射具有一定周期、工作频率、脉冲宽度和某种幅度调制和相位调制的脉冲信号，该脉冲信号具有一定功率。产生上述具有某种幅度调制和相位调制脉冲信号的装置是信号波形产生器，它由振荡器和调制器组成。振荡器产生高频信号，调制器对振荡器产生的信号进行幅度调制和相位调制，得到符合主动自导要求的发射信号波形。信号波形产生器可采用模拟方法实现，也可采用数字方法实现。数字波形产生器具有很好的柔性，特别适于产生各种自导信号波形。发射波束形成器以各种不同的时间延迟对信号进行时延，得到一组在时延上有一定关系的信号，这组信号通过换能器基阵发射出去，将在海洋信道中产生期望的波束图案，使发射能量集中于空间某一区域内。为使发射信号满足一定功率要求，在发射波束形成器和发收转换开关之间设有功率放大电路。

收发转换开关的作用在于使用同一个换能器基阵进行发射和接收。发射时，它使换能器基阵和发射机接通，同时断开接收机，目的是发射机进行大功率发射而避免损坏接收机；发射后，将换能器基阵与接收机接通，以便接收目标回波信号。

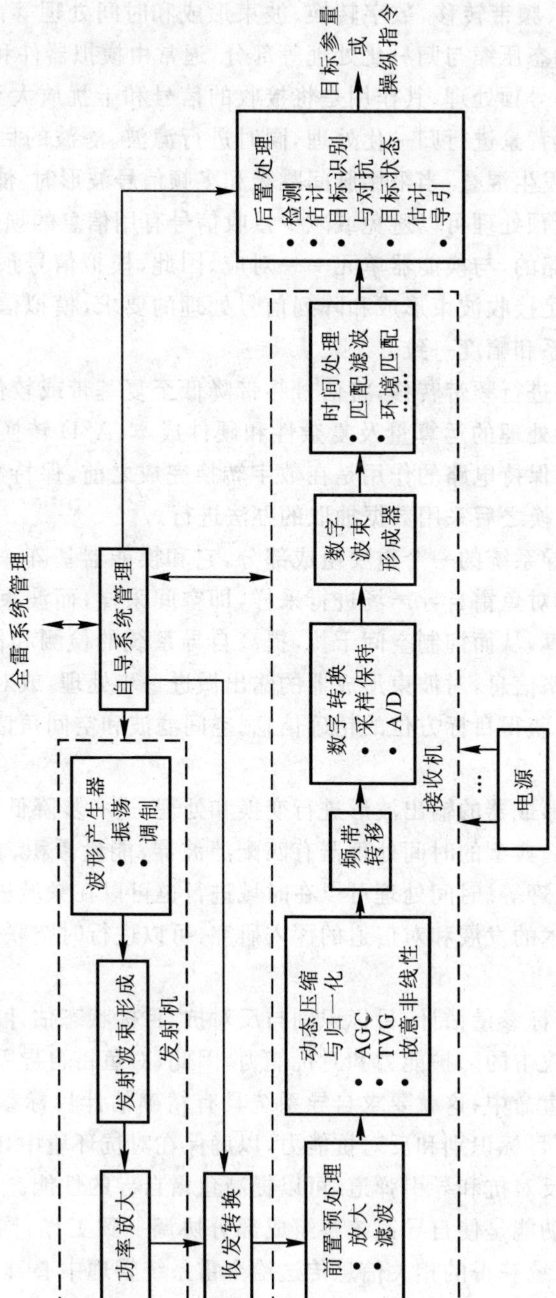

图 1.5 主动自导系统的基本结构

接收机由前置预处理、频带转移、数字转换、波束形成和时间处理等部分组成。前置预处理包括前置放大、滤波和动态压缩与归一化处理等部分，通常由模拟器件和电路来实现模拟信号处理，所以又称为模拟信号预处理。其作用是将接收的信号和干扰放大至适当的电平，并压缩信号的动态范围，对干扰背景进行归一化处理，同时进行滤波。滤波的目的主要是避免在进行频带转移和数字转换时发生混叠，当采用脉间跳频和多频信号波形时，滤波还可以起到工作频带选择作用。正确的前置预处理可以避免或减少接收信号有用信息的损失和信噪比的降低。

模拟信号预处理是多路的，与换能器单元一一对应。因此，模拟信号预处理输出是一组信号，称为阵列信号。为了满足接收波束形成和阵列信号处理的要求，模拟信号预处理各路输出应保持输入信号的相位关系和幅度一致。

通常在数字转换前，要进行频带转移，将信号频带降低至复基带或较低频率。这样可以降低采样频率，从而降低后续处理的运算量及复杂性和硬件成本。A/D 转换器用于完成将模拟波形转换为数字波形，采样保持电路的作用是在数字转换完成之前，保持某一时刻的波形值。频带转移也可以在 A/D 变换之后采用数据抽取的办法进行。

波束形成器是鱼雷自导系统的一个重要组成部分，它和换能器基阵一起完成鱼雷自导空间滤波的任务。换能器基阵对鱼雷自导声场进行采样，即空间采样，而波束形成器对基阵各换能器的输出进行恰当的运算，从而抑制空间干扰，提高自导系统的检测和估计性能。波束形成器可以提供目标方位的粗略信息，对波束形成器的输出做进一步处理，或对基阵各换能器输出做空间角谱估计处理，可以获得目标方位的精确信息。空间滤波和空间角谱估计一起称为鱼雷自导信号的空间处理。

时间处理是指对波束形成器的输出波形进行变换和处理，进一步降低噪声的影响，提高信噪比，为后置处理创造条件。典型的时间处理器有匹配滤波器、能量累积、自适应干扰对消、自适应线谱增强、环境匹配处理等。时间处理可以在时域进行也可以在频域进行。

随着现代信号处理技术的发展和对信道的深入研究，可以进行时空联合处理，以提高鱼雷自导系统的性能。

后置处理包括检测、目标参量估计、目标识别与反对抗、目标状态估计和导引等部分。由于现代目标都增强了对鱼雷攻击的防护能力和对抗能力，因此，对鱼雷自导系统提出了更高的要求。一是精确导引，甚至垂直命中，这就要求自导系统具有精确估计目标参数和目标状态的能力；二是要求自导系统具有目标识别和反对抗能力，以确保在对抗环境中，鱼雷攻击的有效性；综合考虑检测、参量估计、反对抗和导引弹道，可以提高鱼雷自导的性能。

自导系统管理的主要功能是使自导系统各组成部分协调一致工作，同时接收全雷系统管理中心的指令，并将自导系统获得的相关信息传送给全雷系统管理中心，以保证自导系统与全雷工作相协调。

如果主动自导系统发射通道关闭，则成为被动自导系统，信号处理为能量检测器。

习题与思考题

1. 为什么说现代鱼雷是高新科技的综合体?

2. 简述现代鱼雷制导系统的组成及其工作原理。

3. 解释与说明:

(1) 鱼雷自导系统及其分类;

(2) 主动自导系统及其特点;

(3) 被动自导系统及其特点。

4. 简述鱼雷自导系统的工作环境。

5. 简述鱼雷自导系统的基本职能和对鱼雷自导系统的基本要求。

6. 鱼雷自导信号处理的发展趋势是宽带和低频,请阐述:

(1) 为什么鱼雷自导信号处理向宽带和低频方向发展?

(2) 宽带自导的关键技术和难点是什么?

(3) 低频自导的关键技术和难点是什么?

7. 论述鱼雷自导的信息空间。

8. 已知鱼雷主动自导系统发射功率为 500 W,基阵的电声转换效率为 50%,发射指向性指数为 20 dB,潜艇的等效半径为 15 m,干扰噪声级为 65 dB/(μPa·Hz·m),接收机指向性指数为 20 dB,检测阈为 20 dB,系统工作频率为 30 kHz。

(1) 试求噪声掩蔽时,鱼雷主动自导系统的作用距离;

(2) 若海底散射强度为 −45 dB,发射脉冲宽度为 100 ms,声速为 1 500 m/s,接收等效束宽为 10°(0.175 rad),试求在混响掩蔽时自导作用距离。

9. 计算在距离 $R = 3\ 000$ m 时,工作频率为 1 kHz,10 kHz 和 30 kHz 的传播损失。

10. 试述主动自导方程和主动自导信息方程的主要区别。

11. 简述鱼雷主动自导系统的基本组成,说明各组成部分的基本功能,并给出主动自导系统的基本结构框图。

12. 说明鱼雷自导方程中各项参数的物理意义。

第2章　鱼雷自导信道

第1节　概　　述

反潜战的主要武器——鱼雷是工作在海洋环境中的,鱼雷自导接收来自目标的回波信号或辐射噪声和叠加在信号上的干扰,对其进行处理和变换,获得目标信息,从而导引鱼雷跟踪和攻击目标。鱼雷自导的信息过程是在海水介质中进行的,海水介质是鱼雷自导信道。

鱼雷自导信道是影响鱼雷自导性能的一个主要方面。鱼雷自导信号是通过海水介质传播的,海水介质的复杂性,如界面、潮汐、海水不均匀体的运动、温度剖面及微结构和海水介质声学特性的时变性等,不仅对传播的信号进行衰减,而且对传播的信息进行变换,造成水下信道的衰落效应和模糊效应,使得鱼雷自导信号,特别是主动自导信号产生严重的畸变、解相关、分辨力下降和测量目标参量的误差增加,严重地影响鱼雷自导信号检测、参量估计和目标识别功能。因此,研究信道、了解信道并采取相应的措施至关重要。

鱼雷自导信道是随机时变的,只考虑一级散射效应,它可以用线性时空变系统来描述,从而将线性时变系统的理论引入到信道的研究中来,方便了信道的建模和对信道物理概念的深入了解。

本章将讨论平均能量信道、随机时变信道和混响信道。

第2节　海水的声吸收

吸收是声能传播时的一种损失形式,它包含着声能转变为热能的过程,因而它是真正的声能量在海水介质中的损失。吸收损失用海水吸收系数来描述,它定义为

$$\alpha = \frac{10\lg I_1 - 10\lg I_2}{r_2 - r_1} \tag{2.1}$$

式中 ,α 为海水吸收系数(dB/km);I_1 和 I_2 分别为声波在 r_1 处的声强和声波传至 r_2 处的声强。

海水吸收由介质的切变黏滞性、体积黏滞性和离子弛豫引起。声波频率在 100 kHz 以下时,硫酸镁($MgSO_4$)的弛豫吸收占主导,在 100 kHz 以上时,以介质引起的黏滞性附加吸收为主,在更低的频率时,硼酸盐的弛豫吸收占很大比例,其弛豫频率约为 1 kHz 左右。

海水吸收比纯水大得多，图 2.1 所示为海水和蒸馏水的吸收系数以及切变黏滞性引起的理论吸收。

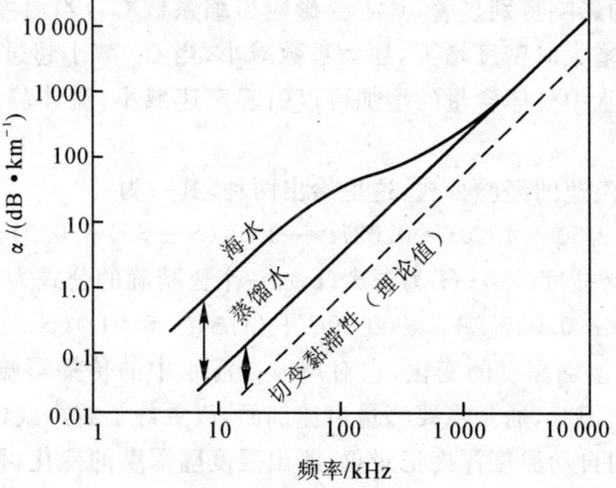

图 2.1　海水和蒸馏水的吸收系数

吸收损失的经验公式为

$$\alpha=\frac{1.71\times10^{8}\left(\frac{4\mu_{F}}{3}+\mu_{F}'\right)f^{2}}{\rho_{F}c_{F}^{3}}+$$

$$\left(\frac{SA'f_{rm}f^{2}}{f^{2}+f_{rm}^{2}}\right)(1-1.23\times10^{3}p)+\frac{A''f_{rb}f^{2}}{f^{2}+f_{rb}^{2}}\quad(\mathrm{dB/m})\tag{2.2}$$

式中，$\rho_F\approx1\ 000\ \mathrm{kg/m^3}$ 为水的密度；$c_F\approx1\ 461\ \mathrm{m/s}$ 为海水中声速（含盐度为 0，温度 $t=14℃$）；$\mu_F\approx1.2\times10^{-3}\ \mathrm{N\cdot s/m^2}$ （$t=14℃$）为淡水动态切变黏滞系数；$\mu_F'\approx3.3\times10^{-3}\mathrm{N\cdot s/m^2}$（$t=14℃$）为淡水动态体积黏滞系数；$f_{rm}$ 为硫酸镁的弛豫频率（kHz），其计算式为 $f_{rm}=21.9\times10^{[6-1\ 250/(t+273)]}$ kHz；$f_{rb}=0.9\times1.5^{t/18}$ kHz 为硼酸盐的弛豫频率；$A'=2.03\times10^{-5}\mathrm{dB/(kHz\cdot m\cdot10^{-3})}$；$A''=1.2\times10^{-4}\mathrm{dB/(kHz\cdot m)}$；$S$ 为含盐度（‰）；f 为声波频率（kHz）；p 为静水压（Pa）。由式（2.2）可以看出吸收损失与海水成分、温度、压力和声波频率等因素有关。在目前自导工作的深度范围，压力影响可以略去不计。

在工程应用中，海水吸收系数可用式（1.8）计算，即

$$\alpha=0.036f^{3/2}\quad(\mathrm{dB/km})$$

第 3 节　海水中的声速

声速是海水介质最重要的声学参数，它对声音在海水中的传播有重要的影响。海水中的声速服从下式：

$$c=\frac{1}{\sqrt{C_V\rho}} \tag{2.3}$$

式中，c 为海水中的声速；C_V 为压缩系数；ρ 为海水密度。温度、盐度、气体和流体静压力都对声速有影响。温度对声速的影响特别显著，其主要影响压缩系数 C_V，当温度升高时，压缩系数减小，因而声速增大。盐度增大时密度增大，压缩系数减小，当 C_V 减小超过了相应 ρ 的增加的影响时，声速增大。溶解于水中气体含量的增加可以引起声速减小。流体静压力增大时压缩系数减小，因而声速增大。

有很多计算海水中声速的经验公式，这里给出两种，其一为

$$c=1\,450+4.20t-0.037t^2+1.14(S-35)+0.018H \tag{2.4}$$

式中，t 为温度(℃)；S 为盐度(‰)；H 为深度(m)。一个更精确的公式为

$$c=1\,449.2+4.6t-0.055t^2+0.000\,29t^3+(1.34-0.01t)(S-35)+0.016H \tag{2.5}$$

“声速剖面”是指声速随深度的变化，它对声波在海水中的传播影响很大，不同的声速剖面声线行进的路径不同。因此，通常需要测量声速剖面，以更好了解声线传播路径。测量声速剖面有两种方法：一是采用自动温度深度记录仪，测出温度随深度的变化，再测得盐度，则可利用式(2.4)或式(2.5)计算声速随深度的变化；另一种方法是采用声速仪，直接测量声速随深度的变化。

声速剖面是多变的，随海区、季节、周日甚至时间而变化。图 2.2 为深海温度和声速分布的关系示意图，可以看出，它由混合层、温跃层和深海等温层组成。海洋表面层通常是充分混合的等温水层，称其为混合层。混合层下面温度随深度急剧减小，称为温跃层。在温跃层和深海等温层交界附近形成深海声道。在沿岸和大陆架浅海，声速剖面变得不规则和不可预报，并且受表面温度变化、盐度变化和海流的影响很大。

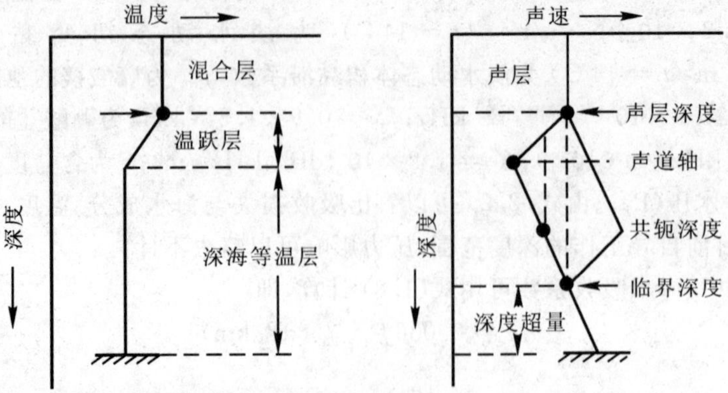

图 2.2 深海温度和声速的分布

在实际应用中，为了计算声线的轨迹，声速梯度，即声速 c 随深度 H 的变化情形非常重要。若 G_c 为沿深度的声速梯度，则

$$G_c = \frac{\mathrm{d}c}{\mathrm{d}H} = \frac{\partial c}{\partial t}\frac{\mathrm{d}t}{\mathrm{d}H} + \frac{\partial c}{\partial S}\frac{\mathrm{d}S}{\mathrm{d}H} + \frac{\partial c}{\partial p}\frac{\mathrm{d}p}{\mathrm{d}H} = a_t G_t + a_S G_S + a_p G_p \tag{2.6}$$

式中，$a_t = \frac{\partial c}{\partial t}$，$a_S = \frac{\partial c}{\partial S}$，$a_p = \frac{\partial c}{\partial p}$ 分别表示温度 t、盐度 S 和压力 p 变化时对速度 c 变化的影响；$G_t = \frac{\mathrm{d}t}{\mathrm{d}H}$，$G_S = \frac{\mathrm{d}S}{\mathrm{d}H}$，$G_p = \frac{\mathrm{d}p}{\mathrm{d}H}$ 分别为温度梯度((°) / m)、盐度梯度(10^{-3}/m) 和流体静压力梯度(10.13 kPa/m)。系数 $a_S = 1.2$ m/(s×10^{-3})；$a_p = 0.017$ m/(s·m)；a_t 与温度有关，如表 2.1 所示。

表 2.1　a_t 与温度的关系

t/ ℃	0	5	10	15	20
a_t/(m·s^{-1}·℃$^{-1}$)	4.4	4.2	3.6	3.2	2.8

作图与计算时可以把声速梯度不等的介质分为若干层，假使在各层声速沿深度变化是线性的，即 G_c = 常数，这时

$$c = c_0 + G_c H$$

或

$$c = c_0(1 + \delta H) \tag{2.7}$$

式中

$$\delta = \frac{G_c}{c_0} \tag{2.8}$$

c_0 为层起始的声速；δ 称为相对声速梯度(1/m)。

第 4 节　海洋中的声传播理论[10~12]

一、波动方程与定解条件

声波的传播过程是一种波动过程，描述声波传播过程和声场分布的理论是波动理论，波动理论的核心是波动方程及其定解条件。波动方程给出了波动过程中相邻介质之间的声压及其他声参量的相应作用，反映了波动过程的一般规律。定解条件包括边界条件和初始条件，它们限定了波动方程解的形式。

1. *波动方程*

波动方程来源于基本的运动方程、连续方程和状态方程。根据基本假设和应用场合，波动方程的形式会有很大的不同，这里给出非均匀介质的波动方程。在海水中，声速是空间和时间的函数，密度也随空间变化，在忽略海水黏滞性和热传导的条件下，在小振幅波动和波动过程近似为等熵过程的假设下，当声速和密度不随时间改变时，可以得到

$$\nabla^2 p - \frac{1}{c^2}\frac{\partial^2 p}{\partial t^2} - \frac{1}{\rho}\nabla p \cdot \nabla \rho = 0 \tag{2.9}$$

引入波函数 $\psi = p\sqrt{\rho}$，式(2.9) 变为

$$\nabla^2\psi-\frac{1}{c^2}\frac{\partial^2\psi}{\partial t^2}+\left[\frac{\nabla^2\rho}{2\rho}-\frac{3(\nabla\rho)^2}{4\rho^2}\right]\psi=0 \tag{2.10}$$

对简谐波,式(2.10)可写成

$$\nabla^2\psi+K^2(x,\ y,\ z)\psi=0 \tag{2.11}$$

式中

$$K^2(x,\ y,\ z)=k^2(x,\ y,\ z)+\frac{\nabla^2\rho}{2\rho}-\frac{3(\nabla\rho)^2}{4\rho^2} \tag{2.12}$$

$$k(x,\ y,z)=\frac{\omega}{c(x,\ y,\ z)} \tag{2.13}$$

∇为拉普拉斯算子,对直角坐标系有

$$\nabla^2=\frac{\partial^2}{\partial x^2}+\frac{\partial^2}{\partial y^2}+\frac{\partial^2}{\partial z^2}$$

对球坐标系有

$$\nabla^2=\frac{1}{r^2}\frac{\partial}{\partial r}\left(r^2\frac{\partial}{\partial r}\right)+\frac{1}{r^2\sin\theta}\frac{\partial}{\partial\theta}\left(\sin\theta\frac{\partial}{\partial\theta}\right)+\frac{1}{r^2\sin^2\theta}\frac{\partial^2}{\partial\varphi^2}$$

对圆柱坐标系有

$$\nabla^2=\frac{1}{r}\frac{\partial}{\partial r}\left(r\frac{\partial}{\partial r}\right)+\frac{1}{r}\frac{\partial}{\partial\varphi}\left(\frac{1}{r}\frac{\partial}{\partial\varphi}\right)+\frac{\partial^2}{\partial z^2}$$

在海水中,通常密度的变化很小,可近似认为 $\rho=$ 常数,于是式(2.11)可写为

$$\nabla^2\psi+k^2(x,\ y,\ z)\psi=0 \tag{2.14}$$

式(2.11)和式(2.14)分别为非均匀介质 ρ 为变数和常数情况下的波动方程,常称为齐次亥姆霍兹方程。如果介质中有外力作用,譬如有声源情况,设 F 为作用于介质单位体元上的外力,则波动方程为

$$\nabla^2\psi+K^2(x,\ y,\ z)\psi=\frac{\nabla F}{\sqrt{\rho}} \tag{2.15}$$

当 $\rho=$ 常数时,有

$$\nabla^2\psi+k^2(x,\ y,\ z)\psi=\frac{\nabla F}{\sqrt{\rho}} \tag{2.16}$$

式(2.15)和式(2.16)为存在声源时,声场满足的非齐次亥姆霍兹方程。

由于 $p=\sqrt{\rho}\,\psi$,ρ 是常数时,声压 p 也满足式(2.14)和式(2.16),即

$$\nabla^2 p+k^2(x,\ y,\ z)p=0 \tag{2.17}$$

和

$$\nabla^2 p+k^2(x,\ y,\ z)p=\nabla F \tag{2.18}$$

上述为用波函数或声压表示的波动方程,波动方程也可用速度势(势函数)表示如下:

$$\nabla^2\phi+k^2(x,\ y,\ z)\phi=0 \tag{2.19}$$

或

$$\nabla^2\phi+k^2(x,\ y,\ z)\phi=\nabla F \tag{2.20}$$

速度势与声压之间的关系为

$$p = \rho \frac{\partial \phi}{\partial t} \tag{2.21}$$

根据使用的特定几何假设及解的表达形式的不同，波动方程有多种求解方法，典型的有简正波理论、射线理论、多途展开、快速场和抛物方程法等。其中最常用的是简正波理论和射线理论，前者也称波动理论。它们适用于不同的场合，各有其特点。

2. 定解条件

波动方程给出声波传播遵循的普遍规律，对一个特定声场，应结合其具体条件才能给出声场的解。这种特定声场的具体条件称为定解条件。定解条件包括边界条件、辐射条件、奇性条件和初始条件。

(1) 边界条件：边界是指介质物理特性有突变的界面，边界条件指声场在介质的边界上必须满足的条件。声学中常见的边界条件有以下 4 种：

1) 绝对软边界　这时界面是不能承压的，边界上的压力等于零。如果边界是深度 $z=0$ 的平面，则有

$$p(x, y, 0, t) = 0 \tag{2.22}$$

平静的海面属于这种情况。如果边界为 $z=\eta(x,y,t)$ 的自由表面，则有

$$p(x, y, \eta, t) = 0 \tag{2.23}$$

这可以是不平整海面的边界条件。

绝对软边界的边界条件式(2.22) 和式(2.23) 也称为第一类齐次边界条件。

2) 绝对硬边界　此时边界面上的法向振速为零。若边界方程为 $z=\eta(x,y)$，这对应于不平整硬质海底，若 $z=$ 常数，可对应平整硬质海底，则有

$$(\boldsymbol{n} \cdot \boldsymbol{u})_{\eta} = 0 \tag{2.24}$$

式中，$\boldsymbol{n} = \frac{\partial \eta}{\partial x}\boldsymbol{i} + \frac{\partial \eta}{\partial y}\boldsymbol{j} + \boldsymbol{k}$ 为边界的法向单位矢量；$\boldsymbol{u} = u_x\boldsymbol{i} + u_y\boldsymbol{j} + u_z\boldsymbol{k}$ 为质点振速，所以式(2.24) 又可写成

$$\frac{\partial \eta}{\partial x}u_x + \frac{\partial \eta}{\partial y}u_y + u_z = 0 \tag{2.25}$$

绝对硬边界的边界条件式(2.24) 和式(2.25) 也称为第二类齐次边界条件。

3) 混合边界　这时边界上的声压和法向振速成线性关系，即

$$ap + bu_n = f(s) \tag{2.26}$$

式中，a 和 b 为常数。当 $f(s)=0$ 时，称为阻抗边界条件，边界上的阻抗值为

$$z = -\frac{p}{u_n} \tag{2.27}$$

4) 声场连续边界　这是指边界两边都有波场，而介质的阻抗特性发生突变的情况。液态海底或密度 ρ 或声速 c 发生跃变的“界面”均属这种情况。根据边界上场的“连续性”特性，边界两边的声压和法向振速应连续，即

$$p\Big|_{S+0} - p\Big|_{S-0} = 0 \tag{2.28}$$

$$u_n\Big|_{S+0} - u_n\Big|_{S-0} = 0 \tag{2.29}$$

这类边界条件也称为第三类边界条件。

(2) 奇性条件：当声源的线度比激发它的声波波长小得多时，称为点源。点源在均匀介质中的声压为

$$p = \frac{A}{r}\exp[\mathrm{j}(\omega t - k r)] \tag{2.30}$$

除了在 $r = 0$ 这一点外，它满足齐次波动方程

$$\nabla p - \frac{1}{c^2}\frac{\partial^2 p}{\partial t^2} = 0$$

当 $r \to 0$ 时，$p \to \infty$，这表示声场在声源处间断，所以声源是声场的奇异点，把这种声源条件称为奇性条件。声的波动方程在声源处必须受到奇性条件的约束，利用 δ 函数的性质，有

$$\nabla^2 p - \frac{1}{c^2}\frac{\partial^2 p}{\partial t^2} = -4\pi\delta(r)A\exp(\mathrm{j}\omega t) \tag{2.31}$$

上式即为包含了奇性定解条件的波动方程。$\delta(r)$ 为三维狄拉克 δ 函数，其定义为

$$\int_V \delta(r)\mathrm{d}V = \begin{cases} 1, & r = 0 \text{ 包括在体积 } V \text{ 内} \\ 0, & r = 0 \text{ 在体积 } V \text{ 外} \end{cases} \tag{2.32}$$

(3) 辐射条件：指波动方程的解在无穷远处所必须满足的定解条件。当无穷远处没有声源存在时，声波在无穷远处应该有发散行为，即波场在无穷远处应该熄灭。关于辐射条件，这里不做详细讨论。

(4) 初始条件：初始条件指声场初始状态的表达式，当只需求远离初始时刻的稳态解时，可以不考虑初始状态，构成没有初始条件的定解问题。

二、简正波理论

声在介质中的传播过程是一种波动过程，因此，求解声场分布较完善的理论是波动理论。从概念上讲，波动理论能够求解任何条件下的声场问题，而且计算也比较准确。但实际上，由于数学工具的困难，并不是对所有的问题都能得到直接的解析表达式。用波动理论求解声场分布的一般过程是要求出满足定解条件的波动方程的解。本小节简要讨论非均匀分层介质的波动方程的解，即简化浅海模型的简正波解，它特别适于浅海、低频、远场及某些特殊场合。

1. 硬底均匀浅海声场

建立一简化浅海模型：水深和声速均为常数，硬质海底和海面为平整界面。用波动声学方法对这一模型进行分析，以了解浅海声传播的物理现象和得出一些有益的结论。

(1) 简正波：简化浅海模型如图 2.3 所示，声速 $c = c_0$，海深 $z = H$，硬质平整海底，自由平整海面。点声源位于 $r = 0, z = z_0$。则层中声场满足非齐次亥姆霍兹方程，对圆柱坐标系可写为

$$\frac{1}{r}\frac{\partial}{\partial r}\left(r\frac{\partial p}{\partial r}\right) + \frac{\partial^2 p}{\partial z^2} + k_0 p = -4\pi A\delta(r - r_0) \tag{2.33}$$

式中，A 为源的幅值；$r_0 = 0\boldsymbol{r} + z_0\boldsymbol{z}$，$\boldsymbol{r}$ 为源的位置，$\boldsymbol{z}$ 为单位矢量；$\delta(r - r_0)$ 为三维狄拉克函数。

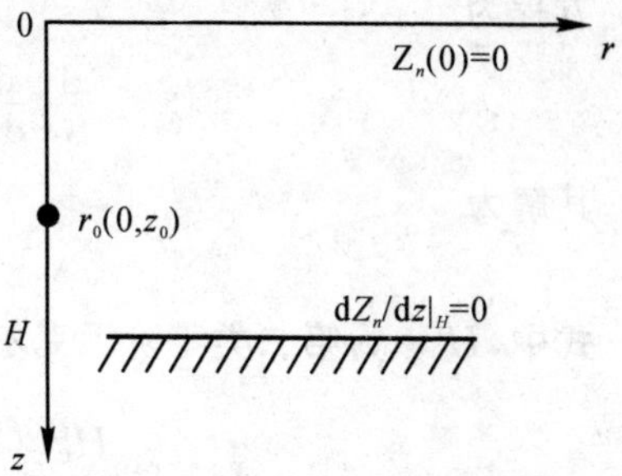

图 2.3　硬底简化浅海模型

不失一般性，令 $A = 1$，在圆柱对称情况下，选取

$$\delta(r - r_0) = \frac{1}{2\pi r}\delta(r)\delta(z - z_0)$$

则式(2.33)变为

$$\frac{\partial^2 p}{\partial r^2} + \frac{1}{r}\frac{\partial p}{\partial r} + \frac{\partial^2 p}{\partial z^2} + \left[\frac{\omega^2}{c^2(z)}\right]p = -\frac{2}{r}\delta(r)\delta(z - z_0) \tag{2.34}$$

采用分离变量法，令 $p(r, z) = \sum_n R_n(r)Z_n(z)$ 并代入式(2.34)，经分离变量后可以得到 $Z_n(z)$ 满足的微分方程，即

$$\frac{d^2 Z_n}{dz^2} + \left[\frac{\omega^2}{c^2(z)} - K_n^2\right]Z_n = 0 \tag{2.35}$$

式中，K_n 是常数。式(2.35)的解要满足正交归一化条件

$$\int_Z Z_n(z)Z_m(z)dz = \begin{cases} 1, & m = n \\ 0, & m \neq n \end{cases} \tag{2.36}$$

$Z_n(z)$ 称为特征函数。对于新建立的简化浅海模型，$c(z) = c_0$ 为常数，海面和海底的边界条件分别为

$$Z_n(0) = 0 \quad 和 \quad \left(\frac{dZ_n}{dz}\right)_{z=H} = 0 \tag{2.37}$$

于是由式(2.35)可得到

$$\frac{d^2 Z_n}{dz^2} + k_{Z_n}^2 Z_n = 0 \tag{2.38}$$

式中，$k_{Z_n}^2 = \frac{c}{\omega_0} - K_n^2$。可以解得

$$Z_n(z) = \sqrt{\frac{2}{H}}\sin(k_{Z_n} z) \quad (0 \leqslant z \leqslant H) \tag{2.39}$$

其特征值为

$$k_{Z_n} = \left(n - \frac{1}{2}\right)\frac{\pi}{H} \quad (n = 1, 2, 3, \cdots) \tag{2.40}$$

于是求得

$$K_n = \sqrt{\left(\frac{\omega}{c_0}\right)^2 - \left[\left(n - \frac{1}{2}\right)\frac{\pi}{H}\right]^2} \tag{2.41}$$

式中，$k = \frac{\omega}{c_0}$ 为波数，K_n 和 k_{Z_n} 分别为波矢量 $\boldsymbol{k}$ 的水平分量和垂直分量。将式(2.38)和 $p(r, z) = \sum_n R_n(r)Z_n(z)$ 代入式(2.34)并考虑到正交归一化条件，可以得到 R_n 满足的微分

方程为

$$\frac{1}{r}\frac{\mathrm{d}}{\mathrm{d}r}\left(r\frac{\mathrm{d}R_n}{\mathrm{d}r}\right)+K_n^2R_n=-\frac{2}{r}\delta(r)Z_n(z_0) \tag{2.42}$$

其解为

$$R_n(r)=-\mathrm{j}\pi Z_n(z_0)H_0^{(2)}(K_nr) \tag{2.43}$$

式中，$H_0^{(2)}$ 为第二类零阶汉克尔函数，对远场，$K_nr\gg1$，汉克尔函数可近似表示为

$$H_0^{(2)}(K_nr)\approx\sqrt{\frac{2}{\pi K_nr}}\exp\left[-\mathrm{j}\left(K_nr-\frac{\pi}{4}\right)\right] \tag{2.44}$$

则 $p(r,z)$ 为

$$p(r,z)=-\mathrm{j}\sum_n\sqrt{\frac{2\pi}{K_nr}}Z_n(z)Z_n(z_0)\exp\left[-\mathrm{j}\left(K_nr-\frac{\pi}{4}\right)\right] \tag{2.45}$$

或者

$$p(r,z)=-\mathrm{j}\frac{2}{H}\sum_n\sqrt{\frac{2\pi}{K_nr}}\sin(k_{Z_n}z)\sin(k_{Z_n}z_0)\exp\left[-\mathrm{j}\left(K_nr-\frac{\pi}{4}\right)\right] \tag{2.46}$$

式(2.46)是满足波动方程和边界条件的解，式中的每一项被称为简正波，n 称为简正波的阶。可以看出，每一阶简正波是沿深度 z 方向作驻波分布，沿水平 r 方向传播的波。不同阶数的简正波其驻波的分布形式是不同的，图 2.4 给出了前四阶简正波沿深度 z 的振幅分布。层中的声场由各阶简正波之和的无穷级数来表示。

(2) 截止频率：存在截止频率是简正波的一个重要特性。式(2.41)给出了第 n 阶简正波的水平波数，即

$$K_n=\sqrt{\left(\frac{\omega}{c_0}\right)^2-\left[\left(n-\frac{1}{2}\right)\frac{\pi}{H}\right]^2}$$

可以看出，阶数 n 可取的最大正整数 N 为

$$N=\left(\frac{H\omega}{\pi c_0}+\frac{1}{2}\right) \tag{2.47}$$

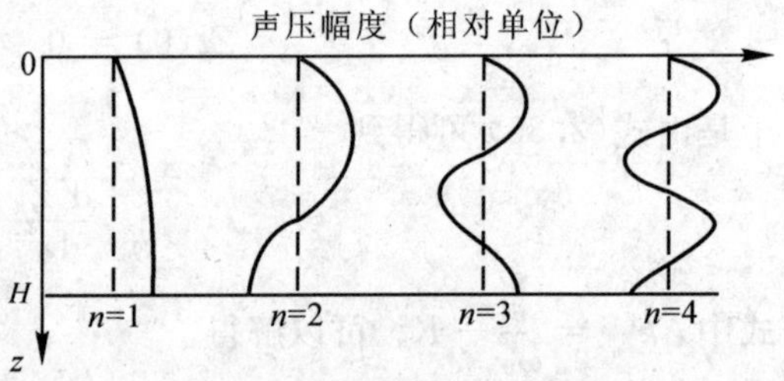

图 2.4 简正波沿深度的振幅分布

当 $n>N$ 时，K_n 为虚数，这时随距离 r 的增加，$p_n(r,z)$ 的振幅急剧衰减，即波不能传播。$n>N$ 的各项，仅在 r 接近零时，才对解有贡献。因此，在远场式(2.46)可表示成有限项的级数和，即

$$p(r,z)\approx-\mathrm{j}\frac{2}{H}\sum_{n=1}^{N}\sqrt{\frac{2\pi}{K_nr}}\sin(k_{Z_n}z)\sin(k_{Z_n}z_0)\exp\left[-\mathrm{j}\left(K_nr-\frac{\pi}{4}\right)\right] \tag{2.48}$$

N 决定了可传播的最高阶简正波的频率，称为简正波的临界频率，其表达式为

$$\omega_N=\left(N-\frac{1}{2}\right)\frac{\pi c_0}{H} \tag{2.49}$$

或者

$$f_N = \left(N - \frac{1}{2}\right)\frac{c_0}{2H} \tag{2.50}$$

当声源频率 $\omega < \omega_N$ 时，层中不存在 N 阶及 N 阶以上简正波的传播。改变 n(但不大于 N)可求得可传播的各阶简正波的临界频率，当 $n = 1$ 时，求得的简正波在层中传播的最低临界频率，称为截止频率，其表达式为

$$\omega_1 = \frac{\pi c_0}{2H} \quad 或 \quad f_1 = \frac{c_0}{4H} \tag{2.51}$$

当声源频率 $f < f_1$ 时，式(2.48) 中各项都按指数衰减，远场声场趋于零。

(3) 频散现象：频散是简正波的又一个重要特性，这是由于各阶简正波的传播速度不同造成的。通常称等相位面的传播速度为相速，第 n 阶简正波的相速为

$$c_{pn} = \frac{\omega}{K_n} = \frac{c_0}{\sqrt{1 - \left(\frac{\omega_n}{\omega}\right)^2}} \tag{2.52}$$

式中，c_0 为自由空间的声速。

可以看出，相速 c_{pn} 与频率有关，因此，波将产生弥散，这种波称为频散波，浅海水层属频散介质。从式(2.52) 还可看出，给定频率，不同阶简正波的相速是不同的。

通常称一段波包络上具有某种特性(例如波峰或波谷) 的点的传播速度为群速，群速是波群的能量传播速度。第 n 阶简正波的群速为

$$c_{gn} = \frac{d\omega}{dK_n} = c_{pn} + K_n \frac{dc_{pn}}{dK_n} = c_0\sqrt{1 - \left(\frac{\omega_n}{\omega}\right)^2} \tag{2.53}$$

可以看出，$c_{pn} > c_{gn}$；c_{pn} 随 ω 增加而减小，c_{gn} 随 ω 增加而增加；当 $\omega \to \infty$ 时，c_{pn} 和 c_{gn} 都趋于 c_0；当 ω 减小趋于 ω_n 时，c_{pn} 趋于无穷，而 c_{gn} 趋于零。图 2.5 给出了简正波相速和群速与频率的关系。

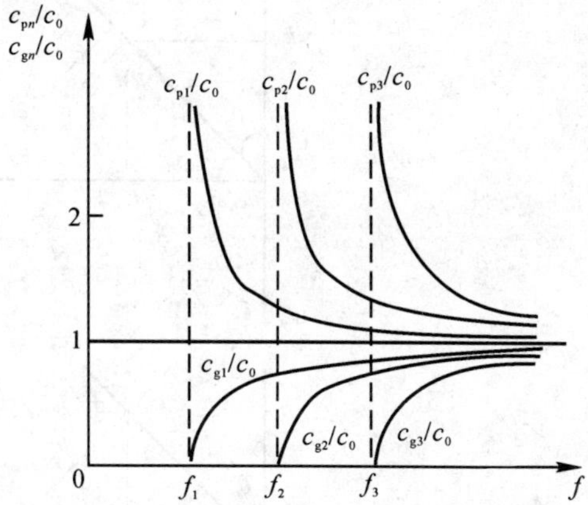

图 2.5　简正波相速和群速与频率的关系

下面从各阶简正波的传播，进一步说明简正波相速和群速的区别。如前所述，第 n 阶简正波为

$$p(r, z) = -j\frac{2}{H}\sum_n \sqrt{\frac{2\pi}{K_n r}}\sin(k_{Z_n} z)\sin(k_{Z_n} z_0)\exp\left[-j\left(K_n r - \frac{\pi}{4}\right)\right]$$

其振幅随深度 z 的变化为

$$\sin(k_{Z_n} z) = -j\frac{1}{2}[\exp(-jk_{Z_n} z) - \exp(jk_{Z_n} z)]$$

这说明 p_n 在 z 方向上是由两个波叠加而形成的驻波，因而有

$$p_n = \frac{1}{H}\sqrt{\frac{2\pi}{K_n r}}\sin(k_{Z_n} z_0)\left\{\exp\left[-\mathrm{j}\left(K_n r + k_{Z_n} z - \frac{\pi}{4}\right)\right] - \exp\left[-\mathrm{j}\left(K_n r - k_{Z_n} z - \frac{\pi}{4}\right)\right]\right\} \tag{2.54}$$

图2.6表示了每阶简正波可分解为两个平面波叠加的情况。K_n 和 k_{Z_n} 分别为波矢量 $\boldsymbol{k}$ 沿水平方向和垂直方向的分量，具有如下关系

$$|\boldsymbol{k}|^2 = K_n^2 + k_{Z_n}^2 \tag{2.55}$$

两平面波传播方向与垂线 z 的夹角为

$$\theta_n = \pm \arcsin\left(\frac{K_n}{|\boldsymbol{k}|}\right) \tag{2.56}$$

$$\sin\theta_n = \frac{K_n}{|\boldsymbol{k}|} = \sqrt{1 - \left(\frac{\omega_n}{\omega}\right)^2} \tag{2.57}$$

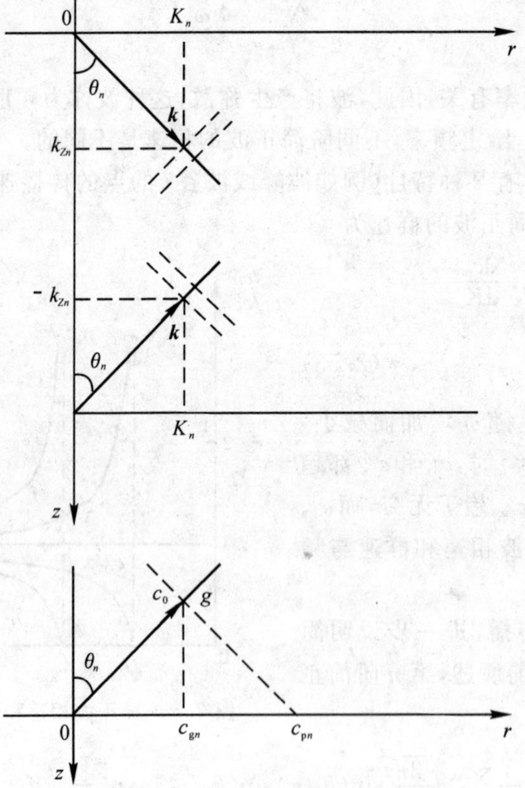

图 2.6 简正波的分解

沿波矢量 $\boldsymbol{k}$ 传播的平面波等相位面如图 2.6 中虚斜线所示，虚斜线沿 r 的传播速度为相速，从图中可以看出

$$c_{pn} = \frac{c_0}{\sin\theta_n} \tag{2.58}$$

群速是波形包络的传播速度，相应于图中 g 点的传播速度，即

$$c_{gn} = c_0 \sin\theta_n \tag{2.59}$$

式(2.58) 和式(2.59) 与式(2.52) 和式(2.53) 是一致的。显然，层中声传播的频散，必然导致脉冲波形传播的畸变。

2. 液态海底均匀浅海声场

液态海底简化浅海模型如图 2.7 所示。

声源位于 $r = 0, z = z_0$ 处，声场满足非齐次亥姆霍兹方程，即

$$\frac{\partial^2 p}{\partial \varphi^2} + \frac{1}{r}\frac{\partial p}{\partial r} + \frac{\partial p^2}{\partial z^2} + k^2 p = -\frac{2}{r}\delta(r)\delta(z - z_0)$$

$$(0 \leqslant z \leqslant \infty) \tag{2.60}$$

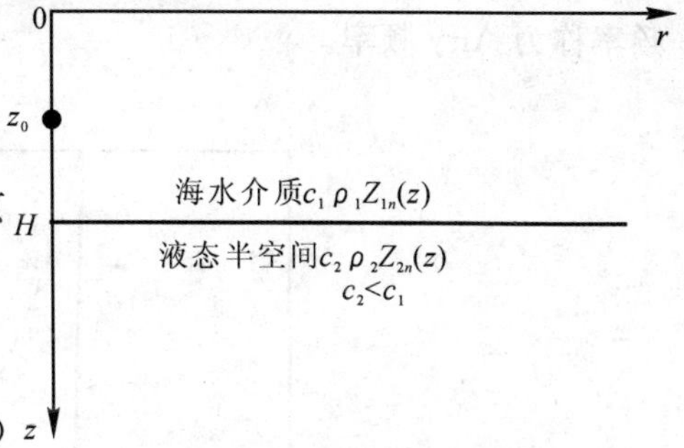

图 2.7　液态海底简化浅海模型

采用分离变量法求解波动方程，其边界条件为

$$Z_{1n}(0) = 0 \tag{2.61a}$$

$$Z_{1n}(H) = Z_{2n}(H) \tag{2.61b}$$

$$\frac{1}{\rho_1}\left(\frac{dZ_{1n}}{dz}\right)_H = \frac{1}{\rho_2}\left(\frac{dZ_{2n}}{dz}\right)_H \tag{2.61c}$$

$$\lim_{z\to\infty} Z_{2n}(z) = 0 \tag{2.61d}$$

式(2.61a) 表示在绝对软边界声压为零；式(2.61b) 和式(2.61c) 表示在连续边界处声压与振速连续；式(2.61d) 表示在 z 趋于无穷时声压为零。在上述边界条件下可求得

$$p(r, z) = -\mathrm{j}\sum_{n=1}^{N}\sqrt{\frac{2\pi}{K_n r}}A_n^2 \sin(k_{Z_n} z_0)\sin(k_{Z_n} z)\exp\left[\mathrm{j}\left(K_n r - \frac{\pi}{4}\right)\right] \tag{2.62}$$

式中

$$k_{Z_n}^2 = \left(\frac{\omega}{c_1}\right)^2 - K_n^2 \tag{2.63}$$

$$A_n^2 = \frac{2k_{Z_n}}{k_{Z_n}H - \cos(k_{Z_n}H)\sin(k_{Z_n}H) - \left(\frac{\rho_1}{\rho_2}\right)^2 \sin^2(k_{Z_n}H)\tan(k_{Z_n}H)} \tag{2.64}$$

式(2.62) 中的每一项都称为简正波。在液态下半空间($z > H$) 中，振幅沿深度按指数规律衰减，频率越高，衰减越快。在高频，出现界面全反射，下半空间($z > H$) 声能很小，波的能量几乎限制在层($0 \leqslant z \leqslant H$) 中传播。

可以求得液态海底均匀浅海的各阶简正波的临界频率为

$$f_n = \frac{c_1\left(n - \frac{1}{2}\right)}{2H\sqrt{1 - \left(\frac{c_1}{c_2}\right)^2}} \quad (n = 1, 2, \cdots) \tag{2.65}$$

当声源频率 $f > f_n$ 时，可以产生第 n 阶及其以上各阶简正波。f_1 为该声场的截止频率。

在这种浅海波导中，等相位面以相速度沿 r 方向传播，对脉冲信号则以群速度传播。相速度和群速度都随频率而变化，图 2.8 绘出了前三阶简正波相速度和群速度随频率变化的情况。从图中可以看出，$c_1 \leqslant c_{pn} \leqslant c_2$；对各阶简正波在临界频率时群速度等于海底介质中的声速 c_2，在甚高频时，其群速度趋近于海水中的声速 c_1，而在某一定中间频率时，群速度具有极小值，这一频率称为 Airy 频率。

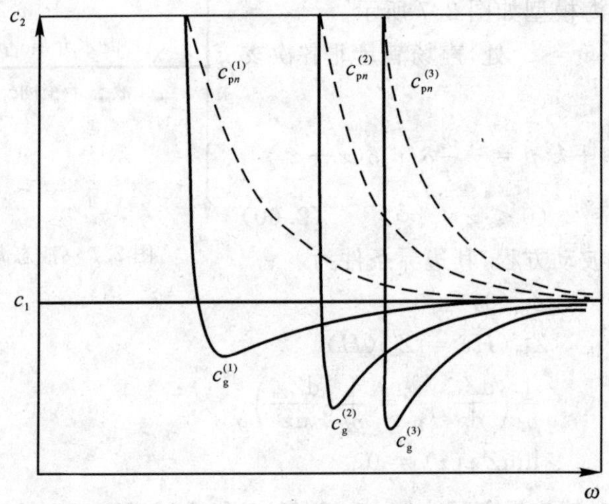

图 2.8 前三阶简正波的相速度和群速度与频率的关系

相速度和群速度与频率有关，导致浅海波导中的频散现象。为了说明这种现象，现讨论一个爆炸波（近似为 δ 脉冲）在浅海波导中的传播。在脉冲传播时，最先到达的是接近截止频率，群速度为海底介质声速的低频波，称为底波，它们的强度很小。随后收到的信号频率逐渐升高，当群速度接近海水介质声速时，有较高频率的信号到达，称为水波。这时会出现底波和水波干涉叠加的复杂情况，水波频率逐渐降低，底波频率逐渐增高，在 Airy 频率时，群速度最小，这时 Airy 波到达，脉冲结束。上述过程如图 2.9 所示，可见，一个近似 δ 脉冲的爆炸波变成了一个被拖长了的波形。浅海波导的频散现象使得传播的波形产生了严重的畸变。

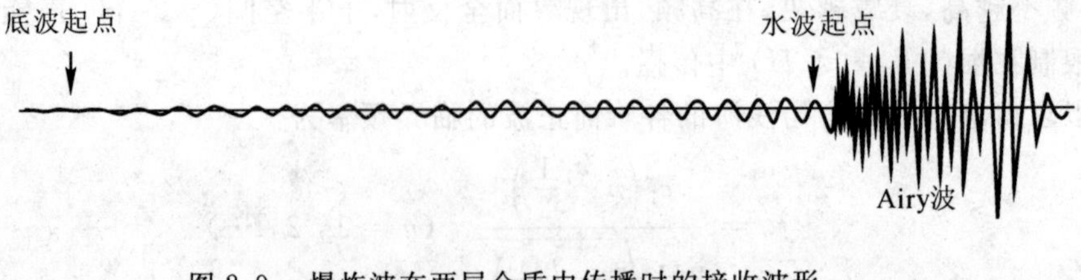

图 2.9 爆炸波在两层介质中传播时的接收波形

三、射线声学基础

1. 射线声学的基本概念

射线声学方法是一种求解波动方程的近似方法，它适用于“近场”和“高频”。这种方法具有直观和简捷的优点，但它的使用也受到一定的限制，在某些场合如声影区、会聚区等，射线声学方法就不适用。

射线声学把声波的传播看做是一束垂直于等相位面的射线的传播，每一条射线与等相位面垂直，称为声线。声线经过的距离为波传播的路程，声线经历的时间为波传播的时间，声线束所携带的能量为波传播的能量。

等相位面又称为波阵面。对于沿任意方向传播的平面波波函数为

$$\psi = A\exp[\mathrm{j}(\omega t - \boldsymbol{kr})] \tag{2.66}$$

式中，$\boldsymbol{k}$ 为波矢量，$\boldsymbol{r}$ 为观测点的位置矢量，可分别表示为

$$\boldsymbol{k} = k_x\boldsymbol{i} + k_y\boldsymbol{j} + k_z\boldsymbol{k}$$

和

$$\boldsymbol{r} = x\boldsymbol{i} + y\boldsymbol{j} + z\boldsymbol{k}$$

式中，$\boldsymbol{i},\boldsymbol{j},\boldsymbol{k}$ 为三个坐标的单位矢量；k_x,k_y,k_z 为 $\boldsymbol{k}$ 在三个坐标轴上的分量，$\boldsymbol{k}$ 的大小为

$$|\boldsymbol{k}| = \sqrt{k_x^2 + k_y^2 + k_z^2} = \frac{\omega}{c}$$

上述平面波的等相位面为 $\boldsymbol{kr} =$ 常数的平面。平面波的传播方向为等相位面的法线方向，也就是波矢量 $\boldsymbol{k}$ 的方向，如图 2.10(a) 所示。

波矢量 $\boldsymbol{k}$ 的方向也可用它的方向余弦来表示，即

$$\frac{k_x}{|\boldsymbol{k}|} = \cos\alpha,\quad \frac{k_y}{|\boldsymbol{k}|} = \cos\beta,\quad \frac{k_z}{|\boldsymbol{k}|} = \cos\gamma \tag{2.67}$$

对于一个等相位面平行于 z 轴的平面波来说，$\gamma = \frac{\pi}{2}$，$k_z = 0$。该平面波的等相位面与波的传播方向如图 2.10(b) 所示。

在均匀介质中($c =$ 常数，$k =$ 常数)，平面波的声线束是由无数条垂直于等相位面的直线组成，这些声线相互平行，互不相交，如图 2.11(a) 所示。点声源产生球面波，声线束由点声源沿径向向外放射，等相位面是以点声源为中心的同心球面，如图 2.11(b) 所示。在非均匀介质中，k 是位置的函数，声波传播方向因位置而异，声线束是由点声源向外放射的曲线束组成的，等相位面也不再是同心球面，如图 2.11(c) 所示。

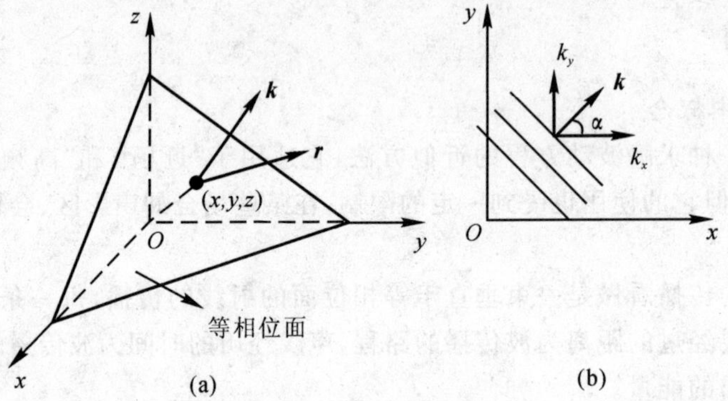

图 2.10 沿任意方向传播的平面波及其等相位面

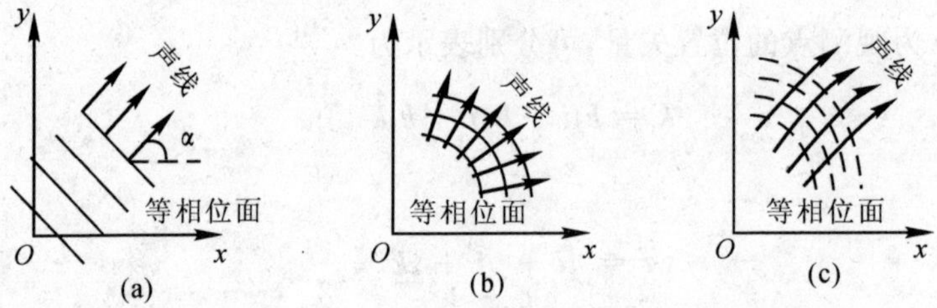

图 2.11 不同情况下的等相位面及其射线束

(a) 均匀介质平面波； (b) 均匀介质球面波； (c) 非均匀介质球面波

2. 射线声学的基本方程

若波动方程

$$\nabla^2 p - \frac{1}{c^2}\frac{\partial^2 p}{\partial t^2} = 0$$

具有解为

$$\begin{aligned} p(x, y, z, t) = A(x, y, z)\exp\{\mathrm{j}[\omega t - k(x, y, t)\varphi_1(x, y, z)]\} = \\ A(x, y, z)\exp\{\mathrm{j}[\omega t - k_0\varphi(x, y, z)]\} \end{aligned} \tag{2.68}$$

式中，A 为声压振幅，$A = A(x,y,z)$；k 为波数，即

$$k = \frac{\omega}{c_0}\frac{c_0}{c(x, y, z)} = k_0 n(x, y, z) \tag{2.69}$$

c_0 为参考点声速，$n(x,y,z)$ 为折射率；$k_0\varphi(x,y,z)$ 为相位值；$\varphi(x,y,z)$ 为程函，$\varphi(x,y,z) = n(x,y,z)\ \varphi_1(x,y,z)$，$\varphi$ 具有长度量纲，为声程。k_0 为参考点的波数，为常数。因 $\varphi(x,y,z) =$ 常数的空间坐标点组成了等相位面，一般地，它是一个曲面。在该曲面上，相位处处相等，其梯度 $\nabla\varphi$ 的指向为声线的方向，其处处与等相位面垂直。

将式(2.68) 代入波动方程，得到

$$\frac{\nabla^2 A}{A}-\left(\frac{\omega}{c_0}\right)^2\nabla\varphi\nabla\varphi+\left(\frac{\omega}{c}\right)^2-\mathrm{j}\frac{\omega}{c_0}\left(\frac{2\nabla A}{A}\nabla\varphi+\nabla^2\varphi\right)=0 \tag{2.70}$$

于是有

$$\frac{\nabla^2 A}{A}-k_0^2\nabla\varphi\nabla\varphi+k^2=0 \tag{2.71}$$

$$\nabla^2\varphi+\frac{2}{A}\nabla A\nabla\varphi=0 \tag{2.72}$$

当 $\frac{\nabla^2 A}{A}\ll k^2$ 时，式(2.71) 可简化为

$$(\nabla\varphi)^2=\left(\frac{c_0}{c}\right)^2=n^2(x,\ y,\ z) \tag{2.73}$$

式(2.72) 和式(2.73) 为射线声学的两个基本方程，前者称为程函方程，是描述声线走向的方程，它不仅给出声线的方向，而且可以导出声线的轨迹和传播时间；后者称为强度方程，是描述声能量随声线传播的方程。

下面，将进一步讨论射线声学的两个基本方程。

(1) 程函方程：这里讨论程函方程的其他形式。

声线方向是等相位面 $\varphi(x,y,z)=$ 常数的法线方向，也就是等相位面 $\varphi(x,y,z)$ 的梯度 $\nabla\varphi$ 的方向，因而有

$$\nabla\varphi=\frac{\partial\varphi}{\partial x}\boldsymbol{i}+\frac{\partial\varphi}{\partial y}\boldsymbol{j}+\frac{\partial\varphi}{\partial z}\boldsymbol{k}=n(\cos\alpha\,\boldsymbol{i}+\cos\beta\,\boldsymbol{j}+\cos\gamma\,\boldsymbol{k}) \tag{2.74}$$

将式(2.74) 写成标量形式有

$$\frac{\partial\varphi}{\partial x}=n\cos\alpha \tag{2.75a}$$

$$\frac{\partial\varphi}{\partial y}=n\cos\beta \tag{2.75b}$$

$$\frac{\partial\varphi}{\partial z}=n\cos\gamma \tag{2.75c}$$

根据式(2.73)，有

$$n=\sqrt{\left(\frac{\partial\varphi}{\partial x}\right)^2+\left(\frac{\partial\varphi}{\partial y}\right)^2+\left(\frac{\partial\varphi}{\partial z}\right)^2}$$

于是可得到声线的方向余弦为

$$\cos\alpha=\frac{\frac{\partial\varphi}{\partial x}}{\sqrt{\left(\frac{\partial\varphi}{\partial x}\right)^2+\left(\frac{\partial\varphi}{\partial y}\right)^2+\left(\frac{\partial\varphi}{\partial z}\right)^2}} \tag{2.76a}$$

$$\cos\beta=\frac{\frac{\partial\varphi}{\partial y}}{\sqrt{\left(\frac{\partial\varphi}{\partial x}\right)^2+\left(\frac{\partial\varphi}{\partial y}\right)^2+\left(\frac{\partial\varphi}{\partial z}\right)^2}} \tag{2.76b}$$

$$\cos\gamma = \frac{\dfrac{\partial\varphi}{\partial z}}{\sqrt{\left(\dfrac{\partial\varphi}{\partial x}\right)^2+\left(\dfrac{\partial\varphi}{\partial y}\right)^2+\left(\dfrac{\partial\varphi}{\partial z}\right)^2}} \tag{2.76c}$$

可以利用式(2.75)或式(2.76)确定声线的方向。

图2.12为声线方向余弦的示意图，ds为声线s的微元，可以看出

$$\cos\alpha = \frac{\mathrm{d}x}{\mathrm{d}s} \tag{2.77a}$$

$$\cos\beta = \frac{\mathrm{d}y}{\mathrm{d}s} \tag{2.77b}$$

$$\cos\gamma = \frac{\mathrm{d}z}{\mathrm{d}s} \tag{2.77c}$$

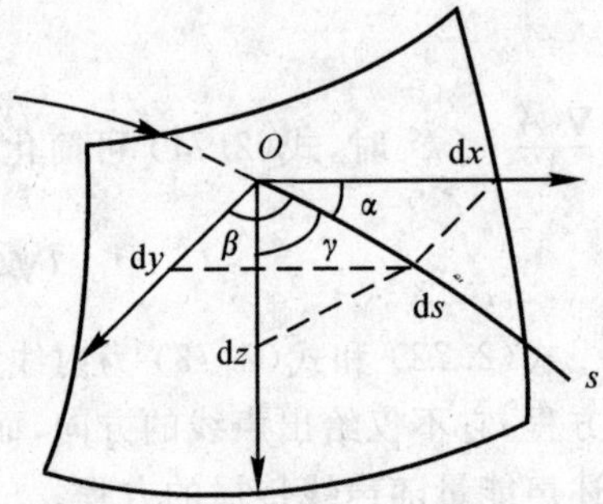

图 2.12　声线方向余弦示意图

经过推导可以得到

$$\frac{\mathrm{d}}{\mathrm{d}s}(n\cos\alpha) = \frac{\partial n}{\partial x} \tag{2.78a}$$

$$\frac{\mathrm{d}}{\mathrm{d}s}(n\cos\beta) = \frac{\partial n}{\partial y} \tag{2.78b}$$

$$\frac{\mathrm{d}}{\mathrm{d}s}(n\cos\gamma) = \frac{\partial n}{\partial z} \tag{2.78c}$$

将式(2.78)写为矢量形式有

$$\frac{\mathrm{d}}{\mathrm{d}s}(\nabla\varphi) = \nabla n \tag{2.79}$$

将式(2.77)代入式(2.78)有

$$\frac{\mathrm{d}}{\mathrm{d}s}\left(n\frac{\mathrm{d}x}{\mathrm{d}s}\right) = \frac{\partial n}{\partial x} \tag{2.80a}$$

$$\frac{\mathrm{d}}{\mathrm{d}s}\left(n\frac{\mathrm{d}y}{\mathrm{d}s}\right) = \frac{\partial n}{\partial y} \tag{2.80b}$$

$$\frac{\mathrm{d}}{\mathrm{d}s}\left(n\frac{\mathrm{d}z}{\mathrm{d}s}\right) = \frac{\partial n}{\partial z} \tag{2.80c}$$

式(2.75)、式(2.76)、式(2.78)或式(2.79)和式(2.80)为程函方程式(2.73)的其他表达形式。

下面举例说明程函方程的应用。讨论声线位于xOz平面内的情况，这时$c=c(z)$，$n=n(z)$。根据式(2.78)可以得到

$$\frac{\mathrm{d}}{\mathrm{d}s}\left(\frac{c_0}{c}\cos\alpha\right) = 0 \tag{2.81}$$

$$\frac{\mathrm{d}}{\mathrm{d}s}\left(\frac{c_0}{c}\cos\gamma\right) = -\frac{c_0}{c^2}\frac{\mathrm{d}c}{\mathrm{d}z} \tag{2.82}$$

式(2.81) 表明，$\frac{\cos\alpha}{c(z)}=$ 常数。给定起始值 $c=c_0$，$\alpha=\alpha_0$，则有

$$\frac{\cos\alpha}{c(z)}=\frac{\cos\alpha_0}{c_0} \tag{2.83}$$

式(2.83) 称为 Snell 定律，又称为折射定律。

由式(2.82) 可以求得

$$\frac{d\gamma}{ds}=\frac{\sin\gamma}{c}\frac{dc}{dz} \tag{2.84}$$

式(2.84) 可用图 2.13 说明之。ds 是声线微元，$d\gamma$ 是 ds 所张角度微元，则 $\frac{d\gamma}{ds}$ 为 ds 微元处的声线曲率。$\frac{dc}{dz}$ 为声速梯度，当 $\frac{dc}{dz}>0$ 时，$d\gamma>0$，$\gamma_2>\gamma_1$，声线向上弯曲；当 $\frac{dc}{dz}<0$ 时，$d\gamma<0$，$\gamma_2<\gamma_1$，则声线向下弯曲。即声线总是向声速小的方向弯曲。

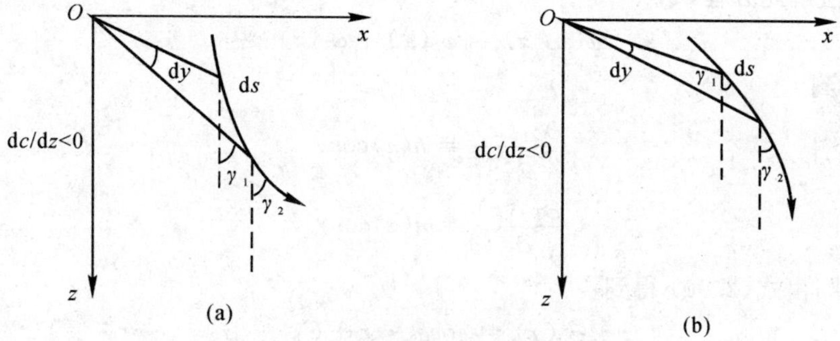

图 2.13　声线弯曲与声速梯度的关系

(a) $\frac{dc}{dz}>0$，$\gamma_2>\gamma_1$，声线向上弯曲；(b) $\frac{dc}{dz}<0$，$\gamma_2<\gamma_1$，声线向下弯曲

(2) 强度方程：声强度 I 为通过垂直于声波传播方向上单位面积的声能。根据前面讨论，已得到的强度方程可写成

$$2A\nabla A\cdot\nabla\varphi+A^2\nabla^2\varphi=0$$

由矢量分析有

$$\nabla\cdot(a\nabla b)=\nabla a\cdot\nabla b+a\nabla^2 b$$

于是强度方程可写为

$$\nabla\cdot(A^2\nabla\varphi)=0 \tag{2.85}$$

若考虑射线强度 I 为

$$I\propto A^2\nabla\varphi \tag{2.86}$$

则有

$$\nabla\cdot I=0 \tag{2.87}$$

式(2.85) 和式(2.87) 表明，声强使矢量的散度等于零，该矢量为一管量场。由式(2.86) 定义的射线强度其数值正比于波场幅度 A 的平方，而其方向即射线的方向。

综上所述，根据射线的基本方程式(2.73) 和式(2.87)，可以确定程函 $\varphi(x,y,z)$ 和波场幅度 $A(x,y,z)$，从而得到波场的解式(2.68)，即

$$p(x, y, z, t) = A(x, y, z)\exp\{j[\omega t - k_0\varphi(x, y, z)]\}$$

这是在条件 $\nabla^2 A/A \ll k^2$ 得到满足时波动方程的近似解。

3. 分层介质中的射线声学

在分层介质中，声速和折射率仅是深度 z 的函数，即

$$c(x, y, z) = c(z)$$

$$n(x, y, z) = n(z)$$

也就是说，这里所讨论的是海水介质的垂直分层特性。

(1) 分层介质的射线方程：考察 xOz 平面内的问题。这时，程函 $\varphi(x, z)$ 满足方程

$$\left(\frac{\partial\varphi}{\partial x}\right)^2 + \left(\frac{\partial\varphi}{\partial z}\right)^2 = n^2(z) \tag{2.88}$$

采用分离变量法解此方程，令

$$\varphi(x, z) = \varphi_1(x) + \varphi_2(z) \tag{2.89}$$

由式(2.75) 得到

$$\frac{\partial\varphi_1(x)}{\partial x} = n(z)\cos\alpha \tag{2.90}$$

$$\frac{\partial\varphi_2(z)}{\partial z} = n(z)\cos\gamma \tag{2.91}$$

根据 Snell 定律，由式(2.90) 得到

$$\varphi_1(x) = \cos\alpha_0 \cdot x + C_1$$

α_0 是声线方向角 α 的起始值，C_1 为常数。又

$$n(z)\cos\gamma = n(z)\sin\alpha = \sqrt{n^2(z) - \cos^2\alpha_0}$$

代入式(2.91)，则可得到

$$\varphi_2(z) = \int_0^z \sqrt{n^2(z) - \cos^2\alpha_0}\ \mathrm{d}z + C_2$$

则程函为

$$\varphi(x, z) = \cos\alpha_0 \cdot x + \int_0^z \sqrt{n^2(z) - \cos^2\alpha_0}\ \mathrm{d}z + C \tag{2.92}$$

式中，C_2 和 $C = C_1 + C_2$ 为积分常数。

下面考虑强度方程式(2.87)，即

$$\nabla \cdot I = 0$$

根据奥-高定理，有

$$\iiint_V \nabla \cdot I\mathrm{d}V = \oint\!\!\oint_S I \cdot \mathrm{d}S \tag{2.93}$$

式中，V 为声线管束的体积；S 为声线管束的封闭表面，通常规定 S 的法线方向向外为正。将

式(2.87)代入式(2.93),得到(见图2.14)

$$\oiint_S I \cdot dS = 0 \tag{2.94}$$

$$-I_{S_1}S_1 + I_{S_2}S_2 = 0 \tag{2.95}$$

于是

$$I_{S_1}S_1 = I_{S_2}S_2 = \cdots = 常数 \tag{2.96}$$

式(2.96)表明,声能沿声线管束传播,在管束内各处声强与该处管束端面积 S 成反比。管束内的声能不会通过管束侧面向外扩散。

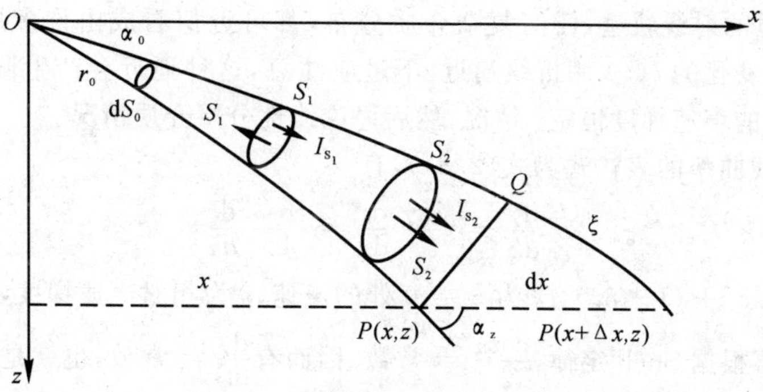

图 2.14　声能按射线管束的传播

式(2.96)中的常数由声源的辐射功率确定。令 W 代表单位立体角内的辐射声功率,若立体角的微元 $d\Omega$ 所张截面积微元为 dS,则声强为

$$I(x, z) = \frac{W d\Omega}{dS} \tag{2.97}$$

现在计算 $P(x,z)$ 点处的声强度。先计算在掠射角 α_0 到 $\alpha_0 + d\alpha_0$ 所夹的立体角 $d\Omega$,即

$$d\Omega = \frac{dS_0}{r_0^2} = 2\pi\cos\alpha_0 d\alpha_0 \tag{2.98}$$

参考图2.14,dS_0 为距离 r_0 处立体角 $d\Omega$ 所张微元面积,在 $P(x,z)$ 处,$d\Omega$ 所张垂直于声线的横截面积为

$$dS = 2\pi x\overline{PQ} = 2\pi x\sin\alpha_z dx = 2\pi x\left(\frac{\partial x}{\partial \alpha}\right)_{\alpha_0}\sin\alpha_z d\alpha_0 \tag{2.99}$$

式中,α_z 为 P 点处掠射角。将式(2.98)和式(2.99)代入式(2.97),得到

$$I(x, z) = \frac{W\cos\alpha_0}{x\left(\frac{\partial x}{\partial \alpha}\right)_{\alpha_0}\sin\alpha_z} \tag{2.100}$$

若以 r 表示水平距离,则

$$I(r, z) = \frac{W\cos\alpha_0}{r\left(\frac{\partial r}{\partial \alpha}\right)_{\alpha_0}\sin\alpha_z} \tag{2.101}$$

式(2.100)或式(2.101)是分层介质中确定声强的基本公式。

平面问题的声压表达式为

$$p(x, z, t) = A(x, z)\exp\{\mathrm{j}[\omega t - k_0\varphi(x, z)]\} \tag{2.102}$$

式中,$A(x,z)$ 为声场幅值,其可表示为

$$A(x, z) = |I|^{1/2} = \sqrt{\frac{W\cos\alpha_0}{x\left(\dfrac{\partial x}{\partial \alpha}\right)_{\alpha_0}\sin\alpha_z}} \tag{2.103}$$

将式(2.92)和式(2.103)代入式(2.102),即得到平面问题的射线波场。

(2) 分层介质的射线轨迹:任何复杂介质分布,都可近似看成由许多层线性介质连接而成,即将复杂连续变化的 $c(z)$ 用折线逼近。不过应注意,这种逼近会产生假散焦区。首先讨论线性介质(即介质的声速梯度恒定)情况,然后讨论线性分层介质情况。

已经求得声线曲率的表达式为式(2.84),有

$$\frac{\mathrm{d}\gamma}{\mathrm{d}S} = \frac{\sin\gamma}{c}\frac{\mathrm{d}c}{\mathrm{d}z} = \frac{\cos\alpha}{c}\frac{\mathrm{d}c}{\mathrm{d}z} \tag{2.104}$$

根据式(2.7),$c = c_0 + (1 + \delta z)$,c_0 为 $z = 0$ 处的声速,δ 为相对声速梯度,对于恒定声速梯度情况,$\delta =$ 常数;再根据 Snell 定律,$\dfrac{\cos\alpha}{c} =$ 常数。因而有 $\dfrac{\mathrm{d}\gamma}{\mathrm{d}S} =$ 常数,也就是说在恒定声速梯度情况下,声线曲率处处相等,声线轨迹为圆弧。

若声线在海面以掠射角 $\alpha = 0$ 出射,则

$$\frac{\mathrm{d}\gamma}{\mathrm{d}S} = \cos\alpha \cdot \delta = \delta$$

所以该声线的曲率半径为

$$R = \left|\frac{\mathrm{d}S}{\mathrm{d}\gamma}\right| = \left|\frac{1}{\delta}\right| \tag{2.105}$$

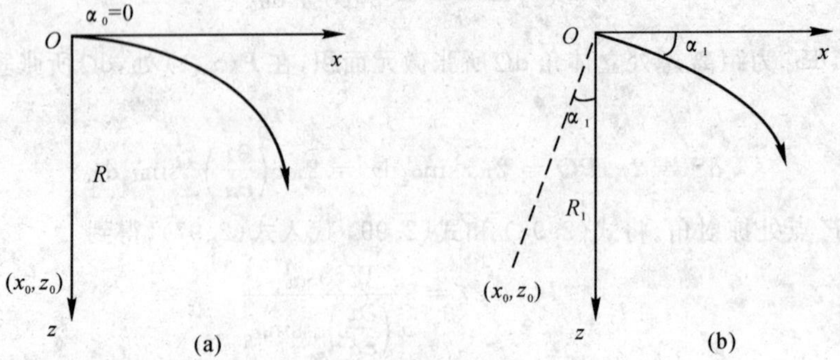

图 2.15　负梯度下的声线轨迹

如图 2.15(a)所示,声线圆弧的圆心坐标为(x_0, z_0),$x_0 = 0$,$z_0 = -\dfrac{1}{\delta}$。所以以掠射角

$\alpha=0$ 出射的声线轨迹方程为

$$x^2+\left(z-\frac{1}{\delta}\right)^2=\frac{1}{\delta^2} \tag{2.106}$$

对于在海面以任意掠射角 $\alpha=\alpha_1$ 出射的声线，根据图 2.15(b)，同样可求出其声线轨迹方程为

$$\left(x-\frac{\tan\alpha_1}{\delta}\right)^2+\left(z+\frac{1}{\delta}\right)^2=\left(\frac{1}{\delta\cos\alpha_1}\right)^2 \tag{2.107}$$

求出了声线轨迹，从声线轨迹图可求得声线传播经过的水平距离。

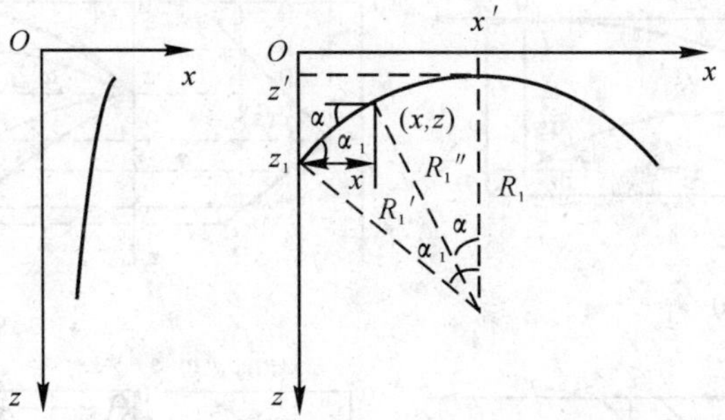

图 2.16 求声线轨迹的示意图

图 2.16 是求声线轨迹的示意图，若声源位于 $x_0=0, z=z_1$ 处，接收点位于 (x, z) 点处，则

$$x=R_1\mid\sin\alpha_1-\sin\alpha(z)\mid=\frac{c(z_1)}{\cos\alpha_1 G_c}\mid\sin\alpha_1-\sin\alpha(z)\mid \tag{2.108}$$

式中，$G_c=\dfrac{\mathrm{d}c}{\mathrm{d}z}$ 为声速梯度。若声线经过反转点 z'，则 z 将是 x 的多值函数，求水平距离时，应分段相加。这时的水平距离为

$$x=\frac{c(z_1)}{\cos\alpha_1 G_c}\mid\sin\alpha_1+\sin\alpha(z)\mid \tag{2.109}$$

可以求得声线的传播时间为

$$t=\left|\frac{1}{G_c}\ln\left[\frac{\tan\left(\dfrac{\alpha}{2}+\dfrac{\pi}{4}\right)}{\tan\left(\dfrac{\alpha_1}{2}+\dfrac{\pi}{4}\right)}\right]\right| \tag{2.110}$$

式中，α_1 和 α 分别为深度 z_1 和 z 处的声线掠射角。

设海水介质由 n 层线性介质组成，$c_i(z)$，$\alpha_i(z)$，∇x_i，和 G_{c_i} 分别表示第 i 层介质的声速分布、声线掠射角、声线经过第 i 层传播的水平距离和第 i 层的声速梯度，则声线经过 n 层传播的水平距离为

$$x=\sum_{i=0}^{n-1}\Delta x_i=\frac{c_0}{\cos\alpha_0}\sum_{i=0}^{n-1}\left|\frac{\sin\alpha_i-\sin\alpha_{i+1}}{G_{c_i}}\right| \tag{2.111}$$

而总的传播时间为

$$t=\sum_{i=0}^{n-1}\Delta t_i=\sum_{i=0}^{n-1}\left|\frac{1}{G_{c_i}}\ln\left[\frac{\tan\left(\frac{\alpha_i}{2}+\frac{\pi}{4}\right)}{\tan\left(\frac{\alpha_{i+1}}{2}+\frac{\pi}{4}\right)}\right]\right| \tag{2.112}$$

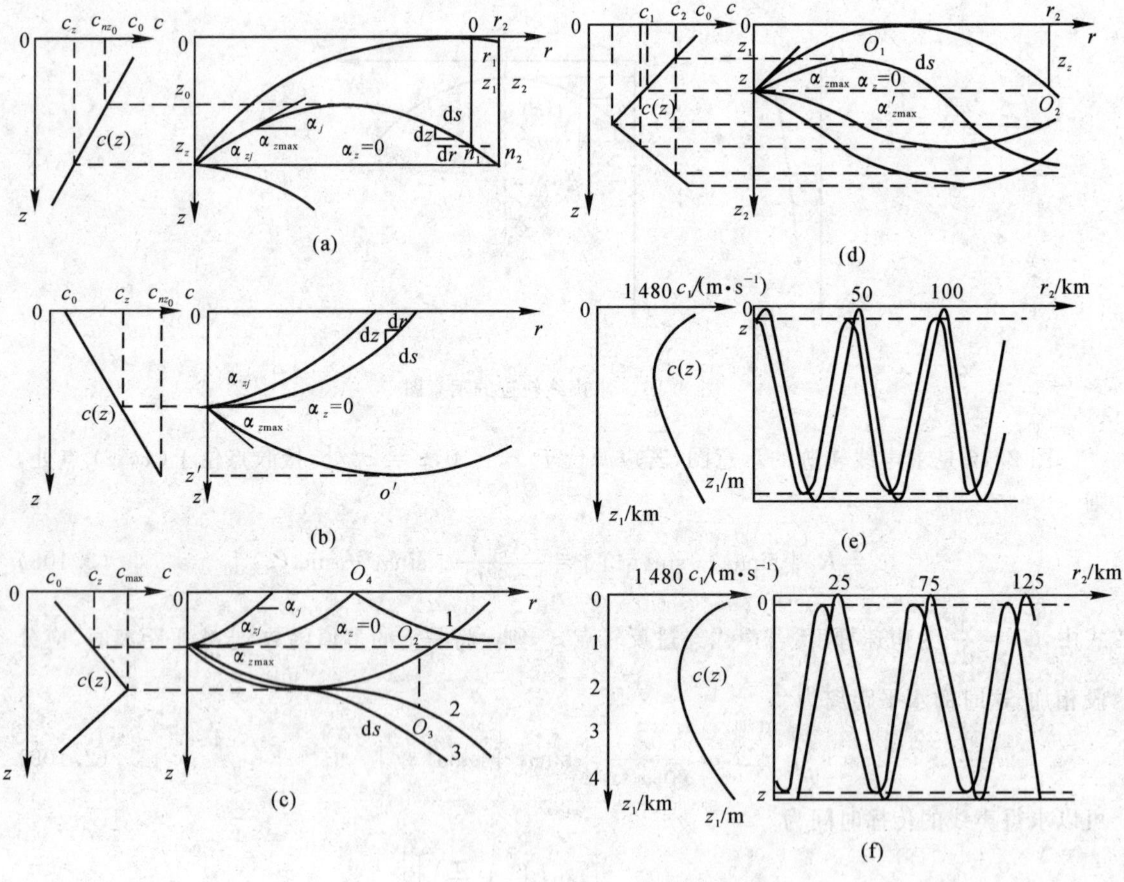

图 2.17 4 种不同类型声速分布的声线轨迹

图 2.17 给出了 4 种不同类型声速分布的声线轨迹。图 2.17(a) 和(b) 是恒定负梯度和恒定正梯度的声线轨迹；图 2.17(c) 为表面正梯度而下层为负梯度的声线轨迹；图 2.17(d),(e) 和(f) 是水下声道的声线轨迹，三者的区别在于声源深度不同，可以看出，声线轨迹不仅与声速分布有关，还与声源位置有关。在声场中某些点上，可能没有声线到达，或有一条声线到达，也可

能有几条声线到达。当应用射线声学计算某给定点的声场强度时，应考虑多径到达的各条声线。

(3) 聚焦因子　在不均匀介质中，声线弯曲使得传播声能的声线管束的横截面积相对于均匀介质的声线管束的横截面积发生变化，因而两者声强不相等。

聚焦因子定义为不均匀介质中的声强 $I(x, z)$ 与均匀介质中的声强 I_0 之比，可表示为

$$F(x, z) = \frac{I(x, z)}{I_0} \tag{2.113}$$

不均匀介质的声强可根据式(2.101) 和式(2.109) 求出，为

$$I = \frac{W\cos^2\alpha}{x^2} \tag{2.114}$$

均匀介质的声强 $I_0 = \dfrac{W}{R^2}$，其中 R 为要计算点的斜距，于是有

$$F(x, z) = \frac{R^2\cos\alpha_0}{x\left(\dfrac{\partial x}{\partial \alpha}\right)_{\alpha_0}\sin\alpha} \tag{2.115}$$

当 R 近似等于水平距离 x 时，上式近似为

$$F(x, z) = \frac{x\cos\alpha_0}{\left(\dfrac{\partial x}{\partial \alpha}\right)_{\alpha_0}\sin\alpha} \tag{2.116}$$

聚焦因子 $F(x,z)$ 说明了声强的相对会集程度，若 $F(x,z) < 1$，说明射线管束的发散程度大于球面波的发散程度；若 $F(x,z) > 1$，说明射线管束的发散程度小于球面波的发散程度。当 $\left(\dfrac{\partial x}{\partial \alpha}\right)_{\alpha_0} \to 0$ 时，$F(x,z) \to \infty$，声强急剧增加，这是射线管束聚焦所致。这时式(2.116) 不再适用。

对于多层线性分层介质，可以求得

$$I(x, z) = \frac{W\cos\alpha_0}{x\sin\alpha\dfrac{\sin\alpha_0}{\cos\alpha_0}\displaystyle\sum_{i=0}^{n-1}\frac{\Delta x_i}{\sin\alpha_i\sin\alpha_{i+1}}} \tag{2.117}$$

$$F(x, z) = \frac{x}{\sin\alpha_0\sin\alpha\displaystyle\sum_{i=0}^{n-1}\frac{\Delta x_i}{\sin\alpha_i\sin\alpha_{i+1}}} \tag{2.118}$$

在 α_i 较小时，可近似有

$$F(x, z) = \frac{x}{\alpha_0\alpha\displaystyle\sum_{i=0}^{n-1}\frac{\Delta x_i}{\alpha_i\alpha_{i+1}}} \tag{2.119}$$

可以看出，可根据 α_i 和 Δx_i 计算 F 值。

$F \to \infty$ 的点称为焦散点，射线族上满足 $F \to \infty$ 的点的包络称为焦散线，如图 2.18 所示。在焦散线邻域不用式(2.116) 或式(2.118) 计算聚焦因子，对于多层线性分层介质，可以采用

下式计算

$$F = 2^{5/3}\frac{(k_0\cos\alpha_0)^{1/3}\cos\alpha_0}{\sin\alpha\tan^2\alpha_0}xy^{-2/3}V^2(t) \tag{2.120}$$

式中

$$y=\sum_{i=0}^{n-1}\frac{\Delta x_i}{(\sin\alpha_i\sin\alpha_{i+1})^2}+\sum_{i=0}^{n-1}\Delta x_i\frac{\cos^2\alpha_i\sin^2\alpha_{i+1}+\sin^2\alpha_i\cos^2\alpha_{i+1}}{\sin\alpha_i\sin\alpha_{i+1}} \tag{2.121}$$

$V(t)$ 为 Airy 函数，其宗量可表示为

$$t=\pm 2^{1/3}\left|\frac{\partial^2 x}{\partial\alpha_0^2}\right|^{-1/3}(k_0\sin\alpha_0)^{2/3}(x-x_0) \tag{2.122}$$

当 $\frac{\partial^2 x}{\partial\alpha_0^2}<0$ 时，取正号，当 $\frac{\partial^2 x}{\partial\alpha_0^2}>0$ 时，取负号。当 t 值给定时，可查阅表 2.1 求得 Airy 函数的值。

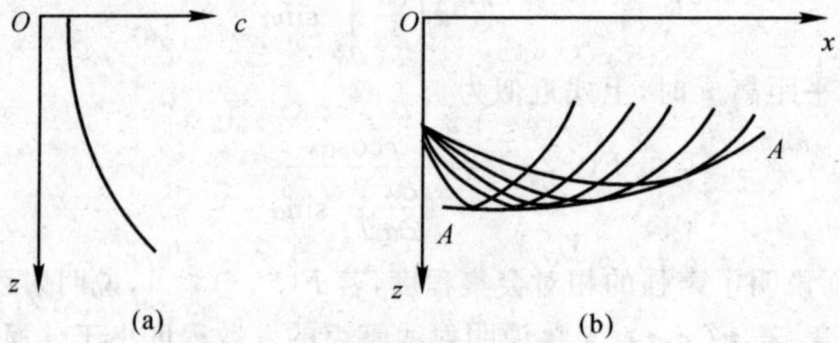

图 2.18 焦散线

(a) 声速剖面；(b) 焦散线

这样，就可以利用式(2.116)，式(2.119) 和式(2.120) 计算声线轨迹上各不同点的聚焦因子。具体步骤为：首先绘声线轨迹图，增加声线绘制密度，并利用式(2.119) 近似确定聚焦因子增强的区域，从而得到焦散线的区域范围。再利用式(2.120) 计算焦散线邻域的聚焦因子。接收器安排在焦散线区，有利于对声场的接收。

4. 射线声学的适用条件

程函方程式(2.73) 是在条件 $\frac{\nabla^2 A}{A}\ll k^2$ 条件下导出的，根据这一条件可以得到应用射线声学的两个条件：

(1) 在可与声波波长相比拟的距离上，声波振幅的相对变化量远小于 1；

(2) 在可与声波波长相比拟的距离上，声速的相对变化远小于 1。

条件(1) 要求声强不能变化太大，如波束边缘或声影区射线声学不适用；条件(2) 要求介质声速不能变化太快，如声速跃变层附近射线声学不适用。

表 2.1　$V(t)$ 简表

t	$V(t)$	t	$V(t)$	t	$V(t)$	t	$V(t)$	t	$1\,000V(t)$
−6.0	−0.583 4	−3.5	−0.665 6	−1.0	0.949 3	1.5	0.127 17	4.0	1.686 6
−5.9	−0.505 4	−3.4	−0.714 6	−0.9	0.942 9	1.6	0.110 84	4.1	1.371 2
−5.8	−0.397 7	−3.3	−0.739 4	−0.8	0.928 0	1.7	0.096 29	4.2	1.112 2
−5.7	−0.267 0	−3.2	−0.739 9	−0.7	0.905 7	1.8	0.083 37	4.3	0.900 0
−5.6	−0.121 1	−3.1	−0.716 7	−0.6	0.877 1	1.9	0.071 95	4.4	0.726 7
−5.5	0.031 5	−3.0	−0.671 4	−0.5	0.843 2	2.0	0.061 90	4.5	0.585 4
−5.4	0.182 4	−2.9	−0.606 0	−0.4	0.805 1	2.1	0.053 09	4.6	0.470 5
−5.3	0.323 6	−2.8	−0.523 0	−0.3	0.763 8	2.2	0.045 39	4.7	0.377 3
−5.2	0.447 7	−2.7	−0.425 5	−0.2	0.720 1	2.3	0.038 70	4.8	0.0301 9
−5.1	0.548 6	−2.6	−0.316 4	−0.2	0.675 0	2.4	0.032 89	4.9	0.241 00
−5.0	0.621 7	−2.5	−0.199 1	0	0.629 3	2.5	0.027 87	5.0	0.192 04
−4.9	0.663 8	−2.4	−0.076 8	0.1	0.583 5	2.6	0.023 55	5.1	0.152 67
−4.8	0.673 6	−2.3	0.047 3	0.2	0.538 3	2.7	0.019 849	5.2	0.121 11
−4.7	0.651 1	−2.2	0.170 4	0.3	0.494 2	2.8	0.016 680	5.3	0.095 87
−4.6	0.598 2	−2.1	0.289 8	0.4	0.451 5	2.9	0.013 978	5.4	0.075 74
−4.5	0.517 8	−2.0	0.403 1	0.5	0.410 7	3.0	0.011 683	5.5	0.059 71
−4.4	0.414 2	−1.9	0.508 3	0.6	0.371 9	3.1	0.009 738	5.6	0.046 97
−4.3	0.292 5	−1.8	0.604 0	0.7	0.335 3	3.2	0.008 096	5.7	0.036 88
−4.2	0.158 1	−1.7	0.688 8	0.8	0.301 0	3.3	0.006 713	5.8	0.028 89
−4.1	−0.017 2	−1.6	0.761 9	0.9	0.269 2	3.4	0.005 552	5.9	0.022 59
−4.0	−0.124 5	−1.5	0.822 9	1.0	0.239 8	3.5	0.004 580	6.0	0.017 632
−3.9	−0.261 3	−1.4	0.871 5	1.1	0.212 8	3.6	0.003 769		
−3.8	−0.387 9	−1.3	0.908 0	1.2	0.188 10	3.7	0.003 094		
−3.7	−0.499 9	−1.2	0.932 7	1.3	0.165 68	3.8	0.002 534		
−3.6	−0.593 4	−1.1	0.946 2	1.4	0.145 41	3.9	0.002 070		

第 5 节　界面对声传播的影响

一、海面

海面对声的传播影响很大，主要表现为对声的反射和散射，引起声的起伏、虚源干涉和形成声影区。

1. 反射和散射

当海面非常平滑时，其几乎是理想的反射体，反射损失接近于零；当海面不平滑时，其是散射体，即声波向各个方向散射，反射损失不再是零。通常以瑞利参数作为表面粗糙度或平整度的判据，其定义为

$$R = kH\sin\theta \tag{2.123}$$

式中，$k=\dfrac{2\pi}{\lambda}$ 为波数；H 为波峰至波谷的均方根波高；θ 为掠射角。当 $R \ll 1$ 时，海面主要是反射体，对入射声波产生镜反射；当 $R \gg 1$ 时，海面是散射体。可以用海面的声波振幅反射系数 μ 描述反射或散射，其定义为

$$\mu = \exp(-R) \tag{2.124}$$

当 $R \gg 1$ 时，从海面返回的是非相干散射；当 $R \ll 1$ 时，海面产生相干反射，这时 $\mu \approx 1$。反射系数与工作频率、浪高和掠射角有关。

运动的海面会使反射声产生频率扩展。

2. Lloyd 镜像效应

当海面比较平滑时，水下声场会产生相长干涉和相消干涉，这种干涉称为 Lloyd 镜像效应或虚源干涉效应。图 2.19 为 Lloyd 镜像效应的几何示意图。

假设介质无折射、无吸收，无指向性点源置于 S 点，其单位距离处声压为

$$p = p_0\sin\omega t \tag{2.125}$$

在接收点 R，接收的总声压为直达路径 l_1 到达的声压和经由海面反射路径 l_2 到达的声压之和，可表示为

$$p_r = \frac{p_0}{l_1}\sin[\omega(t+\tau_1)] + \frac{\mu p_0}{l_2}\sin[\omega(t+\tau_2)] \tag{2.126}$$

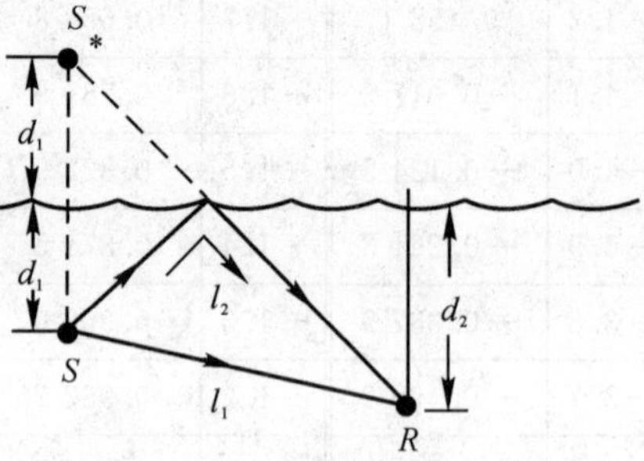

图 2.19　虚源干涉效应

式中，l_1 和 l_2 分别为直达路径和反射路径的长度；τ_1 和 τ_2 分别为路径 l_1 和 l_2 的传播时间；μ 为海面反射系数。为简单起见，不失一般性取 $\tau_1 = 0$，$\tau_2 = \tau$，则式(2.126) 变为

$$p_r = \frac{p_0}{l_1}\sin\omega t + \frac{\mu p_0}{l_2}\sin[\omega(t+\tau)] \tag{2.127}$$

R 处的声强为

$$I = \frac{\overline{p_r^2}}{\rho c} = \overline{\frac{p_0^2}{\rho c}\left[\frac{1}{l_1}\sin\omega t + \frac{\mu}{l_2}\sin\omega(t+\tau)\right]^2} \tag{2.128}$$

式中，横杠表示对时间取平均。对式(2.128)可做如下分析：

在靠近声源的距离上，$l_2 \gg l_1$，式(2.128)中第二项可忽略，这时称为近场，随着距离的增加，第二项的作用变大，也就是说干涉作用越来越大。定义第二项比第一项低 3 dB 的距离为近场和干涉场的界限，在此距离上有

$$\frac{l_2^2}{l_1^2} = 2 \tag{2.129}$$

或者

$$l_1 = 2(d_1 d_2)^{1/2} \tag{2.130}$$

根据定义，当 $l_1 > 2(d_1 d_2)^{1/2}$ 时，为干涉场。假设在干涉场 $l_1 \approx l_2 = l$，为简单计，取 $\mu = 1$，则式(2.128)变为

$$I = \overline{\frac{p_0}{\rho c}\frac{1}{l^2}[\sin\omega t + \sin\omega(t+\tau)]^2} = \frac{I_0}{l^2}2(1-\cos\omega\tau) \tag{2.131}$$

式中，I_0 为距点源 S 单位距离处的声强。为了计算两条路径的时间差，由图 2.20 可以看出

$$l_2^2 - l_1^2 = (l_2+l_1)(l_2-l_1) = 4d_1 d_2$$

或

$$\Delta l = \frac{2d_1 d_2}{l} = c\tau$$

式中，$\Delta l = l_2 - l_1$，$l_1 + l_2 \approx 2l$；c 为声速，于是有

$$l = \frac{I_0}{l^2}2\left(1-\cos\frac{4\pi d_1 d_2}{\lambda l}\right)$$

定义一参考距离 l_0 为

$$l_0 = \frac{4d_1 d_2}{\lambda}$$

则有

$$l = \frac{I_0}{l^2}2\left(1-\cos\pi\frac{l_0}{l}\right) \tag{2.132}$$

由上式可以看出，当 $\frac{l}{l_0} = \frac{1}{2},\frac{1}{4},\frac{1}{6},\cdots$ 时，I 将等于零；当 $\frac{l}{l_0} = 1,\frac{1}{3},\frac{1}{5},\frac{1}{7},\cdots$ 时，若不考虑反平方律扩展，I 将是 I_0 的 4 倍，即达 6 dB。干涉场包括一系列极大值和极小值，一直延伸到 $l = l_0$，此处有最后一个极大值。对 $\mu = 1$ 或对无限窄的带宽，极小值为零，随着海面粗糙度增加或带宽增大，极小值将不为零。

在远距离，l 变大，余弦函数变小，将其展开成级数，并略去高阶项，有

$$l=\frac{I_0}{l^2}\left(\frac{\pi l_0}{l}\right)^2 \tag{2.133}$$

可以看出，在远场，声强按距离的四次方衰减。

图 2.20 画出了点源干涉场和远场的曲线图，纵坐标为传播异常，其定义为传播损失和反平方扩展衰减之差，采用传播异常可消去式(2.132)和式(2.133)中 l^2 项的影响。横坐标为以 l_0 归一的归一化距离。

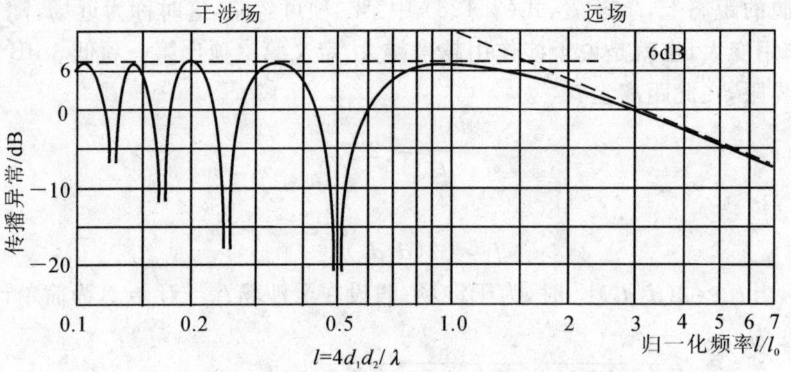

图 2.20 海面虚源干涉场和远场的传播异常

3. 声影区

当海面之下存在负梯度时，位于浅水的声源所产生的声场，在一定距离之外会形成声影区，如图 2.21 所示，图中黑色区域为声影区。

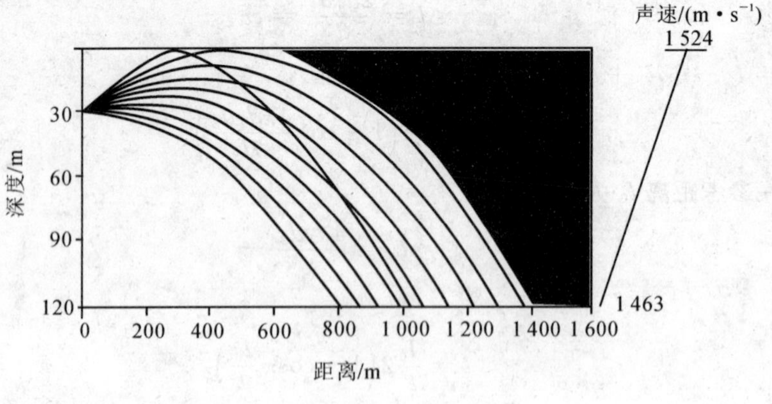

图 2.21 海面负梯度下的声影区

实测表明，声影区内的声强比自由场(球面扩展)的声强低 40 ～ 60 dB。

二、海底

海底也是反射和散射的边界，它与海面有许多相似的特性，如虚源干涉和声影区等。但海底更复杂，这主要是因为海底介质成分多种多样，同时存在按密度或声速分层。从而要预报海底的反射损失更困难。

第 6 节　声传播的多径效应

理想的传输信道是均匀介质构成的无限空间，声信息在其中传播不产生畸变。实际的海洋信道为非均匀介质空间，除了一般的扩展和吸收损失外，声信息在其中传播还产生波导、多径（或多途）和起伏。

由于声速剖面的影响，在某些情况下，可使声能沿着管状或层状空间中传播，即形成声线的密集区，这种效应称为声传播的波导效应。波导又称为声道，当声波在波导或声道中传播时，声能量被限制在声道的边界内，很少向外扩散，因而可传播得很远。常见的波导类型有深海表面声道（混合层声道）、深海声道和浅海声道。若鱼雷与目标处于某种声道中，则鱼雷自导可以有较远的作用距离。波导的第二个作用就是会产生声传播的多径效应。

多径效应是指声源发出的声波经多条路径到达接收点。除波导情况外，非波导情况，如海底或海面反射也会形成多路径。图 2.22 所示是深海的传播路径情况。

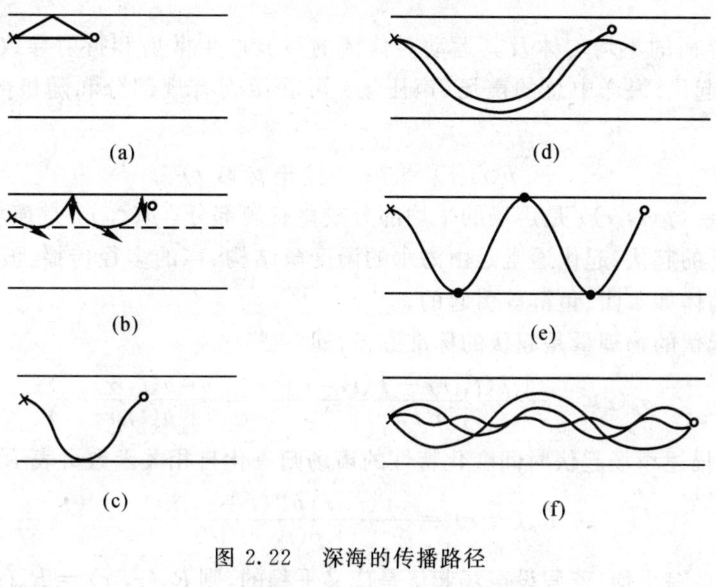

图 2.22　深海的传播路径

图 2.22(a) 表示近距离情况，声源和接收点之间近似由直线路径和海面反射路径组成。在频率较高时，传播损失为球面扩展加吸收引起的损失；图 2.22(b) 表示表面声道情况，海面不断对声波反射，伴有向声道外的声波泄漏；图 2.22(c) 表示存在海底反射路径，其除正常传播损失外还伴有海底反射损失；图 2.22(d) 表示会聚区传播情况，通常会聚增益为 5 ～ 20 dB；图 2.22(e) 表示经海底多次反射的情况；图 2.22(f) 表示深海声道情况，当声源和接收点位于

声道轴上时，可以传播得很远。浅海多径效应更严重。对于均匀声速浅海，声源发出的声波经海面和海底多点和多次反射到达接收点；对负梯度浅海，近距离的传播路径是直线路径和海面路径，稍远距离为声影区，传播路径主要是海底反射路径；对正梯度浅海，存在表面声道，声波经海面多次反射到达接收点，近海底会形成声影区；当温度剖面较复杂时，有可能形成浅海跃变层，当声源和接收点位于跃变层两边时不利于声波的接收。

多径传播对鱼雷自导主要产生有害的影响，这些影响是：第一，由于多径传播接收的各条路径信号之间的干涉，使信号产生振幅和相位起伏，当干涉相长时，利于信号检测，而干涉相消时，不利于信号检测。第二，不同路径的传播时间不同，当声源或接收器运动时，不同路径的多普勒频移不同，这样，多径会导致信号畸变，或称多径衰落。多径效应引起的多径衰落，则引起传播声波的信息模糊，一个源被误认为是多个源或变成一片“云”，这将加大目标参量估计的误差。第三，多径效应会使信号解相关，从而使基阵和匹配滤波器（或相关器）的处理增益下降。

多径效应是海洋中声传播的一个很重要的物理效应，鱼雷自导应研究在多径条件下的信号处理方法，以克服或减小多径效应对鱼雷自导的有害影响。

第 7 节 声传播起伏

海洋与其界面的不均匀体及其运动对传播的声波产生散射和折射导致的信号波形的变化，称为声传播起伏。海洋中总的声场（声压场）可看做为有规部分和随机部分的叠加，可表示为

$$p(t, r) = \bar{p}(t, r) + \tilde{p}(t, r) \tag{2.134}$$

式中，$\bar{p}(t, r) = \langle p(t, r) \rangle$ 是声场的平均部分或称有规部分；$\tilde{p}(t, r)$ 是声场的随机部分，随机部分引起声场的起伏。起伏通常是由海水的温度微结构、声的多径传播、波浪、载体的运动、海水中的不均匀体如水团、鱼群等引起的。

描述声场起伏的物理量是起伏的标准方差，即

$$\sigma_p^2(r) = \frac{\langle | p(t, r) - \bar{p}(t, r) |^2 \rangle}{\langle | p(t, r) |^2 \rangle} = \frac{\langle | \tilde{p}(t, r) |^2 \rangle}{\langle | p(t, r) |^2 \rangle} \tag{2.135}$$

σ_p 称为起伏率。描述声场起伏时间变化特性的声场归一化自相关函数可表示为

$$\hat{R}_p(\tau, r) = \frac{\langle p(t, r) p^*(t+\tau, r) \rangle}{\langle | p(t, r) |^2 \rangle} \tag{2.136}$$

式中，$\langle \cdot \rangle$ 表示系综平均。若假设声场起伏是广义平稳的，则 $\hat{R}_p(\tau, r) = \hat{R}_p(\tau)$，并可用时间平均代替系综平均。

若将 $p(t,r)$ 表示为复指数形式，即

$$p(t, r) = A_p(t, r) \exp[\mathrm{j}\theta_p(t, r)] \tag{2.137}$$

则起伏率可用声场的振幅起伏率 σ_A 和相位起伏率 σ_θ 来表示。

声场的起伏快慢用起伏相关时间 $\tau_p(r)$ 来描述，其定义为

$$\tau_p(r) = \int_0^{\infty} \hat{R}_p(\tau, r)\mathrm{d}\tau \tag{2.138}$$

也可定义为 $\hat{R}_p(\tau, r)$ 下降到 0.5 或 1/e 的 τ 值。

在鱼雷自导的工作距离内，相位和振幅均有起伏，但振幅起伏较大，特别在浅海，振幅起伏更剧烈。起伏影响系统对目标的检测，也影响参数的估计精度。

第 8 节　随机时变信道的系统函数

下面几节主要讨论随机时变、空变信道的理论基础[8]，以便于鱼雷自导信道建模和深入理解信道的物理概念。

已经指出，鱼雷自导信号是通过海水介质进行传播的，海水介质是鱼雷自导信道。海水介质是复杂的，如界面、潮汐与波浪、海水中不均匀体的运动、温度剖面及温度微结构等，使得海水介质的声学特性是时变、空变的。这样复杂的信道，其不仅对鱼雷自导信号进行能量变换，即衰减，而且对信号波形进行变换，这种变换类似于线性时变系统对输入信号进行变换而获得系统输出一样，因此，可以将线性系统的理论引入到信道的研究中来。

若将自导发射信号看做信道的输入，把对目标的照射信号看做信道的输出，或者把目标反射信号看做信道的输入，把自导接收信号看做信道的输出，则可把信道的传输过程模拟为一个线性时变系统，如图 2.23 所示。其输入输出可表示为

$$v(t) = \int u(t-\tau)h(\tau, t)\mathrm{d}\tau \tag{2.139}$$

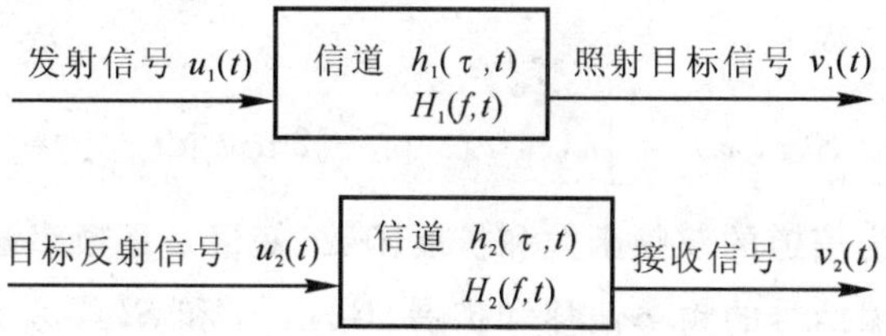

图 2.23　信道模拟为线性时变系统

式中，$u(t)$ 为系统的输入波形；$v(t)$ 为系统的输出波形；$h(\tau, t)$ 为系统的脉冲响应函数。$h(\tau,t)$ 是信道的一个系统函数，其表示系统在 τ s 前输入的 δ 脉冲在 t 时刻的输出响应。实际信道都是由传输或者散射过程构成的，输出输入总存在延迟，因此，上述系统函数能直观地给出线性时变信道波形变换过程的物理图像，整个信道可理解为不同距离上连续分布的散射体形成的复合散射过程，而 $h(\tau, t)$ 就是分布在 $[\tau, \tau+\mathrm{d}\tau]$ 范围内散射体的时变散射因子。或者进一步理解为海水介质的不均匀性及其运动引起的对传播信号的随机射散，反向散射经过变换回到自导接收阵形成混响，正向散射对信号进行变换向前传播。

信道的传输函数是信道的又一个系统函数，其定义为

$$H(f,\ t) \xleftrightarrow{f} h(\tau,\ t) \tag{2.140}$$

即 $H(f,\ t)$ 和 $h(\tau,\ t)$ 互为傅里叶变换。这时信道的输入输出关系为

$$v(t) = \int U(f) H(f,\ t) \exp[\mathrm{j}2\pi f t] \mathrm{d}f \tag{2.141}$$

式中，$U(f)$ 是系统输入波形的谱。当输入信号为单频信号，即 $U(f) = \delta(f - f_0)$ 时，则

$$v(t) = H(f_0,\ t) \exp[\mathrm{j}2\pi f_0 t] \tag{2.142}$$

可以看出，传输函数就是信道对一个单频连续信号输入在输出端产生的对信号的复振幅调制，即对信号的振幅和相位的调制。对于频率为 $U(f)$ 的一般输入信号，传输函数 $H(f,t)$ 表示信道对输入信号中不同的频率分量的时变权函数。

应当指出的是，一般地，鱼雷自导信道都是随机时变信道，因此系统函数是随机函数。在实际应用中，通常采用传输函数 $H(f,\ t)$ 作为信道的系统函数，其复数形式为

$$H(f,\ t) = A_H(f,\ t) \exp[\mathrm{j}\theta_H(f,\ t)] \tag{2.143}$$

式中，$A_H(f,\ t)$ 为复矢量长度，$\theta_H(f,\ t)$ 为其幅角。

下面讨论随机时变信道的另外两个系统函数。海洋中不均匀体的运动，导致信号传输过程中频率偏移和频谱扩展，将引入的两个系统函数可以描述这种频率偏移和扩展。对信道传输函数和信道脉冲响应函数作傅里叶变换，得到

$$B(f,\ \varphi) = \int H(f,\ t) \exp[-\mathrm{j}2\pi\varphi t] \mathrm{d}t \tag{2.144}$$

和

$$S(\tau,\ \varphi) = \int h(\tau,\ t) \exp[-\mathrm{j}2\pi\varphi t] \mathrm{d}t \tag{2.145}$$

$B(f,\varphi)$ 和 $S(\tau,\varphi)$ 分别称为信道的双频函数和扩展函数，变量 φ 是频率偏移变量，其反映了信道的时变性及其引起的传输信号的频率偏移和扩展。$B(f,\varphi)$ 和 $S(\tau,\varphi)$ 是信道的另外两个系统函数。$B(f,\varphi)$ 表明，信道是由许多不同频移的散射滤波器组成的复合滤波器，$B(f,\varphi)$ 就是频移在$[\varphi,\varphi+\mathrm{d}\varphi]$范围内的散射滤波器的频率响应。$S(\tau,\varphi)$ 表明，信道可理解为延迟（相当于距离）和频移（相当于速度）随机分布的点散射与元散射的复合散射过程，$S(\tau,\varphi)$ 就是分布在$[\tau,\ \tau+\mathrm{d}\tau]$和$[\varphi,\varphi+\mathrm{d}\varphi]$范围内散射元的散射振幅因子，它描述了信道在时域和频域的联合扩展特性。

需要说明的是，信道的双频函数和扩展函数只适用于窄带条件，在宽带条件下，常引入宽带扩展函数 $S^{[k]}(\tau,\ k)$，其中 k 为多普勒压缩因子，将在后面有关章节中讨论。

时变信道的 4 个系统函数各有其特点，可以分别从某一方面来描述信道。4 个系统函数可用傅里叶变换关系联系起来，它们的相互变换关系如图 2.24 所示。

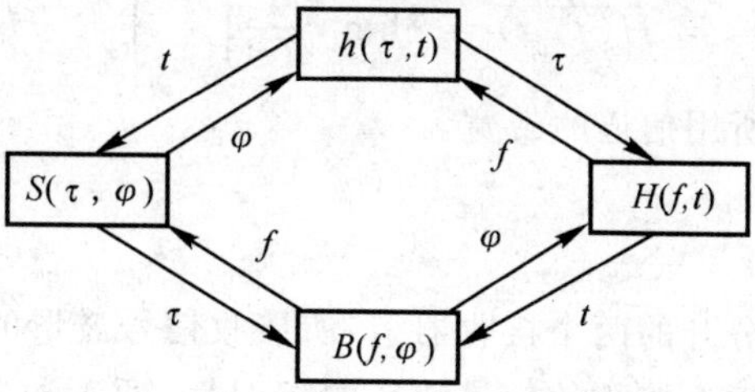

图 2.24　4 个系统函数的相互变换关系

第 9 节　随机信道的平均特性

一、信道系统函数的平均

随机信道的系统函数都是随机函数，应给以合适的统计描述，以便于与信号处理算法结合。信道传输函数的系综平均定义为

$$\langle H(f,\ t)\rangle = \int H(f,\ t)p(H)\mathrm{d}H \tag{2.146}$$

式中，$p(H)$ 是在给定频率 f 和时间 t 时传输函数 $H(f,\ t)$ 各种可能取值的概率密度函数。

一般地，信道传输函数可表示为

$$H(f,\ t) = \langle H(f,\ t)\rangle + \widetilde{H}(f,\ t) \tag{2.147}$$

式中，$\langle H(f,\ t)\rangle$ 为有规平均项，或称确定性分量，相干分量；$\widetilde{H}(f,\ t)$ 为纯随机项，或称随机分量，非相干分量。也就是说，信道传输函数可表示为确定性分量和随机分量之和。确定性分量是由平均声速分布和平均边界特性决定的，由它们形成信道的声影区、会聚区和空间干涉图案；随机分量是由运动的随机不均匀体产生的，并且有

$$\langle \widetilde{H}(f,\ t)\rangle = 0 \tag{2.148}$$

通常记为

$$\langle H(f,\ t)\rangle = \overline{H}(f,\ t) \tag{2.149}$$

这样，式(2.147) 可写为

$$H(f,\ t) = \overline{H}(f,\ t) + \widetilde{H}(f,\ t) \tag{2.150}$$

类似地，可有

$$h(\tau,\ t) = \bar{h}(\tau,\ t) + \tilde{h}(\tau,\ t) \tag{2.151}$$

$$S(\tau,\ \varphi) = \overline{S}(\tau,\ \varphi) + \widetilde{S}(\tau,\ \varphi) \tag{2.152}$$

$$B(f,\ \varphi) = \overline{B}(f,\ \varphi) + \widetilde{B}(f,\ \varphi) \tag{2.153}$$

对于遍历性信道，可用对变量的平均代替系综平均，则有

$$\langle H(f,\ t)\rangle = \overline{H(f,\ t)} = \lim_{T,\ B\to\infty}\frac{1}{TB}\int_{t_0-\frac{T}{2}}^{t_0+\frac{T}{2}}\int_{f_0-\frac{B}{2}}^{f_0+\frac{B}{2}} H(f,\ t)\,\mathrm{d}f\mathrm{d}t \tag{2.154}$$

式中，T 为观测时间，B 为所用信道的带宽。

二、信道的相干性

相干性是指在空间上分开的两个接收器上，所接收信号波形的相似性。相关性是指单个接收器在不同频率或不同时间上接收的信号波形的相似性，两者通常用两个波形振幅的互相关来度量。为了便于描述，采用信道传输函数的复数形式（式(2.143)）来表示，即

$$H(f,\ t) = A_H(f,\ t)\exp[\mathrm{j}\theta_n(f,\ t)]$$

或写做复矢量形式

$$\boldsymbol{H} = \overline{\boldsymbol{H}} + \widetilde{\boldsymbol{H}} \tag{2.155}$$

式中，$\overline{\boldsymbol{H}}$ 和 $\widetilde{\boldsymbol{H}}$ 分别为 $\boldsymbol{H}$ 的相干分量和随机分量；$A_H(f,\ t)$ 和 $\theta_H(f,\ t)$ 分别为 $\boldsymbol{H}$ 的幅值和幅角，$A_H(f,\ t) \geqslant 0, 0 \leqslant \theta_H(f,\ t) \leqslant 2\pi$。

如果信道是完全确定的，则 $\boldsymbol{H} = \overline{\boldsymbol{H}}, \widetilde{\boldsymbol{H}} = 0$，那么在复平面上复矢量 $\boldsymbol{H}$ 对任何 f 和 t 的取值都是确定的，也就是说幅值 $A_H(f,\ t)$ 和幅角 $\theta_H(f,\ t)$ 是完全确定的，如图 2.25(a) 所示。称传输函数 $\boldsymbol{H}$ 的幅角 $\theta_H(f,\ t)$ 完全确定的信道为相干信道。如果信道是纯随机信道，则 $\boldsymbol{H} = \widetilde{\boldsymbol{H}}$，$\overline{\boldsymbol{H}} = 0$，那么复矢量 $\boldsymbol{H}$ 在任何 f 和 t 时的值都是不确定的，也就是说幅值 $A_H(f,\ t)$ 和幅角 $\theta_H(f,\ t)$ 是完全不确定的，称幅角 $\theta_H(f,\ t)$ 在$[0,2\pi]$内等概率取值的信道为非相干信道，如图 2.25(b) 所示。一般假定 $\widetilde{\boldsymbol{H}}$ 的幅值是瑞利分布，幅角在$[0,2\pi]$内均匀分布，也就是说，$\widetilde{\boldsymbol{H}}$ 是零均值高斯随机矢量。对于一般的随机信道，满足式(2.155)，如图 2.25(c) 所示，它由相干分量和随机分量组成，由于 $\widetilde{\boldsymbol{H}}$ 的随机性，使得 $\boldsymbol{H}$ 是随机的。

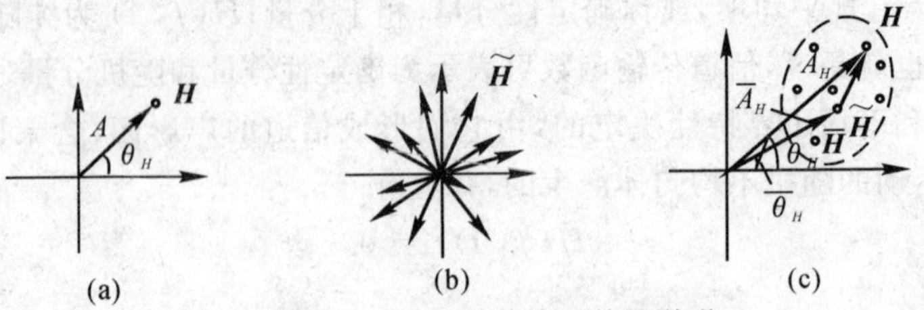

图 2.25　对信道传输函数的说明

信道在给定 f 和 t 时的相干性可用信道的相干因子来描述，信道的相干因子定义为

$$\gamma(f,\ t) = \frac{\langle H(f,\ t)\rangle^2}{\langle |\ H(f,\ t)\ |^2\rangle} = \frac{|\ \overline{H}(f,\ t)\ |^2}{|\ \overline{H}(f,\ t)\ |^2 + \langle |\ \widetilde{H}(f,\ t)\ |^2\rangle} \tag{2.156}$$

式中

$$\langle |\ H(f,\ t)\ |^2\rangle = \int |\ H(f,\ t)\ |^2 P(H)\mathrm{d}H = |\ \overline{H}(f,\ t)\ |^2 + \langle |\ \widetilde{H}(f,\ t)\ |^2\rangle \tag{2.157}$$

为信道的系综平均时变能谱，$|\overline{H}(f, t)|^2$ 为其相干部分，$\langle |\widetilde{H}(f, t)|^2\rangle$ 为其非相干部分。信道相干因子可解释为输入一个单频信号时，信道输出的相干分量功率响应与全部输出的平均功率响应之比。通常，相干因子是时间和频率的函数，对遍历性信道，γ 为常数。

对于完全相干信道，$\gamma = 1$；对于非相干信道，$\gamma = 0$；对于一般信道 $0 < \gamma < 1$。

由上述讨论可以看出，信道有相干信道、非相干信道和部分相干信道之分。相干信道对输入信号产生确定性变换，一般地，这种确定性变换不会丢失目标信息，只要自导系统对信道输出信号进行恰当处理，或者说把信道的这种变换纳入到自导信号处理的算法中来，就可以有效地提取目标信息。非相干信道对输入信号产生随机性变换。一般地，它会导致目标信息的减少，影响自导系统的性能。实际的海洋信道都是部分相干信道，对信道输入信号既存在确定性变换也存在随机性变换。在自导系统的设计中，应该考虑信道的影响，以减少或避免系统的性能损失。

第 10 节　随机信道的二阶统计特性

一、系统函数的相关函数

相关函数是描述随机系统函数内在联系的重要数字特征，它可以对系统函数二阶统计特性给出有力的描述。

系统函数的相关函数定义为

$$R_h(\tau, t; \tau', t') = \langle h(\tau, t) h^*(\tau', t')\rangle \tag{2.158}$$

$$R_H(f, t; f', t') = \langle H(f, t) H^*(f', t')\rangle \tag{2.159}$$

$$R_S(\tau, \varphi; \tau', \varphi') = \langle S(\tau, \varphi) S^*(\tau', \varphi')\rangle \tag{2.160}$$

$$R_B(f, \varphi; f', \varphi') = \langle B(f, \varphi) B^*(f', \varphi')\rangle \tag{2.161}$$

在上述定义式中，$\langle\cdot\rangle$ 表示系综平均，“ * ”表示共轭。R_h 为信道脉冲响应函数的相关函数，它表示信道在不同延迟范围内散射元在不同时间散射复振幅的统计相关性。R_H 为信道传输函数的相关函数，它表示信道在不同时刻对不同频率输入的输出复调制的统计相关性。R_S 为信道扩展函数的相关函数，它表示信道中分布在不同延迟和不同频移范围内散射元散射因子的统计相关性。R_B 为信道双频函数的相关函数，它表示组成信道的不同频移滤波器频率响应的统计相关性。

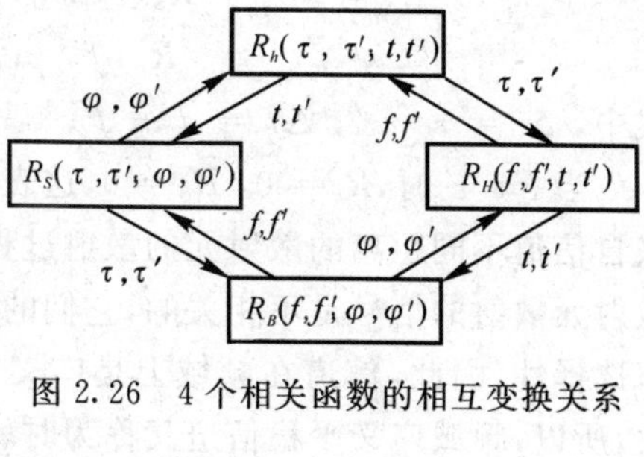

图 2.26　4 个相关函数的相互变换关系

4 个相关函数互为傅里叶变换对，其相互变换关系如图 2.26 所示。例如

$$R_H(f, f'; t, t') = \iint R_h(\tau, \tau'; t, t') \exp[-j2\pi(f\tau - f'\tau')] d\tau d\tau' \tag{2.162}$$

$$R_S(\tau, \tau'; \varphi, \varphi') = \iint R_h(\tau, \tau'; t, t')\exp[-j2\pi(\varphi t - \varphi' t')]\mathrm{d}t\mathrm{d}t' \quad (2.163)$$

二、广义平稳非相关散射信道(WSSUS 信道)

随机信道系统函数的相关函数有 4 个变量，在数学上很复杂，不便于应用。当随机信道满足某种条件时，系统函数的相关函数的变量数可以减少，从而使问题得到简化。这样就便于将信道的影响引入到自导信号处理算法中来，减少由于随机信道的影响造成的自导信息的损失。

1. 广义平稳(WSS) 信道

如果随机信道系统函数的相关函数与时间无关而只与时间差有关，则称这种信道是时域广义平稳的，这时有

$$R_h(\tau, t; \tau', t') = R_h(\tau, \tau', \Delta t) \quad (2.164)$$

$$R_H(f, t; f', t') = R_H(f, f', \Delta t) \quad (2.165)$$

式中，$\Delta t = t - t'$。利用系统函数的相关函数之间的傅里叶变换关系，可以求得

$$R_S(\tau, \varphi; \tau', \varphi') = R_S(\tau, \tau', \varphi)\delta(\Delta\varphi) \quad (2.166)$$

$$R_B(f, \varphi; f', \varphi') = R_B(f, f', \varphi)\delta(\Delta\varphi) \quad (2.167)$$

式中，$\Delta\varphi = \varphi - \varphi'$。

式(2.166) 表明，当 $\varphi \neq \varphi'$ 时，$R_S = 0$，这表示组成信道的任意两个不同频移的散射元的散射过程是不相关的；式(2.167) 表明，当 $\varphi \neq \varphi'$ 时，$R_B = 0$，这表示来自信道中不同频移的散射滤波器的频率响应是统计不相关的。由此可见，信道在时域上的广义平稳表现为信道输出在频移方面的非相关，因此，时域广义平稳信道(简记为 WSS 信道)也称为频域非相关散射信道。

2. 非相关散射信道(US 信道)

如果随机信道系统函数的相关函数与频率无关而只与频率差有关，则称这种信道是频域广义平稳的，这时有

$$R_h(\tau, t; \tau', t') = R_h(\tau, t, t')\delta(\Delta\tau) \quad (2.168)$$

$$R_H(f, t; f', t') = R_H(t, t', \Delta f) \quad (2.169)$$

$$R_S(\tau, \varphi; \tau', \varphi') = R_S(\tau, \varphi, \varphi')\delta(\Delta\tau) \quad (2.170)$$

$$R_B(f, \varphi; f', \varphi') = R_B(\varphi, \varphi', \Delta f) \quad (2.171)$$

式中，$\Delta\tau = \tau - \tau'$；$\Delta f = f - f'$。

当 $\tau \neq \tau'$ 时，$R_h = 0$，$R_S = 0$，这表示组成信道的任意两个具有不同延时的散射元，或者说来自信道不同距离的散射元的散射过程是不相关的。这种信道由大量独立的散射元组成，这些散射元散射的信号是不相关的，它们的叠加不会形成尖锐的频率特性，因而信道没有明显的频率选择性，因此，信道在频域上是广义平稳的。由此可见，频域的广义平稳表现为时域的非相关，所以，频域广义平稳信道又称为时域非相关散射信道，简记为 US 信道。

3. 广义平稳非相关散射信道(WSSUS 信道)

如果随机信道是时频两维广义平稳的，则有

$$R_h(\tau,\ t;\ \tau',\ t') = R_h(\tau,\ \Delta t)\delta(\Delta\tau) \tag{2.172}$$

$$R_H(f,\ t;\ f',\ t') = R_H(\Delta f,\ \Delta t) \tag{2.173}$$

$$R_S(\tau,\ \varphi;\ \tau',\ \varphi') = R_S(\tau,\ \varphi)\delta(\Delta\tau)\delta(\Delta\varphi) \tag{2.174}$$

$$R_B(f,\ \varphi;\ f',\ \varphi') = R_B(\varphi,\ \Delta f)\delta(\Delta\varphi) \tag{2.175}$$

式(2.172)至式(2.175)表明，信道的时域广义平稳表示信道在频域的非相关性，信道在频域的广义平稳表示信道在时域的非相关性，信道在时频两维空间上的广义平稳表示信道在延迟和频移两个方向上的非相关性。因此，两维广义平稳信道又称为广义平稳非相关散射信道，简称为 WSSUS 信道。

WSSUS 信道可以理解为许多独立的不同延迟（相当于距离）和不同频移（多普勒或相当于速度）的点散射过程的复合信道，组成信道的任意两个不同延迟和频移的点元散射是不相关的。

WSSUS 信道是数学上最简单的信道，仅有两个变量。对于 WSSUS 信道，其随机分量 $\widetilde{H}(f,\ t)$ 是时频两维广义平稳的，其相干成分 $\overline{H}(f,\ t)$ 满足

$$\overline{H}(f,\ t) = H_0\exp[\mathrm{j}2\pi(f\tau_0 - \varphi_0 t)]$$

这时有

$$\langle H(f,\ t)H^*(f+\Delta f,\ t+\Delta t)\rangle = R_{\overline{H}}(\Delta f,\ \Delta t) + R_{\widetilde{H}}(\Delta f,\ \Delta t) \tag{2.176}$$

式中

$$R_{\overline{H}}(\Delta f,\ \Delta t) = |H_0|^2\exp[-\mathrm{j}2\pi(\Delta f\tau_0 - \varphi_0\Delta t)]$$

$$R_{\widetilde{H}}(\Delta f,\ \Delta t) = \langle\widetilde{H}(f,\ t)\widetilde{H}^*(f+\Delta f,\ t+\Delta t)\rangle$$

式(2.176)表明，信道的相干成分等效于一个低速运动的点散射过程，其距离和速度引起的延迟和频移分别是 τ_0 和 φ_0，散射截面是 $|H_0|^2$。

实际海洋信道中，WSSUS 条件不易满足。但在实际应用场合，信道的使用频带和观测时间都是有限的，如在有限观测时间和使用频带内，信道基本满足时频两维广义平稳条件，则称该信道是准 WSSUS 信道或局部 WSSUS 信道。

第 11 节　信道的衰落效应和相干函数

一、信道的衰落效应

信道对输入信号的影响，一是由于信道的频散和多途引起的波形衰落，另一是由于信道的时变特性引起的波形起伏，衰落和起伏都将使波形畸变和模糊。

信道输出与输入的关系可表示为

$$v(t) = \int H(f,\ t)U(f)\exp(\mathrm{j}2\pi ft)\mathrm{d}f \tag{2.177}$$

$$V(f) = \iint H(f',\ t)U(f')\exp[-\mathrm{j}2\pi(f-f')t]\mathrm{d}f'\mathrm{d}t \tag{2.178}$$

式中，$U(f)$ 为信道输入信号的谱；$v(t)$ 和 $V(f)$ 分别为信道输出信号的波形和它的谱。可以看出，只要 $H(f,t)$ 不等于常数，即其随 f 和 t 是变化的，信道将引起在其中传输的信号波形和谱的变化。信道的这种使波形及其谱的幅度产生变化的效应称为信道的衰落效应，该信道称为衰落信道。

由于信道的时变性，一个等幅单频波形输入，其输出复包络不再维持不变，信道的这种使信号复包络发生的时变起伏现象，称为信道的"时域衰落"现象。不同频率的波形可能有不同的波形衰落，因此，时域衰落具有频率选择性，其一般由信道的频率不均匀性（如频散和多途）引起。时域衰落常使矩形谱包络产生畸变，如图 2.27(a) 所示。同样，由于信道的频率不均匀性，一个具有均匀谱的 $\delta(t)$ 脉冲输入，其输出谱包络不再保持均匀，信道的这种使波形谱产生畸变的现象，称为信道的"频域衰落"现象。信道的时变性使这种频域衰落具有时间选择性，其使理想的矩形包络产生畸变，如图 2.27(b) 所示。图中 B 和 T 分别为输入信号的带宽和时宽。

理想信道 $H(f, t) = H_0$，不产生信号畸变，是非衰落信道。当信道的时域衰落对信号带宽 B 内的任何频率都具有相同的衰落特性时，称该信道为具有频率平坦选择性的时域衰落信道。同样，在信号时宽 T 内信道的频域衰落与时间无关，称该信道为时间平坦选择性的频域衰落信道。如果信道在时宽和带宽范围内不产生波形和谱的包络畸变，则称该信道为两维平坦选择性衰落信道。平坦选择性衰落只反映在波形包络或谱幅度的整个起伏和时间延迟及频率整体偏移。由上述可见，信道对传输波形的影响，决定于输入波形的时宽、带宽和信道本身的特性。对频率平坦选择性衰落信道，在信号带宽 B 内任意两个频率相差为 Δf 的单频信号，信道引起的波形衰落（复包络畸变）是相同的或者说是相关的。同样对时间平坦选择性衰落信道，在观察时间 $T_1(T_1 > T)$ 内，对任意两个时间差为 $\Delta t(\Delta t < T_1)$ 的 $\delta(t)$ 脉冲，信道输出谱包络畸变是相同的或者说是相关的。一般情况下，同一波形（复包络）由于载频或起始时间不同，信道所引起的衰落是不同的，或者信道输出复包络是不相关的。这种由于信道的衰落效应，同一波形因调制在不同载频（或不同的输入时间）所引起的信道输出波形（或谱）的非相关效应，称为信道对波形的"解相关"效应。解相关程度随载频频差 Δf 和输入时差 Δt 的增大而增大。

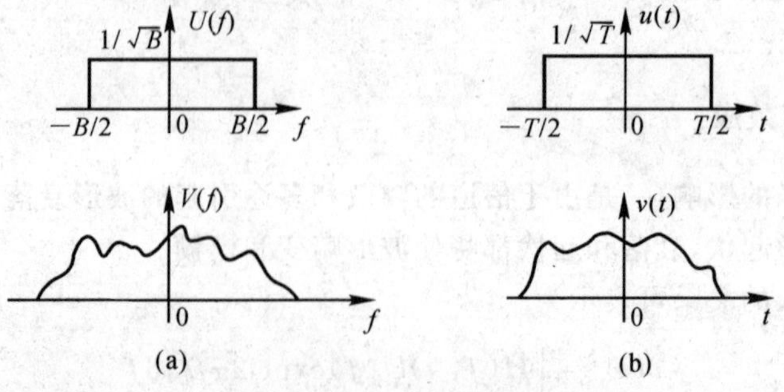

图 2.27　信道的衰落效应

二、信道对波形的解相关

对输入波形

$$u_i(t) = u_c(t - t_i)\exp[j2\pi f_i(t - t_i)] \tag{2.179}$$

信道的输出为

$$v_i(t) = v_{c_i}(t - t_i)\exp[j2\pi f_i(t - t_i)] \tag{2.180}$$

式中

$$v_{c_i}(t) = \int h_{L_i}(\tau, t)u_c(t - \tau)d\tau = \int U_c(f)H_{L_i}(f, t)\exp(j2\pi ft)df \tag{2.181}$$

式中，$u_c(t)$ 和 $U_c(t)$ 为输入波形的复包络和它的谱；$h_{L_i}(\tau,t)$ 和 $H_{L_i}(f, t)$ 是以 t_i 和 f_i 为原点的信道等效低通脉冲响应函数和等效低通传输函数，它们的表达式为

$$h_{L_i}(\tau, t) = h(\tau, t + t_i)\exp(-j2\pi f_i\tau) \tag{2.182}$$

$$H_{L_i}(f, t) = H(f + f_i, t + t_i) \tag{2.183}$$

可以看出，两个输入信号 $u_1(t)$ 和 $u_2(t)$ 的复包络是相同的，都是 $u_c(t)$，它们是相关的，但输出复包络 $v_{c_1}(t)$ 和 $v_{c_2}(t)$ 却与 $H_L(f, t)$ 有关，只要 $H_L(f, t)$ 与 t_i 和 f_i 有关，$v_{c_1}(t)$ 和 $v_{c_2}(t)$ 就会不同，也就是说，会产生解相关。解相关的程度可表示为

$$\rho_{v_{12}} = 1 - R_{v_{12}}(f_1, t_1; f_2, t_2)\Big/\sqrt{E_{v_1}E_{v_2}} \tag{2.184}$$

式中

$$R_{v_{12}}(f_1, t_1; f_2, t_2) = \int v_{c_1}(t)v_{c_2}^*(t)dt$$

为输出波形的互相关函数，E_{v_1} 和 E_{v_2} 分别为 $v_{c_1}(t)$ 和 $v_{c_2}(t)$ 的能量。$\rho_{v_{12}}$ 的取值范围为[0,1]，当 $\rho_{v_{12}} = 1$ 时，表示信道对波形完全解相关；当 $\rho_{v_{12}} = 0$ 时，表示信道对波形完全不解相关，即信道输出波形与输入波形完全相关；当 $0 < \rho_{v_{12}} < 1$ 时，表示信道对波形部分解相关，$\rho_{v_{12}}$ 越大，表示信道对波形的解相关程度越大。

对 WSSUS 信道，可以求得

$$\langle R_{v_{12}}(\Delta f, \Delta t)\rangle = R_H(\Delta f, \Delta t)E_u \tag{2.185}$$

可以看出，信道对波形的解相关取决于信道传输函数的二维相关函数，后面将会看到，$R_H(\Delta f, \Delta t)$ 就是信道的相干函数。

三、信道的相干函数

由上面的讨论可以看出，信道的衰落效应主要是由于信道传输函数不均匀性和时变性引起的，而信道对波形的解相关程度取决于信道传输函数的相关函数。为了描述信道的衰落特性，表征随机信道传输函数的确定性程度，引入信道相干函数 $\Gamma(f, t; f', t')$，其定义为

$$\Gamma(f, t; f', t') = R_H(f, t; f', t') \tag{2.186}$$

其归一化形式为

$$\rho_H(f,\ t;\ \Delta f,\ \Delta t)=\frac{\Gamma(f,\ t;\ \Delta f,\ \Delta t)}{[\langle|H(f,\ t)|^2\rangle\langle|H(f+\Delta f,\ t+\Delta t)|^2\rangle]^{1/2}} \tag{2.187}$$

式中，$\Delta f=f-f'$；$\Delta t=t-t'$。称 $\rho_H(f,\ t;\ \Delta f,\ \Delta t)$ 为信道的相干度，由式(2.187)可以看出，$\rho_H(f,\ t;\ \Delta f,\ \Delta t)$ 是信道的归一化相干函数，对 WSSUS 信道有

$$\Gamma(f,\ t;\ \Delta f,\ \Delta t)=\Gamma(\Delta f,\ \Delta t)=R_H(\Delta f,\ \Delta t) \tag{2.188}$$

$$\rho_H(\Delta f,\ \Delta t)=\frac{R_H(\Delta f,\ \Delta t)}{R_H(0,\ 0)} \tag{2.189}$$

定义信道(有限带宽)时间相干函数 $\Gamma_t(t,\ \Delta t)$ 和(短时平均)频率相干函数 $\Gamma_f(f,\ \Delta f)$ 为

$$\Gamma_t(t;\ \Delta t)=\frac{1}{B}\int_{-B/2}^{B/2}\Gamma(f,\ t;\ 0,\ \Delta t)\mathrm{d}f \tag{2.190}$$

$$\Gamma_f(f;\ \Delta f)=\frac{1}{T}\int_{-T/2}^{T/2}\Gamma(f,\ t;\ \Delta f,\ 0)\mathrm{d}t \tag{2.191}$$

式中，T 和 B 分别是观测时间(或信号时宽)和使用宽带(或信号带宽)。对时域广义平稳信道(WSS 信道)和频域广义平稳信道(US 信道)有

$$\Gamma_t(t;\ \Delta t)=\Gamma_t(\Delta t) \tag{2.192}$$

$$\Gamma_f(f;\ \Delta f)=\Gamma_f(\Delta f) \tag{2.193}$$

于是可以得到

$$\rho_t(\Delta t)=\frac{\Gamma_t(\Delta t)}{\Gamma_t(0)} \tag{2.194}$$

$$\rho_f(\Delta f)=\frac{\Gamma_f(\Delta f)}{\Gamma_f(0)} \tag{2.195}$$

式中，$\rho_t(\Delta t)$ 和 $\rho_f(\Delta f)$ 分别称为信道的时间相干度和频率相干度。对于单调下降的相干度或相干函数，引入信道的相干时间 L_t 和相干带宽 W_f 如下：

$$L_t=\int\rho_t(\Delta t)\mathrm{d}\Delta t \tag{2.196}$$

$$W_f=\int\rho_f(\Delta f)\mathrm{d}\Delta f \tag{2.197}$$

须要指出，$\rho_t(\Delta t)$ 和 $\rho_f(\Delta f)$ 的积分可能不收敛，因此，在实际应用中常取 $|\rho_t(\Delta t)|^2$ 或 $|\rho_f(\Delta f)|^2$ 的值达到 0.5 时的 Δt 或 Δf 值作为信道的相干时间或相干带宽。

信道的相干时间 L_t 和相干带宽 W_f 是非常重要的概念，它们可用来近似描述信道的衰落相干范围。例如，对 $\Delta f<W_f$ 的两个单频信号，信道引起的波形衰落可认为是相关的；但当 $\Delta f>W_f$ 时，两个单频信号的衰落则可认为是不相关的。同样，输入相隔 $\Delta t<L_t$ 的两个 δ 脉冲信号，信道引起的瞬时衰落响应可认为是相关的；若 $\Delta t>L_t$，则认为是不相关的，因此相干时间可看做是信道的时间相关半径。

此外，可根据 L_t 和 W_f 与信号时宽 T 和带宽 B 大小的比较，对信道进行分类。若 $L_t>T$，

则信道为时间平坦选择性衰落信道；若 $W_f > B$，则信道为频率平坦选择性衰落信道；若 $L_t > T$ 和 $W_f > B$，则信道为两维平坦选择性衰落信道。这种分类方法直接反映了鱼雷自导通过信道的信息交换。关于信道分类问题后面还将讨论。

第 12 节　信道的散射函数

一、信道的模糊效应

如前所述，信道的衰落效应使信号的复包络受到附加调制，如振幅调制、频率调制和相位起伏。时域衰落效应使一个单频信号的频谱展宽，以致信号频率分辨性能下降，如图 2.28(a) 所示。同样，频域衰落效应使一个 $\delta(t)$ 脉冲信号被展宽，以致信号的时间分辨性能下降，如图 2.28(b) 所示。信道的这种使高分辨信号的分辨性能降低的效应称为信道的模糊效应。信道的模糊效应和信道的衰落效应具有时频对偶关系，时域衰落对应于频域模糊，频域衰落对应于时域模糊。在主动自导中，希望信道能无畸变地传输信号波形，以利于相关检测和目标特征提取，同时希望得到高分辨性能，以便能以较高精度测量目标。然而信号的无畸变传输和高分辨性能的获得都受到信道衰落效应或模糊效应的限制。在后面讨论的波形分析理论中，将论及时宽为 T 和带宽为 B 的信号波形，其分辨单元数为 $TB+1$。若输入一个 $\delta(t)$ 波形，信道输出展宽了 L s，那么，在信道输出端 T s 内最大能分辨的单元数不会超过 $(T/L)+1$，也就是说信道每秒可分辨的单元数不能超过 $1/L$，如果要分辨的单元数超过这一值，将会出现模糊。

信道模糊效应可用扩展函数的相关函数来描述，对于 WSSUS 信道其为信道的散射函数。

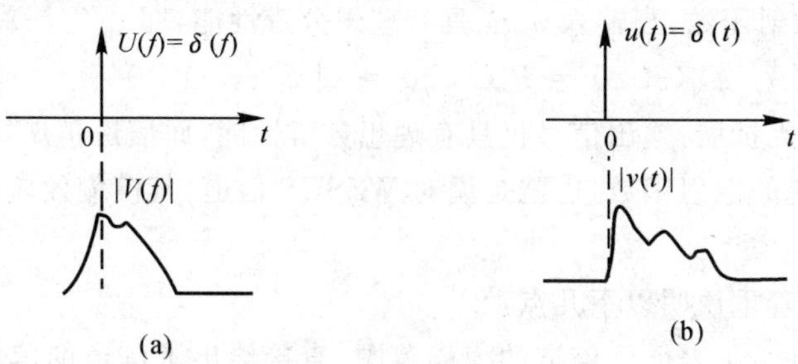

图 2.28　信道的模糊效应

二、信道散射函数

信道的衰落效应和模糊效应，导致信道中传播的信号波形畸变，波形畸变的程度可用输出和输入的互相关性来描述，典型的方法是将信道输出通过与信道输入相匹配的匹配滤波器，在窄带情况下，匹配滤波器的输出为

$$\chi_{vu}(\tau,\varphi)=\int v(t)u^*(t+\tau)\exp(j2\pi\varphi t)dt \tag{2.198}$$

式中，$u(t)$ 为信道的输入；$v(t)$ 为信道的输出；$\chi_{vu}(\tau,\varphi)$ 为信道输出和输入的二维互相关函数。输出 $v(t)$ 用信道的扩展函数 $S(\tau,\varphi)$ 可表示为

$$v(t)=\iint S(\tau,\varphi)u(t-\tau)\exp(j2\pi\varphi t)d\tau d\varphi \tag{2.199}$$

而信道输入的二维自相关函数为

$$\chi_u(\tau,\varphi)=\int u(t)u^*(t+\tau)\exp(j2\pi\varphi t)dt \tag{2.200}$$

将式(2.199)和式(2.200)代入式(2.198)，得到

$$\chi_{vu}(\tau,\varphi)=\iint S(\tau',\varphi')\chi_u(\tau+\tau',\varphi+\varphi')\exp[j2\pi(\varphi+\varphi')\tau']d\varphi'd\tau' \tag{2.201}$$

由于 $S(\tau,\varphi)$ 是随机的，因而 $\chi_{vu}(\tau,\varphi)$ 也是随机函数。

定义输出 $v(t)$ 和输入 $u(t)$ 的互模糊度函数为

$$\psi_{vu}(\tau,\varphi)=\langle|\chi_{uv}(\tau,\varphi)|^2\rangle \tag{2.202}$$

它表示匹配滤波器输出的能量分布。对于 WSSUS 信道，可以证明有

$$\psi_{vu}(\tau,\varphi)=\iint P_s(\tau',\varphi')\psi_u(\tau-\tau',\varphi-\varphi')d\tau'd\varphi'$$

或简记为

$$\psi_{vu}(\tau,\varphi)=P_s(\tau,\varphi)**\psi_u(\tau,\varphi) \tag{2.203}$$

式中，“* *”表示二维卷积；$\psi_u(\tau,\varphi)$ 为输入信号的模糊度函数，可表示为

$$\psi_u(\tau,\varphi)=|\chi_u(\tau,\varphi)|^2 \tag{2.204}$$

$P_s(\tau,\varphi)$ 称为信道的散射函数。当输入 $u(t)$ 具有理想分辨性能，即 $\psi_u(\tau,\varphi)=\delta(\tau,\varphi)$ 时，有

$$\psi_{vu}(\tau,\varphi)=P_s(\tau,\varphi)=\langle|S(\tau,\varphi)|^2\rangle \tag{2.205}$$

可以看出，若信道无扩展，输出信号仍具有理想分辨性能，而信道扩展将使信号变得模糊，其模糊程度决定于信道的散射函数，也就是说对 WSSUS 信道，其模糊效应可用信道散射函数来描述。

关于散射函数，要着重说明以下几点：

(1) 散射函数 $P_s(\tau,\varphi)$ 表征了信道的模糊范围，直接给出了信道的信息传输能力或最小可分辨的时频范围。鱼雷自导系统的测量精度受信号和信道联合模糊度的限制，当信号为理想的图钉信号时，信道的时间扩展限制了测距精度，信道的频率扩展限制了测速精度。

(2) 散射函数 $P_s(\tau,\varphi)$ 可理解为分布在 $\tau-\varphi$ 平面上的许多随机非相关散射元的复合散射过程处于$[\tau+d\tau]$和$[\varphi+d\varphi]$微小区域上元散射的平均散射截面。$P_s(\tau,\varphi)$ 表征了信道散射截面的分布特征，$P_s(\tau,\varphi)$ 在(τ,φ)平面上的面积为

$$\sigma^2=\iint P_s(\tau,\varphi)d\tau d\varphi \tag{2.206}$$

其为信道的总散射截面。

(3) 散射函数可以有任意形状，图 2.29 给出了几种散射函数半功率剖面在 $\tau-\varphi$ 平面上的投影，它们分别是针尖型(理想信道)、多峰型(多径信道)、馒头型(双扩展信道)和坑洼型等。图中 L 和 W 分别为信道扩展时间和扩展带宽。大多数信道可能是混合型的，如部分相干信道，其散射函数为相干的图钉型 $\delta(\tau,\varphi)$ 叠加在非相干的馒头型上。

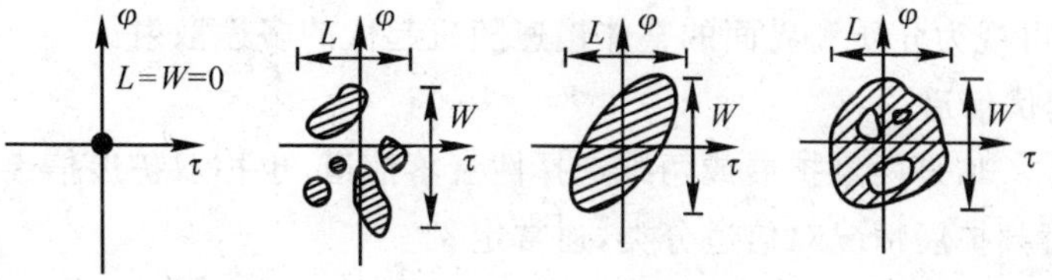

图 2.29　典型散射函数在 (τ,φ) 平面上的投影

(4) 对宽带信道，扩展函数为 $S^{[k]}(\tau,k)$(k 是扩展系数)。如果信道中各散射元的扩展系数相互独立，可引入宽带散射函数，即

$$P_s^{[k]}(\tau,\ k) = \langle\ |\ S^{[k]}(\tau,\ k)\ |^2\rangle \tag{2.207}$$

(5) 信道扩展时间和扩展带宽是最重要的信道参数，通常取

$$L = \frac{1}{W_f} \tag{2.208}$$

$$W = \frac{1}{L_t} \tag{2.209}$$

式中，W_f 和 L_t 分别是信道的相干带宽和相干时间。

三、信道的分类

信道对所传播的波形的影响主要取决于信道衰落的快慢和波形本身的时频参量。信道衰落的快慢决定于信道相干时间和相干带宽相对于波形时宽和带宽的大小。快衰落($L_t \ll T$ 或 $W_f \ll B$)产生扩展模糊，慢衰落($L_t \gg T$ 或 $W_f \gg B$)产生漂移模糊，一般情况下两类模糊都存在。通常根据信道的扩展量 L 和 W 以及波形参量 T 和 B 对信道进行分类。

(1) 理想信道：

$L = 0, W = 0$，是非衰落无扩展信道。在实际的海洋传输信道中，只有近距离的直达程和海面镜反射程才近似被认为是理想的非衰落信道。

(2) 随机非时扩慢起伏信道：

$LB \ll 1, WT \ll 1$，是两维平坦选择性衰落信道，该信道不发生波形畸变，但可能有时间、频率和幅度漂移。海洋中大部分慢起伏大尺寸非均匀性介质的传输信道，对于窄带小时间信号($T \ll 1$ s)，属于这类信道。

(3) 随机非时扩快起伏信道：

$LB \ll 1, WT \gg 1$,是时间选择性衰落和频率平坦选择性衰落信道,这种信道产生频率漂移和时间扩展模糊。海洋中近场不平整海面的反射途径和湍流等引起的远场散射途径可认为是这类信道。

(4) 时扩慢起伏信道：

$LB \gg 1, WT \ll 1$,是频率选择性衰落和时间平坦选择性衰落信道,它引起时间漂移和频率扩展。这类信道可视为介质和界面的整体慢速随机起伏的多途散射。

(5) 时扩快起伏信道：

$LB \gg 1, WT \gg 1$,是两维扩展或两维选择性衰落信道,也称双扩展信道。

还可就信道时频扩展情况对信道分类,通常定义

$$D = LW \tag{2.210}$$

称 D 为信道的扩展因子,用以描述信道的扩展。当 $D > 1$ 时,称信道为愈扩展(Overspread) 信道;当 $D < 1$ 时,称信道为弱扩展(Underspread) 信道。用 D 对信道分类,不对 L 和 W 单独提出要求。为使信号经信道不产生畸变或信息损失,信道必须是两维平坦选择性衰落信道,使满足

$$D = LW \ll \frac{1}{BT} \tag{2.211}$$

应该指出,对鱼雷自导而言,双扩展或愈扩展信道并不常见。

第 13 节　随机时空变信道

前面限于讨论随机信道引起的信号时频衰落或模糊,在研究阵列信号处理时,还须要考虑入射角的衰落和模糊。这就要把上述讨论进行推广,讨论广义相干函数和广义散射函数。对随机时空信道,只做简单介绍,感兴趣的读者可参阅有关文献。

随机时空变信道的传输函数为

$$H(f, t, \boldsymbol{r}) = H_0(f, t, \boldsymbol{r}) + H_1(f, t, \boldsymbol{r}) + H_2(f, t, \boldsymbol{r}) + H_3(f, t, \boldsymbol{r}) \tag{2.212}$$

式中,$\boldsymbol{r}$ 为空间位置变量,它的三个投影是 x, y, z;$H_0(f, t, \boldsymbol{r})$ 表示信道的稳定相干部分(由直达信号构成),其与 $t,\boldsymbol{r}$ 无关,可表示为 $H_0(f)$;$H_1(f, t, \boldsymbol{r})$ 为稳定多途结构,与 t,y 无关,可表示为 $H_1(f, x, z)$;$H_2(f, t,\boldsymbol{r})$ 相应于海底散射,与 t 无关,可表示为 $H_2(f, \boldsymbol{r})$;$H_3(f,t,\boldsymbol{r})$ 表示随机表面散射和介质起伏的影响等,是随机时空变的。式(2.212) 可以写成一个稳定相干部分和一个随机部分的和

$$H(f, t, \boldsymbol{r}) = H_0(f, t, \boldsymbol{r}) + \widetilde{H}(f, t, \boldsymbol{r}) \tag{2.213}$$

可以定义

$$\Gamma(f, t, r;\ f', t', \boldsymbol{r}') = \langle H(f, t, \boldsymbol{r}) H^*(f', t', \boldsymbol{r}') \rangle \tag{2.214}$$

并称其为信道广义相干函数。对于时空 WSSUS 信道有

$$\Gamma(f,\ t,\ \boldsymbol{r};\ f',\ t',\ \boldsymbol{r}')=\Gamma(\Delta f,\ \Delta t,\ \Delta\boldsymbol{r}) \tag{2.215}$$

式中，$\Delta f=f-f'$；$\Delta t=t-t'$；$\Delta\boldsymbol{r}=\boldsymbol{r}-\boldsymbol{r}'$。所谓时空 WSSUS 信道，是指信道相对于变量 f，t 和 $\boldsymbol{r}$ 是广义平稳的。空间的广义平稳意味着时空相关函数 R_H 与信道空间的绝对位置无关，只与位置差 $\Delta\boldsymbol{r}$ 有关，与 $\Delta\boldsymbol{r}$ 的相关程度表明了信道的空间结构上的起伏快慢；而与 $\boldsymbol{r}$ 无关意味着这种空间起伏是均匀的。因此，空间 WSSUS 信道一般指信道空间特性的均匀各向同性。

在时空 WSSUS 信道情况下，广义相干函数的傅里叶变换为广义散射函数，即

$$P_{\mathrm{s}}(\tau,\ \varphi,\ K)=P_{\mathrm{s}}(\tau,\ \varphi,\ u,\ v,\ w)=$$
$$\iiiint\!\!\int\Gamma(f,\ t,\ x,\ y,\ z)\exp[-\mathrm{j}2\pi(f\tau+\varphi t+ux+vy+wz)]\mathrm{d}f\mathrm{d}t\mathrm{d}x\mathrm{d}y\mathrm{d}z \tag{2.216}$$

式中，τ，φ，K 分别是时间扩展变量、频率扩展变量和空间频率扩展变量；u，v 和 w 是对应于 x，y，z 的空间频率扩展变量，它们分别是

$$u=\frac{f}{c}a_x$$

$$v=\frac{f}{c}a_y$$

$$w=\frac{f}{c}a_z$$

其中，$a_x=\sin\theta_x$，$a_y=\sin\theta_y$，$a_z=\sin\theta_z$，θ_x，θ_y，θ_z 分别为入射波与 x，y，z 轴的夹角。

广义散射函数的物理意义如下：

可以把广义散射函数看做是介质的模糊度函数。如果位于坐标原点的一个点源发射一个具有理想模糊度函数的信号(即其时频分辨力极高)，那么由高指向性基阵及其后的高分辨时频处理器组成的接收系统对点源进行定位时，在距离、多普勒和角度空间中，将看到的不是一个点而是一团弥散的“云”。在部分相干情况下，信道 $H=H_0+\widetilde{H}$ 函数的散射函数将包括一个 δ 脉冲(对应于 H_0 的傅里叶变换) 加上一个 τ，φ 和 K 的连续函数($\widetilde{H}$ 的傅里叶变换)。这时，高分辨接收系统将看到一个亮点，周围被一团弥散的“云” 所包围。在理想信道情况下，则高分辨接收系统将看到一个亮点。

第 14 节　时变信道的抽头延迟线模型

若信道的输入为一带限信号，其对 τ 的抽样形式可写为

$$u(t-\tau)=\sum_{n=-\infty}^{+\infty}u(t-nT_{\mathrm{s}})\operatorname{sinc}\left[\frac{\pi(\tau-nT_{\mathrm{s}})}{T_{\mathrm{s}}}\right] \tag{2.217}$$

式中，sinc[•]为 sinc 函数，又称抽样函数；T_{s} 为抽样间隔，通常 $T_{\mathrm{s}}\leqslant\dfrac{1}{B}$，$B$ 是信号带宽。信道的

输出形式为

$$v(t)=\sum_{n=-\infty}^{+\infty}u(t-nT_s)\int h(\tau,t)\operatorname{sinc}\left[\frac{\pi(\tau-nT_s)}{T_s}\right]d\tau \tag{2.218}$$

式中，$h(\tau, t)$ 是信道的复响应函数。上式还可写为

$$v(t)=\sum_{n=-\infty}^{+\infty}u(t-nT_s)h_n(t) \tag{2.219}$$

式中

$$h_n(t)=\int h(\tau,t)\operatorname{sinc}\left[\frac{\pi(\tau-nT_s)}{T_s}\right]d\tau \tag{2.220}$$

于是得到，函数 $u(t-nT_s)$ 可使信号通过间隔为 T_s 的一条抽头延迟线的抽头来实现，而 $v(t)$ 就是全部抽头输出经由式(2.220) 所定义的信道抽头函数的权重和。抽头权函数 $h_n(t)$ 称为信道的抽头增益函数。

上述信道模型称为信道抽头延迟线模型，如图 2.30(a) 所示。当信道扩散量为 L 时，信道的抽头总数为(L/T_s) 的最大整数。

抽头权函数 $h_n(t)$ 的相关函数为

$$R_{h_{mn}}(t,t')=\langle h_m(t)h_n^*(t')\rangle= \iint R_h(\tau,t;\tau',t')\operatorname{sinc}\left[\frac{\pi(\tau-mT_s)}{T_s}\right]\operatorname{sinc}\left[\frac{\pi(\tau'-nT_s)}{T_s}\right]d\tau d\tau' \tag{2.221}$$

若信道是 WSSUS 的，由于 $R_h=P_h$，式(2.221) 可表示为

$$R_{h_{mn}}(\Delta t)=\int P_h(\tau,\Delta t)\operatorname{sinc}\left[\frac{\pi(\tau-mT_s)}{T_s}\right]\operatorname{sinc}\left[\frac{\pi(\tau-nT_s)}{T_s}\right]d\tau \tag{2.222}$$

如果 $BL>1$，则在相邻抽头间 $P_h(\tau,\Delta t)$ 与 τ 无关，于是有

$$R_{h_{mn}}(\Delta t)=\begin{cases}T_sP_{h_n}(\Delta t), & m=n\\ 0, & m\neq n\end{cases} \tag{2.223}$$

式中

$$P_{h_n}(\Delta t)=P_h(nT_s,\Delta t) \tag{2.224}$$

为抽头增益相关函数。式(2.223) 表明了抽头权函数的正交性。

式(2.224) 还可表示为

$$P_{h_n}(\Delta t)=\int P_{\varphi_n}(\varphi)e^{j2\pi\varphi\Delta t}d\varphi \tag{2.225}$$

式中

$$P_{\varphi_n}(\varphi)=T_sP_s(nT_s,\varphi) \tag{2.226}$$

式(2.225) 表明，抽头增益相关函数可以通过 $\tau=nT_s$ 对信道散射函数 $P_s(\tau,\varphi)$ 进行剖面切割，如图 2.30(b) 所示，然后对 φ 求傅里叶反变换得到。

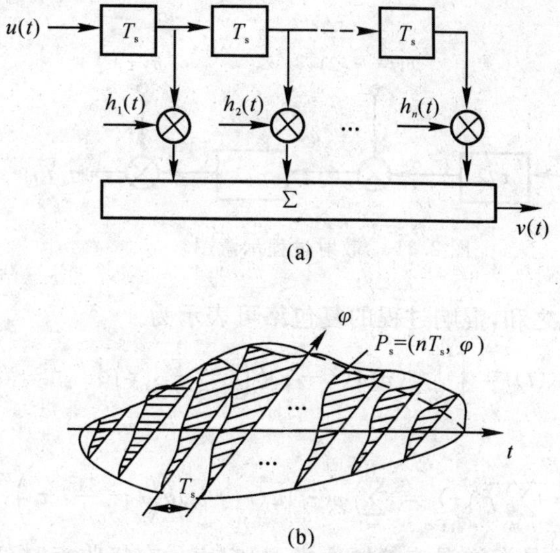

图 2.30　信道的抽头延迟线模型

由于信道的抽头延迟线模型易于计算机模拟，其是一种常用的模型，有时也称为横向滤波器模型。

第 15 节　海洋混响的统计特性[8, 9, 14]

海洋混响是一个随机过程，应该研究其统计特性。本节主要讨论海洋混响的概率模型和海洋混响的散射函数。

一、海洋混响的概率模型

对海洋混响做如下假设：

(1) 窄带的远场混响；

(2) 声波在介质中是直线传播的，即不计及折射效应；

(3) 形成混响的散射体是相互统计独立的随机分布的点散射源；

(4) 不考虑二次散射及非线性散射过程。

在距发射源 $R = c\tau/2$ 处，元散射体产生的元散射信号的复包络为

$$\tilde{f}(t) = \varphi(\tau)\tilde{u}(t-\tau)\tilde{b}\left(t-\frac{\tau}{2}, \tau\right) \tag{2.227}$$

式中，$\tilde{u}(t)$ 是发射信号的复包络；$\tilde{b}(t-\tau)$ 是表示元散射体性质（如散射体的空间分布、散射运动引起的多普勒扩散和散射增益等）的随机变量，可把其看做是信道散射的脉冲响应函数；$\varphi(\tau)$ 是描述信号在海水介质中传播时衰减情况的一个确定函数。散射体散射过程可用图 2.31

表示。

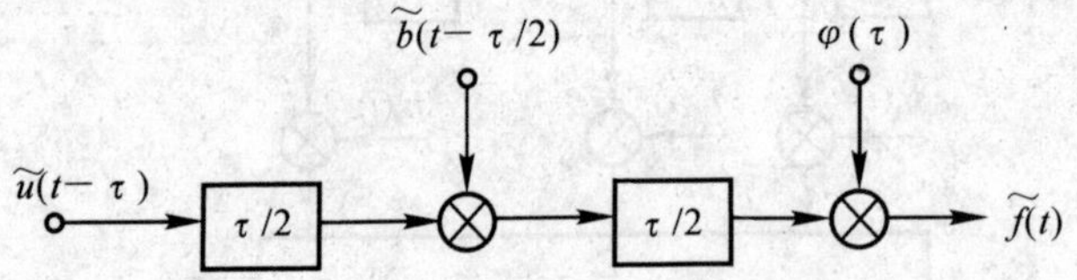

图 2.31　散射过程示意图

混响是各散射体散射波之和，混响过程的复包络可表示为

$$\tilde{n}_R(t)=\int_{-\infty}^{+\infty}\varphi(\tau)\tilde{u}(t-\tau)\tilde{b}\left(t-\frac{\tau}{2},\tau\right)d\tau \tag{2.228}$$

其离散形式为

$$\tilde{n}_R(t)=\sum_{i=1}^{N}\tilde{f}_i(\tau)=\sum_{i=1}^{N}\varphi(\tau_i)\tilde{u}(t-\tau_i)\tilde{b}\left(t-\frac{\tau_i}{2},\tau_i\right) \tag{2.229}$$

式(2.228)和式(2.229)是海洋混响的概率模型，它表示在接收点时刻 t 接收的混响是时刻 $(t-\tau)$ 发射点发射的信号 $\tilde{u}(t-\tau)$ 在时刻 $(t-\tau/2)$ 由具有散射性质为 $\tilde{b}(t-\tau/2,\tau)$ 的诸散射体的散射波叠加而成的。从海洋混响的概率模型可见，影响混响过程特性的主要是发射信号的特性和散射体的散射特性，因此，混响过程主要依赖于散射体的散射过程。

二、混响散射函数

根据式(2.228)，混响的协方差函数为

$$\begin{aligned}R_{\tilde{n}_R}(t_1,t_2)=E[\tilde{n}_R(t_1)\tilde{n}_R(t_2)]=\\ E\left[\iint_{-\infty}^{+\infty}\varphi(\tau)\tilde{u}(t_1-\tau)\tilde{b}\left(t_1-\frac{\tau}{2},\tau\right)\varphi(\tau_1)\tilde{u}^*(t_2-\tau_1)\tilde{b}^*\left(t_2-\frac{\tau_1}{2},\tau_1\right)d\tau d\tau_1\right]=\\ \iint_{-\infty}^{+\infty}\varphi(\tau)\varphi(\tau_1)\tilde{u}(t_1-\tau)E\left[\tilde{b}\left(t_1-\frac{\tau}{2},\tau\right)\tilde{b}^*\left(t_2-\frac{\tau_1}{2},\tau_1\right)\right]\tilde{u}^*(t_2-\tau_1)d\tau d\tau_1\end{aligned} \tag{2.230}$$

式中，$E[\cdot]$ 表示求数学期望，“$*$”表示求共轭。可以看出，混响的统计特性由上式中方括号项来表征。

根据前面的假设可知：不同时间间隔的散射信号是统计独立的；每一个时间间隔的散射信号是一个平稳零均值复高斯过程的抽样函数。于是得到

$$E[\tilde{b}(t_1,\tau)\tilde{b}^*(t_2,\tau_1)]=R_{\tilde{b}}(t_1-t_2,\tau)\delta(\tau-\tau_1)=R_{\tilde{b}}(\lambda,\tau)\delta(\tau,\tau_1) \tag{2.231}$$

式中，$\lambda=t_1-t_2$。函数 $R_{\tilde{b}}(\lambda,\tau)$ 是双变量函数，它与散射体的散射特性有关，可看做是散射脉冲响应函数的相关函数。根据式(2.230)和式(2.231)可得

$$R_{\tilde{n}_R}(t_1,t_2)=\int_{-\infty}^{+\infty}\varphi^2(\tau)\tilde{u}(t_1-\tau)R_{\tilde{b}}(t_1-t_2,\tau)\tilde{u}^*(t_2-\tau)d\tau \tag{2.232}$$

引入混响散射函数

$$P_{SR}(\varphi,\tau)=\int_{-\infty}^{+\infty}R_{\tilde{b}}(\lambda,\tau)\exp(-\mathrm{j}2\pi\varphi\lambda)\mathrm{d}\lambda \tag{2.233}$$

则有

$$R_{\tilde{n}_R}(t_1,t_2)=\iint_{-\infty}^{+\infty}\varphi^2(\tau)\tilde{u}(t_1-\tau)P_{SR}(\varphi,\tau)\tilde{u}^*(t_2-\tau)\exp[\mathrm{j}2\pi\varphi(t_1-t_2)]\mathrm{d}\varphi\mathrm{d}\tau \tag{2.234}$$

混响散射函数 $P_{SR}(\varphi,\tau)$ 表征混响散射体在空间上的分布和在速度上的扩展。混响散射函数对研究混响干扰下信号处理问题十分重要。

典型的混响散射函数为

$$P_{SR}(\varphi,\tau)=\frac{N_R}{\sqrt{2\pi}\,\sigma_R}\exp\left(\frac{-\varphi^2}{2\sigma_R^2}\right) \tag{2.235}$$

它沿频率轴 φ 为高斯分布，中心在 $\varphi=0$ 处，均方根多普勒扩展为 σ_R；沿 τ 轴在 $-\infty\sim+\infty$ 为均匀分布；N_R 为混响强度。图 2.32 表示了这种混响散射函数。

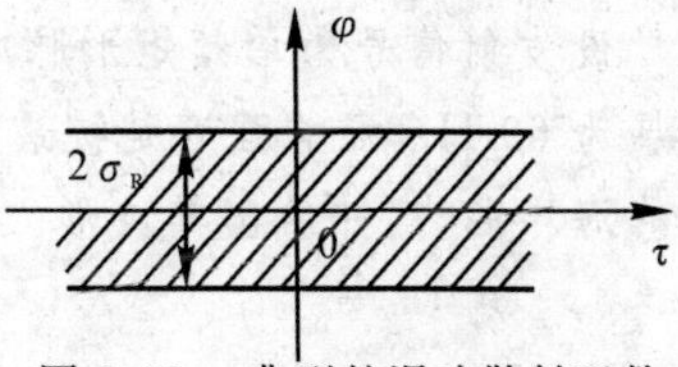

图 2.32　典型的混响散射函数

习题与思考题

1. 名词解释：

(1) 鱼雷自导信道；　(2) 声速剖面；

(3) 声速梯度及相对声速梯度；　(4) 波动理论；

(5) 简正波理论；　(6) 射线声学；

(7) 相干信道；　(8) 非相干信道；

(9) 衰落信道；　(10) 信道的相干时间；

(11) 信道的相干带宽；　(12) 混响散射函数。

2. 界面对声传播会产生哪些影响？

3. 哪些因素会产生声传播的多径效应？其对鱼雷自导的工作产生哪些影响？

4. 产生声传播起伏的因素有哪些？如何描述声传播起伏？

5. 说明随机时变自导系统函数定义及其物理意义，并给出它们之间的相互变换关系。

6. 什么是信道的相干性？如何描述信道的相干性？

7. 试说明信道系统的四个相关函数的物理意义，并给出它们之间的相互变换关系。在什么条件下，随机信道变为广义平稳信道、非相关散射信道和广义平稳非相关散射信道？

8. 解释信道的时域衰落现象和频域衰落现象。说明理想信道、频域平坦选择性时域衰落信道、时间平坦选择性频域衰落信道和两维平坦选择性衰落信道的条件及特点。

9. 什么是信道对波形的解相关效应？其与哪些因素有关？如何描述信道对波形的解相关效应？

10. 什么是信道的模糊效应？如何描述信道的模糊效应？

11. 试述信道散射函数的物理意义。

12. 根据信道扩展时间和扩展带宽,典型的信道散射函数有哪些?

13. 对海洋混响的研究表明,体积混响和海面混响的瞬时值服从高斯分布,振幅服从瑞利分布;对体积混响、海面混响和海底混响的合成混响其瞬时值服从高斯分布,振幅服从修正的瑞利分布或莱斯(Rice)分布。如果忽略海底的作用,则混响的振幅服从瑞利分布。由此得出海洋混响时域波形的模拟方法:产生一个高斯分布的白噪声,使其通过一个中心频率为信号的中心频率、带宽为发射信号带宽(或信号带宽加多普勒扩展)的带通滤波器,带通滤波器的输出即为模拟的海洋混响的时域波形。

设发射信号为单频矩形脉冲,中心频率为 $f_0 = 28$ kHz,脉冲宽度为 10 ms,混响的多普勒扩展为 60 Hz,混响强度是按最大强度归一化的,混响随时间三次衰减,请模拟该发射信号产生的海洋混响,并给出其波形。

第3章 鱼雷自导目标特性

在主动自导方程中，含有参量目标强度 TS，这一参量是目标对入射声波反射和散射能力的度量，实质上是目标反射和散射的宏观特性。目标强度在鱼雷自导系统设计和性能预报中起着重要的作用。在现代鱼雷自导系统设计中，单纯了解目标反射和散射的宏观特性是不够的，为了实现自导信号的最佳处理和提取目标特征，还需要了解目标反射和散射回波的精细结构，也就是目标的几何特征和物理特征。

本章讨论目标散射和反射的宏观特性和精细结构，作为鱼雷自导信号最佳处理和提取目标特征的基础。

第1节 目标强度

目标强度定义为

$$TS = 10\lg \left.\frac{I_r}{I_i}\right|_{r=1} \quad (\text{dB}) \tag{3.1}$$

式中，I_r 为距目标声学中心 1 m 处的回波声强；I_i 为入射声强。

通常，在计算一个物体的目标强度时，都以球体作为参考目标。因此，可以求得球体的目标强度为

$$TS = 10\lg \frac{a^2}{4} \tag{3.2}$$

式中，a 为理想球体的半径(m)。显然，一个半径为 2 m($a = 2$) 的理想球体(表面光滑的刚性球体) 的目标强度为 0 dB，也就是说球体作为测量目标强度的参考目标。

应该指出，通常水下目标多具有正的目标强度值，这并不意味着反射声强比入射声强大。实际上，在计算球体反射声强与入射声强之比时，可以得到

$$\frac{I_r}{I_i} = \frac{\dfrac{\pi a^2 I_i}{4\pi r^2}}{I_i} = \frac{a}{4r^2} \tag{3.3}$$

式中，r为距球心的距离。可以看出，如果不选1 m而选1 000 m作为参考距离，则半径67 m的球体为0 dB目标强度。这样通常的物体的目标强度均为负值。

下边给出一种实用的目标强度测量方法，如图3.1所示[6]。图中，潜艇为待测目标，将一应答器和一测量水听器安放在潜艇上，彼此相距1 m。在测量船上安放声源和一测量水听器，水听器靠近声源。测量船上的水听器测量回声与应答器脉冲的相对声级，即A(dB)，潜艇上的测量水听器测量入射脉冲和应答器应答脉冲的相对声级，即B(dB)。两条船上各自记录的声级差的差值就是潜艇的目标强度，即$TS = B - A$。

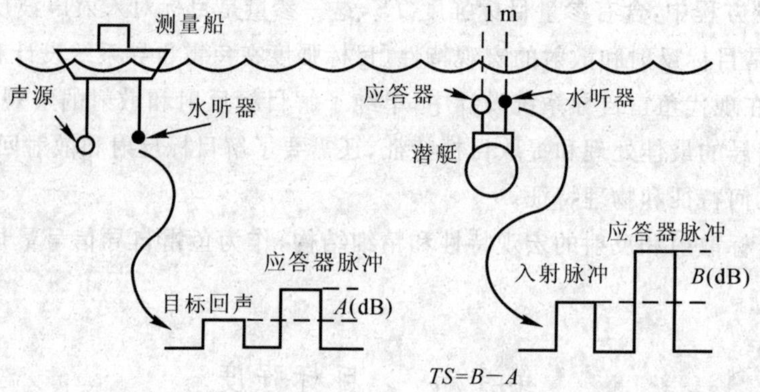

图 3.1 用应答器测目标强度示意图

我们曾采用类似的方法测量舰艇的目标强度。测量中，在测量船上调节目标回声与应答脉冲的声级差$A = 0$，则目标船上测得的入射脉冲和应答脉冲声级差B就是待测目标的目标强度。

第2节 目标回波形成机理

复杂的水下目标向声源返回的回波，是由许多过程形成的。一般地说，对复杂目标，如潜艇，这许多过程可能都会出现，但在某一特定频率和方位角条件下，可能只有一种或两种过程是主要的。

最简单的形成过程是镜反射。一般地，当发射波形照射一个大的凸曲线或大球体会产生镜反射。镜反射的波形是入射波形的重复，可以和入射波形完全相关。如潜艇正横方位的反射，镜反射是主要过程，这时回波很强，当是短脉冲时，它的回波和入射脉冲一模一样。

实际目标表面都存在不规则性，如突起、角棱和边缘，等等，若其曲率半径小于波长，则回波形成过程是散射。散射波是由大量散射中心产生的散射子波的合成。当水下目标只有少数起主要作用的散射体时，在回波包络上可以看到由它们所形成的亮点。

对弹性小球散射的研究表明，小球的散射波包含散射波、蠕波（它是绕过小球表面形成的）和入射波透入小球后形成的切变波及压缩波。对有限柱体散射的研究表明，垂直照射的柱体反向散射波主要由反射波和蠕波组成，斜向照射时，回波的主要成分是棱角波，即柱体顶角边缘的回波。对于弹性柱体，除镜面反射波和棱角波外，还存在某些表面弹性散射波和穿透波。斜向入射时，有时存在较强的螺旋似沿柱体表面绕行的环绕波。

当某些入射频率与水下目标的某些共振频率相同时，会产生共振效应，这些频率将激起目标的各种振动模式，一般地说，它将提高目标强度。

下面讨论目标反射的“象脉冲”理论。在理想的流体介质中，发射一个窄带脉冲信号，照射到一个刚性静止的大目标上，可以证明，目标回波是许多子波的和。每一个子波发生在目标截面有变化的地方，按相位叠加。它们每一个都是发射信号的拷贝，因此称这些子波脉冲为“象脉冲”。

若 r_1 表示散射体（目标）距发射点的最近距离，$k\approx\frac{2\pi}{\lambda}$ 为波数，λ 为入射信号波长，当 $kr_1\gg 1$ 时，Freedman 推得水下目标反向散射的目标强度为

$$TS = 10\lg |J|^2 \tag{3.4}$$

$$J = \frac{1}{\lambda}\sum_{g=1}^{m}\exp[-\mathrm{j}2k(r_g - r_1)]\sum_{n=0}^{\infty}\frac{D(A_r,\ g,\ n)}{(\mathrm{j}2k)^n} \tag{3.5}$$

式中，$D(A_r,\ g,\ n)$ 为目标散射截面 A_r 的 n 阶导数在 r_g 处的不连续值；r_g 为第 g 个不连续处距发射点的距离。式(3.5)的物理意义是：目标反向散射主要发生在目标横截面 A_r 及其 n 阶导数 $A_r^{(n)}$ 的不连续处，当 A_r 或其 n 阶导数在 r_g 处不连续时，就会对回波贡献一个与发射信号波形相同的成分，其幅度正比于 $D(A_r,\ g,\ n)$ 的值。

目标散射的“象脉冲”理论，清楚地说明了目标回波形成的机理，图 3.2 所示是“象脉冲”理论的一个例子。图 3.2(a) 表示发射接收点、发射波形和散射体，阴影区为发射脉冲照射不到的区域。可以看出，散射体在 r_1，r_2，r_3 和 r_4 处 $A_{(r)}$（即 A_r）有不连续，图 3.2(b)，(c) 和(d) 分别表示 $A^{(0)}(r)$，$A^{(1)}(r)$ 和 $A^{(2)}(r)$ 随 r 的变化图形，$A^{(0)}(r)$，$A^{(1)}(r)$ 和 $A^{(2)}(r)$ 在 r_1，r_2，r_3 和 r_4 处分别有斜率变化或不连续跳变。从图 3.2(e) 和(f) 可以看出，在上述不连续处将产生一个脉冲，形成目标回波的亮点。当发射脉冲较宽时，脉冲之间有重叠。

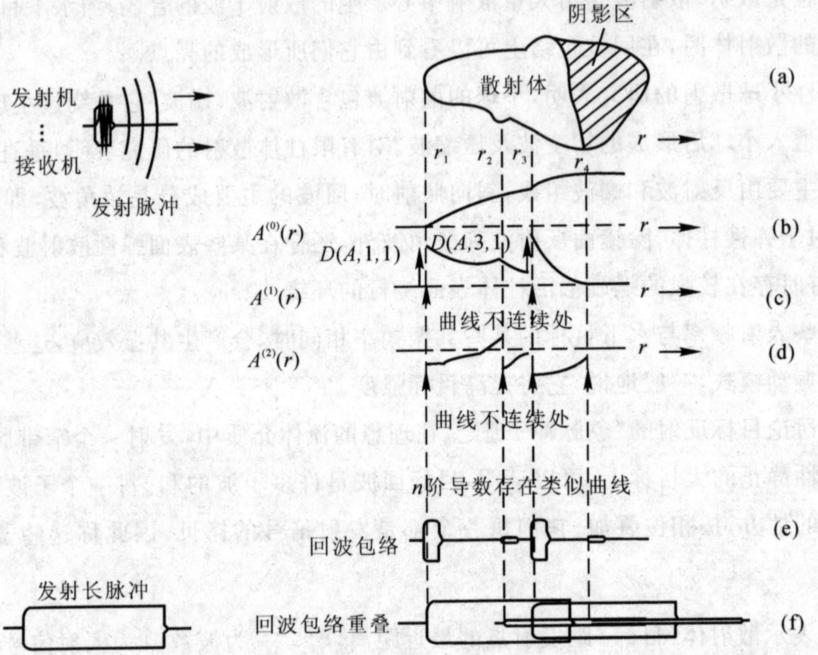

图 3.2 回波形成机理的说明

第 3 节 目标系统函数

和讨论信道特性一样，可以将目标散射过程模拟为一个线性时空变系统，也就是说将目标散射过程用一个线性时空变系统来描述。

设声源信号 $u(t)$ 是来自远场的平面波，目标姿态角是 α_T，声源（接收器）相对于目标中心的距离为 r_T，上述关系如图 3.3 所示。

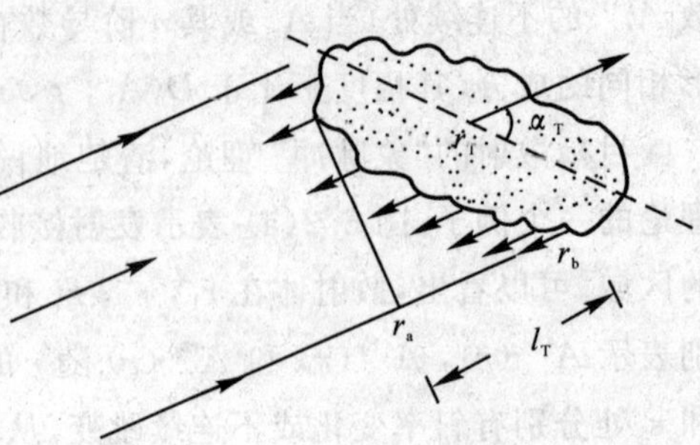

图 3.3 目标散射示意图

接收到的回波可表示为

$$v_T(t\mid\alpha_T)=\int H_{MT}(f,t\mid\alpha_T,\mid r_T\mid)U(f)\exp(j2\pi ft)\,df \tag{3.6}$$

式中，$H_{MT}(f,t,\mid\alpha_T,\mid r_T\mid)$ 为目标回波过程的传输函数；$U(f)$ 为 $u(t)$ 的谱，对均匀传输介质空间有

$$H_{MT}(f,t\mid\alpha_T,\mid r_T\mid)=\phi^2(f,r_T)H_T(f,t\mid\alpha_T) \tag{3.7}$$

式中，$\phi(\cdot)$ 为与传播损失有关的函数；$H_{\mathrm{T}}(\cdot)$ 是目标自身反向散射过程的传输函数，和 $H_{\mathrm{MT}}(\cdot)$ 相比，略去了传输衰减的影响。

考虑到目标散射亮点模型，如图3.3所示，在目标径向长度 $l_{\mathrm{T}}=r_{\mathrm{b}}-r_{\mathrm{a}}$ 内(与 a_{T} 有关)，第 i 个亮点回波复振幅对应的冲激响应函数是

$$h_{\mathrm{b}i}(\tau,\ t\mid\alpha_{\mathrm{T}})=b_i\left(t-\frac{\tau_i}{2}\middle|\alpha_{\mathrm{T}}\right)\delta(\tau-\tau_i) \tag{3.8}$$

式中，$\tau_i=2(|r_i|-|r_{\mathrm{T}}|)/c$，是相对于目标中心的延迟($r_{\mathrm{a}}\leqslant|r_i|\leqslant r_{\mathrm{b}}$)。

一般情况下，各亮点的冲激响应函数是不同的。目标回波由全部亮点子波叠加而成，故目标总的冲激响应函数为

$$h_{\mathrm{T}}(\tau,\ t\mid\alpha_{\mathrm{T}})=b\left(\tau,\ t-\frac{\tau}{2}\middle|\alpha_{\mathrm{T}}\right)=\sum_{i=1}^{N(\alpha_i)}b_i\left(t-\frac{\tau_i}{2}\middle|\alpha_{\mathrm{T}}\right)\delta(\tau-\tau_i) \tag{3.9}$$

式中，$N(\alpha_{\mathrm{T}})$ 为目标亮点数，其与 α_{T} 有关。于是可得到目标散射传输函数为

$$H_{\mathrm{T}}(f,\ t\mid\alpha_{\mathrm{T}})=\int b\left(\tau,\ t-\frac{\tau}{2}\middle|\alpha_{\mathrm{T}}\right)\exp(-\mathrm{j}2\pi f\tau)\mathrm{d}\tau \tag{3.10}$$

式(3.9)和式(3.10)与目标距离 r_{T} 和传输衰减不发生关系，参量 τ 表示了入射声波作用到目标不同部位的时间差异，而不同部位散射性能是不同的。以目标空间的坐标系统来描述目标能充分反映目标自身的散射性能。

与前面对信道的讨论相同，目标散射的传输函数一般也可表示为有规平均的相干部分 $\overline{H}_{\mathrm{T}}$ 和无规随机非相干部分 $\widetilde{H}_{\mathrm{T}}$ 之和。$\overline{H}_{\mathrm{T}}$ 是确定性的，一般由目标镜反射亮点和有规运动的目标散射等形成；$\widetilde{H}_{\mathrm{T}}$ 是随机的，一般由大量随机分布的亮点和目标摇晃及颠簸引起的散射等形成。

第4节 目标回波的衰落和模糊

和信道的讨论一样，由于目标在径向距离的延伸和自身的运动，包括目标亮点的随机分布、随机颠簸和摇晃，目标回波一般会产生衰落和畸变，这种衰落和畸变引起的时宽扩展和谱宽扩展，会降低信号的时间分辨力和频率分辨力，即产生模糊效应。目标散射的衰落效应可用目标散射的相干函数来描述，目标散射的模糊效应可用目标散射函数来表征。

一、目标散射相干函数

目标散射过程的衰落效应通过目标散射的时空传输函数 $H_{\mathrm{T}}(f,\ t\mid\alpha_{\mathrm{T}})$ 的相关函数，即目标散射相干函数

$$\Gamma_{\mathrm{T}}(f,\ t,\ \Delta f,\ \Delta t\mid\alpha_{\mathrm{T}},\ \Delta\alpha_{\mathrm{T}})$$

来描述，其表达式为

$$\Gamma_{\mathrm{T}}(f,\ t,\ \Delta f,\ \Delta t\mid\alpha_{\mathrm{T}},\ \Delta\alpha_{\mathrm{T}})=\langle H_{\mathrm{T}}(f,\ t\mid\alpha_{\mathrm{T}})H_{\mathrm{T}}^{*}(f',\ t'\mid\alpha_{\mathrm{T}}')\rangle \tag{3.11}$$

上式表示，不同的入射声波频率，在不同的时间和不同的方向对目标进行照射所产生的反向散射的相关性。

目标散射的时域衰落或频域起伏效应，主要是由于目标表面不平整和内部频率响应等引起的，目标的频域衰落或时域起伏，主要是由于目标本身不稳定，如自旋、摇晃等引起的。空间衰落即方位衰落，主要是由于目标外形横向不均匀性引起的，对于具有固定外形和结构的目标，时域衰落就是空间衰落。衰落效应可以用相干带宽 W_{Tf}，相干时宽 L_{Tt} 和相干方位角 $\alpha_{T\alpha}$ 的范围来描述，当信号时宽和带宽小于相干时宽和相干带宽时，可以认为目标散射引起的衰落是相关的。

对于 WSSUS 时空散射目标，即目标各散射元是非相关的，目标散射相干函数可表示为

$$\Gamma_T(f,\ t,\ \Delta f,\ \Delta t \mid \alpha_T,\ \Delta\alpha_T) = \Gamma_T(\Delta f,\ \Delta t \mid \Delta\alpha_T) \tag{3.12}$$

二、目标散射函数

目标本身的模糊和扩展特性，一般用扩展函数 $S_T(\tau,\varphi \mid \alpha_T)$ 及其相关函数 $R_{S_T}(\tau,\ \varphi;\ \tau',\ \varphi' \mid \alpha_T)$ 来描述，其表达式分别为

$$S_T(\tau,\ \varphi \mid \alpha_T) = \int h_T(\tau,\ t \mid \alpha_T)\exp(-\mathrm{j}2\pi\varphi t)\mathrm{d}t \tag{3.13}$$

和

$$R_{S_T}(\tau,\ \varphi;\ \tau',\ \varphi' \mid \alpha_T) = \langle S_T(\tau,\ \varphi \mid \alpha_T)S_T^*(\tau',\ \varphi' \mid \alpha_T')\rangle \tag{3.14}$$

若目标满足 WSSUS 条件，则定义散射函数为

$$P_{S_T}(\tau,\ \varphi \mid \alpha_T) = \langle \mid S_T(\tau,\ \varphi \mid \alpha_T) \mid^2 \rangle \tag{3.15}$$

与讨论信道特性一样，根据目标相干时宽和相关带宽或根据目标散射函数可以求得目标时间扩展量 L_T 和频率扩展量 W_T，根据目标扩展大小可对目标进行分类：

(1) 理想点目标：$L_T = 0$，$W_T = 0$，目标无扩展，目标回波与发射波形的区别仅仅是目标的距离延迟和运动的多普勒频移。

(2) 慢起伏点目标：$W_T T \ll 1$，$L_T B \ll 1$（T 和 B 分别是信号的时宽和带宽），这是指目标径向尺寸 $l_T \leqslant \frac{c}{B}$（$c$ 为声速），即小于波形 $u(t)$ 的距离分辨力的慢变弱延伸目标，可以认为在信号时宽 T 内其响应函数或传输函数是不变的。

(3) 快起伏点目标：$W_T T \ll 1$，$L_T B \gg 1$，这是时变非时扩目标，其响应函数或传输函数在信号时宽 T 内不能保持不变。快起伏点目标回波是时间选择性衰落回波，主要是频率扩展，因此，也称频率扩展回波。

(4) 距离延伸目标：$L_T B \gg 1$，$W_T T \ll 1$，这是 $l_T \gg c/B$ 的距离延伸目标，多数目标属于距离延伸目标，该目标回波是频率选择性衰落回波，回波主要是时域扩展或模糊。

(5) 起伏延伸目标：$L_T B \gg 1$，$W_T T \gg 1$，这时 $l_T \gg c/B$，并且信号在时宽 T 内是快变的，又称双扩展目标，其回波呈两维扩展或两维模糊。

上述分类是按信号分辨单元(信号分辨单元的概念将在后面讨论)大小与目标扩展范围相比较进行的。目标是点目标还是延伸目标,主要看其时间扩展量是小于还是大于信号的分辨力($1/B$),目标起伏的快慢主要是看其频率扩展量是大于还是小于信号的频率分辨力。定义 $D_T = L_T W_T$ 为目标扩展因子,若 $D_T \ll 1$,称为简单目标,$D_T \gg 1$ 称为复杂目标。

第 5 节　目标模型

一、时不变目标模型

一般目标都具有固定的外形和内部结构,其固有散射特性可用一时不变系统来描述,目标信息特征主要反映为其亮点分布或其频率选择性上。这里给出几种频率分析模型。

1. 瞬时能谱模型

目标能谱定义为

$$E_T(f) = |H_T(f)|^2 = \left|\frac{S_T(f)}{U(f)}\right|^2 \tag{3.16}$$

式中,$H_T(f)$ 是目标的传输函数;$S_T(f)$ 是回波信号的谱;$U(f)$ 是发射信号的谱。式(3.16)略去了目标方位角和信道的影响。为了获得目标能谱,发射信号谱应当足够宽,从而激发目标的共振频率峰。

目标能谱含有目标特征信息,对目标能谱进行频率分割,可获得子带能量,它可作为目标的特征量。子带能量特征量为

$$E_i = \int_{f_{i-1}}^{f_i} |H_T(f)|^2 \mathrm{d}f \quad (i = 1, 2, \cdots, N) \tag{3.17}$$

通常采用恒 Q 分割,即令每个分割间隔的中心频率与间隔之比 Q 为常数,则有

$$f_i = \frac{2Q+1}{2Q-1} f_{i-1} \quad (i = 1, 2, \cdots, n) \tag{3.18}$$

特征量 E_i 将以一定精度反映目标的频率选择性。

2. 极点模型

若目标有 N 个单重极点,则其目标能谱的极点模型为

$$|H_T(f)|^2 = \frac{A^2}{\left|1 + \sum_{n=1}^{N} a_n \exp(-\mathrm{j}2\pi n f T_s)\right|^2} \tag{3.19}$$

式中,A^2 和 a_n 是模型参数;T_s 是时域回波波形的数据抽样间隔。给定发射波形和回波数据,可以估计这些参数。这实际是 AR 模型。

目标极点反映了目标的固有复谐振点,是目标的固有特征。为了激发目标的固有复谐振点,要求发射信号的谱足够宽。

3. 过零点分析

目标响应函数的解析形式可表示为

$$h_{\mathrm{T}}(\tau)=A_{\mathrm{h}}(\tau)\exp[\mathrm{j}\theta_{\mathrm{h}}(\tau)]=h_{e\mathrm{T}}(\tau)+\mathrm{j}\hat{h}_{e\mathrm{T}}(\tau) \tag{3.20}$$

式中，$h_{e\mathrm{T}}(\tau)$ 和 $\hat{h}_{e\mathrm{T}}(\tau)$ 分别为目标的实响应函数和 $h_{e\mathrm{T}}(\tau)$ 的希尔伯特变换。其瞬时相位为

$$\theta_{\mathrm{h}}(\tau)=\operatorname{argtan}\left[\frac{\hat{h}_{e\mathrm{T}}(\tau)}{h_{e\mathrm{T}}(\tau)}\right] \tag{3.21}$$

其导数为目标响应的瞬时频率。如果初相位 $\theta_{\mathrm{h}}(0)=0$，则有

$$\theta_{\mathrm{h}}(\tau)\approx 2\pi N(\tau) \tag{3.22}$$

式中，$N(\tau)$ 是复响应 $h_{\mathrm{T}}(\tau)$ 在 $[0,\tau]$ 间隔内绕原点的圈数或 $h_{\mathrm{T}}(\tau)$ 单向过零轴的点数，如图 3.4 所示。图 3.4(a) 和(b) 分别表示 $h_{\mathrm{T}}(\tau)$ 的相位变化和波形。

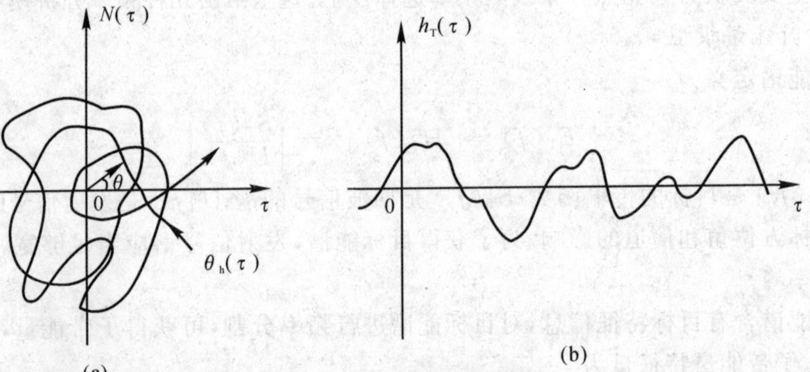

图 3.4 $h_{\mathrm{T}}(\tau)$ 的相位变化和波形

在实际应用中，往往通过对回波进行过零点分析，得到目标信息。若定义波形取样值从正到负的一次持续时间为一个过零点波周期，通过对过零点波周期的统计分布、过零点波中相邻子波的瞬时周期差的统计分布和瞬时周期相同的多个子波接续排列分布等分析，可以获得目标的频率结构信息。若目标几个亮点回波相互重叠，只要亮点在径向距离上有差别，则在回波重叠开始瞬间，必然会出现相位飞跃，从而产生瞬时能谱上的一个峰起。因此通过回波过零点间隔的统计分析能反映目标的亮点间结构。

4. 延迟-频率能量分析

若目标是距离上的亮点分布目标，而每一个亮点又具有不同的频率特性，则可引入目标散射的延迟-频率能量分布函数来描述目标特性。

目标延迟-频率能量分布函数定义为

$$e_{\mathrm{T}}(f,\tau)=h_{\mathrm{T}}(\tau)H_{\mathrm{T}}^{*}(f)\exp(-\mathrm{j}2\pi f\tau) \tag{3.23}$$

若发射信号和回波信号的时频分布函数分别是 $e_{\mathrm{u}}(f,\tau)$ 和 $e_{\mathrm{s}}(f,\tau)$，则有

$$e_{\mathrm{s}}(f,\tau)=e_{\mathrm{T}}(f,\tau)*e_{\mathrm{u}}(f,\tau) \tag{3.24}$$

式中，“*”表示卷积。上式表明，可通过发射大带宽和短时宽的信号由回波来估计延迟-频率

能量分布。通过

$$|h_T(\tau)|^2 = \int e_T(f, \tau)\mathrm{d}f$$

$$|H_T(f)|^2 = \int e_T(f, \tau)\mathrm{d}\tau \tag{3.25}$$

可以从 $e_T(f, \tau)$ 获得目标亮点在距离上的分布和能谱响应特性，并可确定不同 τ 时目标的瞬时频率。

二、近似的目标模型

在实际应用中，目标散射特性是未知的，但可以在给定条件下对其测量和模拟。这里，根据前面对目标特性的讨论，给出目标的近似模型。

1. 横向滤波器模型

前面已经提及，目标散射过程可以看做目标的入射信号通过一个线性系统，系统的脉冲响应函数就表征了目标散射特性。若入射信号是一带限信号 $u(t)$，则目标回波可表示为

$$s_T(t) = \sum_{n=-\infty}^{+\infty} u(t - nT_s)h_n(t) \tag{3.26}$$

式中

$$h_n(t) = \int h_T(\tau, t)\mathrm{sinc}[\pi(\tau - nT_s)/T_s]\mathrm{d}\tau \tag{3.27}$$

$h_T(\tau, t)$ 是目标脉冲响应函数；$u(t - nT_s)$ 是入射信号延迟 $u(t-\tau)$ 的抽样，$u(t-\tau)$ 可写为

$$u(t-\tau) = \sum_{n=-\infty}^{+\infty} u(t - nT_s)\mathrm{sinc}\left[\frac{\pi(\tau - nT_s)}{T_s}\right] \tag{3.28}$$

式中，sinc[•]为 sinc 函数，又称抽样函数；τ 为目标的时间扩展变量，表示目标的距离延伸；T_s 是采样间隔，通常取 $T_s \leqslant 1/B$，B 是入射信号 $u(t)$ 的带宽。

综合式(3.26)，(3.27) 和(3.28) 可以看出，回波信号 $s_T(t)$ 可由一条间隔为 T_s 的抽头延迟线的各抽头输出 $u(t - nT_s)$ 经过各抽头权函数 $h_n(t)$ 加权，然后求和得到。这就是目标的抽头延迟线模型，也称为目标的横向滤波器模型。目标的脉冲响应函数用抽头延迟线的各抽头增益函数来实现。若目标距离延伸是 l_T，则抽头总数是 $N = L/T_s \geqslant LB$，$L = cl_T/2$。

上述为双扩展目标模型，其结构如图 3.5 所示。

若目标是亮点分布结构，而亮点径向延迟是 $\tau_n(n = 1, 2, \cdots, N)$，亮点强度是快起伏的，起伏增益是 $h_n(t)$，则抽头延迟线模型如图 3.6 所示。图中 $\Delta\tau_{n-1} = \tau_n - \tau_{n-1}$。这就是目标亮点模型，其脉冲响应函数为

$$h_T(\tau, t) = \sum_{n=1}^{N} h_n(t)\delta(\tau - \tau_n) \tag{3.29}$$

当目标形状较复杂，"亮点"很多时，横向滤波器抽头很密，$\Delta\tau_{n-1}$ 较波长为小，这种模型称为多点密分布目标模型。对于这种模型，当相邻两个抽头增益符号相反时，会提供一个与入射

信号微分成正比的回波分量；当连续几个抽头增益为正符号时，则提供一个与入射信号积分成正比的回波分量，这恰与“象脉冲”理论相吻合。

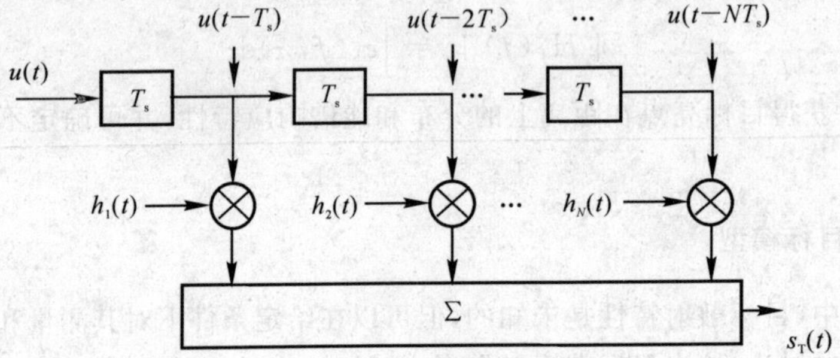

图 3.5 目标的横向滤波器模型

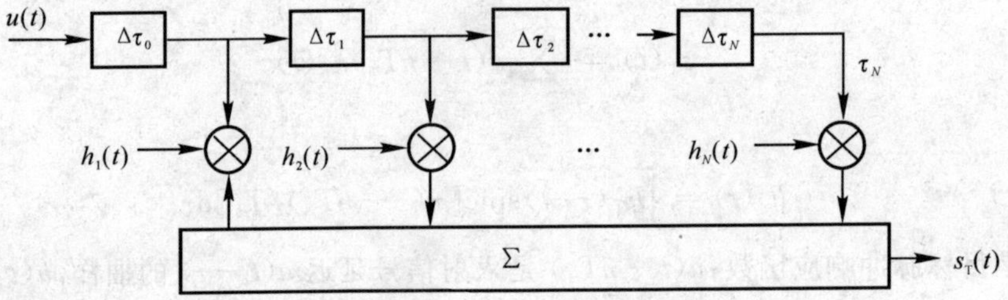

图 3.6 目标的亮点模型

2. 广义横向滤波器模型

将目标亮点模型式(3.29)推广，可以得到目标的广义横向滤波器模型，其结构如图 3.7 所示。这种目标模型的脉冲响应函数为

$$h_{\mathrm{T}}(\tau)=\sum_{n=1}^{N}\sum_{m=-M}^{M}h_{mn}\delta^{(m)}(\tau-\tau_n) \tag{3.30}$$

式中，h_{mn} 是抽头增益；$\delta^{(m)}(t)$ 是 $\delta(t)$ 的 m 次微分($m>0$)或 m 次积分($m<0$)，一般 $m\leqslant 2$。这一形式也适用于密亮点模型，即相邻零点间径向距离较波长为小。当 $m=0$ 时，即为目标亮点模型。广义横向滤波器模型的抽头权 h_{mn} 必须相互独立，每一个抽头分量相当于一个慢起伏点目标模型。

广义横向滤波器目标模型的回波信号可表示为

$$S_{\mathrm{T}}(t)=\sum_{n=1}^{N}\sum_{m=-M}^{M}h_{mn}u^{(m)}(t-\tau_n) \tag{3.31}$$

式中，$u^{(m)}(t)$ 是入射信号 $u(t)$ 的积分($m<0$)或微分($m>0$)。

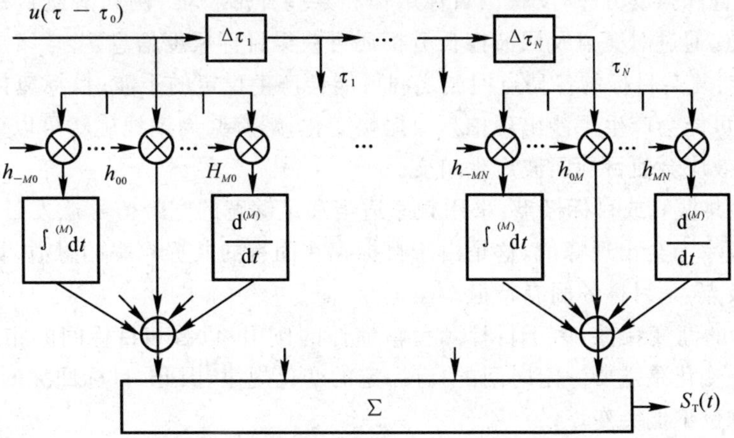

图 3.7　目标的广义横向滤波器模型

第6节　目标回波特征

目标回波是入射波和目标相互作用产生的,即目标回波是目标对入射波的调制结果。一般地,从波形及其他特征来说,回波与入射波是有差别的。人们利用这种差别可以检测目标和识别目标。

目标回波的主要特征有:

(1) 多普勒频移:运动目标由于多普勒效应其回波相对于入射波产生频移,频移量为

$$f_d = \frac{2v_r}{c} f_0 \tag{3.32}$$

式中,v_r 为鱼雷与目标的相对速度;c 为声速;f_0 为工作频率。在工程上可按 $f_d = 0.69\ v_r f_0$ 计算,v_r 单位为 kn,f_0 单位为 kHz。

(2) 距离延伸或持续时间的扩展:一般地,与入射信号相比,回波是一个被拖长了的信号,它的持续时间取决于目标沿径向距离方向(即入射方向)上的长度。当水下目标的回波是由所有沿目标分布的散射体和反射体产生时,则目标整个面积或体积对回波有贡献。若入射方向为 α_T,目标径向距离延伸为 l_T,则回波时间扩展量为

$$T_L = \frac{2l_T \cos\alpha_T}{c} \tag{3.33}$$

这种回波拖长是由复杂目标上许多散射体对入射波的散射形成的,若目标的主要形成过程是镜反射,则这种回波拖长可以忽略。

(3) 目标结构和外形特征:采用窄脉冲或脉冲压缩技术,可以得到目标沿径向距离上的亮

点分布。亮点的位置和强度分布，反映出目标结构和某些外形特征，例如潜艇目标回波中常出现艇体和舰桥亮点。通过对亮点及回波拖长分析还可获得目标尺度信息。

(4) 调制效应：复杂目标的各亮点回波之间可能会产生稳定的干涉；目标艇体和尾流的回波，由于频率差异可能会产生干涉出现拍频或振幅变化；螺旋桨周期地旋转可以产生回波的幅度调制。上述调制效应会使目标回波产生畸变。

(5) 频域上的共振峰或目标极点：采用频率适当和足够宽的宽带信号激发目标，可以发现目标回波在某些频率上会出现峰值，这是由于目标存在固有的共振频率的缘故。目标的这些共振频率形成目标极点，是目标的固有特征。

(6) 目标参量的渐变特性：由于目标和鱼雷惯性的作用，鱼雷和目标间的相对速度、相对距离和目标方位的变化是需要一定时间的，有一定的变化规律。因此，目标回波的多普勒频移、目标距离和目标方位不能突变。

上述是目标回波的主要特征，利用这些特征可以进行目标识别和分类。

第 7 节　舰艇辐射噪声特性[18]

在鱼雷被动自导系统中，通过检测舰艇辐射噪声来发现目标，进而进行测向和识别，因此研究舰艇辐射噪声的特性是很重要的。

一、辐射噪声源和平均功率谱

舰艇辐射噪声由机械噪声、螺旋桨噪声和水动力噪声组成。

航行中舰艇各种部件的机械振动产生的噪声是机械噪声，其经由各种途径传到海水中去。机械振动的方式有不平衡的旋转部件，如不圆的轴或电机电枢；重复的不连续性，如齿轮、电枢槽、涡轮机叶片；往复部件，如往复内燃机汽缸中的爆燃；泵、管道、阀门中流体的空化和湍流，凝气器排气；轴承和轴颈上的机械摩擦。前三种声源产生线谱，即在振动的基频及谐波上的单频分量；后两种声源产生连续谱噪声，当激起结构部件共振时，还叠加有线谱。当螺旋桨轴产生的机械振动激起船壳共振时，大大加强了线谱，这种现象称为“船壳轰鸣”。

螺旋桨噪声是由于螺旋桨旋转产生空化造成的。螺旋桨在水中转动时，在叶片的叶尖和表面上产生低压和负压区。随着转速增加，当负压足够高时水就会自然破裂产生小气泡形成的空穴，稍后这些气泡破裂产生宽带声脉冲，大量这种气泡的破碎声就形成螺旋桨噪声。螺旋桨空化分为叶尖湍流空化和叶片表面空化两类，一般前者是螺旋桨噪声的主要噪声源。螺旋桨噪声是舰艇辐射噪声宽带连续谱高频端的主要成分。螺旋桨空化噪声连续谱在高频其谱级约以 6 dB/ 倍频程的斜率下降，在低频其谱级为正斜率，因此存在一个峰值，对于舰船和潜艇这个峰值位于 100 ～ 1 000Hz 范围内，对于高航速或浅航的潜艇，则移向低频，如图 3.8 所示。

舰艇螺旋桨产生空化的速度称为临界速度。潜艇在潜望镜状态下航行时，临界速度为 3 ～ 5 kn，随潜艇下潜深度增加临界速度增加。

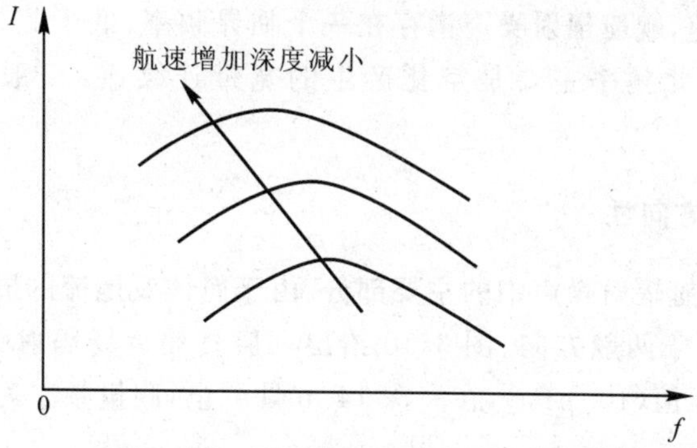

图 3.8　舰船辐射噪声的连续谱

很早以来就知道，宽带螺旋桨噪声存在振幅周期调制，称为螺旋桨拍。调制的频率等于螺旋桨转动的轴频或叶片频率，即轴频与叶片数目的乘积。当航速刚刚超过开始空化的速度时，螺旋桨拍最为显著。螺旋桨拍可用来识别目标和估计目标速度。

螺旋桨叶片被海流激励可产生线谱噪声。螺旋桨叶片旋转切割所有进入螺旋桨和在螺旋桨附近处的不规则流动，产生分布在叶片速度倍数上的叶片速率谱，其频率为

$$f = mns \tag{3.34}$$

式中，m 为谐波次数；n 为螺旋桨叶片数；s 为螺旋桨转速。叶片速率谱在 1～100 Hz 频带内是潜艇辐射噪声的主要成分。由于螺旋桨轴产生的线谱与速率线谱重合，螺旋桨噪声也可能引起附近机械结构共振。

水动力噪声是指不规则的和起伏的水流引起舰艇表面压力起伏，一些部件共振产生流噪声或线谱噪声。一些开口空腔可以被通过开口的水流所激励产生如亥姆霍兹(Helmhoze)共振腔那样的共振，发出线谱噪声。水动力噪声在舰艇辐射噪声中居次要地位。

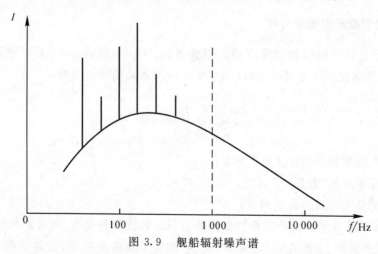

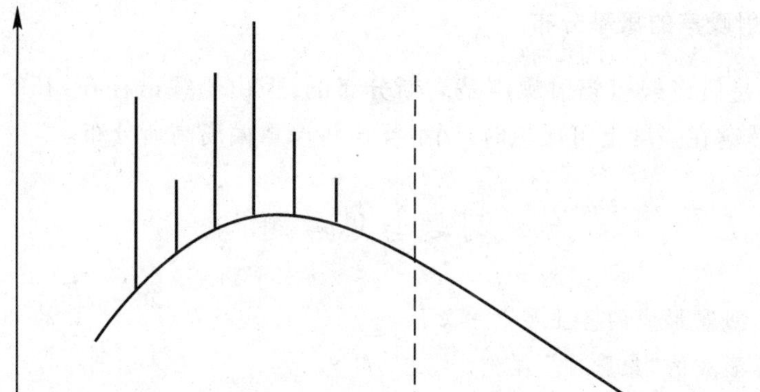

图 3.9　舰船辐射噪声谱

综上所述，舰船辐射噪声平均功率谱由低频端的线谱和高频端的连续谱组成，如图 3.9 所

示。对于一定的航深和航速，舰艇辐射噪声谱存在一个临界频率，低于此频率主要是机械噪声和螺旋桨噪声线谱，高于此频率主要是空化产生的宽带连续谱，一般临界频率在 100 ～ 1 000 Hz 范围内。

二、舰艇辐射噪声的方向性

螺旋桨空化噪声是舰艇辐射噪声中的主要部分。由于艇体及尾流的屏蔽作用，在舰艏和舰艉方向辐射噪声将显著低于两舷方向。图 3.10 给出一艘货船近场辐射噪声场的等强线分布图，等强线上标示的为声压值(10^5 μPa)，在海深 14 m 处测量，测量频率为 2.5 ～ 5 kHz。

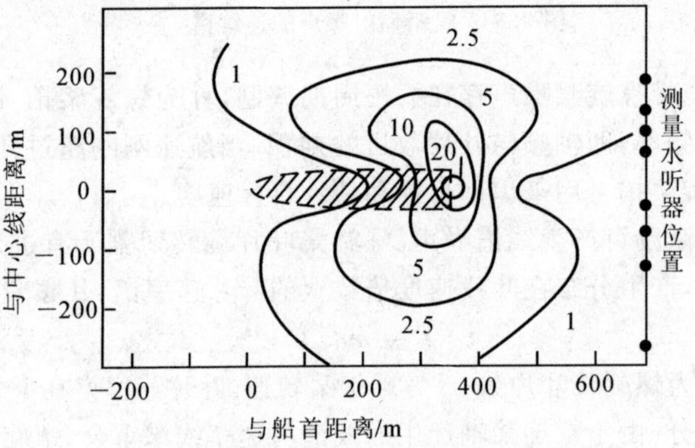

图 3.10 舰船辐射噪声的方向性

机械噪声包括线谱和连续谱，通过某些点耦合到舰艇壳体上，通过其振动辐射出来，其方向性分布很复杂，与耦合点位置有关。

三、舰艇辐射噪声的概率分布

简单的模型是假设舰艇辐射噪声是高斯分布的。但由于线谱存在，在线谱附近频带上测量，当线谱与连续谱在强度上可比拟时，辐射噪声将严重偏离高斯分布。

习题与思考题

1. 试述目标回波形成的各主要过程。

2. 简述目标形成的“象脉冲”理论。

3. 对潜艇目标反射回波的说明[8]：

潜艇目标本身具有复杂的外形和内部结构，因此，回波比较复杂。其回声机制主要有：

(1) 目标外形回波。主要是舰体、舰桥、尾翼、舵及其他突出部分，艇体和舰桥在任何情况下都会对回波做出贡献。

(2) 艇体结构中的角反射波。

(3) 壳体内部的反射波。

(4) 沿壳体表面的环绕波和弯曲波。

(5) 壳体的共振辐射回波。

总之,潜艇目标可看成是有许多随机散射体和几个强镜像反射体构成的复合散射体。在高频,它们可看成亮点结构,其与目标姿态角有关;在低频可看成形成瑞利散射波的散射源。对运动目标会产生“拍频”现象,有时会使波形增加频率调制。

4. 根据目标扩展,对目标进行分类。

5. 阐述目标的时不变模型。

6. 请给出近似的目标模型。

7. 目标回波的主要特征有哪些?

8. 舰艇辐射噪声有哪些主要特性?

第4章　鱼雷自导信号分析

第1节　概　述

在主动自导设计中，自导波形、自导信道和自导接收机是三个主要因素。主动自导信息是由主动自导回波信号携带的，它是通过目标对主动自导信号的调制得来的。主动自导信号分为两类：一是其波形形式确定的有规信号，如主动自导发射信号，通常称为主动自导信号；另一类是波形或其参量不确定的随机信号，如接收到的来自自导信道的经目标反射或散射的信号，通常称为主动自导回波信号。本章主要讨论主动自导信号。

主动自导信号分析理论研究的是最佳信号波形选择和信号的最佳处理方法问题。鱼雷自导信号波形不仅决定了系统的信号处理方法，而且直接影响系统在分辨力、参数测量精度、抑制混响及抗干扰和与信道匹配等方面的性能。因此，波形设计是现代鱼雷自导系统最佳综合的重要内容。

在信号分析理论中，模糊度函数起着重要作用。模糊度函数是伍德沃德(Wood Ward)在研究雷达分辨力时提出的，后来在信号波形设计和系统性能分析中都得到了应用。目前，模糊度函数也是声纳和鱼雷自导信号分析及波形设计的有效工具。它回答了发射什么样的波形，在采用最佳处理的条件下，系统具有什么样的分辨力、测量精度、抑制混响能力和信道匹配能力等问题。因此，模糊度函数在鱼雷自导系统的分析和综合中起着十分重要的作用。

第2节　鱼雷自导实信号表示[8, 15]

一、实信号

主动自导发射信号不包含任何有关目标的信息，只是信息的运载工具，有关目标的信息是在发射信号照射到目标并产生反射或反向散射的过程中调制上去的，目标的全部信息蕴藏在自导回波信号中。自导发射信号是参量确知的确定性信号，而自导接收信号是回波信号与干扰叠加的随机信号，两者的特点是具有有限的能量或有限的功率。

若信号可以用时间的实函数表示，则称其为实信号，记为 $x_r(t)$。如果把信号 $x_r(t)$ 理解为

单位电阻上的电压或通过单位电阻上的电流，则

$$E_{\mathrm{r}}=\int_{-\infty}^{+\infty}x_{\mathrm{r}}^{2}(t)\,\mathrm{d}t \tag{4.1}$$

为单位电阻上消耗的能量。若 $x_{\mathrm{r}}(t)$ 是平方可积的，即

$$E_{\mathrm{r}}=\int_{-\infty}^{+\infty}x_{\mathrm{r}}^{2}(t)\,\mathrm{d}t<\infty \tag{4.2}$$

则说明信号是能量有限的，称能量有限的信号为能量型信号。随机信号和周期信号具有有限的功率而能量是无限的，称其为功率型信号。

二、频谱

任何能量有限的信号，在数学上都可以表示为时间波形形式 $x(t)$ 和频谱形式 $X(f)$，两者存在如下傅里叶变换关系

$$X(f)=FT\{x(t)\}=\int_{-\infty}^{+\infty}x(t)\exp(-\mathrm{j}2\pi ft)\,\mathrm{d}t \tag{4.3}$$

$$x(t)=IFT\{X(f)\}=\int_{-\infty}^{+\infty}X(f)\exp(\mathrm{j}2\pi ft)\,\mathrm{d}f \tag{4.4}$$

式(4.3)和式(4.4)的傅里叶变换关系可简记为

$$x(t)\Leftrightarrow X(f) \tag{4.5}$$

上式存在的条件是信号为能量有限的，即

$$\int_{-\infty}^{+\infty}|x(t)|^{2}\,\mathrm{d}t<\infty \tag{4.6}$$

傅里叶变换的几个基本性质如下：

(1) 负变量：$$x(-t)\Leftrightarrow X(-f) \tag{4.7}$$

(2) 共轭：$$x^{*}(t)\Leftrightarrow X^{*}(-f) \tag{4.8}$$

式中，“$*$”表示复共轭。

(3) 相加：$$ax(t)+by(t)\Leftrightarrow aX(f)+bY(f) \tag{4.9}$$

式中，a 和 b 为常数。

(4) 相乘：$$x(t)y(t)\Leftrightarrow X(f)*Y(f) \tag{4.10}$$

式中，“$*$”表示卷积。同理有

$$x(t)*y(t)\Leftrightarrow X(f)Y(f) \tag{4.11}$$

(5) 时延和频移：$$x(t-\tau)\Leftrightarrow X(f)\exp(-\mathrm{j}2\pi f\tau) \tag{4.12}$$

$$x(t)\exp(\mathrm{j}2\pi\varphi t)\Leftrightarrow X(f-\varphi) \tag{4.13}$$

(6) 压缩与扩展：$$x(t/T)\Leftrightarrow TX(Tf) \tag{4.14}$$

(7) 重复：

$$\mathrm{rep}_{\mathrm{T}}x(t)\Leftrightarrow\frac{1}{T}\mathrm{comb}_{1/\mathrm{T}}X(f) \tag{4.15}$$

$$\mathrm{comb}_{\mathrm{T}} x(t) \Leftrightarrow \frac{1}{T} \mathrm{rep}_{1/\mathrm{T}} X(f) \tag{4.16}$$

式中的函数定义如下

$$\mathrm{rep}_{\mathrm{T}} f(x) = \sum_{-\infty}^{+\infty} f(x - nT) \tag{4.17}$$

$$\mathrm{comb}_{\mathrm{T}} f(x) = \sum_{-\infty}^{+\infty} f(x) \delta(x - nT) \tag{4.18}$$

式(4.17)表示以 T 为周期的周期重复函数，式(4.18)表示以 T 为间隔取值的梳状函数，$\delta(x)$ 是 δ 函数，其满足

$$\int_{-\infty}^{+\infty} f(x) \delta(x - x_0) \mathrm{d}x = f(x_0)$$

(8) 冲激响应：

$$\delta(t) \Leftrightarrow 1 \tag{4.19}$$

(9) 方波响应：

$$\mathrm{rect}(t) \Leftrightarrow \mathrm{sinc}(f) \tag{4.20}$$

式中，rect(t) 和 sinc(f) 分别为矩形函数和辛克函数，它们的表达式分别为

$$\mathrm{rect}(t) = \begin{cases} 1, & |t| \leqslant \dfrac{1}{2} \\ 0, & |t| > \dfrac{1}{2} \end{cases} \tag{4.21}$$

和

$$\mathrm{sinc}(f) = \frac{\sin(\pi f)}{\pi f} \tag{4.22}$$

(10) 帕斯瓦尔(Parsval) 定理：

若

$$x(t) \Leftrightarrow X(f)$$

则

$$\int_{-\infty}^{+\infty} |x(t)|^2 \mathrm{d}t = \int_{-\infty}^{+\infty} |X(f)|^2 \mathrm{d}f \tag{4.23}$$

对实信号，$x_{\mathrm{r}}(t) = x_{\mathrm{r}}^{*}(t)$，因此，根据式(4.8)有

$$X(-f) = X^{*}(f) \tag{4.24}$$

上式表明，实信号频谱在频率轴两边共轭对称取值，因此，实信号的全部信息或波形可由其半边谱完全确定。

三、窄带信号

若信号带宽为 B，中心频率为 f_0，通常定义当 $B \ll f_0$ 时，该信号为窄带信号，否则为宽带信号。

任何窄带实信号均可表示为幅相调制形式和同相-正交调制形式，其数学表达式分别为

$$x_{\mathrm{r}}(t) = A(t) \cos[2\pi f_0 t + \theta(t)] \tag{4.25}$$

和

$$x_{\mathrm{r}}(t) = a(t) \cos(2\pi f_0 t) - b(t) \sin(2\pi f_0 t) \tag{4.26}$$

式中，$A(t)$ 和 $\theta(t)$ 分别为信号 $x_r(t)$ 相对于载频 f_0 振荡的振幅调制函数和相位调制函数；$a(t)$ 和 $b(t)$ 分别为信号 $x_r(t)$ 的同相调制函数和正交调制函数。在窄带条件下，它们都是相对于 f_0 振荡的慢变函数。

两种调制函数具有下述关系

$$A(t) = \sqrt{a^2(t) + b^2(t)} \tag{4.27}$$

$$\theta(t) = \arctan\left[\frac{b(t)}{a(t)}\right] \tag{4.28}$$

第3节　信号空间[15, 17]

信号空间的概念和泛函分析的方法是研究信号的一种工具，它会使表达更简捷，使问题变得更直观和易于理解。

一、信号集合及其运算

1. 信号集合

把具有某种共同性质的信号的全体，称为具有该种性质的信号集合，记为 $S = \{x;\ P\}$ 或 $P \Rightarrow x \in S$，P 表示集合中信号的共同性质。在信号分析中，常见的信号集合有以下5种。

（1）正弦信号集合：

$$S_c = \{x;\ x(t) = \mathrm{Re}\{\exp[a + \mathrm{j}(2\pi f t + \theta)]\},\ -\infty < t < +\infty,\ a,\ \theta,\ f \in \mathbf{R}\}$$

式中，$\mathbf{R}$ 表示实数集合。

（2）周期信号集合：

$$S_R(T_r) = \{x;\ x(t + T_r) = x(t),\ -\infty < t < +\infty\}$$

式中，T_r 表示信号周期。

（3）能量有限信号集合：

$$S_E = \left\{x;\ \int_{-\infty}^{+\infty} x^2(t)\mathrm{d}t \leqslant K\right\}$$

式中，K 为正实数，信号能量不大于此值。

（4）时宽（持续时间）有限信号集合：

$$S_D = \{x;\ x(t) = 0,\ |t| > T\}$$

式中，T 为给定的信号时宽。

（5）带宽有限信号集合：

$$S_B = \left\{x;\ X(f) = \int_{-\infty}^{+\infty} x(t)\exp(-\mathrm{j}2\pi f t)\mathrm{d}t = 0,\ |f| > B\right\}$$

式中，B 为给定的信号带宽。

2. 信号集合运算

常用的两种信号集合运算如下：

(1) 并集运算：

$$S_1 \cup S_2 = \{x;\ x \in S_1 \text{ 或 } x \in S_2\}$$

(2) 交集运算：

$$S_1 \cap S_2 = \{x;\ x \in S_1 \text{ 与 } x \in S_2\}$$

3. 集合的映射

对于集合 S_1 中的每一个元，如果可以按照某种规则使它与集合 S_2 中惟一的一个元相对应，就称这种对应为从 S_1 到 S_2 的映射，记为 $f: S_1 \to S_2$，即

$$y = f(x);\ x \in S_1,\ y \in S_2$$

与 S_1 中的元 x 相对应的 S_2 中的元 y，称为 x 的象，而 x 则称为 y 的源。S_2 至 S_1 的逆映射为

$$f^{-1}:\ S_2 \to S_1$$

映射的概念与数学分析中的函数概念相一致，所以，$f(x)$ 又称为 x 的函数。通常 x 有惟一的象 $f(x)$，但象 $f(x)$ 不一定只有一个源。如果任意象只有一个源，则这种映射称为一对一映射或可逆一致映射。

傅里叶变换是映射的一个例子，可表示为

$$\boldsymbol{F}:\ S_1 \to S_2 \Rightarrow X(f) = \int_{-\infty}^{+\infty} x(t)\exp(-\mathrm{j}2\pi f t)\mathrm{d}t$$

其逆映射为

$$\boldsymbol{F}^{-1}:\ S_2 \to S_2 \Rightarrow x(t) = \int_{-\infty}^{+\infty} X(f)\exp(\mathrm{j}2\pi f t)\mathrm{d}f$$

式中，S_1 为能量有限信号集合；S_2 为另一平方可积函数集合。它们的表达式分别为

$$S_1 = \left\{x;\ \int_{-\infty}^{+\infty} x^2(t)\mathrm{d}t < \infty\right\}$$

$$S_2 = \left\{X;\ \int_{-\infty}^{+\infty} |X(f)|^2\mathrm{d}f < \infty\right\}$$

二、距离空间

1. 定义

设有包含多个元素的集合 $\boldsymbol{H}$，如果它的每一个元素 $x,\ y \in \boldsymbol{H}$，可使一个非负实数 $d(x,y)$ 与之对应，且满足下述距离公理：

$$\left.\begin{array}{ll} (1) & d(x,y) \geqslant 0,\ \text{当 } x = y \text{ 时取等号} \\ (2) & d(x,y) = d(y,x) \\ (3) & d(x,z) \leqslant d(x,y) + d(y,z) \end{array}\right\} \tag{4.29}$$

则集合 $\boldsymbol{H}$ 为所定义距离 d 的距离空间。对同一元素集合，距离的定义不同，将构成不同的距离空间。下面举一个例子说明该问题。

对持续时间有限，即 $T = [t;\ a \leqslant t \leqslant b,\ a,b \text{ 为常数}]$ 的实（或复）时间函数集合 $\boldsymbol{H} = [x;\ x(t) = 0,\ |t| > T]$，分别定义距离为

$$d_1(x, y) = \int_T |x(t) - y(t)| \mathrm{d}t \tag{4.30}$$

$$d_2(x, y) = \left[\int_T |x(t) - y(t)|^2 \mathrm{d}t\right]^{1/2} \tag{4.31}$$

则可分别构成距离空间 $L^1(T)$ 和 $L^2(T)$。

2. 收敛和连续映射

设有序列$\{x_n;\ x_n \in \boldsymbol{H},\ n = 1, 2, \cdots\}$,若存在 $x \in \boldsymbol{H}$,对任意正数 ε,有正整数 n_0,使

$$n \geqslant n_0 \Rightarrow d(x_n, x) < \varepsilon$$

则称序列 x_n 为收敛序列,x 为序列的极限,或写成大家熟知的形式为

$$\lim_{n \to \infty} x_n = x$$

可以看出,在距离空间中是用距离来描述极限过程的。须要指出的是,采用不同的距离定义,将得出不同的极限定义。

下面讨论连续映射。

泛函是一种算子,它表示从一个距离空间到另一个距离空间的映射。若泛函 f 表示从空间$(\boldsymbol{x}, d_1)$到$(\boldsymbol{y}, d_2)$的映射,记为 $f:(\boldsymbol{x}, d_1) \to f:(\boldsymbol{y}, d_2)$,如果在 x_0 点,对任意 $\varepsilon > 0$,存在 $\delta > 0$,使得

$$d_1(x, x_0) < \delta \Rightarrow d_2(y, y_0) < \varepsilon; \quad x \in \boldsymbol{x}, \quad y \in \boldsymbol{y}$$

则称 f 在 x_0 点连续,其中 $y = f(x)$,$y_0 = f(x_0)$。如果 f 在其空间内的每一点都连续,则称 f 为连续映射。

作为一个例子,这里讨论由实时间函数空间 $L^2(T)$ 到实数空间 R 的映射。对空间 $L^2(T)$ 和 R 分别定义距离为

$$d_2(x, y) = \left[\int_T |x(t) - y(t)|^2 \mathrm{d}t\right]^{1/2}$$

和

$$d(x, y) = |x - y|$$

泛函定义为

$$f_\varphi(x) = \int_{-\infty}^{+\infty} x(t)\varphi(t)\mathrm{d}t$$

对任意 x_0 有

$$d\{f_\varphi(x), f_\varphi(x_0)\} = |f_\varphi(x) - f_\varphi(x_0)| = \left|\int_{-\infty}^{+\infty} [x(t) - x_0(t)]\varphi(t)\mathrm{d}t\right|$$

根据施瓦兹不等式,可得

$$\left|\int_{-\infty}^{+\infty} [x(t) - x_0(t)]\varphi(t)\mathrm{d}t\right| \leqslant \left[\int_{-\infty}^{+\infty} [x(t) - x_0(t)]^2 \mathrm{d}t\right]^{1/2} \left[\int_{-\infty}^{+\infty} \varphi^2(t)\mathrm{d}t\right]^{1/2}$$

如果 $\varphi(t)$ 是平方可积函数,则有

$$\left[\int_{-\infty}^{+\infty} \varphi^2(t)\mathrm{d}t\right]^{1/2} \leqslant K$$

式中，K 为正实数。于是，若

$$d_2(x, x_0) < \delta = \frac{\varepsilon}{K}$$

则有

$$| f_\varphi(x) - f_\varphi(x_0) | < K d_2(x, x_0) < \varepsilon$$

也就是说，f 是连续泛函，或称连续映射。

3. 空间的完备性、可分性和列紧性

若距离空间 $\boldsymbol{H}$ 中的序列 $\{x_n\}$ 具有如下性质：给定任意 $\varepsilon > 0$，存在正整数 n_0，使得 $m, n \geqslant n_0 \Rightarrow d(x_m, x_n) \leqslant \varepsilon$，则称 $\{x_n\}$ 为柯西序列。如果距离空间 $\boldsymbol{H}$ 中的每一个柯西序列都收敛于 $\boldsymbol{H}$ 中的极限，则称 $\boldsymbol{H}$ 为完备的距离空间。

若可以在空间 $\boldsymbol{x}$ 中找到可列个元素 $\{x_1, x_2, \cdots\}$（无穷多个元素如果可以依照次序一个个地排列，则称为可列的），使得对于某些 i 和任意的 $x \in \boldsymbol{x}$，有 $d(x, x_i) < \varepsilon$，则称距离空间 $(\boldsymbol{x}, d)$ 是可分的。

若可以在距离空间 $\boldsymbol{x}$ 中找到有限序列 $\{x_1, x_2, \cdots, x_{n(\varepsilon)}\}$，使得对于某些 i，$1 \leqslant i \leqslant n(\varepsilon)$ 和任意 $x \in \boldsymbol{x}$，有 $d(x, x_i) < \varepsilon$，则称距离空间 $(\boldsymbol{x}, d)$ 为列紧的。

三、线性空间

在信号集合中引入简单的代数结构，称之为线性空间，或称为矢量空间。如果 $\boldsymbol{x}, \boldsymbol{y}, \boldsymbol{z}$ 表示线性空间的任意元素（矢量或函数），α，β 表示任意实数或复数，则存在加法和数乘运算，即 $\boldsymbol{x} + \boldsymbol{y}$ 与 $\alpha\boldsymbol{x}$，这些运算满足：

(1) 加法交换律：$\boldsymbol{x} + \boldsymbol{y} = \boldsymbol{y} + \boldsymbol{x}$。

(2) 加法结合律：$\boldsymbol{x} + (\boldsymbol{y} + \boldsymbol{z}) = (\boldsymbol{x} + \boldsymbol{y}) + \boldsymbol{z}$。

(3) 集合包含惟一的零矢量 $\boldsymbol{0}$，使对每一个 $\boldsymbol{x}$ 满足 $\boldsymbol{x} + \boldsymbol{0} = \boldsymbol{x}$。

(4) 对每一个 $\boldsymbol{x}$，存在矢量 $(-\boldsymbol{x})$，使 $\boldsymbol{x} + (-\boldsymbol{x}) = \boldsymbol{0}$。

(5) 数乘结合律：$\alpha(\beta\boldsymbol{x}) = (\alpha\beta)\boldsymbol{x}$。

(6) 乘法分配律：$\alpha(\boldsymbol{x} + \boldsymbol{y}) = \alpha\boldsymbol{x} + \alpha\boldsymbol{y}$。

(7) $\boldsymbol{x}$ 与单位元素的点积仍为 $\boldsymbol{x}$：$1 \cdot \boldsymbol{x} = \boldsymbol{x}$。

其中 $\boldsymbol{0}$ 为零矢量，1 为乘法单位元素。如果数积运算时对实数有意义，则称空间为实线性空间，如果数积对复数有意义，则称空间为复线性空间。线性空间的元素可以是矢量、函数或有序数组，统称为广义矢量。

下面举例进行说明。

设 n 位有序数组组成线性空间。n 位有序数组为

$$\boldsymbol{x} = (x_1, x_2, \cdots, x_n)$$

$$\boldsymbol{y} = (y_1, y_2, \cdots, y_n)$$

其中 x_i，y_i 均为实数（或复数）。定义矢量加法运算、数乘运算、零矢量和逆元素如下：

$$\boldsymbol{x}+\boldsymbol{y}=(x_1+y_1,\ x_2+y_2,\ \cdots,\ x_i+y_i,\ \cdots,\ x_n+y_n)$$

$$\alpha\boldsymbol{x}=(\alpha x_1,\ \alpha x_2,\ \cdots,\ \alpha x_n)$$

$$\boldsymbol{0}=(0,\ 0,\ \cdots,\ 0)$$

和

$$-\boldsymbol{x}=(-x_1,\ -x_2,\ \cdots,\ -x_n)$$

可以证明，线性空间的运算规则均能满足。如果 x_i 和 α 均为实数，则称为实矢量空间，记为 $\boldsymbol{R}^n$；如果 x_i 和 α 均为复数，则称为复矢量空间，记为 C^n。上述统称为 n 维欧氏空间。

设持续期有限 $T=[t;\ a\leqslant t\leqslant b]$ 的实(或复)的时间函数集合组成线性空间，广义矢量加法和数乘运算如下：

$$\left.\begin{aligned}\boldsymbol{z}=\boldsymbol{x}+\boldsymbol{y}&\Rightarrow z(t)=x(t)+y(t)\\ \boldsymbol{z}=\alpha\boldsymbol{x}&\Rightarrow z(t)=\alpha x(t)\end{aligned}\right\}\ \forall\, t\in T$$

这种线性空间也称为函数空间。

四、线性赋范空间

赋予线性空间 V 中的广义矢量 $\boldsymbol{x}$ 以"长度"的概念，称之为矢量的范数，记为 $\|\boldsymbol{x}\|$，则称 V 为线性赋范空间。范数是非负实数，且具有如下性质：

(1) $\|\boldsymbol{x}\|\geqslant 0$，仅当 $\boldsymbol{x}=\boldsymbol{0}$ 时取等号；　(4.32)

(2) $\|\boldsymbol{x}+\boldsymbol{y}\|\leqslant\|\boldsymbol{x}\|+\|\boldsymbol{y}\|$；　(4.33)

(3) $\|\alpha\boldsymbol{x}\|=|\alpha|\cdot\|\boldsymbol{x}\|$，$\alpha\in F$。　(4.34)

式中，F 为实数(或复数)域。

在任何一个线性赋范空间中，可以由范数定义两个矢量 $\boldsymbol{x}$ 和 $\boldsymbol{y}$ 之间的距离为

$$d(\boldsymbol{x},\ \boldsymbol{y})=\|\boldsymbol{x}-\boldsymbol{y}\| \tag{4.35}$$

可以证明，线性赋范空间必定是距离空间。一个矢量的范数是该矢量和零矢量之间的距离，即 $\|\boldsymbol{x}\|=d(\boldsymbol{x},\ \boldsymbol{0})=\|\boldsymbol{x}-\boldsymbol{0}\|$。

若一个线性赋范空间满足完备性条件，则称为巴拿赫(Banach)空间。

下面举一个线性赋范空间的例子。所有定义于区间 T 的实值或复值函数 $x(t)$ 是绝对平方可积的，可定义范数为

$$\|\boldsymbol{x}\|=\left[\int_T |x(t)|^2\mathrm{d}t\right]^{1/2} \tag{4.36}$$

不难证明，它满足范数性质，所以，$x(t)$ 的全体构成线性赋范空间 $L^2(t)$。这里范数的平方代表信号的能量。

五、内积空间

设 C 为一个复线性空间，对于 C 中任意两个矢量 $\boldsymbol{x}=(x_1,\ x_2,\ \cdots,\ x_n)$，$\boldsymbol{y}=(y_1,\ y_2,\ \cdots,\ y_n)$，定义内积 $\langle\boldsymbol{x},\ \boldsymbol{y}\rangle$ 为

$$\langle\boldsymbol{x},\ \boldsymbol{y}\rangle=x_1y_1^*+x_2y_2^*+\cdots+x_ny_n^* \tag{4.37}$$

式中,“ * ”表示共轭。内积具有如下性质:

(1) 共轭对称性: $$\langle \boldsymbol{x}, \boldsymbol{y} \rangle = \langle \boldsymbol{y}, \boldsymbol{x} \rangle^* \tag{4.38}$$

(2) 分配律: $$\langle \alpha\boldsymbol{x}, \boldsymbol{y} \rangle = \alpha\langle \boldsymbol{x}, \boldsymbol{y} \rangle \tag{4.39}$$

$$\langle \alpha\boldsymbol{x} + \beta\boldsymbol{y}, z \rangle = \alpha\langle \boldsymbol{x}, z \rangle + \beta\langle \boldsymbol{y}, z \rangle \tag{4.40}$$

(3) 正定性: $$\langle \boldsymbol{x}, \boldsymbol{x} \rangle \geqslant 0 \text{ ,仅当 } \boldsymbol{x} = \boldsymbol{0} \text{ 时取等号} \tag{4.41}$$

那么,称$\langle \boldsymbol{x}, \boldsymbol{y} \rangle$为 C 中的内积,C 为内积空间。

可用内积表示范数为

$$\| \boldsymbol{x} \| = \langle \boldsymbol{x}, \boldsymbol{x} \rangle^{1/2} \tag{4.42}$$

可用内积表示的施瓦兹不等式为

$$| \langle \boldsymbol{x}, \boldsymbol{y} \rangle | \leqslant \| \boldsymbol{x} \| \cdot \| \boldsymbol{y} \|, \quad \boldsymbol{x}, \boldsymbol{y} \in C \tag{4.43}$$

且有

$$\| \boldsymbol{x} + \boldsymbol{y} \| \leqslant \| \boldsymbol{x} \| + \| \boldsymbol{y} \|, \quad \boldsymbol{x}, \boldsymbol{y} \in C \tag{4.44}$$

内积空间是一个具有特定距离的距离空间,也是一个线性赋范空间,如果内积空间是完备的,称其为希尔伯特空间。

C^n 空间和 $L^2(T)$ 空间都是内积空间,也是希尔伯特空间,其内积分别定义为

$$\langle \boldsymbol{x}, \boldsymbol{y} \rangle = \sum_{i=1}^{n} x_i y_i^*, \quad \boldsymbol{x}, \boldsymbol{y} \in C^n \tag{4.45}$$

和

$$\langle \boldsymbol{x}, \boldsymbol{y} \rangle = \int_T x(t) y^*(t) \mathrm{d}t, \quad \boldsymbol{x}, \boldsymbol{y} \in L^2(T) \tag{4.46}$$

引入内积便于描述信号空间中矢量的夹角、垂直和投影等概念,例如,两个矢量的夹角可定义为

$$\frac{\langle \boldsymbol{x}, \boldsymbol{y} \rangle}{\| \boldsymbol{x} \| \cdot \| \boldsymbol{y} \|} = \cos(\theta) \tag{4.47}$$

称 θ 为矢量 $\boldsymbol{x}$ 与 $\boldsymbol{y}$ 之间的夹角。当$\langle \boldsymbol{x}, \boldsymbol{y} \rangle = 0$ 时,$\cos(\theta) = 0$,则称 $\boldsymbol{x}$ 与 $\boldsymbol{y}$ 正交(或垂直)。

能量有限信号的内积可表征信号的时间起伏特性。设 $\boldsymbol{x}$ 为希尔伯特信号空间的任一矢量,$\boldsymbol{x}_\tau$ 为其时延复本,即 $\boldsymbol{x}_\tau(t) = \boldsymbol{x}(t+\tau)$。二者在信号空间的距离为

$$d^2(\boldsymbol{x}, \boldsymbol{x}_\tau) = \| \boldsymbol{x} - \boldsymbol{x}_\tau \|^2 = \langle \boldsymbol{x} - \boldsymbol{x}_\tau, \boldsymbol{x} - \boldsymbol{x}_\tau \rangle = \| \boldsymbol{x} \|^2 + \| \boldsymbol{x}_\tau \|^2 - 2\mathrm{Re}\langle \boldsymbol{x}, \boldsymbol{x}_\tau \rangle =$$
$$2[\| \boldsymbol{x} \|^2 - \mathrm{Re}\langle \boldsymbol{x} - \boldsymbol{x}_\tau \rangle] = 2[r_x(0) - r_x(\tau)]$$

式中,$\| \boldsymbol{x} \|^2$ 为信号的能量;$r_x(\tau)$ 为信号的自相关函数,它表征信号的时间起伏特性,快起伏信号 $r_x(\tau)$ 的值随 τ 的增大而迅速下降,这说明 $\boldsymbol{x}$ 和 $\boldsymbol{x}_\tau$ 在信号空间的距离大;慢起伏信号 $r_x(\tau)$ 的值随 τ 的增大缓慢下降,说明 $\boldsymbol{x}$ 和 $\boldsymbol{x}_\tau$ 在信号空间的距离小。

第 4 节　信号的矢量表示

一、概述

信号的主要属性是其能量(或功率)和波形,矢量的主要属性是其长度和方向,信号的矢量表示就是用矢量长度表示信号能量,用矢量的方向表示信号波形。在信号分析和处理中用矢量表示信号可以应用矢量空间的概念和矢量分析的方法,这相当于把能量有限信号空间 $L^2(T)$ 映射到复矢量空间 C^n。由于 $L^2(T)$ 空间的维数无限大,而 C^n 空间的维数是有限的,为了保证一对一映射,一般选择适当的 $L^2(T)$ 的 n 维子空间,使它和 C^n 之间具有一对一映射关系。维数的选取取决于对信号表达式的精度和信号处理的经济性要求。

二、信号矢量表示基础

1. 线性独立、基底和维数

线性空间 V 中的 n 个矢量 $\boldsymbol{x}_1, \boldsymbol{x}_2, \cdots, \boldsymbol{x}_n$ 与 n 个数 $\alpha_1, \alpha_2, \cdots, \alpha_n$ 构成的矢量

$$\alpha_1 \boldsymbol{x}_1 + \alpha_2 \boldsymbol{x}_2 + \cdots + \alpha_n \boldsymbol{x}_n = \sum_{i=1}^{n} \alpha_i \boldsymbol{x}_i \tag{4.48}$$

称为这一组矢量的线性组合。线性组合这一矢量也属于 V。

对 n 个矢量 $\boldsymbol{x}_i (i = 1, 2, \cdots, n)$ 组成的矢量组,若存在不全为零的一组数 $\alpha_i (i = 1, 2, \cdots, n)$ 使

$$\sum_{i=1}^{n} \alpha_i \boldsymbol{x}_i = 0$$

则称这一组矢量是线性相关的,否则称为线性无关,或线性独立。

如果 M 表示线性空间 V 中的非空子集,而且 $\boldsymbol{x}_1, \boldsymbol{x}_2, \cdots, \boldsymbol{x}_n \in M$ 线性独立,则可以证明 V 中的每个矢量都能表示成 $\boldsymbol{x}_1, \boldsymbol{x}_2, \cdots, \boldsymbol{x}_n$ 的线性组合,且这种表示是惟一的。称矢量集合 $\{\boldsymbol{x}_i\}$ 为线性空间 V 的基底或基,或者说矢量 $\{\boldsymbol{x}_i\}$ 生成线性空间 V。应该指出,V 中任意 n 个线性独立矢量集合都可以作为基底,即基底不是惟一的。但任何基底的矢量数目是相同的,它表示 V 中线性独立矢量的最大可能数目,称其为线性空间 V 的维数。

2. 正交和投影

已经指出,内积空间是一个具有特定距离的距离空间,也是一个线性赋范空间,如果内积空间是完备的,称其为希尔伯特空间。

下面对正交做进一步说明。设 H 是内积空间,如果 H 中两个矢量 $\boldsymbol{x}$ 和 $\boldsymbol{y}$,使 $\langle \boldsymbol{x}, \boldsymbol{y} \rangle = 0$,就称 $\boldsymbol{x}$ 与 $\boldsymbol{y}$ 正交,记作 $\boldsymbol{x} \perp \boldsymbol{y}$。设 M 是 H 的子集,当 $\boldsymbol{x}$ 与 M 中一切矢量 $\boldsymbol{y}$ 正交时,称 $\boldsymbol{x}$ 与 M 正交。设 M 与 N 是 H 的两个子集,如果对任何 $\boldsymbol{x} \in M$ 及 $\boldsymbol{y} \in N$ 都有 $\boldsymbol{x} \perp \boldsymbol{y}$,就称 M 与 N 正交。设 M 是 H 的子集,H 中所有与 M 正交的矢量全体称为 M 的正交补,记为 $M^{\perp}$。

当 $\boldsymbol{x} \perp \boldsymbol{y}$ 时，$\|\boldsymbol{x}+\boldsymbol{y}\|^2 = \|\boldsymbol{x}\|^2 + \|\boldsymbol{y}\|^2$,这相当于勾股定理。

设 M 是内积空间 H 的线性子空间,$\boldsymbol{x} \in H$,如果有 $\boldsymbol{x}_0 \in M, \boldsymbol{x}_1 \perp M$,使得

$$\boldsymbol{x} = \boldsymbol{x}_0 + \boldsymbol{x}_1 \tag{4.49}$$

那么称式(4.49)为 $\boldsymbol{x}$ 的正交分解,称 $\boldsymbol{x}_0$ 为 $\boldsymbol{x}$ 在 M 上的投影。一般地,对于内积空间 H 中的任意矢量 $\boldsymbol{x}$ 及任意线性子空间 M,$\boldsymbol{x}$ 在 M 上的投影不一定存在,但是如果 $\boldsymbol{x}$ 在 M 上有投影的话,那么投影必定是惟一的。

投影有如下重要性质：

设 M 是内积空间 H 的线性子空间,$\boldsymbol{x} \in H$,如果 $\boldsymbol{x}_0$ 是 $\boldsymbol{x}$ 在 M 上的投影,则

$$\|\boldsymbol{x}-\boldsymbol{x}_0\| = \inf_{y \to M} \|\boldsymbol{x}-\boldsymbol{y}\| \tag{4.50}$$

而且 $\boldsymbol{x}_0$ 是 M 中使式(4.50)成立的惟一矢量。

在式(4.50)中，$\inf\limits_{y \to M} \|\boldsymbol{x}-\boldsymbol{y}\|$ 表示 $\|\boldsymbol{x}-\boldsymbol{y}\|$ 的下确界,或者说 $\boldsymbol{x}$ 与 $\boldsymbol{y}$ 之间的距离最小。上述投影的性质说明,用 M 中的矢量 $\boldsymbol{y}$ 来逼近 $\boldsymbol{x}$ 时,当且仅当 $\boldsymbol{y}$ 等于 $\boldsymbol{x}$ 在 M 上的投影 $\boldsymbol{x}_0$ 时,逼近的程度最好,或称为最佳逼近。

3. 投影定理

投影定理是希尔伯特空间理论中极其重要的一个基本定理,可叙述如下：

设 M 是内积空间 H 的完备线性子空间,那么对任何 $\boldsymbol{x} \in H$,$\boldsymbol{x}$ 在 M 上的投影惟一地存在。也就是说有 $\boldsymbol{x}_0 \in M, \boldsymbol{x}_1 \perp M$,使 $\boldsymbol{x} = \boldsymbol{x}_0 + \boldsymbol{x}_1$,且这种分解是惟一的。$\boldsymbol{x}_0$ 是 $\boldsymbol{x}$ 在 M 上的最佳逼近。

投影定理告诉我们,求最佳逼近可以转化为求投影。下面说明如何求内积空间中一个矢量的投影问题。

设 M 为由 $\boldsymbol{x}_1, \boldsymbol{x}_2, \cdots, \boldsymbol{x}_n$ 张成的内积空间 H 的子空间,求 $\boldsymbol{x} \in H$ 在 M 上的投影。假设 $\boldsymbol{x}$ 在 M 上的投影为

$$\boldsymbol{x}_0 = \sum_{i=1}^{n} \alpha_i \boldsymbol{x}_i \tag{4.51}$$

式中，α_i 为待定系数。因为 $\boldsymbol{x}-\boldsymbol{x}_0 \in M^{\perp}$,且 $\boldsymbol{x}_j \in M$,设 $\langle \boldsymbol{x}-\boldsymbol{x}_0, \boldsymbol{x}_j \rangle = 0$,即

$$\langle \boldsymbol{x}_0, \boldsymbol{x}_j \rangle = \langle \boldsymbol{x}, \boldsymbol{x}_j \rangle \quad (j = 1, 2, \cdots, n)$$

将式(4.51)代入上式,得线性方程组

$$\sum_{i=1}^{n} \alpha_i \langle \boldsymbol{x}_i, \boldsymbol{x}_j \rangle = \langle \boldsymbol{x}, \boldsymbol{x}_j \rangle \quad (j = 1, 2, \cdots, n) \tag{4.52}$$

由克莱姆法则可求得

$$\alpha_i = \frac{\Delta_i}{\Delta} \quad (i = 1, 2, \cdots, n) \tag{4.53}$$

式中，Δ 为方程组(4.52)的系数行列式,即

$$\Delta = \begin{vmatrix} \langle \boldsymbol{x}_1, \boldsymbol{x}_1 \rangle & \cdots & \langle \boldsymbol{x}_n, \boldsymbol{x}_1 \rangle \\ \vdots & & \vdots \\ \langle \boldsymbol{x}_1, \boldsymbol{x}_n \rangle & \cdots & \langle \boldsymbol{x}_n, \boldsymbol{x}_n \rangle \end{vmatrix}$$

而 Δ_i 为 Δ 中第 i 列用式(4.52)右端构成的列矢量

$$(\langle \boldsymbol{x},\ \boldsymbol{x}_1\rangle,\ \cdots,\ \langle \boldsymbol{x},\ \boldsymbol{x}_n\rangle)^{\mathrm{T}}$$

置换所成的行列式。

又若 $\boldsymbol{x}_i(i=1,\ 2,\cdots,\ n)$ 互为正交,则

$$\Delta = \|\boldsymbol{x}_1\|^2\cdots\|\boldsymbol{x}_n\|^2$$

$$\Delta_i = \|\boldsymbol{x}_1\|^2\cdots\|\boldsymbol{x}_{i-1}\|^2\langle \boldsymbol{x},\ \boldsymbol{x}_i\rangle\|\boldsymbol{x}_{i+1}\|^2\cdots\|\boldsymbol{x}_n\|^2$$

故有

$$\alpha_i = \frac{\Delta_i}{\Delta} = \frac{\langle \boldsymbol{x},\ \boldsymbol{x}_i\rangle}{\|\boldsymbol{x}_i\|^2}\quad (i=1,\ 2,\ \cdots,\ n)$$

于是 $\boldsymbol{x}$ 的投影具有简化形式

$$\boldsymbol{x}_0 = \sum_{i=1}^{n}\langle \boldsymbol{x},\ \boldsymbol{x}_i\rangle\frac{\boldsymbol{x}_i}{\|\boldsymbol{x}_i\|^2}\tag{4.54}$$

又若 $\boldsymbol{x}_i(i=1,\ 2,\cdots,\ n)$ 为单位正交,设记 $\boldsymbol{x}_i$ 为 $\boldsymbol{e}_i$,即

$$\boldsymbol{e}_1 = \{1,\ 0,\ 0,\ \cdots,\ 0\}$$

$$\boldsymbol{e}_2 = \{0,\ 1,\ 0,\ \cdots,\ 0\}$$

$$\cdots\cdots$$

$$\boldsymbol{e}_n = \{0,\ 0,\ 0,\ \cdots,\ 1\}$$

则投影具有最简形式

$$\boldsymbol{x}_0 = \sum_{i=1}^{n}\langle \boldsymbol{x},\ \boldsymbol{e}_i\rangle\boldsymbol{e}_i\tag{4.55}$$

这里选择一组 n 个范数为1相互正交的单位矢量作为基底,称为就范正交基,这时 α_i 称为矢量 $\boldsymbol{x}$ 对于就范正交基 $\{\boldsymbol{e}_i\}$ 的分量系数。当

$$\lim_{n\to\infty}\left\|\boldsymbol{x}-\sum_{i=1}^{n}\langle \boldsymbol{x},\ \boldsymbol{e}_i\rangle\boldsymbol{e}_i\right\| = 0\tag{4.56}$$

时,称集合 $\{\boldsymbol{e}_i;\ i=1,\ 2,\cdots,\ n\}$ 为完备就范正交基。采用完备就范正交基有许多好处,其逼近均方差随 n 增大而减小,分量系数的计算可归结为原矢量与基矢量的内积,比较简单。

三、能量有限信号的矢量表示

信号的矢量表示,实际上是信号的离散化问题,也就是将信号沿着信号空间的就范正交基分解为分量的问题,或者说是求信号在信号空间的完备线性子空间上的投影,即最佳逼近的问题。

设能量有限信号空间为

$$L^2(T) = \{x(t);\ \int_T |x(t)|^2\mathrm{d}t < \infty\}\tag{4.57}$$

式中,$x(t)$ 为实值或复值函数,其内积和范数分别定义为

$$\langle x,\ y\rangle = \int_T x(t)y^*(t)\mathrm{d}t$$

和

$$\|\boldsymbol{x}\| = \left[\int_T |x(t)|^2\mathrm{d}t\right]^{1/2}$$

若$\{\boldsymbol{e}_i;\ i=1,2,\cdots,n\}$为 n 维信号子空间 M(其为 $L^2(T)$ 的完备线性子空间）的完备就范正交基函数，则信号空间 $L^2(T)$ 中的任意信号 $x(t)$ 可表示为

$$x(t) = \sum_{i=1}^{n}\alpha_i\boldsymbol{e}_i(t) \tag{4.58}$$

式中

$$\alpha_i = \int_{-\infty}^{\infty}x(t)\boldsymbol{e}_i^*(t)\mathrm{d}t$$

$$\int_{-\infty}^{\infty}|\boldsymbol{e}_i(t)|^2\mathrm{d}t = 1$$

或用矢量表示

$$\boldsymbol{\alpha} = [\alpha_1\quad \alpha_2\quad \cdots\quad \alpha_n]^{\mathrm{T}}$$

式(4.58)就是信号的矢量表达式。选择不同的完备就范正交基，可以得到不同的信号矢量表示，即信号的正交展开不是惟一的。由上述可以看出，信号的矢量表示关键是求就范正交基，一旦选定就范正交基，信号就可以沿着信号空间的就范正交基展开。

求就范正交基一般采用格拉姆-施密特(Gram - Schmidt)归一正交化步骤。若给出希尔伯特空间中任一组 n 个线性独立矢量$\{\boldsymbol{x}_i;\ i=1,2,\cdots,n\}$，就可以求得就范正交基$\{\boldsymbol{e}_i;\ i=1,2,\cdots,n\}$。具体迭代计算步骤如下：

$$\begin{aligned}
&\boldsymbol{w}_1 = \boldsymbol{x}_1\\
&\boldsymbol{w}_2 = \boldsymbol{x}_2 - \langle\boldsymbol{x}_2,\ \boldsymbol{e}_1\rangle\boldsymbol{e}_1\\
&\boldsymbol{w}_3 = \boldsymbol{x}_3 - \langle\boldsymbol{x}_3,\ \boldsymbol{e}_2\rangle\boldsymbol{e}_2 - \langle\boldsymbol{x}_3,\ \boldsymbol{e}_1\rangle\boldsymbol{e}_1\\
&\cdots\cdots\\
&\boldsymbol{w}_i = \boldsymbol{x}_i - \sum_{k=1}^{i-1}\langle\boldsymbol{x}_i,\ \boldsymbol{e}_k\rangle\boldsymbol{e}_k\\
&\cdots\cdots
\end{aligned} \tag{4.59}$$

式中

$$\boldsymbol{e}_i = \frac{\boldsymbol{w}_i}{\|\boldsymbol{w}_i\|}\quad (i=1,2,\cdots,n) \tag{4.60}$$

应该指出，改变$\{\boldsymbol{x}_i\}$在归一正交化过程中的顺序，将得到不同的就范正交基。

下面举几个例子说明。

(1) 傅里叶级数展开：复正弦函数集合$\left\{\dfrac{1}{\sqrt{2}}\exp(\mathrm{j}\pi nt);\ n=0,\pm1,\cdots\right\}$组成信号空间

$L^2(-1,+1)$ 的就范正交基，于是任何持续期为 $T=[-1,+1]$ 的信号 $x(t)$ 均可写为下列展开式

$$x(t) \approx \frac{1}{\sqrt{2}} \sum_{k=1}^{n} \alpha_k \exp(\mathrm{j}\pi kt) \tag{4.61}$$

式中

$$\alpha_k = \frac{1}{\sqrt{2}} \int_{-1}^{1} x(t) \exp(-\mathrm{j}\pi kt)\,\mathrm{d}t$$

式(4.61) 就是熟知的傅里叶级数展开式。

(2) 时域展开(采样定理)：设频谱有限信号 $x(t)$ 的频谱为 $X(f) \in L^2(-B,+B)$，$2B$ 为信号带宽，则有

$$x(t) \Leftrightarrow X(f)$$

且

$$\int_{-B}^{+B} |X(f)|^2 \mathrm{d}f < \infty$$

选择就范正交基为 $\{\boldsymbol{e}_i;\ i=\pm 1, \pm 2, \cdots\}$，$e_i(t)$ 为

$$e_i(t) = \sqrt{2B} \frac{\sin\left[2\pi B\left(t - \dfrac{i}{2B}\right)\right]}{2\pi B\left(t - \dfrac{i}{2B}\right)} = \sqrt{2B}\,\mathrm{sinc}\left[2\pi B\left(t - \frac{i}{2B}\right)\right]$$

根据采样定理，如取采样间隔 $T_s = 1/(2B)$，则任意带宽有限信号 $x(t)$ 均可表示为

$$x(t) = \sqrt{2B} \sum_{i=-\infty}^{+\infty} x\left(\frac{i}{2B}\right) \mathrm{sinc}\left[2\pi B\left(t - \frac{i}{2B}\right)\right] \tag{4.62}$$

这实质上就是 $x(t)$ 对基底 $\{e_i(t)\}$ 的正交展开式，其中展开系数为

$$\alpha_i = x(iT_s) = \int_{-\infty}^{+\infty} x(t) e_i(t)\,\mathrm{d}t = \int_{-\infty}^{+\infty} x(t)\,\mathrm{sinc}\left[2\pi B\left(t - \frac{i}{2B}\right)\right]\mathrm{d}t$$

表示 $x(t)$ 在 $t = iT_s$ 时的采样值。如果只在有限的时间区间 T 内研究带宽有限信号 $x(t)$，那么精确展开式(4.62) 可用下述近似展开式代替，即

$$x(t) \approx \sqrt{2B} \sum_{i=1}^{n} x\left(\frac{i}{2B}\right) \mathrm{sinc}\left[2\pi B\left(t - \frac{i}{2B}\right)\right] \tag{4.63}$$

式中，$n = T/T_s = 2BT$ 表示信号的样本数。

四、卡亨南-洛维展开

对于确定性信号，无论是周期的或是非周期的，都可以作傅里叶级数展开。对非周期情况，只作周期延拓即可。对随机信号，虽也可作傅里叶级数展开，但当带内频谱不均匀时，其展开系数一般不满足不相关条件。欲得不相关系数的级数展开，可采用卡亨南-洛维(Karhuen - Loève) 展开。

1. 连续卡亨南-洛维展开

设 $x(t)$ 为信号空间 $L^2(T)$ 中的随机信号，其卡亨南-洛维展开为

$$x(t)=\sum_{i=1}^{n}\alpha_i e_i(t),\quad -T\leqslant t\leqslant +T \tag{4.64}$$

式中，基函数 $e_i(t)$ 是确定性的时间函数，其满足正交归一化条件

$$\int_{-T}^{T}e_i(t)e_j^*(t)\mathrm{d}t=\delta_{ij} \tag{4.65}$$

因而是就范正交基；展开系数 α_i 是随机变量，可表示为

$$\alpha_i=\int_{-T}^{T}x(t)e_i^*(t)\mathrm{d}t \tag{4.66}$$

基函数 $e_i(t)$ 可确定如下：

若 $E[x(t)]=0$，则 $x(t)$ 的协方差函数为

$$\boldsymbol{C}_{xx}(t_1,t_2)=E[x(t_1)x^*(t_2)]=R_{xx}(t_1,t_2) \tag{4.67}$$

如果基函数选择满足下列积分方程

$$\int_{-T}^{T}\boldsymbol{C}_{xx}(t_1,t_2)e_i(t_2)\mathrm{d}t_2=\lambda_i e_i(t_1) \tag{4.68}$$

则由式(4.64)至式(4.67)得

$$E[\alpha_i\alpha_j^*]=\lambda_i\delta_{ij} \tag{4.69}$$

即展开系数 a_i 是一组不相关的随机变量。满足式(4.68)关系的 $e_i(t)$ 称为以协方差函数 $\boldsymbol{C}_{xx}(t_1,t_2)$ 为核的积分方程的特征函数，λ_i 称为积分方程的特征值。也就是说 $e_i(t)$ 是相应于特定参数 λ_i 的积分方程的解。

由上述可见，在卡亨南-洛维展开中，其基函数 $e_i(t)$ 是以随机过程 $x(t)$ 协方差函数 $\boldsymbol{C}_{xx}(t_1,t_2)$ 为核的积分方程的特征函数。它的优点是把随机过程的统计特征用一组不相关的随机变量 α_i（均值为零，方差为特征值 λ_i）的统计特性来描述，而这些随机变量是卡亨南-洛维展开式中的展开系数。

若在式(4.64)中取前 n 项作为 $x(t)$ 的线性估计值，即

$$\hat{x}(t)=\sum_{i=1}^{n}\alpha_i e_i(t) \tag{4.70}$$

其均方误差为

$$\begin{aligned}\varepsilon^2&=E\left\{\int_{-T}^{T}\left[x(t)-\sum_{i=1}^{n}\alpha_i e_i(t)\right]\left[x(t)-\sum_{i=1}^{n}\alpha_i e_i(t)\right]^*\mathrm{d}t\right\}=\\&E\left\{\int_{-T}^{T}\left[\sum_{i=n+1}^{\infty}\alpha_i e_i(t)\right]\left[\sum_{i=n+1}^{\infty}\alpha_i e_i(t)\right]^*\mathrm{d}t\right\}=\sum_{i=n+1}^{\infty}E[\alpha_i\alpha_i^*]=\sum_{i=n+1}^{\infty}\lambda_i\end{aligned} \tag{4.71}$$

只要 n 取得足够大，均方误差可以足够小。

2. 离散卡亨南-洛维展开

离散卡亨南-洛维展开可由连续卡亨南-洛维展开得到。为了研究方便，设所讨论的函数均

为实函数。取时间函数 n 个采样值，写为矢量形式为

$$\boldsymbol{x} = [x(t_1) \quad x(t_2) \quad \cdots \quad x(t_n)]^{\mathrm{T}}$$

$$\boldsymbol{e} = [e_i(t_1) \quad e_i(t_2) \quad \cdots \quad e_i(t_n)]^{\mathrm{T}}$$

式中，$x(t)$ 的每一个时间采样值 $x(t_i)$ 都是一个随机变量。这样，得

$$x(t_1) = \sum_{i=1}^{n} \alpha_i e_i(t_1) = \alpha_1 e_1(t_1) + \alpha_2 e_2(t_1) + \cdots + \alpha_n e_n(t_1) = \boldsymbol{e}^{\mathrm{T}}(t_1)\boldsymbol{\alpha}$$

式中

$$\boldsymbol{e}(t_1) = [e_1(t_1) \quad e_2(t_1) \quad \cdots \quad e_n(t_1)]^{\mathrm{T}}$$

$$\boldsymbol{\alpha} = [\alpha_1 \quad \alpha_2 \quad \cdots \quad \alpha_n]^{\mathrm{T}}$$

同理，得

$$x(t_2) = \boldsymbol{e}^{\mathrm{T}}(t_2)\boldsymbol{\alpha}$$

$$\cdots\cdots$$

$$x(t_n) = \boldsymbol{e}^{\mathrm{T}}(t_n)\boldsymbol{\alpha}$$

故

$$\boldsymbol{x} = \begin{bmatrix} x(t_1) \\ x(t_2) \\ \vdots \\ x(t_n) \end{bmatrix} = \begin{bmatrix} \boldsymbol{e}^{\mathrm{T}}(t_1) \\ \boldsymbol{e}^{\mathrm{T}}(t_2) \\ \vdots \\ \boldsymbol{e}^{\mathrm{T}}(t_n) \end{bmatrix} \boldsymbol{\alpha} = \begin{bmatrix} e_1(t_1) & e_2(t_1) & \cdots & e_n(t_1) \\ e_1(t_2) & e_2(t_2) & \cdots & e_n(t_2) \\ \vdots & \vdots & & \vdots \\ e_1(t_n) & e_2(t_n) & \cdots & e_n(t_n) \end{bmatrix} \boldsymbol{\alpha} =$$

$$[\boldsymbol{e}_1 \quad \boldsymbol{e}_2 \quad \cdots \quad \boldsymbol{e}_n]\boldsymbol{\alpha} = \boldsymbol{e\alpha} = \alpha_1 \boldsymbol{e}_1 + \alpha_2 \boldsymbol{e}_2 + \cdots + \alpha_n \boldsymbol{e}_n = \sum_{i=1}^{n} \alpha_i \boldsymbol{e}_i \tag{4.72}$$

式中

$$\boldsymbol{e} = [\boldsymbol{e}_1 \quad \boldsymbol{e}_2 \quad \cdots \quad \boldsymbol{e}_n]^{\mathrm{T}}$$

式(4.72)称为离散卡亨南-洛维展开式。与式(4.65)和式(4.68)相对应的实函数离散公式为

$$\sum_{k=1}^{n} e_i(t_k) e_j(t_k) = \boldsymbol{\alpha}_i^{\mathrm{T}} \boldsymbol{\alpha}_j = \delta_{ij} \tag{4.73}$$

和

$$\sum_{k=1}^{n} \boldsymbol{C}_{xx}(t_l, t_k) e_i(t_k) = \lambda_i e_i(t_l) \quad (i, l = 1, 2, \cdots, n) \tag{4.74}$$

上式写成矩阵形式为

$$\boldsymbol{C}_{xx} \boldsymbol{e}_i = \lambda_i \boldsymbol{e}_i \quad (i = 1, 2, \cdots, n) \tag{4.75}$$

式中，协方差矩阵为

$$\boldsymbol{C}_{xx} = \begin{bmatrix} c_{xx}(t_1, t_1) & \cdots & c_{xx}(t_1, t_n) \\ c_{xx}(t_2, t_1) & \cdots & c_{xx}(t_2, t_n) \\ \vdots & & \vdots \\ c_{xx}(t_n, t_1) & \cdots & c_{xx}(t_n, t_n) \end{bmatrix} \tag{4.76}$$

而 λ_i 为特征值；$\boldsymbol{\alpha}_i$ 为特征矢量。

第 5 节　信号的复数表示

一、概述

这里着重说明为什么要采用信号的复数表示，即使用复信号的理由。

首先，对实信号，其频谱是以原点对称分布的，由于对称性，平均频率将为零。在后面波形参量的讨论中将会看到，平均频率的概念实际上是频率中心或中心频率。对一般情况，其为零显然不正确。采用复信号，可直接由信号计算平均频率及频率扩展（即带宽）。

采用复信号的第二个理由是，它能够明确地获得信号的相位和幅度，而且还能够得到信号瞬时频率的表示。

二、复信号

若 $x_r(t)$ 是实信号，$X_r(f)$ 是其频谱，E_r 为其能量，引入

$$x(t) = \int_0^{\infty} 2X_r(f)\exp(j2\pi ft)\,df \tag{4.77}$$

则有

$$x_r(t) = \mathrm{Re}[x(t)] \tag{4.78}$$

称 $x(t)$ 为实信号 $x_r(t)$ 的复数形式，$x_r(t)$ 是 $x(t)$ 的实数部分。

复信号的能量为

$$E = \int |x(t)|^2 dt = 2\int |X_r(f)|^2 df = 2E_r \tag{4.79}$$

复信号的谱为

$$X(f) = \begin{cases} 2X_r(f), & f > 0 \\ X_r(f), & f = 0 \\ 0, & f < 0 \end{cases} \tag{4.80}$$

从上式可以看出，复信号的能量是实信号的两倍，复信号的谱的正频分量是实信号谱的两倍，无负频分量。复信号必须满足上述关系。

三、解析信号

若 $x_r(t)$ 是实信号，$X_r(f)$ 为其频谱，则其解析信号定义为

$$x(t) = x_r(t) + j\hat{x}_r(t) \tag{4.81}$$

式中

$$\hat{x}_r(t) = \mathrm{HT}\{x_r(t)\} = \frac{1}{\pi}\int \frac{x_r(\tau)}{t-\tau}d\tau = x_r(t) * \frac{1}{\pi t} \tag{4.82}$$

是 $x_r(t)$ 的希尔伯特(Hilbert) 变换,"$*$"表示卷积。其逆变换为

$$x_r(t) = -\frac{1}{\pi}\int \frac{\hat{x}_r(t)}{t-\tau}\mathrm{d}\tau \tag{4.83}$$

希尔伯特变换及其逆变换的积分均取柯西积分主值。

希尔伯特变换具有如下性质:

(1) 谱:若 $X(f)$ 为 $x(t)$ 的傅里叶变换,即 $x(t) \Leftrightarrow X(f)$,则有

$$\mathrm{FT}\{\hat{x}(t)\} = -\mathrm{j}X(f)\mathrm{sgn}(f) \tag{4.84}$$

式中, sgn(•) 为符号函数,定义为

$$\mathrm{sgn}(f) = \begin{cases} 1, & f > 0 \\ 0, & f = 0 \\ -1, & f < 0 \end{cases}$$

(2) 单频情况:若 $x(t) = \cos(2\pi f_0 t + \theta), y(t) = \sin(2\pi f_0 t + \theta)$, 则有

$$\hat{x}(t) = \sin(2\pi f_0 t + \theta) \tag{4.85}$$

$$\hat{y}(t) = -\cos(2\pi f_0 t + \theta) \tag{4.86}$$

可以看出,希尔伯特变换相当于一个 90° 移相器。

(3) 功率:$x(t)$ 和 $\hat{x}(t)$ 在$(-\infty, +\infty)$ 范围内功率相等,即

$$\lim_{T\to\infty}\frac{1}{2T}\int_{-T}^{T} x^2(t)\mathrm{d}t = \lim_{T\to\infty}\frac{1}{2T}\int_{-T}^{T} \hat{x}^2(t)\mathrm{d}t \tag{4.87}$$

(4) 正交性:在$(-\infty,\infty)$ 范围内,函数 $x(t)$ 和 $\hat{x}(t)$ 是正交的,即

$$\lim_{T\to\infty}\frac{1}{2T}\int_{-T}^{T} x(t)\hat{x}(t)\mathrm{d}t = 0 \tag{4.88}$$

(5) 函数的希尔伯特变换的希尔伯特变换(再变换性) 为原函数的负值,即

$$\mathrm{HT}\{\hat{x}(t)\} = -x(t) \tag{4.89}$$

(6) 卷积:若 $y(t) = v(t) * x(t)$,则有

$$\hat{y}(t) = v(t) * \hat{x}(t) = x(t) * \hat{v}(t) \tag{4.90}$$

(7) 带通信号的情况:具有有限带宽 B 的信号 $a(t)$ 的傅里叶变换为 $A(\omega)$,即

$$A(\omega) = \begin{cases} A(\omega), & |\omega| < B \\ 0, & \text{其他} \end{cases}$$

且 $\omega_0 > B$,则

$$\mathrm{HT}\{a(t)\cos(\omega_0 t)\} = a(t)\sin(\omega_0 t) \tag{4.91}$$

和

$$\mathrm{HT}\{a(t)\sin(\omega_0 t)\} = -a(t)\cos(\omega_0 t) \tag{4.92}$$

希尔伯特变换的这一性质表明了在带通信号情况下希尔伯特变换存在的条件。严格地说,这一条件是不严格的,后面还将讨论。

(8) 自相关函数和谱密度:设 $R_x(\tau)$ 和 $S_x(\omega)$ 分别为 $x(t)$ 的自相关函数和功率谱密度,$R_{\hat{x}}(\tau)$ 和 $S_{\hat{x}}(\omega)$ 分别为 $\hat{x}(t)$ 的自相关函数和功率谱密度,则

$$R_x(\tau) = R_{\hat{x}}(\tau) \tag{4.93}$$

和

$$S_x(\omega) = S_{\hat{x}}(\omega) \tag{4.94}$$

四、信号的复指数形式

为了信号分析的方便，常采用信号的复指数形式，其可表示为

$$x(T) = A(t)\exp[\mathrm{j}\phi(t)] \tag{4.95}$$

式中

$$A(t) = |x(t)|;\quad \phi(t) = \arg\{x(t)\}$$

分别为 $x(t)$ 的振幅调制和相位调制。与其对应的实信号为

$$x_r(t) = \mathrm{Re}\{x(t)\}$$

复指数信号也可表示为实部与虚部和的复数形式，其实部对应于实信号，但其虚部不一定是实信号的希尔伯特变换。因而复指数信号不一定是解析信号。

当载频（信号的高频分量）和调制部分（信号的低频分量）是可分离时，复指数信号可表示为

$$x(t) = A(t)\exp[\mathrm{j}\phi(t)] = A(t)\exp[\mathrm{j}(2\pi f_0 t + \theta(t))] = x_c(t)\exp[\mathrm{j}2\pi f_0 t] \tag{4.96}$$

和

$$x_c(t) = A(t)\exp[\mathrm{j}\theta(t)] \tag{4.97}$$

式(4.97)为信号的复包络；$A(t)$ 为振幅调制波形；$\theta(t)$ 为相位调制波形。这时复指数信号才逼近解析信号。

窄带条件下，复包络 $x_c(t)$ 是在频率为 f_0 的载频振荡的复振幅调制，可记为

$$x_c(t) = a(t) + \mathrm{j}b(t) \tag{4.98}$$

式中

$$a(t) = A(t)\cos\theta(t)$$

$$b(t) = A(t)\sin\theta(t)$$

$$A(t) = |x_c(t)| = |a^2(t) + b^2(t)|^{1/2}$$

$$\theta(t) = \arctan\frac{b(t)}{a(t)}$$

因此，由复包络可直接确定信号的振幅调制波形和相位调制波形。

五、解析信号表示成立条件的进一步讨论

希尔伯特变换的性质(7)给出了希尔伯特变换存在的条件。为了更清楚起见，下面进一步说明在什么条件下解析信号表达式，即式(4.96)成立。

根据 Bedrosion 乘积定理[16]，可得到式(4.96)成立的条件。Bedrosion 定理可叙述如下：令 $x(t)$ 和 $y(t)$ 表示实变量 t 的有限能量复信号，且它们的谱分别为 $X(f)$ 和 $Y(f)$，若

(1) $X(f) = 0$，$|f| > a$ 和 $Y(f) = 0$，$|f| < b$，其中 $b \geqslant a \geqslant 0$；或

(2) $X(f)=0, f<-a$ 和 $Y(f)=0, f<b$，其中 $b\geqslant a\geqslant 0$，则

$$\mathrm{HT}\{x(t)y(t)\}=x(t)\mathrm{HT}\{y(t)\} \tag{4.99}$$

解析信号表达式成立的条件：

若实信号

$$x_r(t)=a(t)\cos[2\pi f_0 t+\theta(t)]=$$
$$\frac{1}{2}a(t)\{\exp[\mathrm{j}(2\pi f_0 t+\theta(t))]+\exp[-\mathrm{j}(2\pi f_0 t+\theta(t))]\}=$$
$$\frac{1}{2}a(t)\exp(\mathrm{j}\theta(t))+\{\exp(\mathrm{j}2\pi f_0 t)+\exp[-\mathrm{j}(2\pi f_0 t+2\theta(t))]\}$$

满足条件：$\mathrm{FT}\{a(t)\exp(\mathrm{j}\theta(t))\}$ 完全位于区域 $|f|<|f_0|$ 之内，而 $\mathrm{FT}\{\exp(\mathrm{j}2\pi f_0 t)+\exp[\mathrm{j}2(\pi f_0 t+\theta(t))]\}$ 只存在于该区域之外，则 $x_r(t)$ 的解析信号 $x(t)$ 具有式(4.96)的形式，即

$$x(t)=x_c(t)\exp(\mathrm{j}2\pi f_0 t) \tag{4.100}$$

式中

$$x_c(t)=a(t)\exp(\mathrm{j}\theta(t)) \tag{4.101}$$

证明：

$$x(t)=x_r(t)+\mathrm{j}\mathrm{HT}\{x_r(t)\}=$$
$$\frac{1}{2}a(t)\exp(\mathrm{j}\theta(t))\{\exp(\mathrm{j}2\pi f_0 t)+\exp[-\mathrm{j}(2\pi f_0 t+2\theta(t))]\}+$$
$$\mathrm{j}\mathrm{HT}\left\{\frac{1}{2}a(t)\exp(\mathrm{j}\theta(t))\{\exp(\mathrm{j}2\pi f_0 t)+\exp[-\mathrm{j}(2\pi f_0 t+2\theta(t))]\}\right\}$$

由于解析信号不含负频成分，因此，有

$$x(t)=\frac{1}{2}a(t)\exp(\mathrm{j}\theta(t))\exp(\mathrm{j}2\pi f_0 t)+\mathrm{j}\mathrm{HT}\left\{\frac{1}{2}a(t)\exp(\mathrm{j}\theta(t))\exp(\mathrm{j}2\pi f_0 t)\right\}$$

根据 Bedrosion 定理中条件(1)，则

$$\mathrm{HT}\left\{\frac{1}{2}a(t)\exp(\mathrm{j}\theta(t))\exp(\mathrm{j}2\pi f_0 t)\right\}=\frac{1}{2}a(t)\exp(\mathrm{j}\theta(t))\mathrm{HT}\{\exp(\mathrm{j}2\pi f_0 t)\}=$$
$$\frac{1}{2}a(t)\exp(\mathrm{j}\theta(t))\exp\left[\mathrm{j}\left(2\pi f_0 t-\frac{\pi}{2}\right)\right]=$$
$$-\mathrm{j}\,\frac{1}{2}a(t)\exp(\mathrm{j}\theta(t))\exp(\mathrm{j}2\pi f_0 t)$$

于是有

$$x(t)=a(t)\exp(\mathrm{j}\theta(t))\exp(\mathrm{j}2\pi f_0 t)$$

从以上叙述可以看出：

(1) 解析信号产生器是一个高频选择器。

(2) 信号复包络(低频调制部分)的谱必须与载频(高频调制部分)可分离，或者说，信号复包络的谱与载频不相重叠。信号复包络的谱距离载频越远，也就是说，信号越逼近窄带信号，

解析信号表示越精确。

一般地，信息是包含于信号复包络中的，如果信号符合解析信号表示条件，则可以只对信号复包络进行处理，从而减小运算量和硬件规模。

在实际应用中，常采用下面的方法判定是否采用解析信号表示，即

(1) 定义信号带宽 B 与载频 f_0 的比值为相对带宽 B_f。若 $B_f < 0.5$，则可采用解析信号表示。

(2) 定义信号复包络（低频调制部分）的能量下降 20～30 dB 的频带宽度为扩展带宽 B_s，若 $B_s < f_0$，则可采用解析信号表示。

第 6 节 信号采样

随着计算机技术和数字信号处理理论及技术的发展，鱼雷自导已经采用了数字信号处理技术。鱼雷自导数字信号处理机处理的数字信号，是模拟信号（即连续时间信号）经过采样和量化得来的。采样得到离散时间信号。

本节简要讨论信号采样的有关问题。

一、时域采样[19]

1. 低通信号采样

这里仅讨论均匀采样，即对信号进行均匀间隔采样，采样过程如图 4.1 所示。

图中，$x(t)$ 为被采样信号；$p(t)$ 为采样函数；T_s 为采样周期；$f_s = 1/T_s$ 为采样频率；$x_s(t) = x_s(nT_s)$ 为采样信号，即离散时间信号。可以看出，采样实际上是一个调制过程，$p(t)$ 相当于载波，$x(t)$ 是调制信号。图 4.1 所示的过程可表示为

$$x_s(t) = x(t)p(t) \tag{4.102}$$

式中

$$p(t) = \sum_{n=-\infty}^{+\infty} \delta(t - nT_s) \tag{4.103}$$

于是有

$$x_s(t) = x(t)\sum_{n=-\infty}^{+\infty} \delta(t - nT_s) = \sum_{n=-\infty}^{+\infty} x(nT_s)\delta(t - nT_s) \tag{4.104}$$

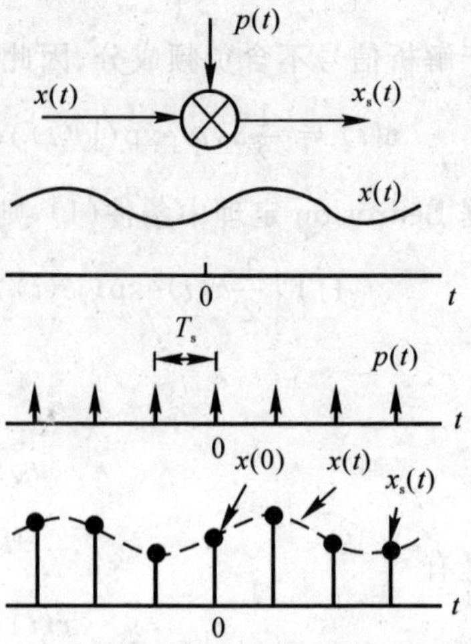

图 4.1 信号均匀采样过程示意图

根据傅里叶变换的性质和有关变换公式，若 $x(t)$ 的频谱为 $X(f)$，则 $p(t)$ 和 $x_s(t)$ 的频谱 $P(f)$ 和 $X_s(f)$ 分别为

$$P(f)=\frac{1}{T_s}\sum_{k=-\infty}^{+\infty}\delta(f-kf_s) \tag{4.105}$$

和

$$X_s(f)=\frac{1}{T_s}\sum_{k=-\infty}^{+\infty}X(f-kf_s) \tag{4.106}$$

$X(f)$，$P(f)$ 和 $X_s(f)$ 的波形如图 4.2 所示。$X_s(f)$ 是频率的周期函数，它由一组移位的 $X(f)$ 组成，间隔为 $f_s=1/T_s$，幅度有 $1/T_s$ 的变化。当 $f_s>2f_M$（f_M 为低通信号的上限频率）时，互相移位的 $X(f)$ 之间无重叠现象，这时可以用一个截止频率大于 f_M，但小于 f_s-f_M 的低通滤波器从 $x_s(t)$ 中恢复 $x(t)$，如图 4.2(c) 所示；当 $f_s<2f_M$ 时，存在重叠，无法恢复 $x(t)$，如图 4.2(d) 所示。根据上述，可以得到如下低通信号采样定理。

低通信号采样定理：

设 $x(t)$ 是低通信号，当 $|f|>f_M$ 时，$X(f)=0$，则该低通信号可惟一地由它在时间间隔 $T_s\leqslant 1/(2f_M)$ 的等间隔样本确定，即

$$x(t)=\sum_{n=-\infty}^{+\infty}x(nT_s)\frac{\sin[2\pi f_M(t-nT_s)]}{2\pi f_M(t-nT_s)} \tag{4.107}$$

在采样定理中，采样频率 f_s 必须大于 $2f_M$，称 $2f_M$ 为奈奎斯特(Nyquist)频率。

2. 带通信号采样[21]

对带通信号，由于有通带限制，因而采样频率不必按低通信号采样的奈奎斯特频率选取，可降低采样频率要求。

带通信号采样定理：

设 $x(t)$ 是带通信号，其下限频率和上限频率分别为 f_1 和 f_2，带宽 $B=f_2-f_1$，若采样频率满足下述条件

$$\frac{2f_1}{m}\geqslant f_s\geqslant\frac{2f_2}{m+1} \tag{4.108}$$

则 $x(t)$ 可惟一地用采样信号 $x(nT_s)$ 表示。其中 m 为非负整数。当 m 为满足条件

$$m\leqslant\frac{f_1}{B} \tag{4.109}$$

的最大整数时，将得到最低的采样频率 $f_{s\min}$。

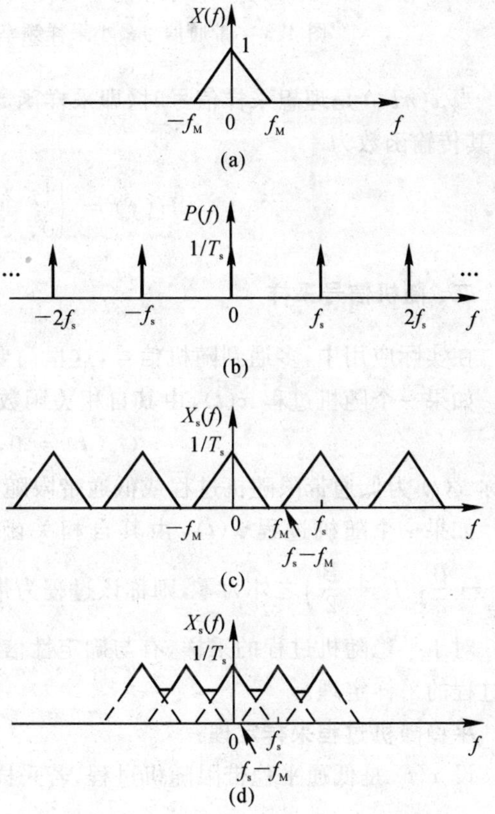

图 4.2　$X(f)$，$P(f)$ 和 $X_s(f)$ 的波形

带通信号的最小采样频率与用带宽归一化的最高工作频率的关系如图 4.3 所示。可以看

出，在最高工作频率是带宽的整数倍的那些点上，最小采样频率是 $2B$；在其他点，最小采样频率大于 $2B$，但不大于 $4B$。当 $f_2/B\to\infty$，即 $f_2\gg B$ 时，$f_{\mathrm{smin}}\to 2B$。

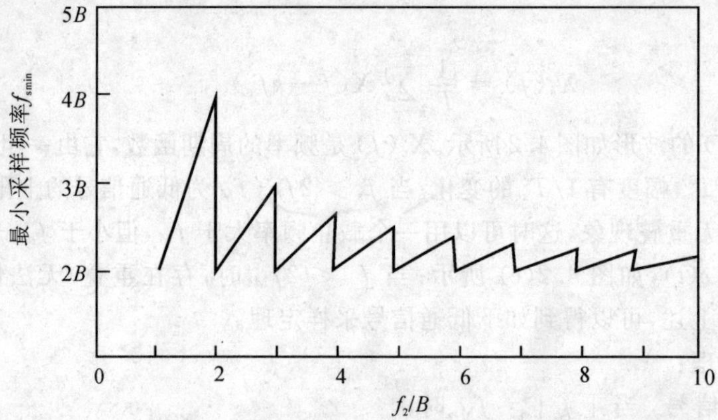

图 4.3 带通信号最小采样频率与带宽归一化最高采样频率的关系

当 $x(nT_s)$ 是理想采样信号时（即采样函数为冲激串），$x(t)$ 可以用一个理想带通滤波器恢复，其传输函数为

$$H(f)=\begin{cases}1, & f_1<|f|<f_2\\ 0, & \text{其他}\end{cases}\tag{4.110}$$

二、随机信号采样

在实际应用中，多遇到随机信号，这里简要讨论随机信号采样定理。

如果一个随机过程 $x(t)$，由其自相关函数 $R_x(\tau)$ 所得到的功率谱密度 $G_x(f)$ 满足

$$G_x(f)=0,\quad |f|>f_M$$

则称 $x(t)$ 为低通带限随机过程或低通带限随机信号。

如果一个随机过程 $x(t)$，由其自相关函数 $R_x(\tau)$ 所得到的功率谱密度 $G_x(f)$ 在频带 $\left(f_0-\dfrac{B}{2},\ f_0+\dfrac{B}{2}\right)$ 之外为零，则称该过程为带通的带限随机过程。

对于平稳随机过程的采样，有与确定性信号采样的类似结果，这里仅给出低通平稳带限随机过程的采样定理。

平稳随机过程采样定理：

设 $x(t)$ 是低通平稳带限随机过程，若采样间隔为

$$T_s\leqslant\frac{1}{2f_M}\tag{4.111}$$

则有

$$\hat{x}(t)=\sum_{n=-\infty}^{+\infty}x(nT_s)\frac{\sin[2\pi f_M(t-nT_s)]}{2\pi f_M(t-nT_s)}\tag{4.112}$$

在均方意义上 $x(t)$ 等于 $\hat{x}(t)$，即

$$E[\,|\,x(t)-\hat{x}(t)\,|^2\,]=0 \tag{4.113}$$

在式(4.111)中，f_M 为上限频率。

三、频域采样

上述均为时域采样，根据连续时间信号时域和频域间存在的对偶关系，可有对时限信号的频域采样定理。

频域采样定理：

设信号 $x(t)$ 为时间有限信号，即当 $|\,t\,|>T$ 时，$x(t)$ 的值为零。若在频域中以不大于$\frac{1}{2}T$的频域间隔对 $x(t)$ 的频谱 $X(f)$ 进行采样，则采样后的频谱 $X\left(\frac{n}{2T}\right)$可以惟一地表示 $X(f)$。其重构公式为

$$X(f)=\sum_{n=-\infty}^{+\infty}X\left(\frac{n}{2T}\right)\frac{\sin\pi(2Tf-n)}{\pi(2Tf-n)} \tag{4.114}$$

四、窄带信号采样技术

前面已经指出，一个窄带信号的所有信息都包含在其复包络之中。这里讨论几种窄带信号的复包络采样方法。由于复包络采样可以大大地降低采样率，因而可以减小数字系统硬件和软件的复杂性。

1. 正交采样

正交采样方法是先对被采样信号进行正交解调，然后对所获得的信号同相分量和正交分量进行采样。正交解调提供了一种由实信号获得其复包络的信号处理方法，下面首先讨论正交解调原理。

根据式(4.25)至式(4.28)，一个窄带实信号可表示为

$$x_r(t)=A(t)\cos[2\pi f_0t+\theta(t)]=a(t)\cos(2\pi f_0t)-b(t)\sin(2\pi f_0t)$$

$$A(t)=\sqrt{a^2(t)+b^2(t)}$$

$$\theta(t)=\arctan\left[\frac{b(t)}{a(t)}\right]$$

又根据式(4.95)和式(4.96)，$x_r(t)$ 的复信号为

$$x(t)=x_c(t)\exp[\mathrm{j}2\pi f_0t]$$

$$x_c(t)=A(t)\exp[\mathrm{j}\theta(t)]=a(t)+\mathrm{j}b(t)$$

$x_c(t)$ 即信号的复包络。可以看出，正交解调处理就是将实信号经过复调制，然后对两个正交分量低通滤波，即

$$x_c(t) = [2x_r(t)\exp(j2\pi f_0 t)]_{LP} \tag{4.115}$$

式中，$[\cdot]_{LP}$ 为低通滤波算子。将 $x_r(t)$ 代入，得

$$\begin{aligned} x_c(t) = & [2(a(t)\cos(2\pi f_0 t) - b(t)\sin(2\pi f_0 t))\exp(-j2\pi f_0 t)]_{LP} = \\ & 2[(a(t)\cos(2\pi f_0 t) - b(t)\sin(2\pi f_0 t))\cos(2\pi f_0 t)]_{LP} - \\ & j2[(a(t)\cos(2\pi f_0 t) - b(t)\sin(2\pi f_0 t))\sin(2\pi f_0 t)]_{LP} \end{aligned}$$

又

$$\cos(2\pi f_0 t)\cos(2\pi f_0 t) = \frac{1}{2}\{\cos[2(2\pi f_0 t)] + 1\}$$

$$\sin(2\pi f_0 t)\sin(2\pi f_0 t) = -\frac{1}{2}\{\cos[2(2\pi f_0 t)] - 1\}$$

$$\sin(2\pi f_0 t)\cos(2\pi f_0 t) = \frac{1}{2}\sin[2(2\pi f_0 t)]$$

于是得

$$x_c(t) = a(t) + jb(t)$$

根据上述，正交解调处理的原理框图如图 4.4 所示。图中 B 为信号带宽。

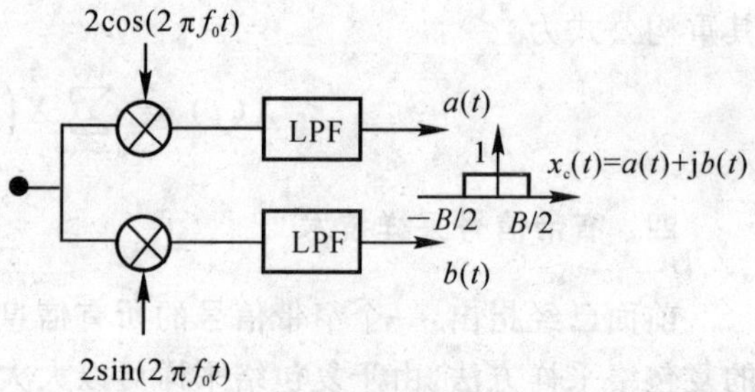

图 4.4 正交解调原理框图

对两个正交分量进行采样，得到

$$x_c(nT_s) = a(nT_s) + jb(nT_s) \tag{4.116}$$

式中，T_s 为采样间隔，其值为

$$T_s = \frac{1}{B} \tag{4.117}$$

采样频率为

$$f_s = B \tag{4.118}$$

总结上述，正交采样的步骤如下：

(1) 进行式(4.115)的运算，将信号解调制到复基带上；

(2) 进行采样，即计算式(4.116)。

正交采样的采样频率可取为带宽 B，因而大大降低了采样率。

2. 延迟采样

延迟采样是一种近似的正交采样方法，又称二阶采样[23]，其原理框图如图 4.5 所示。

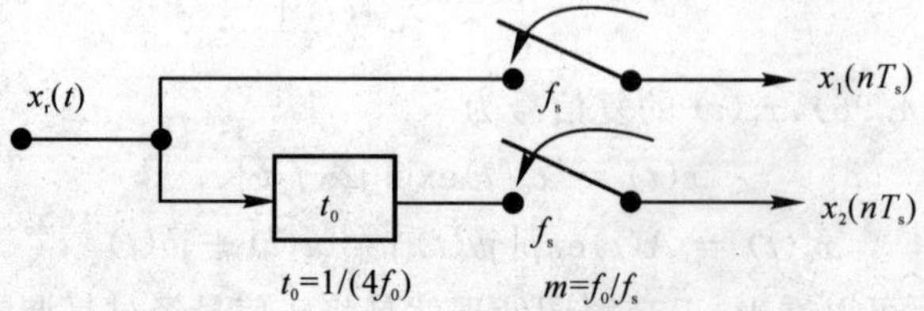

图 4.5 延迟采样原理框图

图中，$x_r(t)$ 为一窄带带通信号，中心频率为 f_0，带宽为 B。延迟采样即先对 $x_r(t)$ 采样，得到 $x_1(nT_s)$，然后将 $x_r(t)$ 延迟 t_0，再进行采样，得到 $x_2(nT_s)$。下面证明 $x_1(nT_s)$ 和 $x_2(nT_s)$ 分别为信号复包络的同相分量和近似的正交分量。

根据式(4.26)，$x_r(t)$ 的同相-正交调制形式为

$$x_r(t) = a(t)\cos(2\pi f_0 t) - b(t)\sin(2\pi f_0 t)$$

进行延迟采样得

$$x_1(nT_s) = x_r(nT_s) = a(nT_s)\cos(2\pi f_0 nT_s) - b(nT_s)\sin(2\pi f_0 nT_s) \tag{4.119}$$

$$x_2(nT_s) = x_r(nT_s - t_0) = a(nT_s - t_0)\cos[2\pi f_0(nT_s - t_0)] - b(nT_s - t_0)\sin[2\pi f_0(nT_s - t_0)] \tag{4.120}$$

式中，T_s 为采样间隔。取

$$t_0 = \frac{1}{4f_0} \tag{4.121}$$

$$m = f_0 T_s = \frac{f_0}{f_s} \tag{4.122}$$

式中，f_s 为采样频率。若 $f_s \geqslant B$，$m \gg 1$ 为整数，则有

$$\left.\begin{aligned} \sin(2\pi f_0 nT_s) = \cos[2\pi f_0(nT_s - t_0)] = 0 \\ \sin[2\pi f_0(nT_s - t_0)] = -\cos(2\pi f_0 nT_s) = -1 \end{aligned}\right\} \tag{4.123}$$

将式(4.123)代入式(4.119)和式(4.120)得

$$x_1(nT_s) = a(nT_s)$$

$$x_2(nT_s) = b(nT_s - t_0) = b\left[nT_s\left(1 - \frac{t_0}{nT_s}\right)\right] =$$

$$b\left[nT_s\left(1 - \frac{f_s}{4nf_0}\right)\right] = b\left[nT_s\left(1 - \frac{1}{4mn}\right)\right] \approx b(nT_s)$$

于是得到信号的复包络为

$$x_c(t) = x_1(nT_s) + \mathrm{j}x_2(nT_s) \approx a(nT_s) + \mathrm{j}b(nT_s) \tag{4.124}$$

由于 $\frac{1}{4mn} \ll 1$，所以引入的误差可以忽略。

3. 解析信号采样

解析信号采样的原理框图如图4.6所示。图中 $x_r(t)$ 是窄带带通信号，中心频率为 f_0，带宽为 B。可以看出，解析信号采样首先对 $x_r(t)$ 作希尔伯特变换，得到 $\hat{x}_r(t)$。

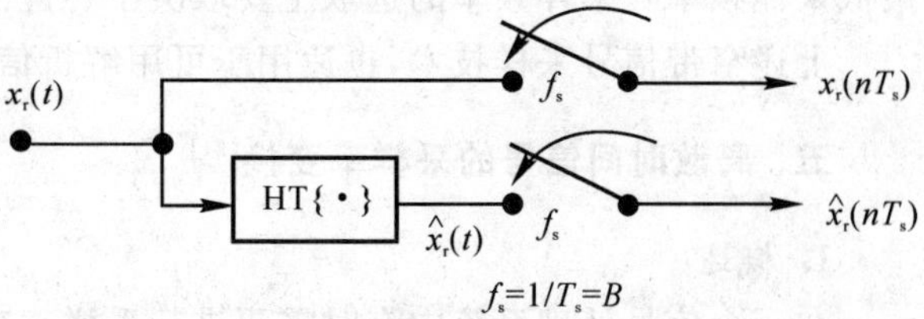

图4.6　解析信号采样原理框图

根据式(4.81)和式(4.84)可以看出

解析信号 $x(t)$ 及其频谱为

$$x(t) = x_r(t) + j\hat{x}_r(t)$$

$$X(f) = X_r(f) + j[-j\mathrm{sgn}(f)]X_r(f)$$

然后对 $x(t)$ 进行采样，即分别对 $x_r(t)$ 和 $\hat{x}_r(t)$ 进行采样，得到 $x(nT_s) = x_r(nT_s) + j\hat{x}_r(nT_s)$，采样频率为 $f_s = \dfrac{1}{T_s} = B$，T_s 为采样间隔。图 4.7 给出了 $x_r(t)$，$x(t)$ 和 $\hat{x}_r(nT_s)$ 的频谱 $X_r(f)$，$X(f)$ 和 $X_{T_s}(f)$，图 4.7(d) 为基带信号频谱，即解析信号复包络的频谱。

须要指出的是，图 4.7(d) 假定了 $\dfrac{f_0}{B} = m$ 为一个整数，若 m 不是整数，则需要将 $x(nT_s)$ 乘以 $\exp[-j2\pi(f_0 - nB)]$，n 为小于 $\dfrac{f_0}{B}$ 的最大整数。这样做的目的是将 $x(nT_s)$ 的频谱作 $(f_0 - nB)$ 的频移，以保证得到如图 4.7(d) 的基带谱。

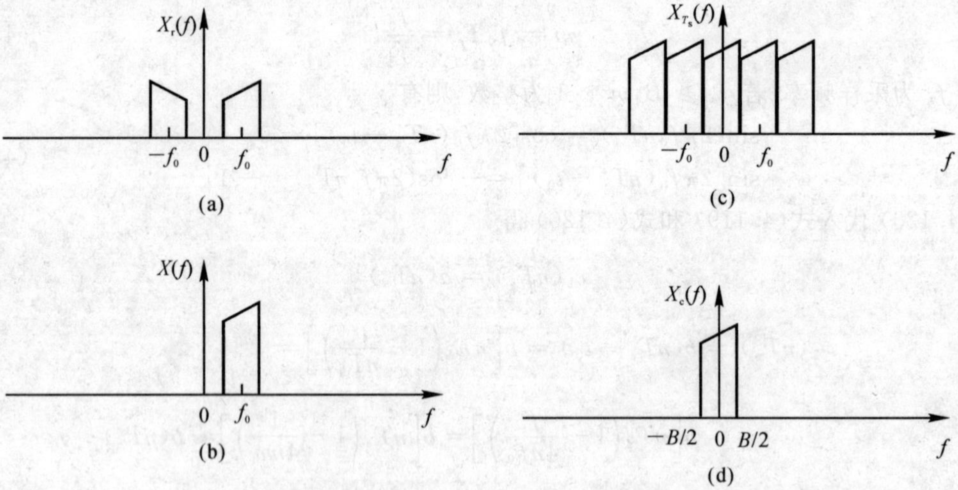

图 4.7 $x_r(t)$，$x(t)$ 和 $\hat{x}_r(nT_s)$ 的频谱

上面讨论的几种降低窄带带通信号采样频率的方法，都假定了信号和低通滤波器是理想的，实际上这是不可能的，因此，在实际中采样频率都高于奈奎斯特采样频率(保证信号重构的最低采样频率)。采样频率的选取主要取决于容许混叠的程度。

上述窄带信号采样技术，也适用于可用解析信号表示的宽带信号。

五、离散时间信号的采样率变换[24]

1. 概述

在一个信号处理系统中有时需要进行采样率变换，即升高采样率或降低采样率。这样做的目的有时是因为系统中各处需要不同的采样率，以利于信号的处理、编码、传输和存储，有时则是为了节省运算量，减小系统硬件的规模。例如，在鱼雷自导系统中，有时采样和波束输出后的运算可采用低的采样率，而波束形成运算需要高的采样率，以保证波束形成器的精度。

使采样率降低的采样率变换称为抽取，或减采样，或采样率压缩。使采样率升高的采样率变换称为内插，或增采样，或采样率扩张。抽取和内插可以是整数倍的，也可以是有理分数倍的。本节讨论离散时间信号的抽取和内插，既讨论时域的实现，也讨论频域的结果。

2. 整数倍抽取

如前所述，有时有必要改变一个离散时间信号的采样率。当信号的采样数据量较大时，为了减少数据量以便于处理和运算，把采样数据每隔 $D-1$ 抽取一个，这里 D 是整数。这样的抽取称为整数倍抽取，D 称为抽取因子。例如一个序列 $x(n_1T_1)$，其采样周期为 T_1，相应的采样率为 $F_1=\dfrac{1}{T_1}$。进行整数倍抽取后得到的新序列为 $y(n_2T_2)$，其采样周期为 T_2，采样率为 $F_2=\dfrac{1}{T_2}$。由于每隔 D 个 T_1 抽取一个数据，于是有

$$T_2=DT_1 \tag{4.125}$$

离散时间信号的抽取如图 4.8 所示，图 4.8(a) 为系统框图，图 4.8(b) 为其符号表示，图 4.8(c) 和图 4.8(d) 分别表示 $x(n_1T_1)$ 和 $y(n_2T_2)$，其中 n_1 和 n_2 分别为 $x(n_1T_1)$ 和 $y(n_2T_2)$ 的序号，于是有

$$y(n_2T_2)=x(nDT_1) \tag{4.126}$$

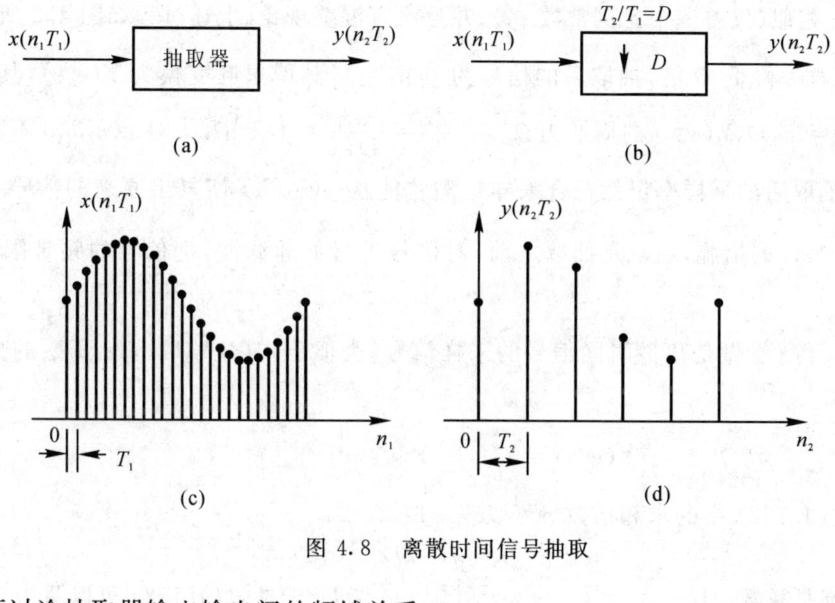

图 4.8　离散时间信号抽取

下面讨论抽取器输入输出间的频域关系。

如果 $x(n_1T_1)$ 是模拟信号 $x(t)$ 的采样信号，则 $x(t)$ 和 $x(n_1T_1)$ 的傅里叶变换 $X(\mathrm{j}\Omega)$ 和

$X(e^{j\Omega T_1})$ 将分别为

$$X(j\Omega)=\int_{-\infty}^{+\infty}x(t)\exp(-j\Omega t)dt \tag{4.127}$$

和

$$X(e^{j\Omega T_1})=\sum_{n_1=-\infty}^{+\infty}x(n_1T_1)\exp(j\Omega T_1n_1) \tag{4.128}$$

而 $X(e^{j\Omega T_1})$ 和 $X(j\Omega)$ 的关系是

$$X(e^{j\Omega T_1})=\frac{1}{T_1}\sum_{k=-\infty}^{+\infty}X\left(j\Omega-jk\frac{2\pi}{T_1}\right) \tag{4.129}$$

式中，$\Omega=2\pi f$，f 为频率变量。式(4.129) 即式(4.106)，仅是频率变量和表达方式不同而已。如果定义

$$\omega_1=\Omega T_1=2\pi\frac{f}{F_1} \tag{4.130}$$

则式(4.129) 变为

$$X(e^{j\omega_1})=\frac{1}{T_1}\sum_{k=-\infty}^{+\infty}X(j\Omega-jk\Omega_{sa_1}) \tag{4.131}$$

式中，ω_1 为归一化角频率；$\Omega_{sa_1}=\frac{2\pi}{T_1}$。在满足采样定理的条件下，$X(e^{j\omega_1})$ 在 $-\Omega_{sa_1}\sim+\Omega_{sa_1}$ 范围内与 $X(j\Omega)$ 相似(仅差一个比例常数$\frac{1}{T_1}$)，并且没有混叠现象。上述过程如图 4.2 所示。

如果将采样率降低 D 倍，抽取后的信号为 $y(n_2T_2)$，其傅里叶变换为 $Y(e^{j\omega_2})$，其中 $\omega_2=\Omega T_2=\Omega T_1D=\omega_1D$，$Y(e^{j\omega_2})$ 的周期为 $\Omega_{sa_2}=\frac{2\pi}{T_2}=\frac{2\pi}{DT_1}=\left(\frac{1}{D}\right)\Omega_{sa_1}$。对 $x(n_1T_1)$ 不能随意进行抽取，只有抽取后的采样率仍然符合采样定理才能从 $y(n_2T_2)$ 恢复出原来的信号 $x(t)$ 来，否则必须采取另外的措施，通常是抽取之前，对信号进行低通滤波，把信号的频带限制在$\frac{\Omega_{sa_2}}{2}$以下。

若将 $y(n_2T_2)$ 看做是离散时间信号的采样信号，类似于式(4.131)，$y(n_2T_2)$ 的离散时间傅里叶变换为

$$Y(e^{j\omega_2})=\frac{1}{T_2}\sum_{r=-\infty}^{+\infty}Y(j\Omega-jk\Omega_{sa_2}) \tag{4.132}$$

注意到式(4.132) 中的求和指数 r 可以表示成

$$r=i+kD \tag{4.133}$$

式中，k 和 i 都是整数，且 $-\infty<k<+\infty$ 和 $0\leqslant i\leqslant D$。于是式(4.132) 可以写为

$$Y(e^{j\omega_2})=\frac{1}{D}\sum_{i=0}^{D-1}\left[\frac{1}{T_1}\sum_{k=-\infty}^{+\infty}X(j\Omega-jk\Omega_{sa_1}-ji\Omega_{sa_2})\right]=\frac{1}{D}\sum_{i=0}^{D-1}X(e^{j\omega_1}e^{-j\frac{2\pi i}{D}})$$

即

$$Y(e^{j\omega_2}) = \frac{1}{D}\sum_{i=0}^{D-1} X\left(e^{j\left(\omega_1 - \frac{2\pi i}{D}\right)}\right) \tag{4.134}$$

归纳上边的讨论可以看出,式(4.129)和式(4.134)是类似的。式(4.129)是利用模拟信号 $x(t)$ 的傅里叶变换来表示离散时间信号 $x(n_1T_1)$ 的傅里叶变换的;式(4.134)则是利用离散时间序列 $x(n_1T_1)$ 的傅里叶变换来表示抽取序列 $y(n_2T_2)$ 的傅里叶变换的。如果将式(4.132)与式(4.134)做一比较可知:$Y(e^{j\omega_2})$ 既可看做是由频率按 ΩT_2 作尺度变化,并按 $\frac{2\pi}{T_2}$ 整数倍移位的无数个 $X(j\Omega)$ 的复本组成(式(4.132))的,也可看做是由频率受到 D 倍扩展并按 $\frac{2\pi}{D}$ 整数倍移位的 D 个周期傅里叶变换 $X(e^{j\omega_1})$ 的复本所组成(式(4.134))的。总之,$Y(e^{j\omega_2})$ 是周期的,周期为 2π,并且只要保证 $X(e^{j\omega_1})$ 是带限的,即

$$X(e^{j\omega_1}) = 0, \quad \Omega_c \leqslant |\Omega| \leqslant \pi \tag{4.135}$$

以及 $\Omega_c \leqslant \Omega_{sa_2}/2$,就可以避免混叠。图4.9表示了 $\Omega_c < \Omega_{sa_2}/2$ 条件下,抽取前后信号的频域情况。

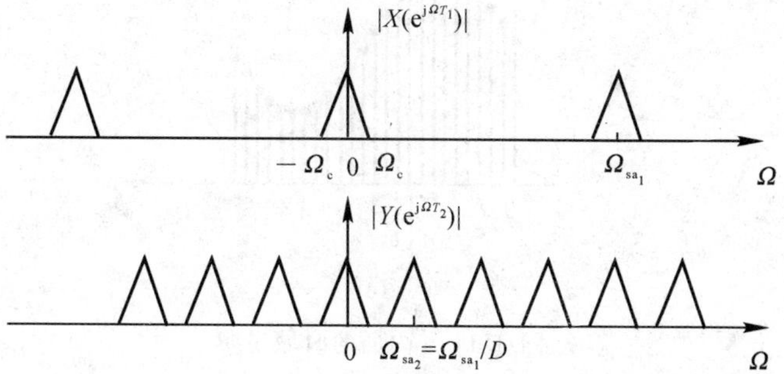

图4.9 离散时间信号抽取的频域说明

3. 整数倍内插

整数 I 倍内插是先在已知采样序列 $x(n_1T_1)$ 的相邻两采样点之间等间距地插入 $(I-1)$ 个零值点,然后进行低通滤波,即可得到 I 倍内插的结果,其原理框图如图4.10所示。图中 $(\uparrow I)$ 表示在 $x(n_1T_1)$ 相邻采样点之间补 $(I-1)$ 个零,称为零值内插器。零值内插后得到 $v(n_2T_2)$,再经 $h(n_2T_2)$ 低通滤波,就得内插输出 $y(n_2, T_2)$。$x(n_1T_1)$,$v(n_2T_2)$ 和 $y(n_2T_2)$ 如图4.11所示。

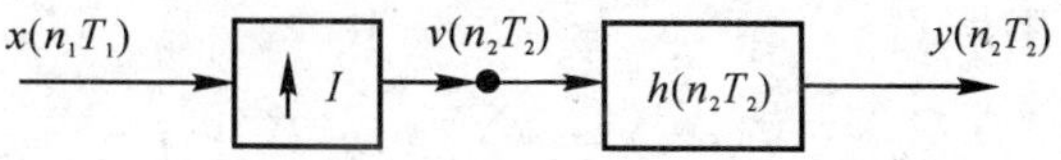

图4.10 离散时间信号内插原理框图

下面对整数 I 倍内插进行频域说明。

设 $x(n_1T_1)$ 和 $y(n_2T_2)$ 分别为以采样间隔 T_1 和 T_2 对 $x(t)$ 进行采样得到的序列,则它们的傅里叶变换 $X(e^{j\omega_1})$ 和 $Y(e^{j\omega_2})$ 如图4.12所示,它们都是周期函数。如果用真实角频率 Ω 表

示，则 $X(e^{j\omega_1}) = X(e^{j\Omega T_1})$，其周期为 $\Omega_{sa_1} = \dfrac{2\pi}{T_1}$；同理，$Y(e^{j\omega_2}) = Y(e^{j\Omega T_2})$，其周期为 $\Omega_{sa_2} = \dfrac{2\pi}{T_2} = I \times \dfrac{2\pi}{T_1} = I\Omega_{sa_1}$。

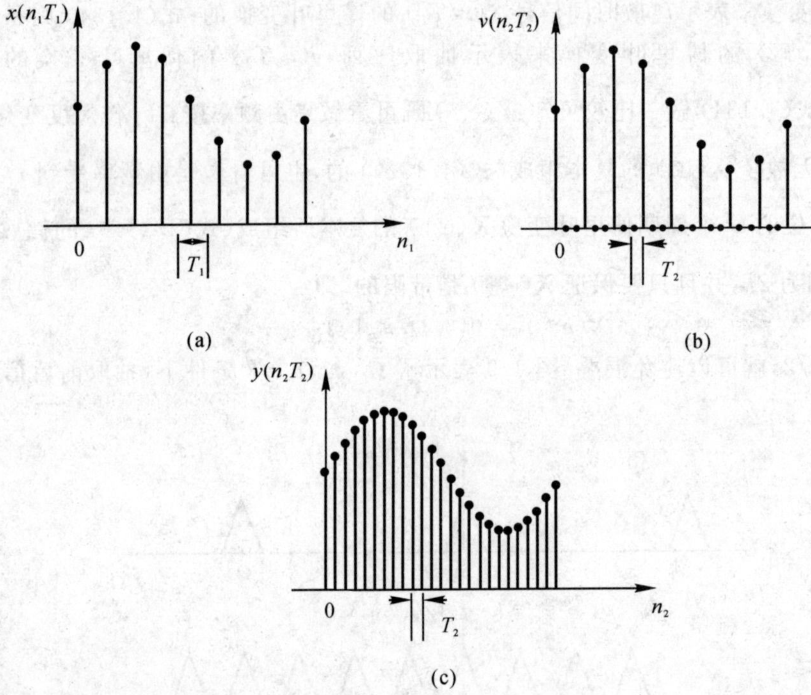

图 4.11 内插的时域说明

因为

$$v(n_2 T_2) = \begin{cases} x\left(\dfrac{n_2 T_1}{I}\right), & n_2 = 0, \pm I, \pm 2I, \cdots \\ 0, & \text{其他} \end{cases}$$

于是

$$V(e^{j\omega_2}) = \sum_{n_2=-\infty}^{\infty} v(n_2 T_2)\exp(-j\omega_2 n_2) = \sum_{n_2=-\infty}^{\infty} x\left(\frac{T_1 n_2}{I}\right)\exp(j\Omega T_1 n_2 / I)$$

又 $n_2/I = n_1$，则有

$$V(e^{j\omega_2}) = \sum_{n_1=-\infty}^{\infty} x(n_1 T_1)\exp(-j\Omega T_1 n_1) = X(e^{j\omega_1}) \tag{4.136}$$

可见，$V(e^{j\omega_2})$ 和 $X(e^{j\omega_1})$ 是相同的，差别仅在于 $X(e^{j\omega_1})$ 是以 $\Omega_{sa_1} = \dfrac{2\pi}{T_1}$ 为周期，而 $V(e^{j\omega_2})$ 是以 $\Omega_{sa_2} = \dfrac{2\pi}{T_2}$ 为周期，如图 4.13 所示。

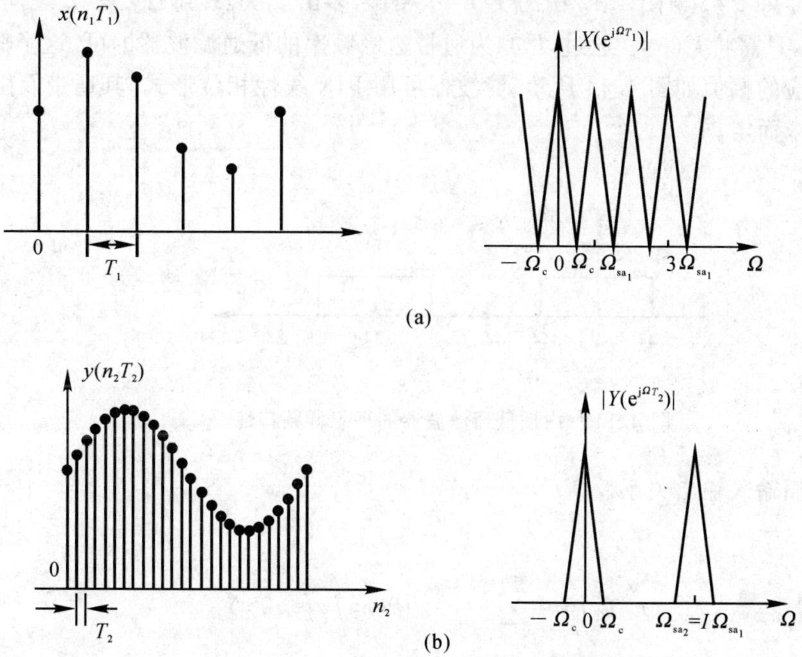

图 4.12　内插前后的离散信号及其频谱

(a) 内插前的情况；(b) 内插后的情况

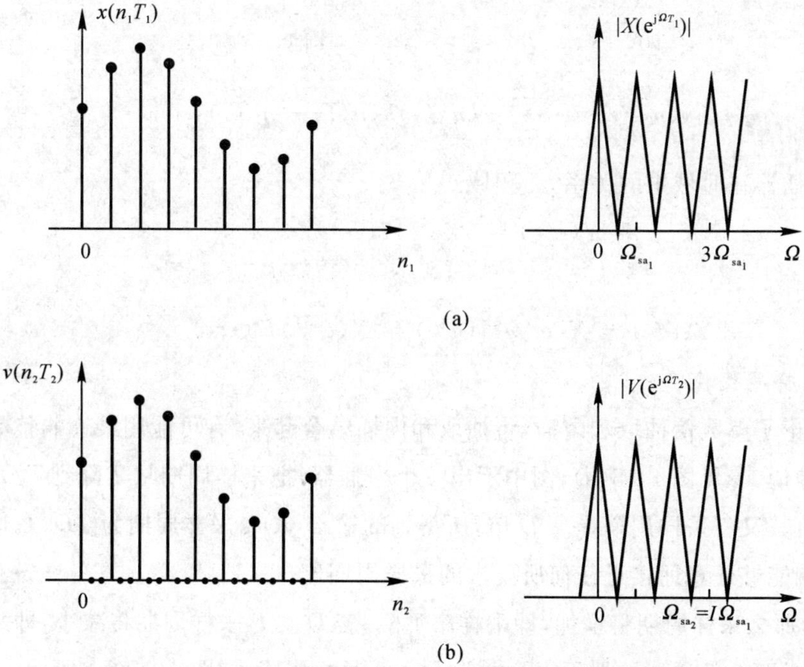

图 4.13　$x(n_1T_1)$ 和 $v(n_2T_2)$ 及其频谱

图 4.13 中的 $V(e^{j\omega_2})$ 与图 4.12 中的 $Y(e^{j\omega_2})$ 相比，多出了从 Ω_c 到 $\Omega_{sa_2}-\Omega_c$ 之间的部分，为了得到 $Y(e^{j\omega_2})$，只需将 $V(e^{j\omega_2})$ 通过以 Ω_c 为通带边缘频率的低通滤波器即可。这个低通滤波器的理想频率响应的幅值如图 4.14 所示。滤波器可用 FIR 线性相位形式，其通带及阻带波纹根据系统误差要求而定。

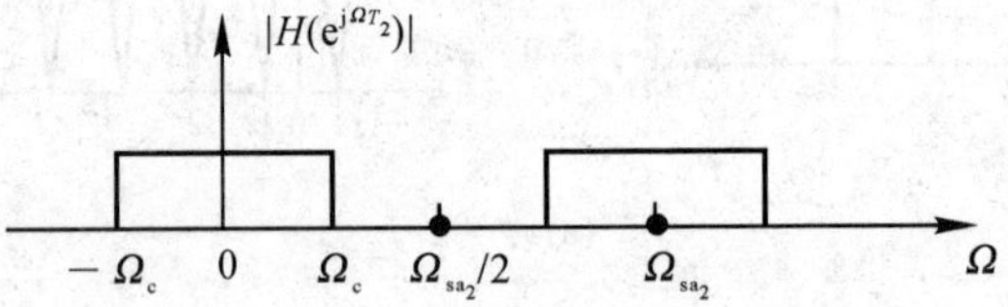

图 4.14　内插低通滤波器的理想幅频特性

下面讨论内插输入输出关系。

根据图 4.10，有

$$y(n_2T_2)=\sum_{r=-\infty}^{+\infty}v(rT_2)h(n_2T_2-rT_2) \tag{4.137}$$

又

$$v(rT_2)=\begin{cases}x\left(\dfrac{r}{I}T_1\right)=x(n_1T_1), & r=n_1I,\ T_1=IT_2\\ 0, & \text{其他}\end{cases}$$

于是

$$y(n_2T_2)=\sum_{n_1=-\infty}^{+\infty}x(n_1T_1)h(n_2T_2-n_1T_1) \tag{4.138}$$

上式即为内插器在时域中的关系。在频域

$$Y(e^{j\omega_2})=V(e^{j\omega_2})H(e^{j\omega_2}) \tag{4.139}$$

根据式(4.136)，有

$$Y(e^{j\omega_2})=X(e^{j\omega_1})H(e^{j\omega_2})=X(e^{j\omega_2 I})H(e^{j\omega_2}) \tag{4.140}$$

4. 非整数采样率变换

上面已经讨论了整数倍抽取和内插，将抽取和内插结合起来，有可能用某一非整数因子变换采样率，具体地说，参见图 4.15(a)，图中示出一个内插器，把采样周期从 T 降到 T/I，然后紧跟着一个抽取器，其又将采样周期提高 D 倍，所得到的输出 $y(n)$ 采样周期为 TD/I。通过适当地选择 I 和 D，就能够任意地接近任何所要求的采样周期比。

如果 $D>I$，那么采样周期将增加，即采样率下降；若 $D<I$，采样周期将减小，即采样率增加。在实际应用中，两个低通滤波器可以合并为一个低通滤波器，如图 4.15(b) 所示。

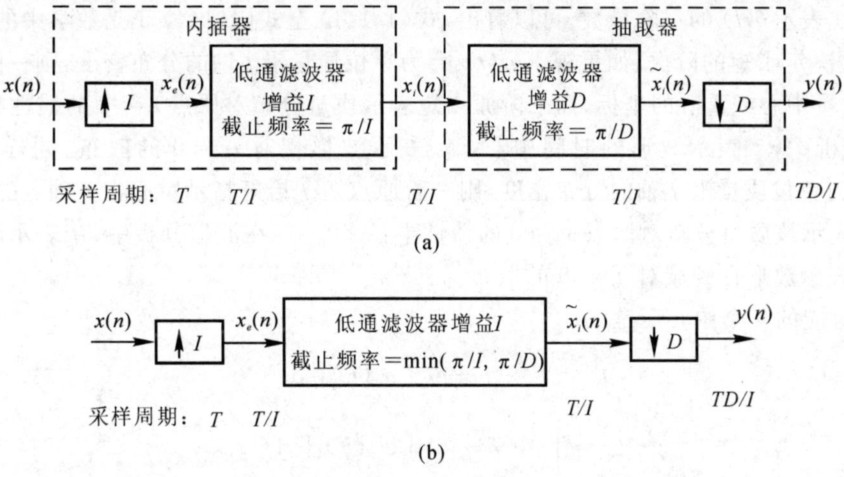

图 4.15　非整数采样率变换系统(a)及其简化系统(b)

第 7 节　波形参数

在研究鱼雷自导信号的分辨性能和目标参量估计精度时，需要知道信号的一些主要特征参数，对能量给定的信号或波形，主要特征参数是其各阶矩的组合参数。本节讨论波形参数问题。

对鱼雷自导信号，在适当地定义它的载频 f_0 以后，可以用它的复包络 $u_c(t)$ 或对应的频谱 $U_c(f)$ 来描述。在下面的讨论中，假设复信号能量是归一化的，即

$$E_c = \int_{-\infty}^{+\infty} |u_c(t)|^2 \mathrm{d}t = 1$$

要定义的基本波形参数是

$$\bar{t} = \int_{-\infty}^{+\infty} t\,|u_c(t)|^2 \mathrm{d}t \tag{4.141}$$

$$\bar{f} = \int_{-\infty}^{+\infty} f\,|U_c(f)|^2 \mathrm{d}f \tag{4.142}$$

$$\bar{t^2} = \int_{-\infty}^{+\infty} t^2\,|u_c(t)|^2 \mathrm{d}t \tag{4.143}$$

$$\bar{f^2} = \int_{-\infty}^{+\infty} f^2\,|U_c(f)|^2 \mathrm{d}f \tag{4.144}$$

$$c_0 = \int_{-\infty}^{+\infty} tf(t)\,|u_c(t)|^2 \mathrm{d}t \tag{4.145}$$

式中，$f(t)$ 是信号的瞬时频率。若 $\theta(t)$ 为 $u_c(t)$ 的相位调制函数，则有

$$f(t) = \frac{1}{2\pi}\left[\frac{\mathrm{d}}{\mathrm{d}t}\theta(t)\right] = \frac{1}{2\pi}\theta^{(1)}(t) \tag{4.146}$$

式中，$\theta^{(1)}(t)$ 表示 $\theta(t)$ 的一阶导数。可以看出，式(4.141)至式(4.144)正是数学中的原点矩，t 和 f 的幂次决定了矩的阶次。如果视 $|u_c(t)|^2$ 为单位质量沿 t 轴的分布密度，则一阶原点矩 $\bar{t}$ 恰好指示质量中心或重心的坐标，而二阶原点矩表示质量分布对原点 $t=0$ 的惯性半径之平方。在波形分析中，$\bar{t}$ 表示波形的时间中心，$\bar{t^2}$ 表示波形相对 $t=0$ 的散布。同样，如果视 $|U_c(f)|^2$ 为单位质量沿 f 轴的分布密度，则一阶原点矩 $\bar{f}$ 恰好指示重心在 f 轴上的坐标，而二阶原点矩表示该质量分布对原点 $f=0$ 的惯性半径之平方。在波形分析中，$\bar{f}$ 表示波形的频率中心，$\bar{f^2}$ 表示波形在频域对 $f=0$ 的散布。

原点矩对应的4个中心矩是

$$t_e=\int_{-\infty}^{+\infty}(t-\bar{t})\,|u_c(t)|^2\mathrm{d}t \tag{4.147}$$

$$f_e=\int_{-\infty}^{+\infty}(f-\bar{f})\,|U_c(f)|^2\mathrm{d}f \tag{4.148}$$

$$T_0^2=\int_{-\infty}^{+\infty}(t-\bar{t})^2\,|u_c(t)|^2\mathrm{d}t \tag{4.149}$$

$$B_0^2=\int_{-\infty}^{+\infty}(f-\bar{f})^2\,|U_c(f)|^2\mathrm{d}f \tag{4.150}$$

可以证明

$$t_e=0,\quad f_e=0 \tag{4.151}$$

$$T_0=[\bar{t^2}-(\bar{t})^2]^{1/2} \tag{4.152}$$

$$B_0=[\bar{f^2}-(\bar{f})^2]^{1/2} \tag{4.153}$$

可见，一阶中心矩恒为零；二阶中心矩可用二阶和一阶原点矩表示，并可以理解为质量分布对重心的惯性半径之平方。$\bar{t}$ 和 $\bar{f}$ 可以分别作为 $u_c(t)$ 和 $U_c(f)$ 在 t 轴和 f 轴上平均位置的度量，而 T_0 和 B_0 可以分别作为 $u_c(t)$ 和 $U_c(f)$ 在 t 轴和 f 轴所占有效宽度的度量，并分别称为均方根时宽和均方根带宽。

式(4.145)中 c_0 是一个与调频有关的量，并可作为调频的度量，称为调频系数。在鱼雷自导中可用来描述波形的时间和频率的耦合程度。

下面讨论一个一般性的矩的关系式，并由此给出一些波形参数的等价关系式。

由于

$$u_c(t)\Leftrightarrow U_c(f)$$

显然有

$$u_c^{(m)}(t)\Leftrightarrow(2\pi\mathrm{j})^m f^m U_c(f) \tag{4.154}$$

$$(-2\pi\mathrm{j})^n t^n u_c(t)\Leftrightarrow U_c^{(n)}(f) \tag{4.155}$$

式中，$u_c^{(m)}(t)$ 和 $U_c^{(n)}(f)$ 分别为 $u_c(t)$ 和 $U_c(f)$ 的 m 阶和 n 阶导数。根据帕斯瓦尔定理，有

$$\int_{-\infty}^{+\infty}[(-2\pi\mathrm{j})^n t^n u_c(t)]^*\,u_c^{(m)}(t)\mathrm{d}t=\int_{-\infty}^{+\infty}[U_c^{(n)}(f)]^*[(2\pi\mathrm{j})^m f^m U_c(f)]\mathrm{d}f \tag{4.156}$$

即

$$\int_{-\infty}^{+\infty} t^n u_c^*(t) u_c^{(m)}(t)\,dt = (2\pi j)^{m-n}\int_{-\infty}^{+\infty} f^m U_c(f) U_c^{*(n)}(f)\,df \tag{4.157}$$

上式是一个十分有用的关系式。

当 $m=0, n=0$ 时，式(4.157) 化为能量关系式

$$\int_{-\infty}^{+\infty} |u_c(t)|^2\,dt = \int_{-\infty}^{+\infty} |U_c(f)|^2\,df \tag{4.158}$$

当 $m=0, n=1$ 时，式(4.157) 变为

$$2\pi j\int_{-\infty}^{+\infty} t\,|u_c(t)|^2\,dt = \int_{-\infty}^{+\infty} U_c(f) U_c^{*(1)}(f)\,df$$

于是得到 $\bar{t}$ 的一个等价关系式

$$\bar{t} = \frac{1}{2\pi j}\int_{-\infty}^{+\infty} U_c(f) U_c^{*(1)}(f)\,df \tag{4.159}$$

当 $m=1, n=0$ 时，式(4.157) 变为

$$\int_{-\infty}^{+\infty} u_c^*(t) u_c^{(1)}(t)\,dt = 2\pi j\int_{-\infty}^{+\infty} f\,|U_c(f)|^2\,df$$

于是得到 $\bar{f}$ 的一个等价关系式

$$\bar{f} = \frac{1}{2\pi j}\int_{-\infty}^{+\infty} u_c^*(t) u_c^{(1)}(t)\,dt \tag{4.160}$$

类似地，可得到 $\bar{t^2}$ 和 $\bar{f^2}$ 的等价关系式为

$$\bar{t^2} = -\frac{1}{4\pi^2}\int_{-\infty}^{+\infty} U_c(f) U_c^{*(2)}(f)\,df \tag{4.161}$$

$$\bar{t^2} = \frac{1}{4\pi^2}\int_{-\infty}^{+\infty} |U_c^{(1)}(f)|^2\,df \tag{4.162}$$

和

$$\bar{f^2} = -\frac{1}{4\pi^2}\int_{-\infty}^{+\infty} u_c^*(t) u_c^{(2)}(t)\,dt \tag{4.163}$$

$$\bar{f^2} = \frac{1}{4\pi^2}\int_{-\infty}^{+\infty} |u_c^{(1)}(t)|^2\,dt \tag{4.164}$$

这里给出 c_0 的另一个等价表达式，即

$$c_0 = \int_{-\infty}^{+\infty} f t(f)\,|U_c(f)|^2\,df \tag{4.165}$$

式中，$t(f)$ 为 $U(f)$ 的群延迟特性，依定义

$$t(f) = -\frac{1}{2\pi}\frac{d}{df}[\Theta(f)] = -\frac{1}{2\pi}\Theta^{(1)}(f) \tag{4.166}$$

其中，$\Theta(f)$ 为相位谱。

根据上述，归纳几个重要的波形参数如下：

(1) 信号频率中心 $\bar{f}$：

$$\bar{f} = \int_{-\infty}^{+\infty} f U_c(f) U_c^*(f)\,df = \int_{-\infty}^{+\infty} f\,|U_c(f)|^2\,df \tag{4.167}$$

$$\bar{f}=\frac{1}{2\pi \mathrm{j}}\int_{-\infty}^{+\infty}u_{\mathrm{c}}^{*}(t)u_{\mathrm{c}}^{(1)}(t)\mathrm{d}t \tag{4.168}$$

(2) 波形的时间中心 $\bar{t}$：

$$\bar{t}=\int_{-\infty}^{+\infty}t\mid u_{\mathrm{c}}(t)\mid^{2}\mathrm{d}t \tag{4.169}$$

$$\bar{t}=\frac{1}{2\pi \mathrm{j}}\int_{-\infty}^{+\infty}U_{\mathrm{c}}(f)U_{\mathrm{c}}^{*(1)}(f)\mathrm{d}f \tag{4.170}$$

(3) 均方根时宽 T_0：

$$T_0=[\bar{t^2}-(\bar{t})^2]^{1/2} \tag{4.171}$$

如果取 $\bar{t}=0$,相当于时间原点 $t=0$ 移至 $t=\bar{t}$,并不失一般性,则

$$T_0^2=\bar{t^2}=\int_{-\infty}^{+\infty}t^2\mid u_{\mathrm{c}}(t)\mid^{2}\mathrm{d}t \tag{4.172}$$

若

$$u_{\mathrm{c}}(t)=A(t)\mathrm{e}^{\mathrm{j}\theta(t)} \tag{4.173}$$

式中，$A(t)$ 为信号的振幅调制,将式(4.173) 代入式(4.172),则有

$$T_0^2=\int_{-\infty}^{+\infty}t^2A^2(t)\mathrm{d}t \tag{4.174}$$

可以看出,信号的均方根时宽取决于信号的振幅调制。

(4) 均方根带宽 B_0：

$$B_0=[\bar{f^2}-(\bar{f})^2]^{1/2} \tag{4.175}$$

如果取 $\bar{f}=0$,即将频率原点移至 $\bar{f}$ 点,则有

$$B_0^2=\bar{f^2}=\int_{-\infty}^{+\infty}f^2\mid U_{\mathrm{c}}(f)\mid^{2}\mathrm{d}f \tag{4.176}$$

或

$$B_0^2=\frac{1}{4\pi^2}\int_{-\infty}^{+\infty}\mid u_{\mathrm{c}}^{(1)}(t)\mid\mathrm{d}t \tag{4.177}$$

将式(4.173) 代入上式,得

$$B_0^2=\frac{1}{4\pi}\left\{\int_{-\infty}^{+\infty}[A^{(1)}(t)]^2\mathrm{d}t+\int_{-\infty}^{+\infty}A^{(2)}(t)[\theta^{(1)}(t)]^2\mathrm{d}t\right\} \tag{4.178}$$

可见,信号的均方根带宽是由振幅调制 $A(t)$ 和相位调制 $\theta(t)$ 两者决定的。

(5) 线性频率调制系数 c_0：

$$c_0=\int_{-\infty}^{+\infty}tf(t)\mid u_{\mathrm{c}}(t)\mid^{2}\mathrm{d}t \tag{4.179}$$

$$c_0=\int_{-\infty}^{+\infty}ft(f)\mid U_{\mathrm{c}}(f)\mid^{2}\mathrm{d}f \tag{4.180}$$

将式(4.146) 和式(4.173) 代入式(4.179),则得到

$$c_0=\frac{1}{2\pi}\int_{-\infty}^{+\infty}t\,\theta^{(1)}(t)A^2(t)\mathrm{d}t \tag{4.181}$$

前已指出,c_0 是一个与频率有关的量,可以用来描述波形时间和频率的耦合性能。

第 8 节　点目标回波的数学模型

在推导模糊度函数时，一般采用点目标回波的数学模型。所谓点目标，通常指目标在远场，目标尺度可以忽略，视目标为一个点的情况。在点目标回波的数学模型中，目标回波信号与发射信号的区别仅在于时延 τ，时间尺度 s 和反射增益 b。尽管在鱼雷自导中采用扩展目标模型有时更与实际情况相符，但是用点目标回波模型推导所得结果仍具有理论和实际意义。

若鱼雷自导的发射信号为 $u(t)$，接收的目标回波信号为 $s(t)$，并假设鱼雷与目标相对静止，鱼雷距目标距离为 R，则目标回波时间延迟为

$$\tau = \frac{2R}{c} \tag{4.182}$$

式中，c 为海水中声速。在这种情况下，接收的目标回波信号为

$$s(t) = b\,u(t-\tau) \tag{4.183}$$

式中，b 为反射增益，它与目标特性、信道损失和自导基阵特性有关。若略去信道损失和自导基阵特性的影响，则 b 只与目标特性有关。对理想点目标，b 为常数；对慢起伏点目标，b 为随机变量，但在信号持续时间 T 内保持常数。为了简化，在后面的讨论中，略去 b 的影响。

若鱼雷与目标相对运动，其径向速度为 v，则目标和鱼雷间的距离可表示为

$$R(t) = R + vt \tag{4.184}$$

式中，v 为径向速度，鱼雷与目标逼近时为负，两者远离时为正。这时目标回波的时间延迟用 $\tau(t)$ 表示，即

$$s(t) = u[t-\tau(t)] \tag{4.185}$$

注意，在时刻 t 接收到的目标回波信号是在 $[t-\tau(t)]$ 时刻发出的，而照射到目标上的时间为 $[t-\tau(t)/2]$，由此可以得到

$$\tau(t) = \frac{2}{c}R\left[t-\frac{\tau(t)}{2}\right] \tag{4.186}$$

将 $R(t)$ 和 $\tau(t)$ 分别在 $t=\tau_0/2$ 和 $t=\tau_0$ 处展成泰勒级数（τ_0 为目标回波的时间中心）为

$$R(t) = R\left(\frac{\tau_0}{2}\right)+v\left(t-\frac{\tau_0}{2}\right)+\frac{1}{2}a\left(t-\frac{\tau_0}{2}\right)^2+\frac{1}{3!}\gamma\left(t-\frac{\tau_0}{2}\right)^3 \tag{4.187}$$

和

$$\tau(t) = \tau(\tau_0)+\tau^{(1)}(\tau_0)(t-\tau_0)+\tau^{(2)}(\tau_0)\frac{(t-\tau_0)^2}{2} \tag{4.188}$$

在上述两个展开式中，略去了高阶项，其中

$v = R^{(1)}(t)\Big|_{t=\tau_0/2}$ —— 径向速度；

$a = R^{(2)}(t)\Big|_{t=\tau_0/2}$ —— 径向加速度；

$\gamma = R^{(3)}(t)\Big|_{t=\tau_0/2}$ —— 距离的三阶变化速度；

$\tau^{(1)}(\tau_0) = \beta = \dfrac{2v}{c+v}$ —— 与多普勒频移有关的因子；

$\tau^{(2)}(\tau_0) = \alpha = \dfrac{c^2 a}{(c+v)^3}$ —— 与加速度有关的因子。

若目标做匀速运动，即 $a = 0$，v 为常数，则有

$$\tau(t) = \tau_0 + \beta(t - \tau_0) \tag{4.189}$$

而

$$t - \tau(t) = (1-\beta)(t-\tau_0) = s(t-\tau_0) \tag{4.190}$$

于是有

$$s(t) = u[s(t-\tau_0)] \tag{4.191}$$

式中

$$s = 1 - \beta = \frac{c-v}{c+v} \tag{4.192}$$

称为时间尺度或多普勒压缩因子。为了使发射信号与接收信号具有相同的能量，引入归一化因子 $\sqrt{s}$，则目标回波模型为

$$s(t) = \sqrt{s}\, u[s(t-\tau_0)] \tag{4.193}$$

上式即点目标回波的宽带模型。

须要指出的是，若目标做匀加速运动，即 $a =$ 常数，则回波将被时间频率调制，发射一个单频波形，得到一个线性调频回波。

当满足条件

$$\frac{2v}{c} \ll \frac{1}{TB} \tag{4.194}$$

时，宽带回波模型可简化为

$$s(t) = u(t-\tau_0)\exp[\mathrm{j}\omega_\mathrm{d}(t-\tau_0)] \tag{4.195}$$

式中

$$u(t-\tau_0) = u_\mathrm{c}(t-\tau_0)\exp[\mathrm{j}\omega_0(t-\tau_0)] \tag{4.196}$$

其中，$u_\mathrm{c}(t)$ 为发射信号的复包络；而

$$\omega_\mathrm{d} = (1-s)\omega_0 \approx \frac{2v}{c}\omega_0 \tag{4.197}$$

为多普勒频移；ω_0 为发射中心角频率；T 和 B 为信号时宽和带宽。式(4.194) 称为窄带条件，式(4.195) 称为点目标回波的窄带模型。可以看出，点目标回波的窄带模型与发射信号的区别在于：① 时间延迟 τ_0；② 载频移动 ω_d。

对慢起伏点目标，其时间包络为瑞利分布的随机变量。

宽带模型与窄带模型的区别是引入了时间尺度 s，它使得时间包络产生伸缩，即时宽和幅

度受到压缩或扩展，对信号频率，除频移外，还产生频率调制。

第 9 节　模糊度函数

模糊度函数最初是在研究雷达分辨力问题时提出的一种概念，所谓分辨力是指将两个邻近目标区分开来的能力。模糊度函数是信号分析和波形设计的有效工具。在推导模糊度函数时采用运动点目标回波的数学模型和最小均方误差准则。

一、窄带模糊度函数

1. 定义

这里采用运动点目标回波的窄带模型。根据式(4.195) 和式(4.196)，则有

$$s(t)=u_c(t-\tau_0)\exp[\mathrm{j}2\pi(f_0+f_d)(t-\tau_0)] \tag{4.198}$$

式中，$f_0=\dfrac{\omega_0}{2\pi}$；$f_d=\dfrac{\omega_d}{2\pi}$。

设目标 1 为鱼雷选择攻击的目标，作为基准，其时延为 τ_1，多普勒频移为 f_{d_1}，则由式(4.198) 可得目标 1 的回波表达式为

$$s_1(t)=u_c(t-\tau_1)\exp[\mathrm{j}2\pi(f_0+f_{d_1})(t-\tau_1)] \tag{4.199}$$

如果另一个目标 2 为干扰目标，其较目标 1 更远，径向速度更大。设目标 2 相对于目标 1 具有时延 τ 和多普勒频移 φ，则可得目标 2 的回波表达式为

$$s_2(t)=u_c(t-\tau_1-\tau)\exp[\mathrm{j}2\pi(f_0+f_{d_1}+\varphi)(t-\tau_1-\tau)] \tag{4.200}$$

于是两个目标回波的均方误差可表示为

$$\begin{aligned}\varepsilon^2=&\int_{-\infty}^{+\infty}\Big|u_c(t-\tau_1)\exp[\mathrm{j}2\pi(f_0+f_{d_1})(t-\tau_1)]-\\&u_c(t-\tau_1-\tau)\exp[\mathrm{j}2\pi(f_0+f_{d_1}+\varphi)(t-\tau_1-\tau)]\Big|^2\mathrm{d}t=\\&\int_{-\infty}^{+\infty}|u_c(t-\tau_1)|^2\mathrm{d}t+\int_{-\infty}^{+\infty}|u_c(t-\tau_1-\tau)|^2\mathrm{d}t-\\&2\mathrm{Re}\int_{-\infty}^{+\infty}u_c^*(t-\tau_1)u_c(t-\tau_1-\tau)\exp[\mathrm{j}2\pi\varphi(t-\tau_1-\tau)-\mathrm{j}2\pi(f_0+f_{d_1})\tau]\mathrm{d}t\end{aligned} \tag{4.201}$$

经过变量置换和简单运算后，式(4.201) 变为

$$\varepsilon^2=2\{2E-\mathrm{Re}\{\exp[-\mathrm{j}2\pi(f_0+f_{d_1})\tau]\chi(\tau,\varphi)\}\} \tag{4.202}$$

式中

$$\int_{-\infty}^{+\infty}|u_c(t-\tau_1)|^2\mathrm{d}t=\int_{-\infty}^{+\infty}|u_c(t-\tau_1-\tau)|^2\mathrm{d}t=2E$$

$$\chi(\tau,\varphi)=\int_{-\infty}^{+\infty}u_c(t)u_c^*(t+\tau)\exp(\mathrm{j}2\pi\varphi t)\mathrm{d}t \tag{4.203}$$

E 为实发射信号的能量。由于总有

$$\mathrm{Re}\{\exp[-\mathrm{j}2\pi(f_0+f_{d_1})\tau]\chi(\tau,\varphi)\}\leqslant|\chi(\tau,\varphi)|$$

所以可得

$$\varepsilon^2\geqslant 2[2E-|\chi(\tau,\varphi)|] \tag{4.204}$$

在观察分辨力时，ε^2 越大，表明两个目标参量差别越大，越容易分辨，即越容易将目标 1 和目标 2 区分开来。换言之，$|\chi(\tau,\varphi)|$ 决定了相邻目标距离-速度联合分辨力，$|\chi(\tau,\varphi)|$ 随 τ 和 φ 的增大下降得越快，两个相邻的目标越容易分辨，而当 $|\chi(\tau,\varphi)|$ 接近于复信号能量 $2E$ 时，两个目标无法分辨。

$\chi(\tau,\varphi)$ 还可以写成信号的频谱形式

$$\chi(\tau,\varphi)=\int_{-\infty}^{+\infty}U_c^*(f)U_c(f-\varphi)\exp(-\mathrm{j}2\pi f\tau)\mathrm{d}f \tag{4.205}$$

式中，$U_c(f)$ 是 $u_c(t)$ 的频谱。称 $\chi(\tau,\varphi)$ 为信号 $s(t)$ 的时间频率联合自相关函数、不确定函数或模糊函数，它是信号与该信号在时间和频率上位移后，两者之间相关性的度量。而称 $|\chi(\tau,\varphi)|^2$ 为信号的模糊度函数，记为

$$\psi(\tau,\varphi)=|\chi(\tau,\varphi)|^2 \tag{4.206}$$

由模糊度函数绘成的三维空间图形称为信号的模糊度图，典型的模糊度图如图 4.16 所示。它全面表达了相邻目标的模糊度。

在实际中，为了简单起见，通常采用模糊度图在某一高度（如下降 3 dB 处）的截面来表示信号的模糊度。在图 4.16(a) 中所示的平面 s，表示门限电平，其平行 $\tau\varphi$ 平面切割模糊度图得一椭圆，如图 4.16(b) 所示，这一椭圆称为模糊椭圆、不确定面积或二维模糊度图。当两个目标落入椭圆内时，不可分辨。

正如后面将要讨论的，模糊度函数是匹配滤波器（匹配滤波器将在第 6 章讨论）在不存在噪声情况的全景输出，这时匹配滤波器在时间上延迟了 τ，在频率上移动了 φ。在图 4.16(a) 所示中（$\tau=0,\varphi=0$），匹配滤波器输出超过门限电平，表示存在目标，而图 4.16(b) 所示椭圆为匹配滤波器输出的等值线，在此椭圆内所有 (τ,φ) 对都表示检测到了目标，但在距离和径向速度上存在模糊。

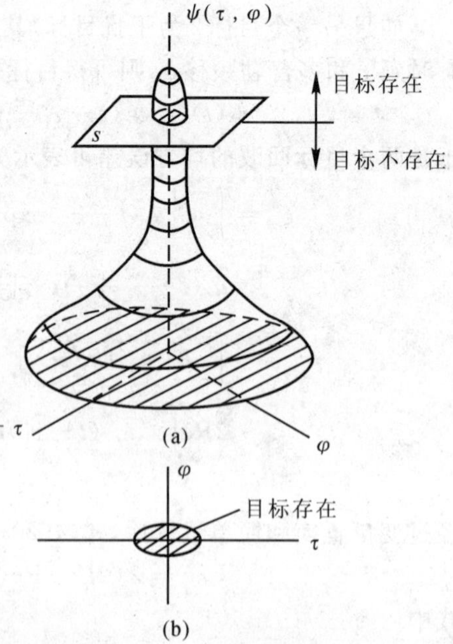

图 4.16 典型模糊度图

由于目标回波信号是目标对发射信号调制的结果，因此，模糊度函数主要与发射信号形式有关，这也正是为什么通常均研究信号波形的模糊度函数的原因，信号波形选择是指对发射信号波形的选择。

2. 主要性质

(1) 对原点的对称性：

$$\psi(\tau, \varphi) = \psi(-\tau, -\varphi) \tag{4.207}$$

(2) 在原点取最大值：

$$\psi(\tau, \varphi) \leqslant \psi(0, 0) = (2E)^2 \tag{4.208}$$

对归一化信号有

$$\psi(\tau, \varphi) \leqslant \psi(0, 0) = 1 \tag{4.209}$$

(3) 模糊体积不变性：

$$\int_{-\infty}^{+\infty}\int_{-\infty}^{+\infty}\psi(\tau, \varphi)\mathrm{d}\tau\mathrm{d}\varphi = \psi(0, 0) = (2E)^2 \tag{4.210}$$

对归一化信号有

$$\int_{-\infty}^{+\infty}\int_{-\infty}^{+\infty}\psi(\tau, \varphi)\mathrm{d}\tau\mathrm{d}\varphi = \psi(0, 0) = 1 \tag{4.211}$$

这一性质表明，模糊度函数曲面下包围的体积等于一个与信号能量有关的常数，而与信号形式无关。因此，可在保持信号能量不变的条件下，设计信号波形，使满足检测、分辨力、测量精度、信道匹配与反对抗等要求。

另外，如果模糊度函数的体积分布沿 τ 轴方向压缩，则其必然沿 φ 轴方向展宽；如果其沿 φ 轴方向压缩，必然会沿 τ 轴方向展宽；如果其沿 τ 轴和 φ 轴两个方向上压缩，则会增大模糊度函数的旁瓣，即增加自身干扰。

须要指出的是，在各种文献中，信号的不确定函数或模糊度函数的定义不尽相同，不同定义其形式和物理含义不完全相同。20 世纪 70 年代中期，由于模糊度函数应用日益广泛，国际上建议统一定义，称式(4.203) 定义的模糊度函数为正型模糊度函数或直观模糊度函数。关于负型模糊函数的有关问题，请参阅其他文献。

3. 物理意义

(1) 信号的模糊度图是在没有噪声情况下匹配滤波器输出的全景图形。

匹配滤波器对输入信号的响应为

$$s_0(t) = \int_{-\infty}^{+\infty} S_i(f)S_i^*(f)\exp[\mathrm{j}2\pi f(t-t_0)]\mathrm{d}f \tag{4.212}$$

式中，$S_i(f)$ 为输入信号的谱；t_0 为输出信号出现最大值的时刻，令 $t_0 = 0$，比较式(4.212) 和式(4.205)，并令 $S_i(f) = U_c(f)$，可得匹配滤波器输出信号与模糊度函数之间的关系为

$$|s_0(t)|^2 = \psi(-t, 0) \tag{4.213}$$

匹配滤波器对频移信号的响应为

$$s_0(t) = \int_{-\infty}^{+\infty} U_c(f+\varphi)U_c^*(f)\exp(\mathrm{j}2\pi f t)\mathrm{d}f \tag{4.214}$$

于是可得

$$|s_0(t, \varphi)|^2 = \psi(-t, -\varphi) \tag{4.215}$$

根据模糊度函数的对称性质，则有

$$|s_0(t,\ \varphi)|^2 = \psi(t,\ \varphi) \tag{4.216}$$

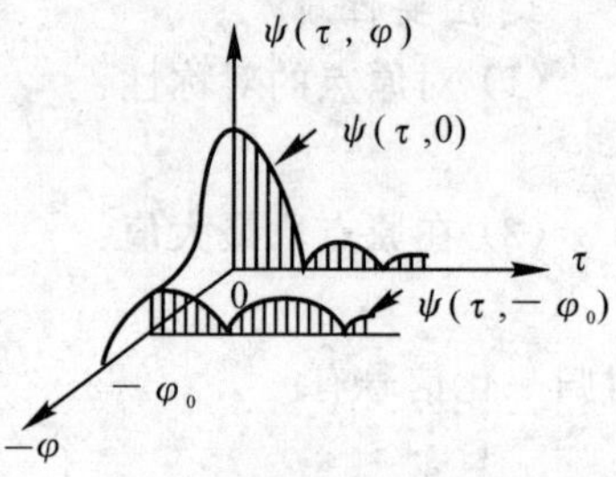

图 4.17 匹配滤波器响应与模糊度函数的关系

式(4.216) 就是我们要求的结论。匹配滤波器对输入信号及其频移信号的响应与模糊度函数的关系如图 4.17 所示。从图中可以看出，匹配滤波器对输入信号的作用可以看做是用垂直于(τ,φ)平面且$\varphi=0$的平面对信号模糊度图的切割。由式(4.216) 可知，切割平面与模糊度图的交迹，就是匹配滤波器输出信号功率的函数曲线。由于$\varphi=0$的切割平面通过模糊度图的最大值，因而匹配滤波器的输出中必然包括功率最大值，也就是说，这种通过模糊度图最大值的切割能够实现对信号的最佳处理，给出最大输出信噪比。匹配滤波器对频移信号的作用可以看做用$\varphi=-\varphi_0$的平面对信号模糊度图进行切割，这时切割平面不再通过模糊度图的最大值。因此，对信号的处理也就不是最佳的了。匹配滤波器对一系列频移信号进行作用，其输出就得到模糊度图的全景图形。

(2) 模糊度函数$|\chi(\tau,\varphi)|$是信号及其在时间和频率位移后所得信号之间相关程度的度量。$|\chi(\tau,\varphi)|$较大时，表示信号及其位移(τ,φ)之后的信号之间相关性较强，则模糊椭圆的面积较大。该椭圆面积大，从目标分辨的角度来说，表示在距离和速度上模糊区域大，相邻目标不易分辨。从目标参量测量精度来说，表示距离和速度测不准范围大。从目标分辨和目标参量测量精度的角度出发，人们希望模糊度函数有如下形式：

若信号能量是归一化的，则

$$\psi(\tau,\ \varphi) = \begin{cases} 1, & \tau = 0,\ \varphi = 0 \\ 0, & \text{其他} \end{cases} \tag{4.217}$$

这种模糊度图称为图钉形的，如图 4.18 所示。只要信号具有时延或频移，$\psi(\tau,\varphi)$立即降为零。这种信号的目标分辨力和参量测量精度都很高。

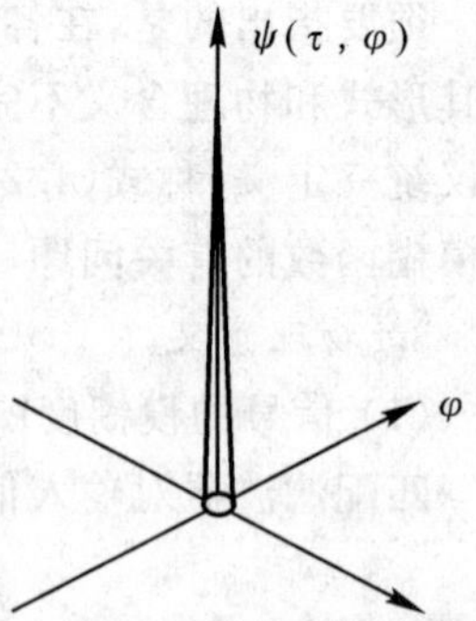

图 4.18 图钉形模糊度图

(3) 模糊度函数给出了信号在时间和频率上的能量分布。在后面讨论混响中信号检测问题时将会看到，要求设计波形，使其模糊度函数尽量与混响散射函数不相重叠，从而有利于信号检测。

4. 波形分辨能力与不确定性关系

鱼雷自导分辨力是指在多目标环境下系统能否将多个邻近目标区分开来的能力。一般分析系统的分辨力是在大的输入信噪比和系统信号处理是最佳的前提下进行的，在此条件下系统的距离和速度分辨力仅取决于信号形式。鱼雷自导对目标距离和速度的分辨问题可归结为对回波信号的时延和频移的分辨问题。

前面已经指出，模糊度函数是讨论波形分辨力的有力工具。因此，为了解决波形的分辨性能，将模糊度函数在原点附近展成泰勒级数为

$$\psi(\tau,\varphi)=\psi(0,0)+\left[\tau\frac{\partial\psi(\tau,\varphi)}{\partial\tau}\bigg|_{\tau,\varphi=0}+\varphi\frac{\partial\psi(\tau,\varphi)}{\partial\varphi}\bigg|_{\tau,\varphi=0}\right]+$$
$$\frac{1}{2}\left[\tau^2\frac{\partial^2\psi(\tau,\varphi)}{\partial\tau^2}\bigg|_{\tau,\varphi=0}+2\tau\varphi\frac{\partial^2\psi(\tau,\varphi)}{\partial\tau\partial\varphi}\bigg|_{\tau,\varphi=0}+\varphi^2\frac{\partial^2\psi(\tau,\varphi)}{\partial\varphi^2}\bigg|_{\tau,\varphi=0}\right]+\cdots \tag{4.218}$$

考虑到 $\psi(0,0)$ 最大,则有

$$\frac{\partial\psi(\tau,\varphi)}{\partial\tau}\bigg|_{\tau,\varphi=0}=\frac{\partial\psi(\tau,\varphi)}{\partial\varphi}\bigg|_{\tau,\varphi=0}=0$$

略去式(4.218) 的高阶项,对归一化信号,有

$$\psi(\tau,\varphi)\approx 1+\frac{1}{2}\left[\tau^2\frac{\partial^2\psi(\tau,\varphi)}{\partial\tau^2}\bigg|_{\tau,\varphi=0}+2\tau\varphi\frac{\partial^2\psi(\tau,\varphi)}{\partial\tau\partial\varphi}\bigg|_{\tau,\varphi=0}+\varphi^2\frac{\partial^2\psi(\tau,\varphi)}{\partial\varphi^2}\bigg|_{\tau,\varphi=0}\right] \tag{4.219}$$

根据式(4.205) 和式(4.177),可得

$$\frac{\partial^2\psi(\tau,\varphi)}{\partial\tau^2}\bigg|_{\tau,\varphi=0}=-8\pi^2B_0^2 \tag{4.220}$$

类似地,可有

$$\frac{\partial^2\psi(\tau,\varphi)}{\partial\varphi^2}\bigg|_{\tau,\varphi=0}=-8\pi^2T_0^2 \tag{4.221}$$

$$\frac{\partial^2\psi(\tau,\varphi)}{\partial\tau\partial\varphi}\bigg|_{\tau,\varphi=0}=8\pi^2c_0^2 \tag{4.222}$$

获得式(4.222) 时,曾设 $u_c(t)=A(t)\exp[\mathrm{j}\theta(t)]$。令

$$\left.\begin{aligned}\beta&=2\pi B_0\\ \delta&=2\pi T_0\\ \alpha&=4\pi^2c_0\end{aligned}\right\} \tag{4.223}$$

并将式(4.220) 至式(4.223) 代入式(4.219),得到

$$\psi(\tau,\varphi)\approx 1-(\beta^2\tau^2-2\alpha\tau\varphi+\delta^2\varphi^2) \tag{4.224}$$

若取 $\psi(\tau,\varphi)=1/2$,式(4.224) 变成

$$\beta^2\tau^2-2\alpha\tau\varphi+\delta^2\varphi^2=\frac{1}{2} \tag{4.225}$$

这是一个椭圆方程,称为不确定性椭圆、模糊椭圆或分辨椭圆。它给出了信号的可分辨范围。

在式(4.225) 中,令 $\varphi=0$ 和 $\tau=0$,可得信号的时间分辨力 τ_0 和频率分辨力 φ_0 为

$$\tau_0=\frac{1}{\sqrt{2}\beta}=\frac{1}{2\sqrt{2}\pi B_0} \tag{4.226}$$

$$\varphi_0=\frac{1}{\sqrt{2}\delta}=\frac{1}{2\sqrt{2}\pi T_0} \tag{4.227}$$

τ_0 和 φ_0 给出了信号在时间和频率上的可分辨范围,它们分别和信号的均方根带宽 B_0 和均方根时宽 T_0 成反比。$2|\tau_0|$ 和 $2|\varphi_0|$ 称为信号的时间分辨单元和频率分辨单元。

不确定性椭圆如图 4.19 所示。信号的线性调频系数 c_0 决定了不确定性椭圆的轴向斜率。

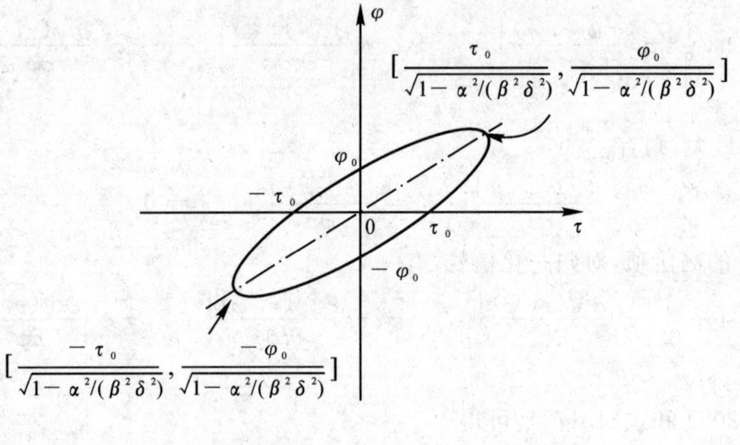

图 4.19 不确定性椭圆

下面讨论不确定性关系。根据施瓦兹不等式,有

$$\left|\int_{-\infty}^{+\infty} t u_c(t) u_c^{*(1)}(t) \mathrm{d}t\right|^2 \leqslant \int_{-\infty}^{+\infty} t^2 \mid u_c(t) \mid^2 \mathrm{d}t \int_{-\infty}^{+\infty} \left| u_c^{*(1)}(t) \right|^2 \mathrm{d}t \tag{4.228}$$

可以证明,不等式(4.228) 可以写成

$$B_0^2 T_0^2 - c_0^2 \geqslant \frac{1}{16\pi^2} \tag{4.229}$$

将式(4.223) 代入式(4.229),得到

$$\delta^2 \beta^2 - \alpha^2 \geqslant \pi^2 \tag{4.230}$$

不等式(4.229) 和(4.230) 称为不确定性关系。当 $c_0 = 0$ 时,不确定性关系变为

$$\delta \beta \geqslant \pi \tag{4.231}$$

或

$$B_0 T_0 \geqslant \frac{1}{4\pi} \tag{4.232}$$

上述两式称为测不准关系。这一关系表明,信号不能同时具有任意小的时宽和任意小的带宽,两者的乘积具有一个下限。

应该指出,上述讨论是主瓣内邻近目标的分辨能力,没有考虑旁瓣干扰对目标分辨的影响。为了全面考虑主瓣和旁瓣的分辨问题,引入波形的时间分辨常数 τ_e 和频率分辨常数 φ_e,其数学表达式为

$$\tau_e = \int_{-\infty}^{+\infty} \frac{\psi(\tau, 0)\mathrm{d}\tau}{\psi(0, 0)} \tag{4.233}$$

$$\varphi_e = \int_{-\infty}^{+\infty} \frac{\psi(0, \varphi)\mathrm{d}\varphi}{\psi(0, 0)} \tag{4.234}$$

根据帕斯瓦尔定理,式(4.233)和式(4.234)可以写成

$$\tau_e=\int_{-\infty}^{+\infty}\frac{|U_c(f)|^4\mathrm{d}f}{\left[\int_{-\infty}^{+\infty}|U_c(f)|^2\mathrm{d}f\right]^2}\tag{4.235}$$

$$\varphi_e=\int_{-\infty}^{+\infty}\frac{|u_c(t)|^4\mathrm{d}t}{\left[\int_{-\infty}^{+\infty}|u_c(t)|^2\mathrm{d}t\right]^2}\tag{4.236}$$

上述波形分辨常数不能给出确切的分辨区域,因此,是一个等效分辨参数,如图 4.20 所示。可以看出,时间分辨常数是和平方归一的时间相关函数曲线下面积相等的矩形宽度,频率分辨常数是和平方归一的频率模糊度函数曲线下面积相等的矩形宽度。

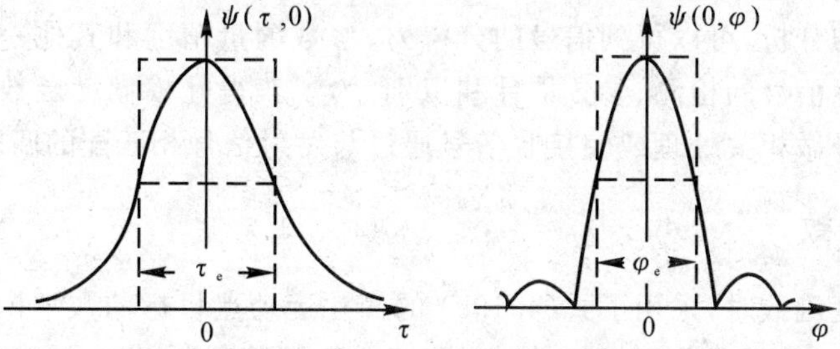

图 4.20　时间和频率的等效分辨参数

定义波形的有效持续时间和有效带宽为

$$T_e=\frac{1}{\varphi_e}=\frac{\left[\int_{-\infty}^{+\infty}|u_c(t)|^2\mathrm{d}t\right]^2}{\int_{-\infty}^{+\infty}|u_c(t)|^4\mathrm{d}t}\tag{4.237}$$

$$B_e=\frac{1}{\tau_e}=\frac{\left[\int_{-\infty}^{+\infty}|U_c(f)|^2\mathrm{d}f\right]^2}{\int_{-\infty}^{+\infty}|U_c(f)|^4\mathrm{d}f}\tag{4.238}$$

有效持续时间也称为有效相关时间或有效时宽。用有效持续时间和有效带宽表示的波形不确定性关系为

$$T_eB_e\geqslant 1\tag{4.239}$$

上式表明,T_e 和 B_e 不可能同时为任意小,其乘积有一个下限。

有效持续时间和有效带宽在实际应用中更有效。它们考虑了旁瓣的影响,但没考虑旁瓣峰的自身干扰性,即没考虑大能量波形旁瓣对低能量波形主峰的掩蔽作用。

5. 互模糊度函数

根据前面的讨论,模糊度函数的定义为

$$\psi(\tau,\varphi)=|\chi(\tau,\varphi)|^2\tag{4.240}$$

式中

$$\chi(\tau,\ \varphi) = \int_{-\infty}^{+\infty} u_c(t) u_c^*(t+\tau) \exp(\mathrm{j}2\pi\varphi t)\mathrm{d}t \tag{4.241}$$

根据式(4.241)的推导过程,其也可写为

$$\chi(\tau,\ \varphi) = \int_{-\infty}^{+\infty} s_1(T) s_2^*(t-\tau) \exp(\mathrm{j}2\pi\varphi t)\mathrm{d}t \tag{4.242}$$

在式(4.242)中,若 $s_1(t)$ 和 $s_2(t)$ 是同一个信号,则定义的模糊度函数为自模糊度函数,它是一个信号与该信号经过时延和频移后所得信号间相关程度的度量。若 $s_1(t)$ 和 $s_2(t)$ 为两个不同的信号,则定义的模糊度函数为互模糊度函数,它是一个信号与经时延和频移的另一个信号相关程度的度量。

一般地,信号的自模糊度函数用作理论研究,它是信号分析和波形设计的有力工具。通过对信号自模糊度函数的分析,可以得到信号的分辨力、参数测量精度和其他一些性能。互模糊度函数则主要用作目标信号的检测、参数估计和识别。为了获得互模糊度函数,通常的办法是对接收信号和发射信号做相关处理或使接收信号通过与发射信号相匹配的匹配滤波器。

二、宽带模糊度函数

在推导窄带模糊度函数时,采用了式(4.195)的简化运动点目标的数学模型。该模型认为目标回波与发射波形相比,两者差别仅仅是时延和多普勒频移问题。做上述简化的条件是信号的时间带宽积满足

$$BT \ll \frac{c}{2v}$$

在自导应用的某些场合,上述窄带条件常常不能满足,特别是现代鱼雷自导常采用大时间带宽积波形,不能忽略时间尺度对回波的影响,也就是说在这种情况下窄带模糊度函数不再适用,必须引入宽带模糊度函数。

讨论宽带模糊度函数,采用式(4.193)的运动点目标回波的宽带信号模型,即

$$s(t) = \sqrt{s}u[s(t-\tau_0)]$$

其中,时间尺度 s 使波形产生时间伸缩、频率中心移动和频率调制。

若信号 $u(t) \in L^2(R)$,则 $u(t)$ 的宽带自模糊度函数定义为

$$\psi_{ws}(s,\ \tau) = |\ \chi_{ws}(s,\ \tau)\ |^2 \tag{4.243}$$

式中

$$\chi_{ws}(s,\ \tau) = \sqrt{|\ s\ |}\int_{-\infty}^{+\infty} u(t) u^*[s(t-\tau)]\mathrm{d}t \tag{4.244}$$

为宽带模糊函数或宽带不确定性函数。

若信号 $u(t),\ s(t) \in L^2(R)$,则 $u(t)$ 和 $s(t)$ 的宽带互模糊度函数定义为

$$\psi_{wc}(s,\ \tau) = |\ \chi_{wc}(s,\ \tau)\ |^2 \tag{4.245}$$

式中

$$\chi_{wc}(s,\ \tau) = \sqrt{|\ s\ |}\int_{-\infty}^{+\infty} s(t) u^*[s(t-\tau)]\mathrm{d}t \tag{4.246}$$

在实际应用中，$\psi_{ws}(s,\tau)$ 和 $\psi_{wc}(s,\tau)$ 不易混淆，在后面的讨论中均称为宽带模糊度函数，并记为 $\psi_w(s,\tau)$。

宽带模糊度函数的主要性质如下[29,33]：

(1) 原点值：

$$\psi_w(1,\ 0) = E_u^2 \tag{4.247}$$

(2) 中心最大：

$$\psi_w(s,\ \tau) \leqslant \psi_w(1,\ 0) \tag{4.248}$$

(3) 扭转对称性：

$$\psi_w\left(\frac{1}{s},\ -s\,\tau\right) = \psi_w(s,\ \tau) \tag{4.249}$$

(4) 傅里叶变换：

$$\chi_w(s,\ \tau) \Leftrightarrow \frac{1}{\sqrt{s}} U(f) U^*\left(\frac{f}{\sqrt{s}}\right) \tag{4.250}$$

(5) 体积：$\psi_w(s,\tau)$ 在 (s,τ) 平面上的体积定义为

$$V_w = \int_0^1 \int_{-\infty}^{+\infty} \psi_w(s,\ \tau) \mathrm{d}\tau \mathrm{d}s \tag{4.251}$$

一般情况下，宽带模糊度函数不存在体积不变原理。

同样可以引入波形宽带不确定性关系和时间分辨力及频率分辨力问题，这里不做讨论，可参阅有关文献。须要指出的是，它们均与窄带情况不同。

第 10 节　常用鱼雷自导信号波形

一、单频脉冲信号(CW 波形)

1. 单频矩形脉冲信号

单频矩形脉冲信号的复数形式可表示为

$$u(t) = \frac{1}{\sqrt{T}} \mathrm{rect}\left(\frac{t}{T}\right) \mathrm{e}^{\mathrm{j}2\pi f_0 t} \tag{4.252}$$

式中，f_0 为载频频率；T 为脉冲宽度；rect(•) 为矩形函数，其表达式为

$$\mathrm{rect}(t) = \begin{cases} 1, & |t| \leqslant \frac{1}{2} \\ 0, & |t| > \frac{1}{2} \end{cases}$$

单频矩形脉冲的复数频谱为

$$U(f) = \sqrt{T} \mathrm{sinc}[\pi(f - f_0)T] \tag{4.253}$$

其为 sinc(•) 函数。

根据式(4.152)及式(4.153)和式(4.237)及式(4.238)可分别求得信号的均方根时宽 T_0 及均方根带宽 B_0 和信号有效持续时间(有效时宽)T_e 及有效带宽 B_e 为

$$T_0 = \frac{T}{2\sqrt{3}} \tag{4.254}$$

$$B_0 = \infty \tag{4.255}$$

$$T_e = T \tag{4.256}$$

$$B_e = \frac{3}{2}T \tag{4.257}$$

采用均方根参数不易直观理解,其中 $B_0 = \infty$ 是矩形脉冲前后沿无限陡峭引起的。采用有效参数更合理些,根据式(4.256)和式(4.257)可以求得单频矩形脉冲信号的时间带宽积为

$$T_e B_e = 1.5 \tag{4.258}$$

可以看出,其时间和带宽近似互为倒数。通常称时间带宽积近似为1的信号为简单信号,而时间带宽积远大于1的信号为复杂信号,所以单频矩形脉冲信号是简单信号。

由式(4.252)可得单频矩形脉冲信号的复包络为

$$u_c = \frac{1}{\sqrt{T}}\mathrm{rect}\left(\frac{t}{T}\right) \tag{4.259}$$

将上式代入式(4.203),考虑到

$$\int_{-T/2}^{T/2} e^{j2\pi ft}\,dt = T\mathrm{sinc}(\pi fT)$$

可得单频矩形脉冲信号的时间频率联合自相关函数(模糊函数)为

$$|\chi(\tau, \varphi)| = \begin{cases} \left|\dfrac{\sin[\pi\varphi(T-|\tau|)]}{\pi\varphi(T-|\tau|)}\left[1-\dfrac{|\tau|}{T}\right]\right|, & |\tau| \leqslant T \\ 0, & |\tau| > T \end{cases} \tag{4.260}$$

而模糊度函数为

$$\psi(\tau, \varphi) = \begin{cases} \left(1-\dfrac{|\tau|}{T}\right)^2 \left|\dfrac{\sin[\pi\varphi(T-|\tau|)]}{\pi\varphi(T-|\tau|)}\right|^2, & |\tau| \leqslant T \\ 0, & |\tau| > T \end{cases} \tag{4.261}$$

$|\chi(\tau,\varphi)|$ 的图形如图4.21所示。

通常取 $\psi(\tau,\varphi) = 0.5$ 或 $|\chi(\tau,\varphi)| = 0.7$ 得到模糊椭圆(见式(4.225)),进而确定波形的时间分辨力和频率分辨力。为此,用 $\varphi = 0$ 且垂直于 φ 轴的平面和 $\tau = 0$ 且垂直于 τ 轴的平面分别对 $|\chi(\tau,\varphi)|$ 图形进行切割,所得交迹的表达式分别为

$$|\chi(\tau, 0)| = \begin{cases} \dfrac{T-|\tau|}{T}, & |\tau| \leqslant T \\ 0, & |\tau| > T \end{cases} \tag{4.262}$$

和

$$|\chi(0,\varphi)| = \left|\frac{\sin(\pi\varphi T)}{\pi\varphi T}\right| \tag{4.263}$$

其图形分别如图 4.22 和图 4.23 所示。

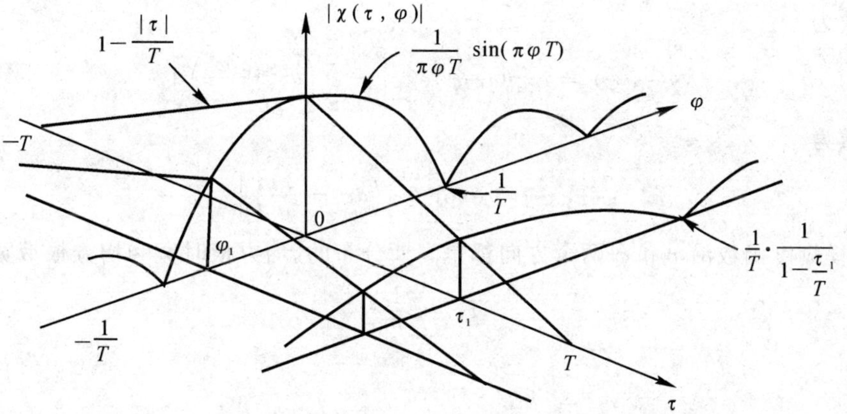

图 4.21　$|\chi(\tau,\varphi)|$ 图形

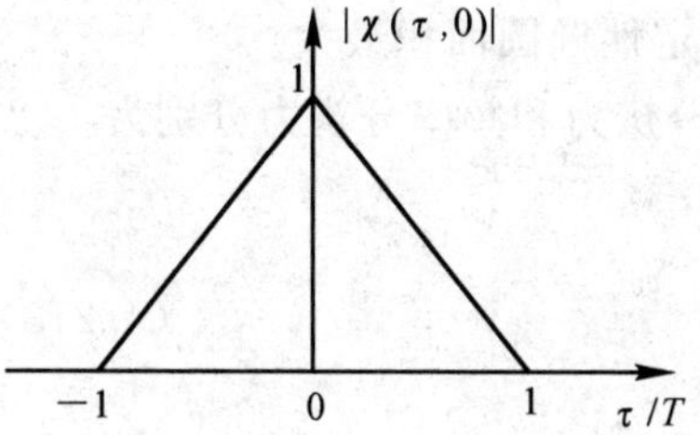

图 4.22　$|\chi(\tau,0)|$ 图形

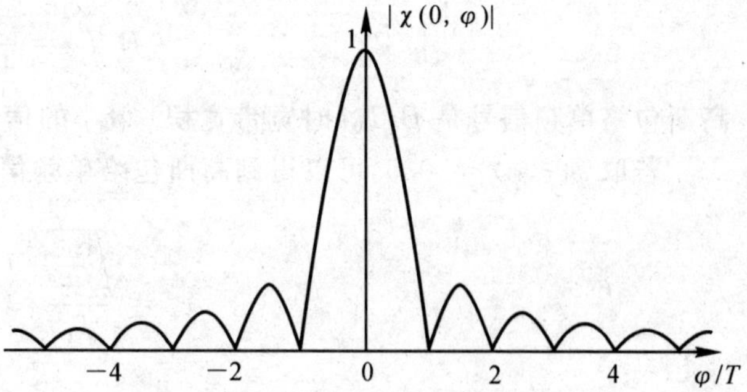

图 4.23　$|\chi(0,\varphi)|$ 图形

令 $|\chi(\tau,0)| = 0.7$ 和 $|\chi(0,\varphi)| = 0.7$ 可以得到单频矩形脉冲信号的时间分辨力和频率分辨力分别为

$$\tau_0 = 0.3T \tag{4.264}$$

$$\varphi_0 = \frac{0.44}{T} \tag{4.265}$$

可见,单频矩形脉冲信号不能同时具有高的时间分辨性能和频率分辨性能。

2. 高斯包络单频脉冲信号

高斯包络脉冲信号的复数表达式为

$$u(t) = (2a)^{1/4}\exp(-\pi a t^2)\exp(\mathrm{j}2\pi f_0 t) \tag{4.266}$$

式中，$a=\dfrac{1}{2\pi\sigma^2}$；$\sigma$ 为表征高斯脉冲宽度长短的参数，σ 越大，脉冲宽度越短。高斯包络单频脉冲信号的频谱为

$$U(f)=\left(\frac{2}{a}\right)^{\frac{1}{4}}\exp\left[\frac{-\pi}{a}(f-f_0)^2\right] \tag{4.267}$$

其模糊函数为

$$\chi(\tau,\varphi)=\exp(\mathrm{j}\pi\tau\varphi)\exp\left[-\frac{\pi}{2}\left(a\tau^2+\frac{\varphi^2}{a}\right)\right] \tag{4.268}$$

模糊度函数为

$$\psi(\tau,\varphi)=\exp\left[-\pi\left(a\tau^2+\frac{\varphi^2}{a}\right)\right] \tag{4.269}$$

可以看出，模糊度函数沿 τ 和 φ 两个方向都是高斯分布的。均方根时宽和均方根带宽分别是

$$T_0=\frac{1}{\sqrt{2}}\sigma \tag{4.270}$$

和

$$B_0=\frac{1}{2\pi}\sqrt{\frac{1}{2\sigma^2}} \tag{4.271}$$

于是有

$$B_0T_0=\frac{1}{4\pi} \tag{4.272}$$

高斯包络单频信号是 B_0T_0（时宽带宽积）最小的信号，其不确定性椭圆面积最大。

若取 $\psi(\tau,\varphi)=0.5$，可以得到高斯包络单频信号的时间分辨力和频率分辨力分别为

$$\tau_0=\frac{\sqrt{\frac{\ln 2}{\pi}}}{\sqrt{a}}\approx\frac{0.47}{\sqrt{a}} \tag{4.273}$$

$$\varphi_0=2\sqrt{\frac{\ln 2}{\pi}}\sqrt{a}\approx\sqrt{a} \tag{4.274}$$

如果以 $u(t)$ 和 $U(f)$ 最大值的一半定义为信号的持续时间 T 和带宽 B，则有

$$\tau_0=\frac{T}{2} \tag{4.275}$$

$$\varphi_0=\frac{B}{2} \tag{4.276}$$

$$T=\frac{2\sqrt{\frac{\ln 2}{\pi}}}{\sqrt{a}}\approx\frac{1}{\sqrt{a}} \tag{4.277}$$

$$B = 2\sqrt{\frac{\ln 2}{\pi}}\sqrt{a} \approx \sqrt{a} \tag{4.278}$$

这时

$$TB \approx 1 \tag{4.279}$$

可见，高斯包络单频信号不可能在时间和频率两方面同时具有高分辨性能。其 $|\chi(\tau,\varphi)|$ 示意图如图 4.24 所示，这种信号模糊图是模糊体积集中于与轴线重合的“山脊”上，模糊度图成刀刃形，长脉冲具有良好的速度分辨力和测速精度，短脉冲具有良好的时间分辨力和测距精度。

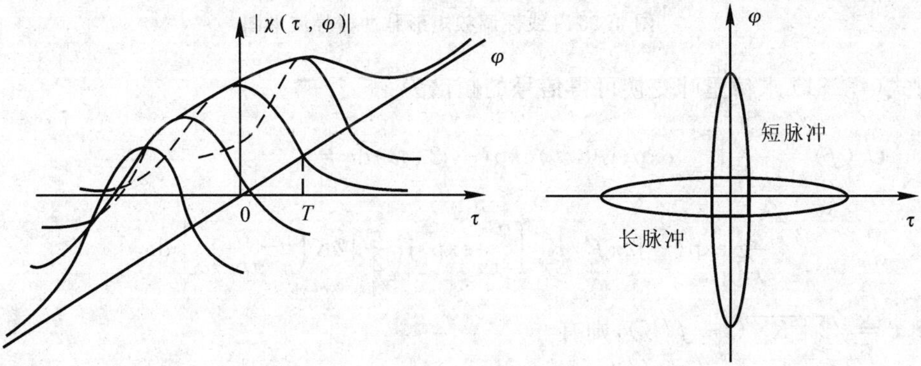

图 4.24　高斯包络单频信号的 $|\chi(\tau,\varphi)|$ 示意图

二、线性调频脉冲信号(LFM)

1. 线性调频矩形脉冲信号

线性调频矩形脉冲信号的复数表达式为

$$u(t) = u_c(t)\exp(j2\pi f_0 t) = \frac{1}{\sqrt{T}}\mathrm{rect}\left(\frac{t}{T}\right)\exp[j2\pi(f_0 t + Kt^2/2)] \tag{4.280}$$

式中

$$u_c(t) = \frac{1}{\sqrt{T}}\mathrm{rect}\left(\frac{t}{T}\right)\exp(j\pi Kt^2) \tag{4.281}$$

为信号的复包络；rect(•) 为矩形函数；f_0 为载频频率，一般取信号的中间频率；T 为信号的时宽；信号的瞬时频率可以写为

$$f_i(t) = \frac{1}{2\pi}\frac{\mathrm{d}}{\mathrm{d}t}\left[2\pi\left(f_0 + \frac{Kt^2}{2}\right)\right] = f_0 + Kt \tag{4.282}$$

其中

$$K = \frac{B}{T} \tag{4.283}$$

称为线性调频系数，可以取正，表示信号频率线性增加，或取负，表示信号频率线性减小。B 是频率变化范围，称为频率调制宽度。线性调频矩形脉冲信号的波形如图 4.25 所示，其中，(a) 为

信号的包络图；(b) 为频率随时间变化图；(c) 为信号的波形图。

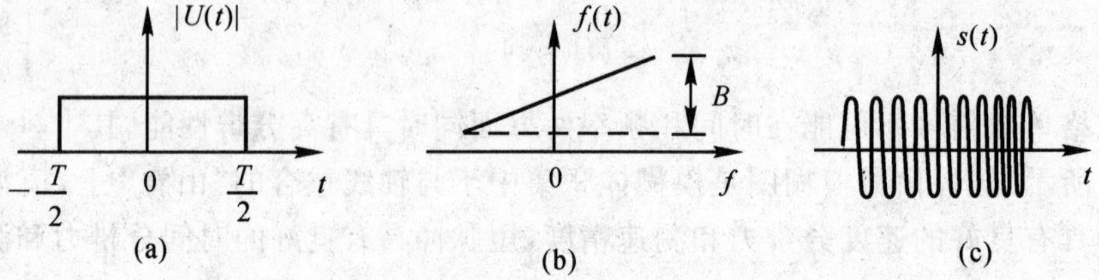

图 4.25　线性调频矩形脉冲信号波形图

对式(4.281) 求傅里叶变换可得信号的频谱为

$$U_c(f)=\frac{1}{\sqrt{T}}\int_{-T/2}^{T/2}\exp(\mathrm{j}\pi Kt^2)\exp(-\mathrm{j}2\pi ft)\mathrm{d}t=$$

$$\frac{1}{\sqrt{T}}\exp(-\mathrm{j}2\pi f^2/K)\int_{-T/2}^{T/2}\exp\left[\mathrm{j}\left(\frac{\pi}{2}\right)2K\left(t-\frac{f}{K}\right)^2\right]\mathrm{d}t \tag{4.284}$$

令 $x=\sqrt{2\mid K\mid}(t-f/K)$，则有

$$U_c(f)=\frac{1}{\sqrt{2\mid K\mid T}}\exp\left(\frac{-\mathrm{j}\pi f^2}{K}\right)\left[\int_{-U_2}^{U_1}\cos\left(\frac{\pi}{2}x^2\right)\mathrm{d}x+\mathrm{j}\int_{-U_2}^{U_1}\sin\left(\frac{\pi}{2}x^2\right)\mathrm{d}x\right]$$

式中的积分上下限分别为

$$\left.\begin{aligned}U_1&=\sqrt{2\mid K\mid}\left(\frac{T}{2}-\frac{f}{K}\right)\\U_2&=\sqrt{2\mid K\mid}\left(\frac{T}{2}+\frac{f}{K}\right)\end{aligned}\right\} \tag{4.285}$$

采用菲涅耳积分公式

$$\left.\begin{aligned}C(U)&=\int_0^U\cos\left(\frac{\pi}{2}x^2\right)\mathrm{d}x\\S(U)&=\int_0^U\sin\left(\frac{\pi}{2}x^2\right)\mathrm{d}x\end{aligned}\right\} \tag{4.286}$$

考虑到如下对称关系

$$C(-U)=-C(U)$$
$$S(-U)=-S(U)$$

于是信号频谱为

$$U_c(f)=\frac{1}{\sqrt{2\mid K\mid T}}\exp\left(\frac{-\mathrm{j}\pi f^2}{K}\right)\{[C(U_1)+C(U_2)]+\mathrm{j}[S(U_1)+S(U_2)]\} \tag{4.287}$$

其振幅频谱和相位频谱分别为

$$|U_c(f)| = \frac{1}{\sqrt{2|K|T}}\{[C(U_1)+C(U_2)]^2 + j[S(U_1)+S(U_2)]^2\}^{1/2} \tag{4.288}$$

和

$$\Theta(f) = -\frac{\pi}{K}f^2 + \arctan\left[\frac{S(U_1)+S(U_2)}{C(U_1)+C(U_2)}\right] \tag{4.289}$$

为了说明时宽调频宽度乘积 BT 对振幅频谱和相位频谱的影响，将式(4.283) 代入式(4.285) 得到

$$\left.\begin{aligned} U_1 &= \sqrt{2BT}\left(\frac{1}{2}-\frac{f}{B}\right) \\ U_2 &= \sqrt{2BT}\left(\frac{1}{2}+\frac{f}{B}\right) \end{aligned}\right\} \tag{4.290}$$

根据菲涅耳积分的性质，当 $BT \gg 1$ 时，即 $U_1 \gg 1$ 和 $U_2 \gg 1$ 时，菲涅耳纹波很小，如图 4.26 所示。这时信号能量的 95% 以上集中在 $-\frac{B}{2} < f < \frac{B}{2}$ 范围内，振幅频谱接近于矩形，而相位频谱的第二项，即 arctan(•) 项接近于 $\frac{\pi}{4}$。不同 BT 值的振幅频谱和相位频谱如图 4.27 和图 4.28 所示。从图中可以看出，时宽调频宽度乘积 BT 越大，振幅频谱越接近矩形，arctan(•) 项越接近于 $\frac{\pi}{4}$。当 $BT \gg 1$ 时，B 就是信号带宽，这时 BT 为时间带宽积。一般当 $BT > 20$ 时，$|U_c(f)|$ 可认为是矩形谱。

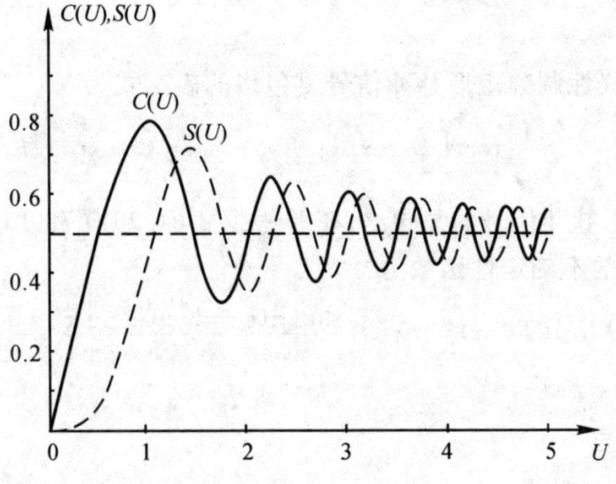

图 4.26　菲涅耳积分

在图 4.28 中，$\Delta\theta$ 为

$$\Delta\theta = \arctan\left[\frac{S(U_1)+S(U_2)}{C(U_1)+C(U_2)}\right] - \frac{\pi}{4}$$

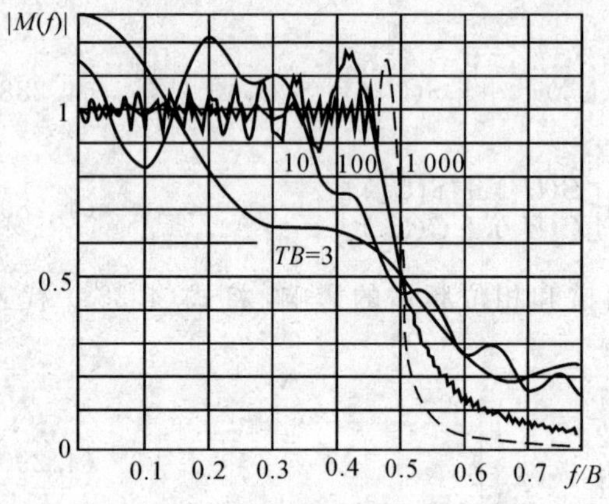

图 4.27 线性调频脉冲的振幅频谱

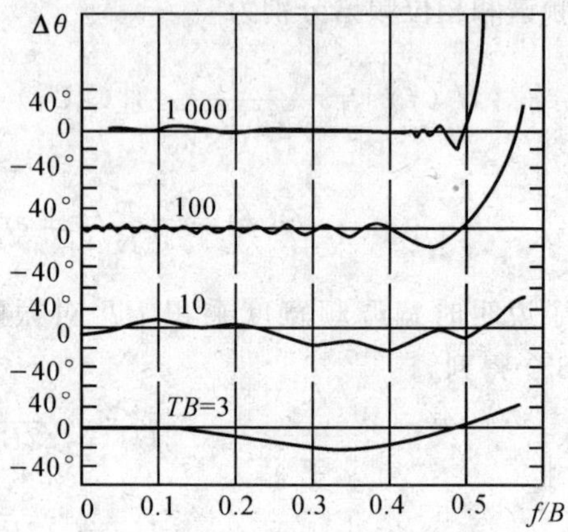

图 4.28 Δθ 的图形

2. 线性调频矩形脉冲信号的模糊度函数

首先证明模糊度函数的一个性质。如果 $v(t)=u(t)\exp(\mathrm{j}\pi bt^2)$，则有

$$\chi_v(\tau,\varphi)=\exp(-\mathrm{j}\pi b\tau^2)\chi_u(\tau,\varphi-b\tau) \tag{4.291}$$

证明：根据不确定性函数的定义可以得到

$$\begin{aligned}\chi_v(\tau,\varphi)=&\int_{-\infty}^{+\infty}u(t)\exp(\mathrm{j}\pi bt^2)u^*(t+\tau)\exp(-\mathrm{j}\pi b(t+\tau)^2)\exp(\mathrm{j}2\pi\varphi t)\mathrm{d}t=\\&\int_{-\infty}^{+\infty}u(t)u^*(t+\tau)\exp(-\mathrm{j}\pi b\tau^2)\exp[\mathrm{j}2\pi(\varphi-b\tau)\tau]\mathrm{d}t=\\&\exp(-\mathrm{j}\pi b\tau^2)\chi_u(\tau,\varphi-b\tau)\end{aligned}$$

证毕。

式(4.281)给出了线性调频矩形脉冲信号复包络的表达式为

$$u_c(t)=\frac{1}{\sqrt{T}}\mathrm{rect}\left(\frac{t}{T}\right)\exp(\mathrm{j}\pi Kt^2)=u_{c_1}(t)\exp(\mathrm{j}\pi Kt^2)$$

式中，$u_{c_1}(t)$ 为单频矩形脉冲信号的复包络。于是根据式(4.291)和式(4.260)直接可以得到线性调频矩形脉冲信号的不确定性函数为

$$\chi(\tau,\varphi)=\begin{cases}\exp\{\mathrm{j}\pi[(\varphi-K\tau)(T-\tau)-K\tau^2]\}\dfrac{\mathrm{sinc}[\pi(\varphi-K\tau)(T-|\tau|)]}{\pi(\varphi-K\tau)(T-|\tau|)}\left[1-\dfrac{|\tau|}{T}\right], & |\tau|\leqslant T\\ 0, & |\tau|>T\end{cases} \tag{4.292}$$

其模糊度函数为

$$\psi(\tau,\varphi)=\begin{cases}\left|\dfrac{\mathrm{sinc}[\pi(\varphi-K\tau)(T-|\tau|)]}{\pi(\varphi-K\tau)(T-|\tau|)}\left[1-\dfrac{|\tau|}{T}\right]\right|^2, & |\tau|\leqslant T\\ 0, & |\tau|>T\end{cases} \tag{4.293}$$

$|\chi(\tau,\varphi)|$ 图形及其下降 3 dB 后的图形如图 4.29 和图 4.30 所示。

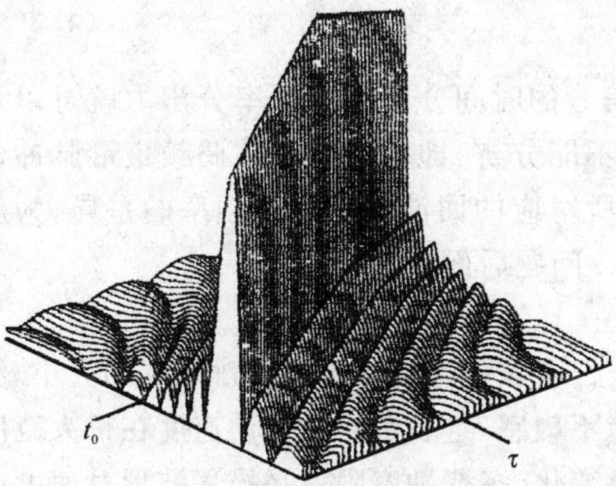

图 4.29　线性调频矩形脉冲信号的 $|\chi(\tau,\varphi)|$ 图形

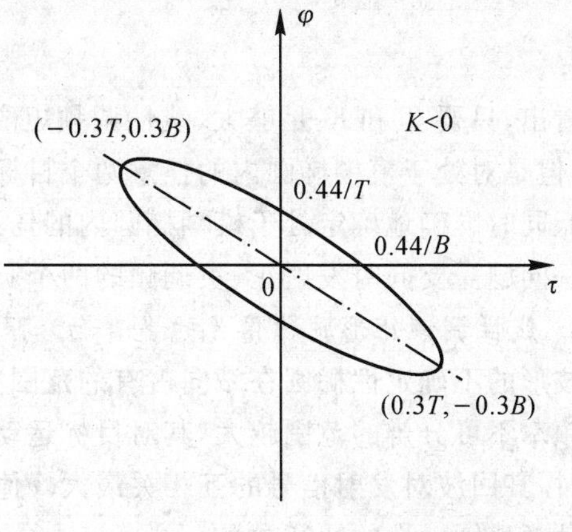

图 4.30　线性调频矩形脉冲信号的模糊椭圆

$|\chi(\tau,\varphi)|$ 是一个刀刃形的函数，其刃脊在 $\varphi=K\tau$ 的斜线上（斜线方程为 $\varphi-K\tau=0$），从原点 $\tau=0$ 和 $\varphi=0$ 开始沿此斜线向两边线性衰减，如图 4.29 所示。当到达

$$|\chi(\tau,\varphi)|_{\varphi-K\tau=0}=1-\frac{|\tau|}{T}=0.707$$

时，可以求得

$$|\tau|=0.3T \tag{4.294}$$

这时

$$\varphi=K|\tau|=0.3KT=0.3B \tag{4.295}$$

也就是说，对 $|\chi(\tau,\varphi)|$ 的下降 3 dB 切割，其刃脊端点为 $\tau=\pm0.3T$，$\varphi=\pm0.3B$。如图 4.30 所示。

用 $\varphi=0$ 且垂直于 φ 轴和 $\tau=0$ 且垂直于 τ 轴的平面分别对 $|\chi(\tau,\varphi)|$ 图形进行切割，所得交迹的表达式分别为

$$|\chi(\tau,0)|=\begin{cases}\left|\dfrac{\mathrm{sinc}[\pi K\tau(T-|\tau|)]}{\pi K\tau(T-|\tau|)}\left[1-\dfrac{|\tau|}{T}\right]\right|, & |\tau|\leqslant T\\ 0, & |\tau|>T\end{cases} \tag{4.296}$$

和

$$|\chi(0,\varphi)|=\left|\frac{\sin\pi\varphi T}{\pi\varphi T}\right| \tag{4.297}$$

上述两式均为 sinc 函数形式。令 $|\chi(\tau,0)|=0.707$ 和 $|\chi(0,\varphi)|=0.707$，可以求得线性调频矩形脉冲信号的时间分辨力和频率分辨力为

$$\tau_0=\frac{0.44}{B} \tag{4.298}$$

$$\varphi_0=\frac{0.44}{T} \tag{4.299}$$

于是有

$$\tau_0 = \frac{\varphi_0}{K} \tag{4.300}$$

可以看出，只要 T 和 K 足够大，线性调频矩形脉冲信号的时间分辨力和频率分辨力就可以足够高。但是对处于模糊椭圆内的任意两个目标，仍然不能分辨，即单个的线性调频矩形脉冲信号不能同时准确地确定处于模糊椭圆内的任意两点所对应的回波的时间和频率的差异。为解决这一问题需要同时发射正、负调频的两个脉冲，这一问题后面还将讨论。

3. 线性调频矩形脉冲信号的多普勒容限

波形的不确定性椭圆在 φ 向占有的范围大小，表征了波形对频率不可分辨范围的大小。波形的频率不可分辨的范围越大，其对目标运动速度越不敏感，这表示目标运动速度在很大范围变化时，其回波对发射信号的互相关最大峰值无明显变化。多普勒容限就是描述波形对速度或多普勒频移敏感性的特征参量。

通常定义满足

$$\psi(\tau,\ \varphi_N) = \frac{1}{2} \tag{4.301}$$

的最大 $\beta_N = |\varphi_N / f_0|$ 为波形的窄带多普勒容限。实际上 φ_N 就是波形不确定性椭圆的最大 φ 值。与窄带多普勒容限对应的目标速度为

$$v_N = \frac{c\,\beta_N}{2} \tag{4.302}$$

称为波形的窄带速度容限。

同样，定义

$$\psi(\tau,\ \varphi_w) = \frac{1}{2} \tag{4.303}$$

对应的最大 $\beta_w = |1 - \alpha_w|$ 为波形的宽带多普勒容限。与宽带多普勒容限对应的目标速度 v_w 为

$$v_w = \frac{c\beta_w}{2} \tag{4.304}$$

为宽带速度容限。上述 $\alpha_w = 1 + \beta_w = 1 + \frac{2v_w}{c}$。

可以求得线性调频矩形脉冲信号的窄带多普勒容限为

$$\beta_N = \pm \frac{0.3B}{f_0} \tag{4.305}$$

相应的窄带速度容限为

$$v_N = \pm \frac{450B}{f_0} \tag{4.306}$$

上述式中，取 $c = 3\ 000$ kn。

关于线性调频矩形脉冲信号的宽带模糊度函数，这里不做讨论。仅给出其宽带多普勒容限和宽带速度容限，即

$$\beta_w = \pm \frac{1.74}{BT} \tag{4.307}$$

和

$$v_w = \pm \frac{2\,610}{BT} \tag{4.308}$$

波形的多普勒容限在鱼雷自导系统设计中是一个重要的波形参数，它影响检测最大目标速度时处理设备的复杂性。当采用相关处理时，若目标多普勒频移超过窄带多普勒容限时，需要设置另一个多普勒滤波器；若目标多普勒频移超过宽带多普勒容限时，必须改变参考信号。由此可知，从检测目标的角度出发，一般希望波形具有较大的多普勒容限，这样可以减小处理设备的复杂性。

4. 耦合模糊的消除方法

在鱼雷自导中，匹配滤波技术或相关技术是对线性调频信号处理的一种重要方法。这种方法的主要缺点之一是存在距离和速度之间的耦合模糊和测不准，即对不确定性椭圆内的两个相邻目标，不能分辨，对不确定性椭圆内的单个目标，不能给出距离和速度的精确值。对于这种耦合模糊和测不准，可以采用发射双向调频信号的方法来解决。

对线性调频信号的相关处理，通常采用两种方法。第一种方法是在频率上粗搜索、在时间上细搜索的方法。采用这种方法其频率搜索间隔大于频率分辨单元，但小于 $0.6B$，时间搜索间隔小于等于时间分辨单元。第二种方法是在时间上粗搜索、在频率上细搜索的方法。采用这种方法其时间搜索间隔大于时间分辨单元，但小于 $0.6T$，频率搜索间隔小于等于频率分辨单元。

发射双向调频信号，其模糊度函数具有对称交叉双峰结构。采用第一种方法时，根据其在时间上的相关双峰位置，如图 4.31 所示，可以确定对应距离和速度的 τ 和 φ 值为

$$\tau_T = \frac{1}{2}(\tau_1 + \tau_2) \tag{4.309}$$

$$\varphi_T = \frac{1}{2} \mid K \mid (\tau_2 + \tau_1) \tag{4.310}$$

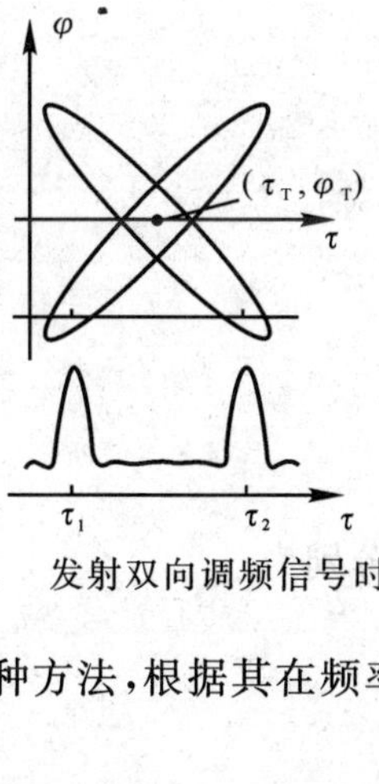

图 4.31　发射双向调频信号时间细搜索

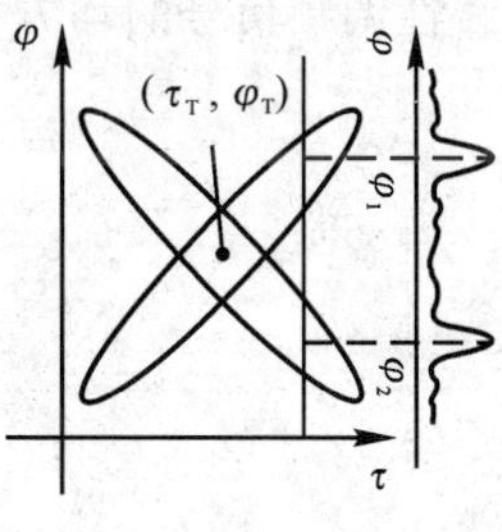

图 4.32　发射双向调频信号频率细搜索

对第二种方法，根据其在频率上相关双峰位置，如图 4.32 所示，可以确定对应于速度和距

离的 φ 和 τ 值为

$$\varphi_T = \frac{1}{2}(\varphi_1 + \varphi_2) \tag{4.311}$$

$$\tau_T = \tau_{R_0} + \frac{\frac{1}{2}(\varphi_1 - \varphi_2)}{|K|} \tag{4.312}$$

式中，τ_{R_0} 为参考样本的延时。

5. 高斯包络线性调频信号

高斯包络线性调频信号的复数表达式为

$$u(t) = 2(a)^{1/4}\exp(-\pi a t^2)\exp\left[j2\pi(f_0 t + \frac{1}{2}Kt^2)\right] \tag{4.313}$$

其频谱为

$$U(f) = (2a)^{1/4}\exp(-\pi b(f-f_0)^2)\exp\left\{j\left[\frac{1}{2}\arctan(p) - \pi bp(f-f_0)^2\right]\right\} \tag{4.314}$$

式中

$$b = \frac{a}{a^2+K^2} \tag{4.315}$$

$$p = \frac{K}{a} \tag{4.316}$$

其不确定性函数和模糊度函数分别为

$$\chi(\tau, \varphi) = \exp\left\{-\frac{\tau^2}{4\sigma^2} - \pi^2(\varphi + k\tau)^2 + j[\pi(\varphi + k\tau)t + k\tau^2]\right\} \tag{4.317}$$

和

$$\psi(\tau, \varphi) = \exp\left\{-\pi\left[a\pi^2 + \frac{(K\tau - \varphi)^2}{a}\right]\right\} \tag{4.318}$$

在上述诸式中，K 为线性调频系数；$a = \frac{1}{2\pi\sigma^2}$；$k = -\pi K$。

高斯包络线性调频信号的均方根参数为

$$B_0 = \frac{1}{2\pi}\sqrt{\frac{1+4\pi^2k^2\sigma^4}{2\sigma^2}} \tag{4.319}$$

$$T_0 = \frac{1}{\sqrt{2}}\sigma \tag{4.320}$$

$$C_0 = \frac{k\,\sigma^2}{2} \tag{4.321}$$

令 $\psi(\tau,\varphi) = 0.5$，可得信号的时间分辨力和频率分辨力分别为

$$\tau_0 = \sqrt{\frac{\ln 2}{\pi}}\sqrt{b} \approx 0.47\sqrt{b} \tag{4.322}$$

$$\varphi_0 = \sqrt{\frac{\ln 2}{\pi}}\sqrt{a} \approx 0.47\sqrt{a} \tag{4.323}$$

因此，高斯包络与矩形包络相比，可以平滑线性调频信号的模糊度函数的旁瓣。

三、双曲调频信号(HFM)

在研究线性调频信号时，讨论了信号波形的多普勒容限问题。多普勒容限是描述信号波形对速度或多普勒频移敏感性的参量。当目标多普勒频移没有超过窄带多普勒容限时，可以只用一个窄带匹配滤波器来检测目标信号；当目标多普勒频移超过窄带多普勒容限时，可采用多个频移匹配滤波器；当目标多普勒频移大于宽带多普勒容限时，必须考虑波形的宽带匹配滤波。从减少设备复杂性的角度出发，人们期望信号波形的宽带多普勒容限越大越好，宽带多普勒容限最大的波形称之为多普勒不变信号或多普勒宽容信号。

一般调频信号的复数形式可表示为

$$u(t) = a(t)\exp\left[\mathrm{j}2\pi\int_{-\infty}^{t} f_i(t')\,\mathrm{d}t'\right] \tag{4.324}$$

式中，$a(t)$ 为信号的实包络；$f_i(t)$ 是信号的瞬时频率，其可由相位函数 $\theta(t)$ 求得。根据式(4.324)，相位函数为

$$\theta(t) = 2\pi\int_{-\infty}^{t} f_i(t')\,\mathrm{d}t' \tag{4.325}$$

于是可求得信号的瞬时频率为

$$f_i(t) = \frac{1}{2\pi}\theta'(t) \tag{4.326}$$

可以看出，$f_i(t)$ 就是信号的调频规律。

在式(4.324) 中，当

$$a(t) = \frac{1}{\sqrt{T}}\mathrm{rect}\left(\frac{t}{T}\right) \tag{4.327}$$

$$f_i(t) = \frac{K}{t_0 - t} \tag{4.328}$$

在上述两式中，T 为信号时宽；$K > 0, t_0 > T/2$ 或 $K < 0, t_0 < -T/2$ 为常数，则有

$$u(t) = \frac{1}{\sqrt{T}}\mathrm{rect}\left(\frac{t}{T}\right)\exp\left\{\mathrm{j}\left[2\pi K\ln\left(1-\frac{t}{t_0}\right)+\theta_0\right]\right\} \tag{4.329}$$

称式(4.329) 所表示的信号为双曲调频信号，其调频规律和信号波形如图 4.33 所示。

一般地，双曲调频信号有如下参数：

调制带宽

$$B = f_i\left(\frac{T}{2}\right) - f_i\left(-\frac{T}{2}\right) \tag{4.330}$$

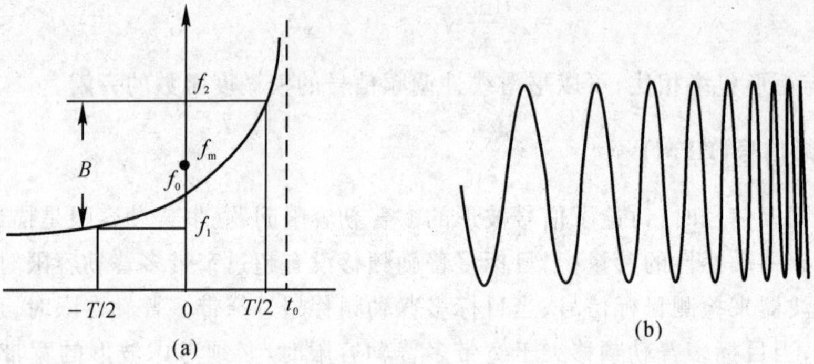

图 4.33　双曲调频信号的调频规律和信号波形

时间中心频率

$$f_0 = f_i(0) = \frac{K}{t_0} \tag{4.331}$$

算术中心频率

$$f_m = \frac{1}{2}\left[f_i\left(\frac{T}{2}\right) - f_i\left(-\frac{T}{2}\right)\right] \tag{4.332}$$

常数 t_0 和 K 分别为

$$t_0 = \left(\frac{T}{B}\right)f_m \tag{4.333}$$

和

$$K = f_0 t_0 = \left(\frac{T}{B}\right)f_0 f_m \tag{4.334}$$

当 $BT \gg 1$ 时，双曲调频信号波形的频谱近似为

$$U(f) = \frac{\sqrt{|K|}}{fT}\text{rect}\left(\frac{ft_0 - K}{fT}\right)\exp\left\{\text{j}2\pi\left[K\ln\frac{|K|}{ft_0} + ft_0 - K \pm \frac{1}{8}\right]\right\} \tag{4.335}$$

式中“±”号的选取取决于 K 的符号，$K > 0$ 取“+”，否则取“−”。

对 $K > 0$，近似地有

$$U(f) = \frac{A}{f}\exp\left\{-\text{j}2\pi K\left[\ln\left(\frac{f}{f_0}\right) - 1 + \frac{f}{f_0}\right] - \text{j}\,\frac{\pi}{4}\right\},\quad |f - f_m| \leqslant \frac{B}{2} \tag{4.336}$$

双曲调频信号的频谱示意图如图 4.34 所示。

根据式(4.329)可以求得双曲调频信号波形的模糊度函数为

$$\psi(\tau, \varphi)\Big|_{\tau>0} = \frac{1}{T^2}\left|\int_{-T/2}^{T/2}\exp\left\{\text{j}2\pi\left[\varphi t + f_0 t_0 \ln\left(1 - \frac{\tau}{t_0 - t}\right)\right]\right\}\text{d}t\right|^2 \tag{4.337}$$

这是双曲调频信号的窄带模糊度函数，其形状可通过数值计算得到。若将 $\ln(x)$ 展开为级数，取其前两项，则式(4.337)变为

$$\psi(\tau,\varphi)\Big|_{\tau>0}=\frac{1}{T^2}\left|\int_{-T/2}^{T/2}\exp\left\{\mathrm{j}2\pi\left[\varphi-\frac{f_0\tau}{t_0}\left(1-\frac{\tau-t}{t_0}\right)\right]t\right\}\mathrm{d}t\right|^2 \tag{4.338}$$

这是双曲调频信号的二级近似波形，又称为抛物线调频波形的模糊度函数。零级近似($t_0\gg T$)时，式(4.338)为 CW 信号的模糊度函数，一级近似时为在 $\varphi=(f_0/t_0)\tau$ 方向上的线性调频信号的模糊度函数。

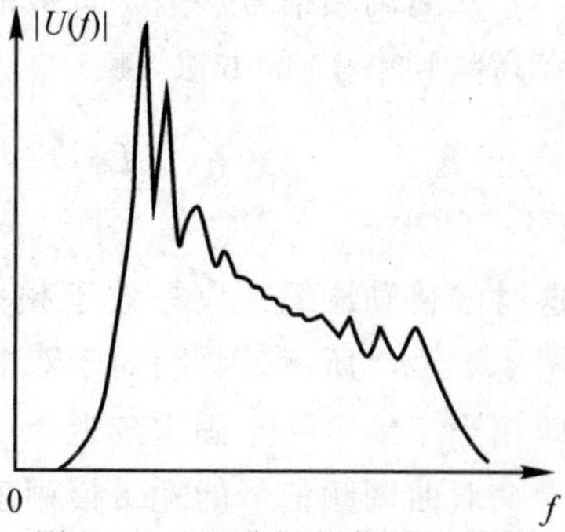

图 4.34　双曲调频信号的频谱

前面已经指出，目标运动对回波波形的影响是波形时间尺度的压缩或伸展。对运动目标，若以 st 代替 t(s 为时间尺度或多普勒压缩因子)，则双曲调频信号的相位函数为

$$\theta_{\mathrm{v}}(t)=2\pi\int_{-\infty}^{st}\frac{K}{t_0-t'}\mathrm{d}t'=-K\ln\left(1-\frac{st}{t_0}\right) \tag{4.339}$$

瞬时频率为

$$f_{i\mathrm{v}}(t)=\frac{sK}{t_0-st} \tag{4.340}$$

若令

$$\tau_{\mathrm{m}}=\frac{s-1}{s}t_0=\left(1-\frac{1}{s}\right)t_0 \tag{4.341}$$

则有

$$f_{i\mathrm{v}}(t-\tau_{\mathrm{m}})=f_i(t) \tag{4.342}$$

根据上式可以看出，对双曲调频信号而言，多普勒压缩效应等效于频率调制函数在时间上的平移，如图 4.35(a) 所示。

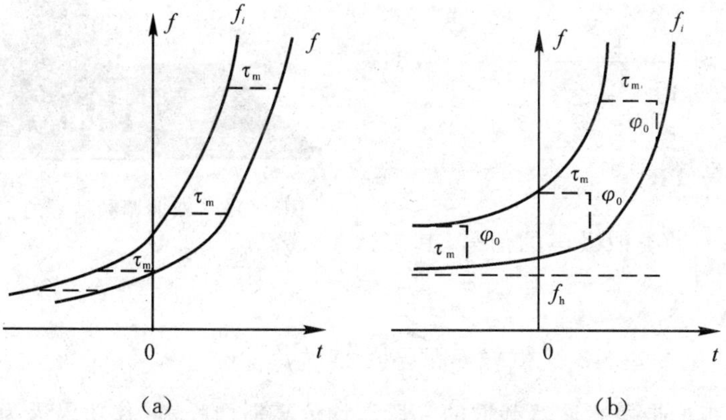

图 4.35　时间伸缩对 HFM 信号频率调制函数的影响

双曲调频信号一般是宽带信号，在实际应用中，为了使其变为窄带波形，采用增加一个固定高频频率 f_h 的方法，使

$$f_i(t) = f_h + \frac{f_0}{1-\dfrac{t}{t_0}}, \quad |t| \leqslant \frac{T}{2}, \quad f_0 \ll f_h \tag{4.343}$$

这时多普勒压缩效应等效于频率调制函数在时间上的平移和在频率上移动一个固定量，如图 4.35(b) 所示。因此，对于双曲调频信号的宽带多普勒匹配，只需改变参考波形的初始时间，即相当于给定一个固定延迟。

双曲调频信号的宽带模糊度函数为

$$\psi_w(\tau, s)\bigg|_{\tau>0} = \frac{1}{T^2}\left|\int_{-T/2}^{T/2} \exp\left[j2\pi K\ln\frac{t_0 - s(t-\tau)}{t_0 - t}\right]dt\right|^2 \tag{4.344}$$

将 $\tau = \tau_m - \left(1-\dfrac{1}{s}\right)t_0$ 代入，得

$$\psi_w\left(\tau_m - \frac{s-1}{s}t_0, s\right) = \frac{1}{T^2}\left|\int_{-T/2}^{T/2} \exp(j2\pi K\ln s)dt\right|^2 = \left[1-\frac{|\tau_m|}{T}\right]^2 = \left[1-\left|\frac{s-1}{s}\right|\frac{t_0}{T}\right]^2 \tag{4.345}$$

于是，可以给出双曲调频信号宽带模糊度函数最大峰脊对应的轨迹为

$$\tau = \frac{(s-1)t_0}{s} \tag{4.346}$$

图 4.36 所示为双曲调频信号宽带 $|\chi_w(\tau,s)|$ 的图形。可以看出，在 $\tau - s$ 平面上，$|\chi_w(\tau,s)|$ 的峰脊是一刀刃形。

取 $\psi_w(\tau,s) = 0.5$，可得双曲调频信号宽带多普勒容限为

$$\beta_w \approx \frac{1}{1+\dfrac{3.3t_0}{T}} \tag{4.347}$$

或

$$\beta_w \approx \frac{1}{1+\dfrac{3.3f_m}{B}} \tag{4.348}$$

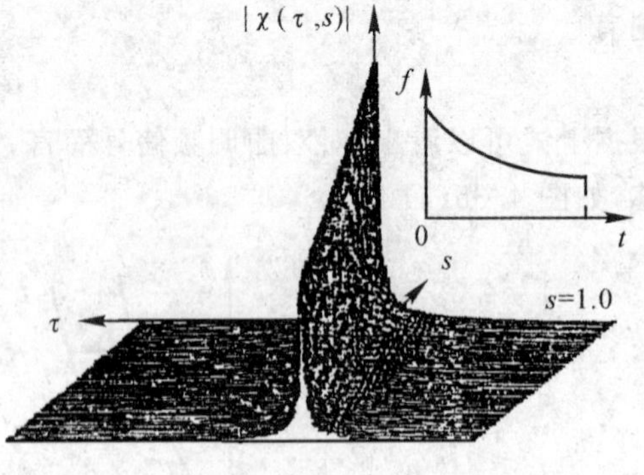

图 4.36 双曲调频信号的 $|\chi(\tau,s)|$ 图形

四、伪随机信号(PR)

伪随机信号是一种类似噪声的信号，其表达式可写为

$$u(t) = \frac{1}{\sqrt{T}}\mathrm{rect}\left(\frac{t}{T}\right)n(t) \tag{4.349}$$

式中，$n(t)$ 是通过矩形带通滤波器截取的一段零均值高斯白噪声，其功率谱为

$$N(f)=\frac{1}{B}\mathrm{rect}\left(\frac{f-f_0}{B}\right) \tag{4.350}$$

式中，f_0 为矩形带通滤波器的中心频率；B 为其带宽。

由于 $u(t)$ 是一种类似噪声的信号，在讨论其模糊度函数时，必须采用统计分析的方法。为此，引入 $u(t)$ 的二维相关函数

$$\chi(\tau,\varphi)=\int_{-\infty}^{+\infty}u(t)u^*(t+\tau)\exp(\mathrm{j}2\pi\varphi t)\mathrm{d}t \tag{4.351}$$

它是 τ,φ 的随机函数，其系综平均是信号的不确定性函数，可表示为

$$\langle\chi(\tau,\varphi)\rangle=\int_{-\infty}^{+\infty}R_{\mathrm{u}}(\tau,t)\exp(\mathrm{j}2\pi\varphi t)\mathrm{d}t \tag{4.352}$$

信号的模糊度函数定义为

$$\psi(\tau,\varphi)=\langle|\chi(\tau,\varphi)|^2\rangle \tag{4.353}$$

对于式(4.349)的伪随机信号可以求得其模糊度函数为

$$\psi(\tau,\varphi)=|\chi(\tau,\varphi)|^2+\int_{-\infty}^{+\infty}\int_{-\infty}^{+\infty}G_{\mathrm{u}}(f,t)G_{\mathrm{u}}(f+\varphi,t+\tau)\mathrm{d}f\mathrm{d}t \tag{4.354}$$

式中

$$R_{\mathrm{u}}(\tau,t)=\langle u(t)u^*(t+\tau)\rangle=\int_{-\infty}^{+\infty}G_{\mathrm{u}}(f,t)\exp(\mathrm{j}2\pi f\tau)\mathrm{d}f \tag{4.355}$$

$G_{\mathrm{u}}(f,t)$ 是 $u(t)$ 的时变功率谱，根据式(4.349)和式(4.350)可求得

$$G_{\mathrm{u}}(f,t)=\frac{1}{TB}\mathrm{rect}\left(\frac{t}{T}\right)\mathrm{rect}\left(\frac{f-f_0}{B}\right) \tag{4.356}$$

将式(4.355)，式(4.356)和式(4.352)代入式(4.354)，可以得到

$$\psi(\tau,\varphi)=\psi_{\mathrm{cw}}(\tau,\varphi)\mathrm{sinc}^2(\pi B\tau)+\left(\frac{1}{TB}\right)^2(T-|\tau|)^2(B-|\varphi|)^2 \tag{4.357}$$

式中，$\psi_{\mathrm{cw}}(\tau,\varphi)$ 为式(4.261)，即单频矩形脉冲信号的模糊度函数。上式第一项是伪随机信号模糊度函数峰值的近似特性，第二项是其平台特性，由于 $BT\gg1$，因而有

$$\psi(\tau,\varphi)\approx\begin{cases}\left|\dfrac{T-|\tau|}{T}\,\dfrac{\sin[\pi\varphi(T-|\tau|)]}{\pi\varphi(T-|\tau|)}\,\dfrac{\sin(\pi B\tau)}{\pi B\tau}\right|^2, & |\tau|\leqslant T\\ 0, & |\tau|>T\end{cases} \tag{4.358}$$

这是单频矩形脉冲信号在 τ 轴向经 $\mathrm{sinc}^2(\pi B\tau)$ 调制的形式，若 $TB\gg1$，使得 $(1-|\tau|/T)$ 随 τ 的变化比 $\mathrm{sinc}(\pi B\tau)$ 随 τ 的变化慢得多，则模糊度函数主峰特性为

$$\psi(\tau,\varphi)\approx\mathrm{sinc}(\pi B\tau)\mathrm{sinc}(\pi\varphi T) \tag{4.359}$$

这表明伪随机信号的模糊度函数在时间和频率两方面都具有 $\mathrm{sinc}(\cdot)$ 函数的形式。

在式(4.359)中，分别令 $\varphi=0$，$\psi(\tau,0)=0.5$ 和 $\tau=0$，$\psi(0,\varphi)=0.5$，可以得到信号的分辨力为

$$\tau_0=\frac{0.44}{B} \tag{4.360}$$

$$\varphi_0 = \frac{0.44}{T} \tag{4.361}$$

当 $TB \gg 1$ 时，伪随机信号的模糊度函数接近于“图钉形”，其模糊椭圆如图 4.37 所示。

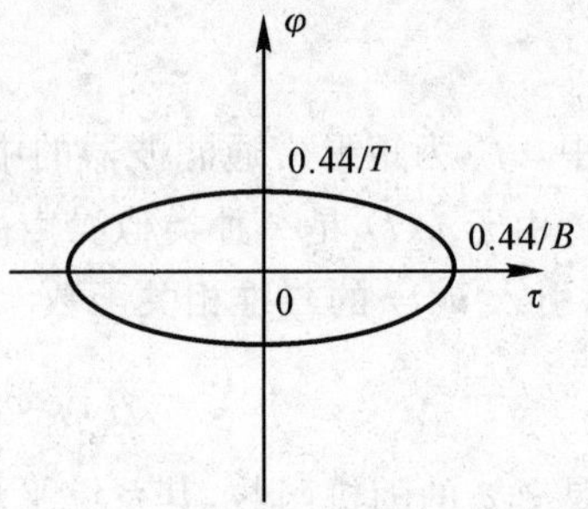

图 4.37　伪随机信号的模糊椭圆

由式(4.361)可求得伪随机信号的窄带多普勒容限为

$$\beta_z = \frac{0.44}{f_0 T} \tag{4.362}$$

这里不讨论伪随机信号的宽带模糊度函数，仅给出其宽带多普勒容限为

$$\beta_z = \frac{1.6}{BT} \tag{4.363}$$

相应的速度容限为

$$v_w = \frac{2\,400}{BT} \quad (\text{kn}) \tag{4.364}$$

五、其他波形

除了前面讨论的单频脉冲信号、线性调频脉冲信号、双曲调频脉冲信号和伪随机信号之外，鱼雷自导采用的其他信号还有时间和频率分集信号，在雷达中还采用相位编码脉冲信号、脉间调制串信号等。这里只简单介绍其中的部分信号，关于这些信号的详细讨论，请参阅有关文献。

一般地，上述诸编码或分集脉冲是由一系列子脉冲组成，其表达式为

$$u(t) = \sum_{n=0}^{N-1} u_n(t - nT_r) \tag{4.365}$$

其中

$$u_n(t) = \frac{1}{\sqrt{T_n}} \text{rect}\left(\frac{t}{T_n}\right) \exp[\text{j}2\pi f_0 t + \text{j}\theta_n(t)] \tag{4.366}$$

式中，T_r 为子脉冲重复周期；T_n 为子脉冲长度；f_0 为中心频率；$\theta_n(t)$ 为子脉冲相位调制函数；N 为子脉冲数目。这里选择的是矩形包络子脉冲。脉冲持续时间 $T = NT_r$。

当选择 $T_n = T_0, T_r > T_n, \theta_n(t) = 0$ 时，式(4.366)为

$$u_n(t) = \frac{1}{\sqrt{T_0}} \text{rect}\left(\frac{t}{T_0}\right) \exp(\text{j}2\pi f_0 t) \tag{4.367}$$

这时式(4.365)为一单频脉冲串。

当选择 $T_n = T_0 = T_r$，且

$$u_n(t) = \frac{1}{\sqrt{T_0}} \text{rect}\left(\frac{t}{T_0}\right) \exp[\text{j}2\pi f_n(t - nT_r) + \text{j}\theta_n] \tag{4.368}$$

时，可以有以下几种情况：

若 $\theta_n=$ 常数，$f_n=f_0+nf_r(n=0,1,\cdots,N-1)$，则式(4.365)为阶梯调频信号；

若 $\theta_n=0$，则式(4.365)为频率编码信号；

若 $f_n=0,\theta_n=0$ 或 π，则式(4.365)为二相编码信号。

当选择 $T_n=T_0=T_r=T$ 时，式(4.365)变为

$$u_n(t)=\frac{1}{\sqrt{N}}\mathrm{rect}\left(\frac{t}{T}\right)\sum_{n=0}^{N-1}\exp[\mathrm{j}2\pi(f_0+nf_n)t] \tag{4.369}$$

这是最简单的频率分集信号，N 个频率同时发射。

实际上，子脉冲可以采用前述 4 种信号波形的任何一种，可以根据自导系统的需要进行选择。

第 11 节　鱼雷自导信号波形选择

一、概述

根据仙农信息原理，理想系统所能输出的最大信息量为

$$I_m=TW\mathrm{lb}\left(1+\frac{S}{N}\right) \tag{4.370}$$

式中，T 为观测时间；W 为处理带宽；S/N 为系统的输入信噪比；$\mathrm{lb}(\cdot)=\log_2(\cdot)$。在主动自导系统中，可以认为 T 为信号时宽，W 为信号带宽 B。上式说明，为了增加鱼雷自导系统获得的信息量，对主动自导系统而言，应该加大信号的时宽和带宽，尽量提高系统输入信噪比。然而，S/N 的提高受鱼雷条件(鱼雷及自导本身)、信道条件和目标条件的限制，T 和 B 的增加受自导系统复杂性及性能和信道条件的限制，在工程实用中必须进行折中选择。

自导波形是主动自导设计中的主要因素之一。信号波形不仅决定了系统的信号处理方法，而且直接影响系统在分辨力、参数测量精度、抑制混响和反对抗能力等方面的性能。根据前面讨论，主动自导要解决的主要问题是检测目标、估计目标、识别目标和导引鱼雷攻击目标。为此，要求在干扰背景和目标对抗条件下，以较低的虚警概率发现目标，提供一定精度的目标角度、距离和速度信息，提供描述目标的某些特征值。在这种情况下，信号应具有足够的能量，以提高输入信噪比，检测强干扰条件下的微弱目标和比较高精度地估计目标参量；接收机应是最佳的或准最佳的，以降低检测阈和提高输出信噪比；信号波形应具有较强的干扰抑制能力；信号应具有足够的带宽，以保证所需要的距离测量精度和分辨力；信号应具有足够的时宽，以保证所需要的速度测量精度和分辨力。此外，还应考虑盲区、信道匹配和电子反对抗等问题。

自导信号波形的设计和选择是以系统对目标信息的要求和干扰背景为依据的，其与信道情况(如深海或浅海；理想的或弥散的)、目标运动规律(如低速或高速)和鱼雷跟踪目标的不同阶段及主要任务(如远程、中程或近程；检测、估计或识别等)有关，在不同条件下，自导波形的设计是不同的。因此，在鱼雷攻击目标的全过程，将采用多种自导波形，以完成不同阶段的不

同任务。

最优波形设计一般有两种方法，一是根据系统需要给定波形的模糊度函数，然后进行波形综合，这种方法比较复杂；一是简便的波形设计方法，即根据目标环境和战术要求，选择合适的信号形式和参数，使系统性能满足要求。后者是常用的波形选择方法。

应该指出，伴随波形设计，存在最佳“波形-滤波器对”设计问题，即不同的信号波形，存在不同的最佳滤波器。

自导波形选择通常是指对工作频率、时宽、带宽和调制方式的选择。目前使用最多的信号是 CW 信号、LFM 信号和时间或频率分集信号。

二、工作频率选择

通常确定最佳工作频率是以作用距离最大为准则的，最佳工作频率是信道参数、目标参数和设备参数的函数，当给定作用距离要求时，可通过自导方程求最佳工作频率。

在噪声掩蔽下，鱼雷主动自导方程为

$$SL-2TL+TS=NL-DI+DT \tag{4.371}$$

式中各参数的含义见式(1.5)。根据上式，对一台给定的自导系统，在特定的传播条件和目标条件下，计算其在不同频率的作用距离时，会发现在某一频率上作用距离有一个最大值，称此频率为系统在特定条件下的最佳工作频率，其与介质参数、目标参数和自导系统本身的参数有关。

将式(4.371)改写为

$$TL=\frac{1}{2}(SL+TS-NL+DI-DT) \tag{4.372}$$

并令

$$FM=TL=\frac{1}{2}(SL+TS-NL+DI-DT) \tag{4.373}$$

称 FM 是目标强度为 TS 时的优质因数，其是主动自导系统允许的最大单程传播损失值。由于传播损失含有距离参数，因此，引入优质因数对计算作用距离十分方便。

式(4.372)两边对 f 求导，并令 $\frac{\mathrm{d}R}{\mathrm{d}f}=0$，则可得到最大作用距离 R_0，相应于 R_0 的频率 f_0 就是最佳工作频率。现计算如下：

根据式(1.8)有

$$TL=60+20\lg R+\alpha R=60+20\lg R+0.036f^{3/2}R \tag{4.374}$$

将上式代入式(4.372)可得

$$TL=60+20\lg R+0.036f^{3/2}R=FM \tag{4.375}$$

两边微分得

$$20\,\frac{1}{R}\,\frac{\mathrm{d}R}{\mathrm{d}f}+0.036\times\frac{3}{2}f^{1/2}R+0.036f^{3/2}\,\frac{\mathrm{d}R}{\mathrm{d}f}=\frac{\mathrm{d}(FM)}{\mathrm{d}f} \tag{4.376}$$

令 $\frac{\mathrm{d}R}{\mathrm{d}f}=0$,则得

$$0.054 f_0^{1/2} R_0 = \frac{\mathrm{d}(FM)}{\mathrm{d}f} \tag{4.377}$$

式中,$\frac{\mathrm{d}(FM)}{\mathrm{d}f}$ 为 FM 随频率的变化率,单位为 dB/kHz。若改用更方便的单位,即 dB/oct 表示,则有

$$\left.\frac{\mathrm{d}(FM)}{\mathrm{d}f}\right|_{\mathrm{dB/oct}} = \frac{f_0}{\sqrt{2}} \left.\frac{\mathrm{d}(FM)}{\mathrm{d}f}\right|_{\mathrm{dB/kHz}} \tag{4.378}$$

式(4.378)考虑了几何平均频率的倍频程的宽度为$\frac{f_0}{\sqrt{2}}$。将上式代入式(4.377),可求得最佳频率为

$$f_0 = \left[\frac{26.2}{R_0}\frac{\mathrm{d}(FM)}{\mathrm{d}f}\right]^{2/3} \tag{4.379}$$

式中,$\frac{\mathrm{d}(FM)}{\mathrm{d}f}$ 的单位为 dB/oct;f_0 和 R_0 的单位分别为 kHz 和 km。

根据式(4.372),对主动自导系统有

$$\frac{\mathrm{d}(FM)}{\mathrm{d}f} = \frac{1}{2}\left[\frac{\mathrm{d}(SL)}{\mathrm{d}f} + \frac{\mathrm{d}(TS)}{\mathrm{d}f} - \frac{\mathrm{d}(NL)}{\mathrm{d}f} + \frac{\mathrm{d}(DI)}{\mathrm{d}f} - \frac{\mathrm{d}(DT)}{\mathrm{d}f}\right] \tag{4.380}$$

对被动自导系统,其自导方程为

$$SL_{\mathrm{T}} - TL = NL - DI + DT \tag{4.381}$$

式中,SL_{T} 为目标声源级(dB);其他各量的定义同式(1.5)。由上式不难得到

$$FM = SL_{\mathrm{T}} - NL + DI - DT \tag{4.382}$$

于是有

$$\frac{\mathrm{d}(FM)}{\mathrm{d}f} = \frac{\mathrm{d}(SL_{\mathrm{T}})}{\mathrm{d}f} - \frac{\mathrm{d}(NL)}{\mathrm{d}f} + \frac{\mathrm{d}(DI)}{\mathrm{d}f} - \frac{\mathrm{d}(DT)}{\mathrm{d}f} \tag{4.383}$$

从式(4.379)可以看出,最佳频率 f_0 和作用距离 R_0 以及 FM 随频率的变化率有关。通常 R_0 在战术技术指标中给定。因此,计算最佳频率 f_0 的关键在于确定$\frac{\mathrm{d}(FM)}{\mathrm{d}f}$。式(4.380)和式(4.383)中诸量有些可通过理论分析得到,有些则通过实验确定。根据有关文献提供的资料,简述如下:

(1) $\frac{\mathrm{d}(SL)}{\mathrm{d}f}$:$\frac{\mathrm{d}(SL)}{\mathrm{d}f}$ 为每倍频程声源级的变化。若主动自导发射的功率不变,发射换能器的辐射面积不变,当工作频率增加时,发射指向性指数要增加,所以声源级亦增加。对于指向性发射换能器或基阵而言,由于发射频率的改变而使声源级的变化为

$$\frac{\mathrm{d}(SL)}{\mathrm{d}f} = 6\ \mathrm{dB/oct}$$

若发射功率不变，发射束宽不变，则

$$\frac{\mathrm{d}(SL)}{\mathrm{d}f}=0\ \mathrm{dB/oct}$$

在这种情况下，当频率改变时，依靠改变发射换能器（或基阵）的结构和尺寸来得到必要的发射束宽。

由上述，在计算工作频率时，可根据具体情况，选取

$$\frac{\mathrm{d}(SL)}{\mathrm{d}f}=0\sim 6\ \mathrm{dB/oct} \tag{4.384}$$

（2）$\frac{\mathrm{d}(TS)}{\mathrm{d}f}$：$\frac{\mathrm{d}(TS)}{\mathrm{d}f}$为每倍频程目标强度的变化。曾有人设想通过实验确定目标强度与工作频率的关系，在各种不同频率下对目标强度进行测量，结果，目标强度 TS 值随频率 f 的变化，淹没在 TS 的测量误差之中，因此

$$\frac{\mathrm{d}(TS)}{\mathrm{d}f}=0 \tag{4.385}$$

应该指出的是，在水下电子对抗日益发展的今天，潜艇目标为了减小本身的目标强度均覆盖有消声瓦或涂以吸声涂层，在这种情况下，目标强度随频率的变化关系，取决于消声瓦或吸声涂层的频率特性。

（3）$\frac{\mathrm{d}(NL)}{\mathrm{d}f}$：$\frac{\mathrm{d}(NL)}{\mathrm{d}f}$为每倍频程干扰噪声级的变化。噪声干扰指鱼雷自噪声和环境噪声的干扰。一般地，鱼雷自噪声干扰远大于环境噪声干扰，所以这里只考虑鱼雷自噪声干扰。

鱼雷自噪声与频率的关系，可通过实测得到，即测量不同频率下的自噪声声压，作出自噪声声压对频率的关系曲线或归结为经验公式。式（1.15）给出了某型鱼雷的自噪声经验公式，根据该公式可得到

$$\frac{\mathrm{d}(NL)}{\mathrm{d}f}\approx -9.9\ \mathrm{dB/oct}$$

在实际计算中，可选取

$$\frac{\mathrm{d}(NL)}{\mathrm{d}f}\approx -(6\sim 9.9)\ \mathrm{dB/oct} \tag{4.386}$$

（4）$\frac{\mathrm{d}(DI)}{\mathrm{d}f}$：$\frac{\mathrm{d}(DI)}{\mathrm{d}f}$为每倍频程接收指向性指数的变化。由换能器基阵的理论可知，若接收基阵有效接收面积不变，对指向性基阵而言，接收指向性指数随频率的变化率为

$$\frac{\mathrm{d}(DI)}{\mathrm{d}f}=6\ \mathrm{dB/oct} \tag{4.387}$$

（5）$\frac{\mathrm{d}(DT)}{\mathrm{d}f}$：计算时可取

$$\frac{\mathrm{d}(DT)}{\mathrm{d}f}=0 \tag{4.388}$$

(6) $\frac{d(SL_T)}{df}$：$\frac{d(SL_T)}{df}$ 为每倍频程目标辐射声源级的变化。计算时可取

$$\frac{d(SL_T)}{df} \approx -6\ \text{dB/oct} \tag{4.389}$$

应该说明的是：

(1) 在推导最佳频率的计算式时，采用了最大作用距离准则。在实际应用中，根据具体情况，也可采用其他准则。

(2) 从对最佳频率的推导可见，式(4.379) 是在海水吸收系数 $\alpha = 0.036f^{3/2}$ 的情况下得到的。实际上海水吸收系数是因海区而异的，相关文献还给出了一些 α 的经验计算式。选取不同的 α 计算式，对 f_0 的影响较大。应该指出，最佳频率并不是十分明显的，它分布在一个频带上。通常鱼雷自导使用的频率为 20 ～ 50 kHz。

(3) 在混响掩蔽下，系统不存在最佳频率。

三、时宽 *T* 和带宽 *B* 的选择

已经指出，增加波形的时宽 T 和带宽 B，可以增加系统输出的信息量，有利于自导系统的工作。然而，T 和 B 的增加受自导系统复杂性及性能和信道条件限制，因而在工程实用中必须进行折中选择。下面讨论选择波形的时宽 T 和带宽 B 的一些具体考虑。

在选择时宽 T 时，主要考虑系统对信号能量、频率(或速度) 测量精度及分辨力和自导盲区(或死区) 的要求，同时考虑系统复杂性和信道的影响。增加时宽 T 将增加信号能量，从而提高在噪声掩蔽下的输入信噪比，有利于目标检测或增大自导作用距离和目标参数的测量精度；增加时宽 T 将提高频率(或速度) 的测量精度和分辨力；减小时宽 T 将减小自导盲区，即减小自导不能检测的最小距离，有利于近距离对鱼雷的导引，提高命中目标精度；T 的增加受信道条件限制，一般地，应选择 T 小于信道的相干时间，以减小匹配滤波器的失配损失；增加 T 会加大发射的平均功率，分辨力的提高会增加自导系统的复杂性。

在选择带宽 B 时，主要考虑目标距离测量精度及分辨力和均匀混响及抑制混响，同时考虑系统复杂性和信道的影响。增加带宽 B 将提高距离测量精度和分辨力，有利于导引和反对抗；增加带宽 B 将减小混响相关性，使背景均匀化，通常认为，当 $TB > 20$ 时，混响背景已经白化；采用单频长脉冲将使运动目标回波的模糊度函数与混响散射函数交叠区减小或分离，有利于强混响背景下的动目标检测；采用超宽带波形，可以激发目标的各种特征量，有利于目标识别和反对抗；一般地，选择带宽 B 小于信道的相干带宽，以使信号可以无畸变地传输；增加带宽会明显地增加自导系统的复杂性。

综上所述，波形选择的一些具体考虑为：

在远程，自导的主要任务是信号检测，信号应具有足够的能量，并注意减小信道的影响。通常，在浅海选择单频长脉冲，以利于在混响背景中检测动目标；在深海选择带宽较大或多普勒宽容的长脉冲波形，以利于减小混响相关性，使其均匀化。

在中程，自导的主要任务是信号检测、目标参量估计，并进行一定的反对抗。通常选择具有一定时宽和带宽的长脉冲、中脉冲。为了反对抗，还应注意选择干扰诱饵工作和诱饵不易模仿的波形，如设置引导脉冲和采用编码脉冲。最有利于目标识别的波形是超宽带波形，其可以激发目标的多种特征量。

在近程，自导的主要任务是参数估计和目标识别，应采用宽带及编码脉冲波形，在时宽的选择上，注意减小自导盲区。

习题与思考题

1. 为什么说自导波形是主动自导设计的一个主要因素？

2. 给出窄带实信号的幅相制形式和同相调制形式的数学表达式及两者的关系。

3. 给出 $L^2(T)$ 的信号空间中任意信号 $x(t)$ 的矢量表达式，并举例说明之。

4. 为什么采用信号的复数表示？与实信号相比，复信号有什么特点？

5. 试述解析信号的定义及其主要性质。

6. 证明解析信号成立的条件。在实际应用中，通常采用的判定是否采用解析信号表示的条件是什么？

7. 采样定理规定，对一个带限信号 $x(t)$ 进行采样，采样频率必须大于信号最高频率的两倍。证明信号 $x(t)$ 最高频率的两倍对正弦信号

$$x(t)=\cos\left(\frac{\omega s}{2}t+\varphi\right)$$

进行采样得 $x_r(t)$，在某些情况下，从该信号 $x_r(t)$ 不能恢复 $x(t)$。

8. 设 $x(t)$ 是一个奈奎斯特频率为 ω_0 的信号，试确定下列信号的奈奎斯特频率：

(1) $x(t)+x(t-1)$；　(2) $\frac{\mathrm{d}x(t)}{\mathrm{d}t}$；　(3) $x^2(t)$；　(4) $x(t)\cos\omega_0 t$。

9. 试述正交采样原理及其特点。

10. 证明延迟采样是一种近似的正交采样方法。

11. 试述解析信号采样原理及其特点。

12. 信号波形的主要波形参数有哪些？给出它们的表达式，并说明其物理意义。

13. 试推导点目标回波的数学模型。

14. 试推导窄带模糊度函数的表达式，即式(4.206)，并简述其主要性质和物理意义。

15. 证明式(4.226)和式(4.227)。

16. 什么是不确定性关系和测不准关系？其物理意义是什么？

17. 宽带模糊度函数的主要性质有哪些？

18. 一矩形包络线性调频信号，其中心频率为 $f_0=30$ kHz，$T=100$ ms，带宽 $B=1$ kHz，正调频。

(1) 给出该信号的时域波形、模糊度函数和不确定性椭圆的图形。

(2) 给出上述波形的时间分辨力和频率分辨力。

(3) 计算该信号的多普勒容限。

(4) 若采用匹配滤波对该波形进行最佳处理，系统带宽 $B=2.5\ \text{kHz}$，计算系统处理增益。

19. 如何消除对线性调频信号处理的耦合模糊？

20. 双曲调频信号有哪些特点？

21. 如何选择波形的时宽和带宽？

第 5 章　鱼雷自导目标定向

第 1 节　概　　述

从本章起，连续几个章节将讨论鱼雷自导信号处理问题，也就是阵列信号处理和统计信号处理问题。信号处理的目的是从观测数据(由信号、干扰和噪声组成)中对目标进行检测、估计和识别，完成上述任务的算法要充分利用信号、干扰和噪声之间存在的微小差别。信号处理重点研究下述问题[36]：

(1) 建立观测数据(包括传感器、信号和噪声)的数学描述和统计模型；

(2) 检测器和估计器所能达到的某种准则的性能分析；

(3) 开发最佳的或准最佳的检测及估计的算法；

(4) 提出算法的统计性能分析；

(5) 进行仿真或实验研究，将算法性能同性能下限或已有的算法性能进行比较。

阵列信号处理是指对由换能器基阵对声场的空间采样得到阵列信号的处理，它利用信号和干扰在空间上统计特性的差异，获得空间处理增益，并进行目标定向，以实现鱼雷导引。

阵列信号处理是空域处理，其主要内容可分为波束形成技术、零点技术和空间谱估计技术等三个方面。它们都是基于对信号的空间采样数据进行处理，因此，这些技术是相互渗透和相互关联的。由于处理的目的不同，其着眼点有所差别，因而导致不同的算法。波束形成技术的主要目的是使预形成波束主轴指向所需方向；零点技术是使波束零点对准干扰方向；空间谱估计技术是求解在处理带宽内空间信号的到达方向(DOA)。将这些技术相结合会提高空域信号处理的性能。

本章主要讨论目标定向，或目标方位估计，包括波束形成和目标到达角的精确估计技术。

第 2 节　基本的信号和噪声模型[40]

在讨论阵列信号处理问题时，为了简化，通常假设：① 传播介质是均匀的且为各向同性的，信号在其中沿直线传播；② 满足远场条件，信号波前到达基阵时为平面波；③ 不计及传播损耗。

若换能器基阵由 M 个阵元组成，阵元任意分布在平面上，远场中有 d 个信号源 $s_i(t)$ $(i=1, 2, \cdots, d)$，则基阵的第 m 个阵元的输出可表示为

$$x_m(t)=\sum_{i=1}^{d} g_m(\theta_i)s_i[t-\tau_m(\theta_i)]+n_m \quad (m=1, 2, \cdots, M) \tag{5.1}$$

式中，θ_i 为第 i 个信号的入射方向；$g_m(\theta_i)$ 为第 m 个阵元对第 i 个信号的灵敏度；$\tau_m(\theta_i)$ 为第 m 个阵元接收到的第 i 个信号相对于参考点的时间延迟；n_m 为第 m 个阵元上的附加噪声。若用矩阵表示，M 个阵元的输出可以写成一个 M 维矢量，即

$$\begin{bmatrix} x_1(t) \\ x_2(t) \\ \vdots \\ x_M(t) \end{bmatrix}=\begin{bmatrix} \sum_{i=1}^{d} g_1(\theta_i)s_i(t-\tau_1(\theta_i)) \\ \sum_{i=1}^{d} g_2(\theta_i)s_i(t-\tau_2(\theta_i)) \\ \vdots \\ \sum_{i=1}^{d} g_M(\theta_i)s_i(t-\tau_M(\theta_i)) \end{bmatrix}+\begin{bmatrix} n_1(t) \\ n_2(t) \\ \vdots \\ n_M(t) \end{bmatrix} \tag{5.2}$$

或更紧凑地表示为

$$\boldsymbol{x}(t)=\boldsymbol{G}\,\boldsymbol{s}(t)+\boldsymbol{n}(t) \tag{5.3}$$

式中

$$\boldsymbol{x}(t)=[x_1(t) \quad x_2(t) \quad \cdots \quad x_M(t)]^{\mathrm{T}} \tag{5.4}$$

$$\boldsymbol{G}=\begin{bmatrix} g_1(\theta_1) & g_1(\theta_2) & \cdots & g_1(\theta_d) \\ g_2(\theta_1) & g_2(\theta_2) & \cdots & g_2(\theta_d) \\ \vdots & \vdots & & \vdots \\ g_M(\theta_1) & g_M(\theta_2) & \cdots & g_M(\theta_d) \end{bmatrix} \tag{5.5}$$

$$\boldsymbol{s}_i(t)=[\boldsymbol{s}_i(t-\tau_1(\theta_i)) \quad \boldsymbol{s}_i(t-\tau_2(\theta_i)) \quad \cdots \quad \boldsymbol{s}_i(t-\tau_M(\theta_i))] \quad (i=1, 2, \cdots, d) \tag{5.6}$$

$$\boldsymbol{n}(t)=[n_1(t) \quad n_2(t) \quad \cdots \quad n_M(t)]^{\mathrm{T}} \tag{5.7}$$

若基阵为阵元间隔为 Δ 的均匀线列阵，如图 5.1 所示，并令第一个阵元为参考阵元，则入射到基阵的第 i 个信号在第 m 个阵元上的时间延迟为

$$\tau_m(\theta_i)=(m-1)\tau_0(\theta_i)=(m-1)\frac{\Delta}{c}\sin\theta_i \quad (m=1, 2, \cdots, M) \tag{5.8}$$

式中，$\tau_0(\theta_i)=\dfrac{\Delta}{c}\sin\theta_i$ 是第 i 个信号在两个相邻阵元之间的时间延迟，c 是信号波前的传播速度。于是式(5.2) 变为

$$
\boldsymbol{x}(t)=\begin{bmatrix}\sum_{i=1}^{d} g_1(\theta_i)s_i(t)\\ \sum_{i=1}^{d} g_2(\theta_i)s_i\left(t-\frac{\Delta}{c}\sin\theta_i\right)\\ \vdots\\ \sum_{i=1}^{d} g_M(\theta_i)s_i\left(t-(M-1)\frac{\Delta}{c}\sin\theta_i\right)\end{bmatrix}+\begin{bmatrix}n_1(t)\\ n_2(t)\\ \vdots\\ n_M(t)\end{bmatrix} \tag{5.9}
$$

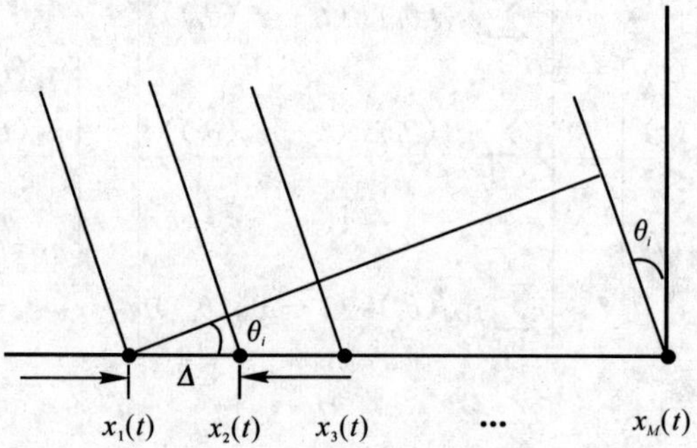

图 5.1 均匀线列阵模型

若假设阵元是无指向性的，且各阵元是相同的，则有

$$
\boldsymbol{x}(t)=\begin{bmatrix}\sum_{i=1}^{d} s_i(t)\\ \sum_{i=1}^{d} s_i\left(t-\frac{\Delta}{c}\sin\theta_i\right)\\ \vdots\\ \sum_{i=1}^{d} s_i\left(t-(M-1)\frac{\Delta}{c}\sin\theta_i\right)\end{bmatrix}+\begin{bmatrix}n_1(t)\\ n_2(t)\\ \vdots\\ n_M(t)\end{bmatrix} \tag{5.10}
$$

若所有 d 个信号均为窄带的，且中心频率均为 f_0，则第 i 个信号可表示为

$$
s_i(t)=u_i(t)\cos[2\pi f_0 t+\varphi_i(t)] \quad (i=1, 2, \cdots, d) \tag{5.11}
$$

式中，$u_i(t)$ 和 $\varphi_i(t)$ 分别为信号的幅度调制和相位调制，是时间的慢变函数。式(5.11)的解析信号表达式为

$$
\tilde{s}_i(t)=u_i(t)\exp[\mathrm{j}(2\pi f_0 t+\varphi_i(t))] \tag{5.12}
$$

对较小时延 $\tau(\theta_i)$，解析信号中时间延迟可近似用一个相移来表示，则有

$$
\begin{aligned}
\tilde{s}_i(t-\tau_m(\theta_i)) &= u_i(t-\tau_m(\theta_i))\exp[\mathrm{j}(2\pi f_0(t-\tau_m(\theta_i))+\varphi_i(t-\tau_m(\theta_i)))]\approx\\
&u_i(t)\exp[\mathrm{j}(2\pi f_0 t+\varphi_i(t))]\exp(\mathrm{j}2\pi f_0\tau_m(\theta_i))=\tilde{s}_i(t)\exp(-\mathrm{j}2\pi f_0\tau_m(\theta_i))\\
&(i=1, 2, \cdots, d;\quad m=1, 2, \cdots, M)
\end{aligned} \tag{5.13}
$$

将式(5.13)用于式(5.1),并考虑到式(5.8)得到

$$\tilde{\boldsymbol{x}}(t)=\begin{bmatrix}\sum_{i=1}^{d}\tilde{s}_i(t)\\ \sum_{i=1}^{d}\tilde{s}_i(t)\exp(-\mathrm{j}2\pi f_0\Delta\sin\theta_i/c)\\ \vdots\\ \sum_{i=1}^{d}\tilde{s}_i(t)\exp[-\mathrm{j}(M-1)2\pi f_0\Delta\sin\theta_i/c]\end{bmatrix}+\begin{bmatrix}n_1(t)\\ n_2(t)\\ \vdots\\ n_M(t)\end{bmatrix}=\sum_{i=1}^{d}\boldsymbol{a}(\theta_i)\tilde{s}_i(t)+\boldsymbol{n}(t) \tag{5.14}$$

式中

$$\boldsymbol{a}(\theta_i)=[1\quad \exp(-\mathrm{j}2\pi f_0\Delta\sin\theta_i/c)\quad\cdots\quad\exp[-\mathrm{j}(M-1)2\pi f_0\Delta\sin\theta_i/c]\,]^{\mathrm{T}} \tag{5.15}$$

为均匀线列阵对 θ_i 方向的响应向量。将基阵对所有 d 个方向入射信号的响应向量按列放置在矩阵 $\boldsymbol{A}$ 中,则有

$$\boldsymbol{A}=[\boldsymbol{a}(\theta_1)\quad\boldsymbol{a}(\theta_2)\quad\cdots\quad\boldsymbol{a}(\theta_d)] \tag{5.16}$$

于是式(5.14)可表示成

$$\tilde{\boldsymbol{x}}(t)=\boldsymbol{A}\tilde{\boldsymbol{s}}(t)+\boldsymbol{n}(t) \tag{5.17}$$

式中,d 维复向量 $\tilde{\boldsymbol{s}}(t)$ 为

$$\tilde{\boldsymbol{s}}(t)=[\tilde{s}_1(t)\quad\tilde{s}_2(t)\quad\cdots\quad\tilde{s}_d(t)]^{\mathrm{T}} \tag{5.18}$$

矩阵 $\boldsymbol{A}$ 称为阵簇(Array manifold),其可进一步表示为

$$\boldsymbol{A}=\begin{bmatrix}1 & 1 & \cdots\\ \exp(\mathrm{j}\varphi_1) & \exp(\mathrm{j}\varphi_2) & \cdots\\ \vdots & \vdots & \vdots\\ \exp[\mathrm{j}(M-1)\varphi_1] & \exp[\mathrm{j}(M-1)\varphi_2] & \cdots\end{bmatrix} \tag{5.19}$$

式中

$$\varphi_i=\frac{2\pi\Delta}{\lambda}\sin\theta_i\quad(i=1,2,\cdots,d) \tag{5.20}$$

关于噪声,最常用的假设是把基阵阵元接收的噪声视为零均值的平稳随机过程,每一个阵元上的噪声被视为一个独立分量,并且具有相同的方差 σ^2,该噪声的分布是复高斯的。对于这样一个平稳的时空上均为白色的复高斯过程 $\boldsymbol{n}(t)$,其协方差为

$$E[\boldsymbol{n}(t)\boldsymbol{n}^{\mathrm{H}}(t)]=\sigma^2\boldsymbol{I} \tag{5.21}$$

式中,“H”表示共轭转置。

这里,须要说明两个问题:

(1) 协方差矩阵:在上述对信号和噪声的假设条件下,进一步假设信号波前与噪声过程互不相关,则基阵输出的协方差矩阵为

$$\boldsymbol{R}=E[\boldsymbol{x}(t)\boldsymbol{x}^{\mathrm{H}}(t)]=\boldsymbol{A}(\theta)\boldsymbol{S}\boldsymbol{A}^{\mathrm{H}}(\theta)+\sigma^2\boldsymbol{I} \tag{5.22}$$

称 $\boldsymbol{R}$ 为基阵协方差矩阵。式中 $\boldsymbol{S}$ 为信号协方差矩阵，其定义为

$$\boldsymbol{S}=E[\boldsymbol{s}(t)\boldsymbol{s}^{\mathrm{H}}(t)] \tag{5.23}$$

在实际应用中，只能获得基阵输出在等间隔的 N 个时刻的采样(称做快拍)，即得到 N 个 M 维的观测数据向量，将它们按列放到一个矩阵中，得到由 N 个时刻采样构成的数据矩阵 $\boldsymbol{X}_N$，即

$$\boldsymbol{x}(t)=\boldsymbol{A}(\theta)\boldsymbol{s}(t)+\boldsymbol{n}(t)\quad(t=1,\ 2,\ \cdots,N) \tag{5.24}$$

$$\boldsymbol{X}_N=[\boldsymbol{x}_1\quad \boldsymbol{x}_2\quad \cdots\quad \boldsymbol{x}_N] \tag{5.25}$$

这时，可用如下方式构成基阵的采样协方差矩阵

$$\hat{\boldsymbol{R}}_N=\frac{1}{N}\sum_{t=1}^{N}\boldsymbol{x}(t)\boldsymbol{x}^{\mathrm{H}}(t) \tag{5.26}$$

若 $\boldsymbol{s}(t)$ 是各态历经的，即下述极限存在

$$\boldsymbol{S}=\lim_{N\to\infty}\frac{1}{N}\sum_{t=1}^{N}\boldsymbol{s}(t)\boldsymbol{s}^{\mathrm{H}}(t) \tag{5.27}$$

则当 N 趋于无穷时，采样协方差矩阵收敛于基阵协方差矩阵，即

$$\boldsymbol{R}=\lim_{N\to\infty}\hat{\boldsymbol{R}}_N=\boldsymbol{A}(\theta)\boldsymbol{S}\boldsymbol{A}^{\mathrm{H}}(\theta)+\sigma^2\boldsymbol{I} \tag{5.28}$$

(2) 信号相关性问题：主要讨论有限数据采样对数据相关性的影响。

对 N 次观测样本，采样协方差矩阵由式(5.26) 给出，将式(5.24) 和式(5.25) 代入可得

$$\hat{\boldsymbol{R}}_N=\frac{1}{N}\sum_{t=1}^{N}\boldsymbol{x}(t)\boldsymbol{x}^{\mathrm{H}}(t)=\boldsymbol{A}\left[\frac{1}{N}\sum_{t=1}^{N}\boldsymbol{s}(t)\boldsymbol{s}^{\mathrm{H}}(t)\right]\boldsymbol{A}^{\mathrm{H}}+\boldsymbol{A}\left[\frac{1}{N}\sum_{t=1}^{N}\boldsymbol{s}(t)\boldsymbol{n}^{\mathrm{H}}(t)\right]+$$
$$\left[\frac{1}{N}\sum_{t=1}^{N}\boldsymbol{n}(t)\boldsymbol{s}^{\mathrm{H}}(t)\right]\boldsymbol{A}^{\mathrm{H}}+\frac{1}{N}\sum_{t=1}^{N}\boldsymbol{n}(t)\boldsymbol{n}^{\mathrm{H}}(t)=\boldsymbol{A}\hat{\boldsymbol{S}}\boldsymbol{A}^{\mathrm{H}}+2\boldsymbol{A}\mathrm{Re}[\hat{\boldsymbol{R}}_{\mathrm{SN}}]+\hat{\Sigma}_N \tag{5.29}$$

式中，$\hat{\boldsymbol{S}}$ 是信号 $\boldsymbol{S}$ 协方差矩阵的估计；$\hat{\boldsymbol{R}}_{\mathrm{SN}}$ 是信号和噪声之间互协方差矩阵的估计；$\hat{\Sigma}_N$ 是噪声协方差矩阵的估计。在理想条件下，$\hat{\boldsymbol{R}}_{\mathrm{SN}}=0,\hat{\Sigma}_N=\sigma^2\boldsymbol{I}$ 且 $\hat{\boldsymbol{S}}\to\boldsymbol{S}$，这时式(5.29) 就是基阵协方差矩阵。但由于采样次数 N 有限。式中三个估计值不等于它们各自的集总平均值。因此，影响了前述一些假设条件的成立。

对于两个假定互不相关的信号源，其协方差矩阵应当为一个对角阵，对角线上元素分别是各个信号的功率。由于采样次数有限，其协方差矩阵的非对角线元素不再为零。可见有限次采样等效于增加了信号源之间的相关性。对噪声有类似的影响，它等效于在基阵接收端施加了有色噪声。信号与噪声的互协方差矩阵也可归并到噪声协方差矩阵的估计中去。

对于两个假设完全相关的信号源，其集总平均意义上的信号协方差矩阵是降秩的。但在有限次采样上做平均得到的信号协方差矩阵的估计却多是病态的，这无疑等效于减弱了两个信号源之间的相关程度。

由上述可知，采样数据长度对信号的相关性产生一定程度的影响，在计算机仿真时，假设的不相关或完全相关的信号是无法得到的。

第3节 换能器基阵特性

一、阵处理增益

使用换能器基阵最重要的优点是在检测水下目标时提高了信噪比。提高的程度用阵处理增益来衡量。

阵处理增益定义为

$$AG = 10\lg \frac{(S/N)_{阵}}{(S/N)_{阵元}} \quad (\text{dB}) \tag{5.30}$$

式中，$(S/N)_{阵}$ 为整个基阵的输出信噪比；$(S/N)_{阵元}$ 为阵的单个阵元的输出信噪比，这里假设了组成阵的所有阵元输出信噪比是相同的。

可以证明，阵处理增益与阵元之间的信号和噪声的互相关系数有关。考虑一个由 M 个灵敏度相等的阵元构成的线性相加阵，经过推导可以得到

$$AG = 10\lg \frac{\overline{S}^2/\overline{N}^2}{\bar{s}^2/\bar{n}^2} = 10\lg \frac{\sum_i \sum_j (\rho_s)_{ij}}{\sum_i \sum_j (\rho_n)_{ij}} \quad (i = 1, 2, \cdots, M;\ j = 1, 2, \cdots, M) \tag{5.31}$$

式中，$\overline{S}^2$ 和 $\overline{N}^2$ 分别为基阵输出的信号和噪声的平均功率；$\bar{s}^2$ 和 $\bar{n}^2$ 为阵元输出的信号和噪声的平均功率；$(\rho_s)_{ij}$ 和 $(\rho_n)_{ij}$ 分别为信号和噪声在第 i 个阵元和第 j 个阵元之间的互相关系数。阵元之间互相关系数定义为

$$\rho_{ij} = \frac{\overline{x_i(t)x_j(t)}}{[\overline{x_i^2(t)x_j^2(t)}]^{1/2}} \tag{5.32}$$

式中，$x_i(t)$ 和 $x_j(t)$ 为两个阵元的输出电压；"横划"表示时间平均。

如果各阵元输出不同，则阵处理增益为

$$AG = 10\lg \frac{\sum_i \sum_j a_i a_j (\rho_s)_{ij}}{\sum_i \sum_j a_i a_j (\rho_n)_{ij}} \tag{5.33}$$

式中，a_i 为第 i 个阵元输出的信号或噪声的均方根电压。

可以看出，ρ_s 和 ρ_n 表示了基阵所在声场的基本特性，同一个基阵放在不同的信号场和噪声场中，其处理增益就不同。

当完全相干的信号在不相干的噪声中时，

$$(\rho_n)_{ij} = \begin{cases} 1, & i = j \\ 0, & i \neq j \end{cases}$$

则 M 元基阵的处理增益为

$$AG = 10\lg M \tag{5.34}$$

而当完全相干的信号在部分相干的噪声场中时，

$$(\rho_n)_{ij} = \begin{cases} 1, & i = j \\ \rho, & i \neq j \end{cases}$$

则阵处理增益为

$$AG = 10\lg \frac{M}{1 + (M-1)\rho} \tag{5.35}$$

一般在信号相干性减弱和噪声相干性增强时，都会使阵的处理增益下降。若基阵所处介质不是统计时间平稳的，因而引起接收信号幅度和相位的起伏，则基阵的性能还要进一步下降。简言之，基阵在声场中工作时，基阵处理增益取决于该声场中信号和噪声的统计特性。

若完全相干的信号处于各向同性的噪声场中，且基阵已转向信号方向，则这时基阵处理增益变成接收指向性指数，其表达式为

$$AG = DI = 10\lg \frac{\int_{4\pi} \mathrm{d}\Omega}{\int_{4\pi} b(\theta, \varphi)\mathrm{d}\Omega} = 10\lg \frac{4\pi}{\int_0^{2\pi}\int_{-\pi/2}^{\pi/2} b(\theta, \varphi)\cos\theta \mathrm{d}\theta \mathrm{d}\varphi} \tag{5.36}$$

式中，$b(\theta, \varphi)$ 为基阵的指向性函数；φ 和 θ 分别为水平方位角和垂直俯仰角。基阵的接收指向性指数表示了相干信号在各向同性噪声场中，基阵对噪声的抑制程度。

二、波束形成器

换能器基阵的输出响应随着相对于阵的方向变化而改变。阵的这种特性称为基阵的指向性或波束。波束可测定信号的方向，同时抑制与信号不同方向上的噪声，获得阵处理增益。

鱼雷自导开始工作，对目标进行搜索或丢失目标对目标进行再搜索时，希望波束覆盖一定的扇面，以提高搜索目标的速度和避免漏掉目标；当鱼雷接近目标至中近程时，希望精确估计目标方位，以利于精确导引和目标识别与反对抗。鱼雷自导的波束配置是通过波束形成器来实现的。

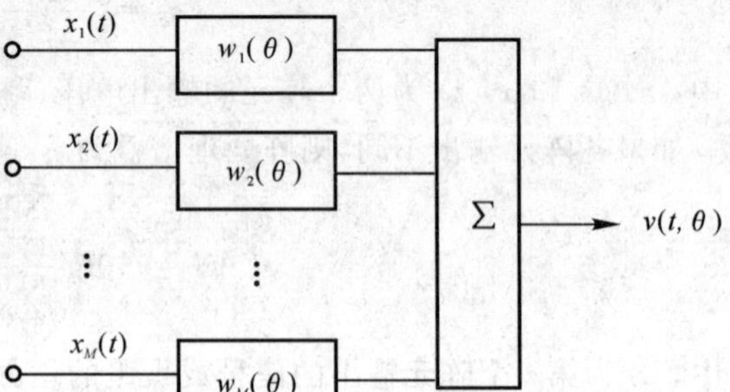

图 5.2 波束形成器基本原理图

阵列信号处理的基本原理如图 5.2 所示。M 个换能器阵元构成基阵，对每个阵元输出 $x_i(t)$ 分别加权 $w_i(t)$，求和得到基阵的输出 $v(t, \theta)$，即

$$v(t, \theta) = \sum_{m=1}^{M} w_i^*(\theta) x_i(t) = \sum_{m=1}^{M} x_i^*(t) w_i(\theta) \tag{5.37}$$

式中，“ * ”表示复共轭算子。采用向量符号则有

$$v(t,\theta)=\boldsymbol{w}^{\mathrm{H}}(\theta)\boldsymbol{x}(t)=\boldsymbol{x}^{\mathrm{H}}(t)\boldsymbol{w}(\theta) \tag{5.38}$$

式中，“H”表示复共轭转置；$\boldsymbol{x}(t)$ 和 $\boldsymbol{w}(\theta)$ 分别为观测数据向量和加权系数向量，可表示为

$$\boldsymbol{x}(t)=[x_1(t)\quad x_2(t)\quad \cdots\quad x_M(t)]^{\mathrm{T}}$$

$$\boldsymbol{w}(\theta)=[w_1(\theta)\quad w_2(\theta)\quad \cdots\quad w_M(\theta)]^{\mathrm{T}}$$

基阵输出端的空间功率谱是集总平均意义上的功率谱，可表示为

$$P(\theta)=E[\parallel v(t,\theta)\parallel^2]=E[v(t,\theta)v^*(t,\theta)]=E[\boldsymbol{w}^{\mathrm{H}}(\theta)\boldsymbol{x}(t)\boldsymbol{x}^{\mathrm{H}}(t)\boldsymbol{w}(\theta)]=$$
$$\boldsymbol{w}^{\mathrm{H}}(\theta)E[\boldsymbol{x}(t)\boldsymbol{x}^{\mathrm{H}}(t)]\boldsymbol{w}(\theta)=\boldsymbol{w}^{\mathrm{H}}(\theta)\boldsymbol{R}\boldsymbol{w}(\theta) \tag{5.39}$$

式中，$\boldsymbol{R}$ 为观测数据的协方差矩阵。选用不同的加权向量，可从上式导出不同的算法。下面主要讨论常规波束形成器。

常规波束形成器可以在期望方向形成一个主波束，又称预形成波束。这是因为在期望方向，信号到达基阵时，经过加权，各阵元输出是同相的，因而求和产生一个相干叠加的增强信号；对于非期望方向的信号，各阵元输出不同相，因而求和输出的信号被减弱。对于噪声则产生非相干叠加。常规波束形成器就是选择适当的加权向量以补偿各阵元的传播延时，从而在某一期望方向实现信号同相叠加，在该方向上产生一个极大值。

以阵元间隔为 Δ 的均匀线列阵为例说明之，如图 5.1 所示。在 θ 方向，相邻阵元间产生的时间延迟为

$$\tau_0(\theta)=\frac{\Delta}{c}\sin\theta \tag{5.40}$$

第 m 个阵元到参考阵元的时间延迟为

$$\tau_m(\theta)=(m-1)\tau_0(\theta) \tag{5.41}$$

若选择加权矢量为

$$\boldsymbol{w}(\theta)=[1\quad \exp(\mathrm{j}2\pi f_0\tau_0(\theta))\quad \cdots\quad \exp[\mathrm{j}2\pi f_0(M-1)\tau_0(\theta)]]^{\mathrm{T}} \tag{5.42}$$

则在 θ 方向将形成主波束，其输出功率 $P(\theta)$ 或指向性函数 $b(\theta)$ 为

$$P(\theta)=b(\theta)=\boldsymbol{w}^{\mathrm{H}}(\theta)\boldsymbol{R}\boldsymbol{w}(\theta) \tag{5.43}$$

对于常规波束形成器，存在两个主要问题，即角度分辨率较低和存在旁瓣泄漏。

一般采用束控的方法控制波束的形状，通常采用幅度束控，就是用调节各阵元响应的方法得到较为满意的波束形状。图 5.3 给出了一个六元线阵的不同方式束控后得到的波束图。

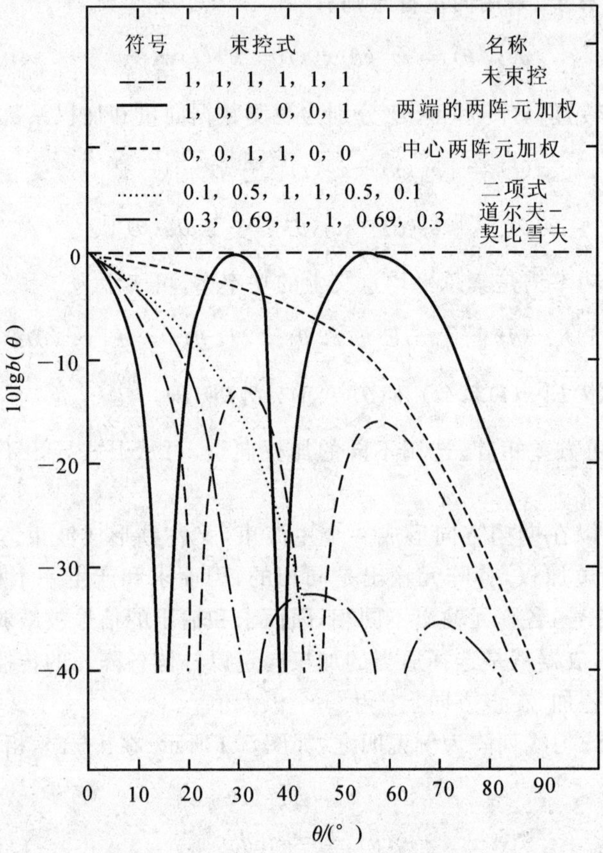

图 5.3　不同束控方式的波束图

第 4 节　时域波束形成器的实现

一、概述

根据前面的讨论，常规时域波束形成器的输出可表示为

$$v(t) = \sum_{m=1}^{M} a_m x_m (t - \tau_m) \tag{5.44}$$

式中，$x_m(t)$ 为第 m 个阵元的输出；τ_m 为第 m 个阵元相对于参考阵元的延迟，用以控制波束的指向；a_m 为第 m 个阵元的加权因子，用以控制波束的形状；M 为阵元数。可以看出，常规时域波束形成器就是对基阵的阵元输出进行延迟、加权和求和运算，从而控制波束的指向和形状。

常规时域波束形成器式(5.44) 可以用模拟方法实现，也可以用数字方法实现，后者是目前的发展潮流，这里主要讨论数字时域波束形成器的实现。

在进行数字波束形成器运算之前，首先对基阵各阵元的输出进行放大和滤波，再对经过放大和滤波的信号进行采样，于是可得数字波束形成器的输出为

$$v(nT_0) = \sum_{m=1}^{M} a_m x_m (nT_0 - M_m T_i) \tag{5.45}$$

式中，T_0 和 T_i 分别为波束输出和输入的采样间隔；M_m 为整数；n 为采样快拍数。并且

$$\tau_m - \frac{T_i}{2} < M_m T_i < \tau_m + \frac{T_i}{2} \tag{5.46}$$

也就是说，各阵元的延迟 τ_m 是由输入采样间隔的整数倍 $M_m T_i$ 来实现的。当 $M_m T_i = \tau_m$ 时，各阵元的延迟不存在量化误差，这时形成的波束与理论波束一致，称其为同步波束；当 $M_m T_i \neq \tau_m$ 时，各阵元的延迟存在量化误差，这时形成的波束偏离理论波束，主要表现为主瓣较宽和旁瓣较高，称其为非同步波束。

理论上，为了满足信号重构要求，只需采用奈奎斯特频率采样。但为了满足波束形成器时延精度的要求，采样频率要远高于奈奎斯特频率，一般为信号最高频率的 5 ～ 10 倍。这样高的采样率将提高对 A/D 器件、存储器规模和通信带宽的要求，即增加硬件规模和成本。为此，如何降低采样频率又满足波束形成器时延精度要求就成为数字波束形成器设计的一个重要问题。

下面讨论数字内插波束形成器和移频边带波束形成器，它们可以满足降低采样频率和保证时延精度两方面要求。

二、数字内插波束形成器[38, 43]

数字内插波束形成器输入的采样率为奈奎斯特频率，然后通过内插提高输入的采样率以保证波束形成器时延精度的要求，最后在波束形成器的输出端再将采样率降低到与输入采样率相同。

根据前面采样率变换一节讨论的整数倍内插的原理，内插为两步过程：① 对已知采样序列 $x(nT_i)$ 的相邻两采样点之间等间距地插入 $(I-1)$ 个零值点；② 进行低通滤波。这样就得到采样率提高了的新的采样序列 $x(n_2 T_2)$，如图 5.4 所示。并且

$$x(n_2 T_2) = \sum_{r=1}^{N_c-1} v(rT_2) h(n_2 T_2 - rT_2) = \sum_{r=1}^{N_c-1} h(rT_2) v(n_2 T_2 - rT_2) \tag{5.47}$$

式中

$$v(n_2 T_2) = \begin{cases} x\left(\dfrac{n}{I} T_i\right), & n_2 = 0, \pm I, \pm 2I, \cdots \\ 0, & \text{其他} \end{cases} \tag{5.48}$$

$$T_2 = \frac{T_i}{I}$$

$h(rT_2)$ 为低通滤波器的单位脉冲响应；N_c 为滤波器的长度。代入式(5.45) 可得到数字内插波

束形成器的输出为

$$v(nT_0) = \sum_{m=1}^{M} a_m \sum_{r=1}^{N_c} h(rT_2) v_m[(nI - r - M_m)T_2] \tag{5.49}$$

式中，m 表示阵元序号；$T_0 = T_i$，即数字内插波束形成器的输入采样率与输出采样率相同。

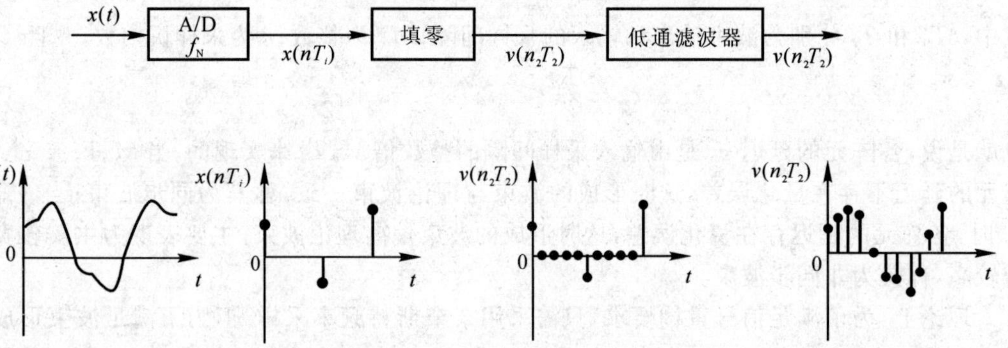

图 5.4 两步内插过程

对于数字内插波束形成器，须要说明以下几点：

(1) 尽管为了降低采样率增加了内插滤波器，但实际上增加的运算量是有限的，因为大多数输入值为零，因而计算被简化了。

(2) 式(5.49)为波束形成器前内插。当形成多波束时，若形成的波束数小于阵元数，也可在波束形成器后内插滤波，即对输入数据补零，再进行波束形成计算，最后完成内插滤波。

(3) 同步波束、非同步波束和内插波束如图 5.5 所示。可以看出，内插波束接近同步波束。

(4) 在信号分析一章，讨论了带宽采样技术，这时，使信号重构的最高采样率不需信号最高频率的两倍，只需带宽即可。将带宽采样技术与内插波束形成器相结合，将进一步降低采样率。关于这个问题的讨论请参阅文献[38]。

三、移频边带波束形成器[39, 41]

数字移频边带波束形成器或称数字移带波束形成器是用经过频带搬移后的单边带复信号来形成波束。由于换能器基元的输出被搬移到低频，因而采样率可大大降低，减小了硬件规模和费用，同时运算量也减小了。又由于可选择合适的解调频率 f_1，使经解调后的信号频带与直流信号及供电电源的频带无重叠，从而可抑制系统直流漂移干扰和供电电源干扰。

数字移带波束形成器的原理框图如图 5.6 所示。

图中，若换能器基元的输出信号 $x_m(t)$ 的中心频率为 f_0，信号带宽为 B，用 f_1 对其解调，则中心频率下移到 $f_0 - f_1$，通常选择

$$0 < f_1 < f_0 - \frac{B}{2}$$

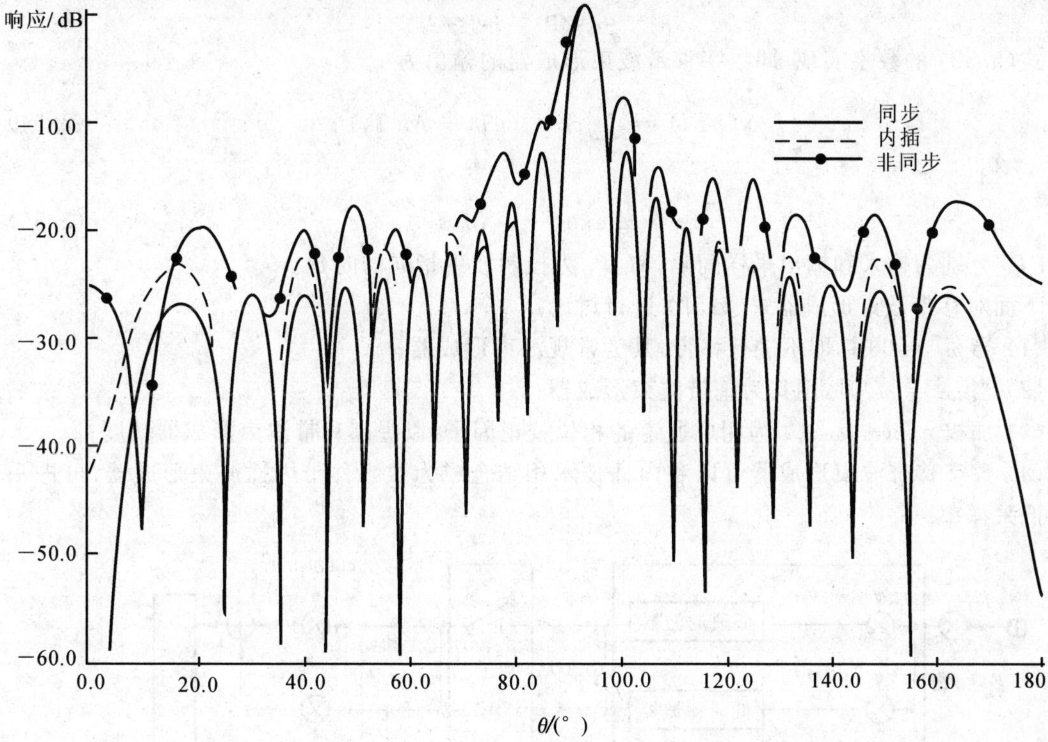

图 5.5　几种波束形成器的比较

同时保证下移频带后信号谱与直流不重叠。第 m 个换能器基元输出经移带后的信号，即移带波束形成器的输入为

$$x_{ms}(t) = x_{mc}(t)\exp[\mathrm{j}(\omega_0 - \omega_1)t] \tag{5.50}$$

式中，$x_{mc}(t)$ 为第 m 个换能器输出信号的复包络；$\omega_1 = 2\pi f_1$ 为解调的参考角频率。

根据图 5.6 和式(5.44) 及式(5.50)，当 $\omega_1 = \omega_0$ 时，可得基带波束形成器的输出为

$$v_B(t) = \sum_{m=1}^{M} a_m x_{mc}(t - \tau_m)\exp(-\mathrm{j}\omega_0\tau_m) \tag{5.51}$$

于是，移带波束形成器的输出为

$$\begin{aligned} v_s(t) = {} & v_B(t)\exp[\mathrm{j}(\omega_0 - \omega_1)t] = \\ & \Big[\sum_{m=1}^{M} a_m \exp(-\mathrm{j}\omega_0\tau_m)x_{mc}(t - \tau_m)\Big]\exp[\mathrm{j}(\omega_0 - \omega_1)t] = \\ & \Big\{\sum_{m=1}^{M} c_m x_{mc}(t - \tau_m)\exp[-\mathrm{j}(\omega_0 - \omega_1)\tau_m]\Big\}\exp[\mathrm{j}(\omega_0 - \omega_1)t] = \\ & \sum_{m=1}^{M} c_m x_{ms}(t - \tau_m) \end{aligned} \tag{5.52}$$

式中

$$c_m = a_m \exp(-\mathrm{j}\omega_1 \tau_m) \tag{5.53}$$

式(5.52)的数字实现，即数字移带波束形成器的输出为

$$v_s(nT_0) = \sum_{m=1}^{M} c_m x_{ms}(nT_0 - M_m T_i) \tag{5.54}$$

式中

$$c_m = a_m \exp(-\mathrm{j}\omega_1 M_m T_i) \tag{5.55}$$

T_i 和 T_0 分别为输入和输出采样间隔；$M_m T_i$ 为控制波束指向的时延。

下面对移带波束形成器式(5.52)进行讨论：

(1) 当 $\omega_1 = 0$ 时，即不进行移带，其为常规波束形成器；

(2) 当 $\omega_1 = \omega_0$ 时，则其为基带波束形成器；

(3) 加权 $\exp(-\mathrm{j}\omega_1 \tau_m)$ 为相应通道的相位校正因子，以提高移带波束形成器精度；

(4) 数字移带波束形成器可以和内插技术相结合成为数字移带内插波束形成器，可进一步降低采样率。

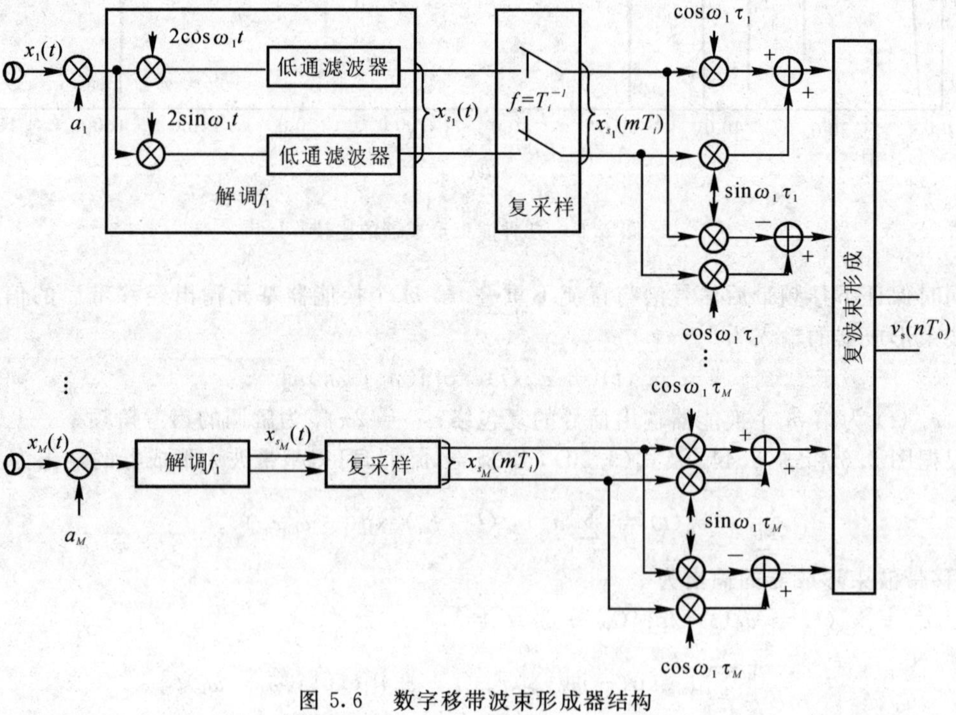

图 5.6 数字移带波束形成器结构

第 5 节 频域波束形成器

波束形成器运算是一种卷积运算，它可以通过在频域上的复乘积或移相来实现，这就是频

域波束形成器。下面讨论频域波束形成器的两种实现方法，即离散傅里叶变换(DFT)波束形成器和相移波束形成器。

一、DFT 波束形成器

为了简化，这里仅讨论均匀线列阵情况。根据式(5.44)，常规时域波束形成器的输出为

$$v(t)=\sum_{m=1}^{M}a_m x_m(t-\tau_m)$$

对于窄带情况，时延 τ_m 可用相移代替，于是有

$$v(t)=\sum_{m=1}^{M}a_m x_m(t)\exp(-\mathrm{j}\varphi_m) \tag{5.56}$$

式中

$$\varphi_m=\frac{2\pi(m-1)\Delta}{\lambda}\sin\theta \tag{5.57}$$

其中，Δ 为阵元间距；θ 为相对于基阵法线方向的夹角。可以看出，式(5.56)是对基阵各阵元空间采样的傅里叶变换，称其为空间傅里叶变换。

对于宽带情况，则应先对各阵元的输出信号作时间傅里叶变换，将输入信号分解为一系列窄带信号，然后对各阵元频率相同的各窄带信号作空间傅里叶变换，得到多个波束输出，再将各频率指向相同的波束进行合成，并进行傅里叶反变换就得到了宽带多波束。

由上述可知，DFT 波束形成器要进行时间和空间二维傅里叶变换，由于其可用二维快速傅里叶变换实现，因而是实时实现多波束处理的一种快速有效的方法。DFT 波束形成可按以下方法进行：

(1) 对阵元输出信号 $x_m(t)$ 采样，并取 N 个采样点作 DFT，即

$$X_m(k)=\sum_{k=0}^{N-1}x_m(n)\exp\left(-\mathrm{j}\frac{2\pi}{N}nk\right) \tag{5.58}$$

式中，k 为谱线序号，$k=0,1,\cdots,N-1$；m 为阵元序号，$m=0,1,\cdots,M$；n 为时间序号，$n=0,1,\cdots,N-1$。

(2) 数据转角重排，将 $X_m(k)$ 重排成 $X_k(m)$。

(3) 对 $X_k(m)$ 作空间傅里叶变换，即

$$V_k(l)=\sum_{m=1}^{M}a_m x_m(k)\exp\left[-\mathrm{j}\frac{2\pi}{N}(m-1)l\right] \tag{5.59}$$

式中，l 为波束序号，$l=0,1,\cdots,L-1$。

(4) 为了克服采用 DFT 运算后，不同频率的同一序号波束指向不同和空间波束间隔不均匀的缺点，必须求修正因子 S_{pk} 及 $\exp\left[-\mathrm{j}\frac{2\pi}{N}(m-1)l\right]$的 DFT $U_k(l)$，即

$$U_k(l)=\sum_{m=1}^{M}\exp\left[-\mathrm{j}\frac{2\pi}{N}(m-1)S_{pk}\right]\exp\left[-\mathrm{j}\frac{2\pi}{N}(m-1)l\right]=N\delta(l+S_{pk}) \tag{5.60}$$

$$S_{pk} = \frac{M\Delta}{\lambda_k}(\sin\alpha_p - \sin\alpha_l) \tag{5.61}$$

式中，λ_k 为第 k 号谱线的波长；α_l 为第 l 号波束的指向角；$\alpha_p = \alpha_B$，α_B 为基本指向角，即 1 号波束的指向角。

(5) 求 $V_k(l)$ 与 $U_k(l)$ 的循环卷积：

$$A_k(l) = V_k(l) * U_k(l) \tag{5.62}$$

式中，“$*$”表示循环卷积；$A_k(l)$ 为第 k 号谱线第 l 号波束的输出谱。只要 S_{pk} 选得适当，除能保证不同频率的各号窄带波束具有相同的指向角外，还可以使各波束在空间均匀分布。

(6) 恢复成时间序列：将 $A_k(l)$ 转角重排得 $A_l(k)$，再作 IDFT 得

$$a_l(n) = \frac{1}{N}\sum_{k=0}^{N-1} A_l(k)\exp\left(\mathrm{j}\,\frac{2\pi}{N}nk\right) \tag{5.63}$$

须要指出的是，这里没有考虑恒定束宽问题。众所周知，对于相同孔径的基阵，频率越高，束宽越窄，因而在非主轴方向接收宽带信号时，会造成信号失真，恒定束宽波束形成可以解决这一问题。关于宽带恒定束宽波束形成问题，将在后面做简要介绍。

二、数字相移波束形成器

相移波束形成器是一种适于窄带系统的频域波束形成器，其相移量 $\omega\tau_m$ 是用中心频率处的相移量 $\omega_0\tau_m$ 来近似的，相移波束形成器的输出表达式为

$$v(n) = \sum_{m=1}^{M} a_m x_m(n)\exp(-\mathrm{j}\omega_0\tau_m) \tag{5.64}$$

其频域表示为

$$V(k) = \sum_{m=1}^{M} a_m X_m(k)\exp(-\mathrm{j}\omega_0\tau_m) \tag{5.65}$$

式中，ω_0 为中心角频率；$X_m(k)$ 为第 m 号阵元输出的谱线。

相移波束形成器的突出优点是运算简单，而延时量化与采样频率无关。相移波束形成器的时域实现框图如图 5.7 所示。

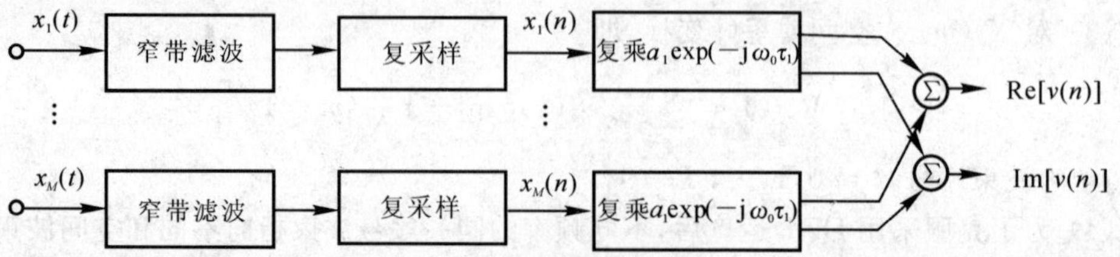

图 5.7 数字相移波束形成器

第6节　宽带波束形成器[46]

一、概述

1. 宽带信号

鱼雷自导信号可分为窄带信号和宽带信号两种，这里给出它们的定义。若鱼雷自导信号的带宽为 B，时宽为 T，中心频率为 f_0，则

定义1：若 $B \ll f_0$，即相对带宽 $\frac{B}{f_0} \ll 1$，则信号为窄带的，否则信号为宽带的。在实际应用中，通常认为 $\frac{B}{f_0} < 0.1$ 的信号就是窄带信号。

定义2：当信号满足条件 $\frac{2v}{c} \ll \frac{1}{TB}$ 时，则信号是窄带的，否则信号是宽带的。式中，c 和 v 分别为介质声速和鱼雷与目标的径向速度。

定义3：若 $\frac{(M-1)\Delta}{c} \ll \frac{1}{B}$，则信号是窄带的，否则信号是宽带的。式中，$M$ 和 Δ 分别为自导基阵的阵元数目和阵元间距。

定义1是对信号的直观理解。定义2适用于目标是运动的场合。这时，在信号持续时间 T 内，相对于信号的距离分辨率，目标没有明显的位移，目标回波的时宽，相对于发射信号没有明显的伸缩。可以看出，对于同一信号，若径向速度不同，则可能定义为窄带的，也可能定义为宽带的。定义3适用于阵列信号处理，如果信号带宽的倒数远大于信号掠过阵列孔径的传播时间，就称信号是窄带的，否则信号是宽带的。

2. 恒定束宽的概念

在基阵信号处理中，一定频率的信号通过基阵时，基阵等效于一空间滤波器，基阵的方向性函数即是空间滤波器的频率响应函数。对于一个已经设计好的基阵，不同频率的信号通过基阵线性系统时，它所形成的滤波器频率响应函数是不一样的，只有空间滤波器的中心频率（即波束极值）处的响应相同，也就是说，当波束主轴对准目标时，基阵对信号的响应特性不会随频率而改变。因此，对于宽带信号，只有当波束主轴对准目标时才不会产生信号失真。但当目标在波束宽度内（半功率点以内）的非主轴方向出现时，随频率的增加，信号能量将损失愈来愈大。因此，通过基阵的宽带信号会产生波形畸变，特别是信号带宽越大，偏离波束主轴越远，影响越明显。这样对宽带信号就提出了恒定束宽的概念。

恒定束宽是针对解决宽带信号通过基阵系统产生波形畸变这一问题提出的。所谓恒定束宽，就是指在信号带宽内，基阵波束图主瓣宽度保持恒定。目前恒定束宽的设计方法主要基于两种思想：① 随频率变化改变基阵有效孔径；② 随频率变化改变阵元权系数。

由于在鱼雷自导系统中，基阵的孔径受限较大，所以第1种方法并不实用。下面仅讨论通

过随频率变化改变阵元权系数实现恒定束宽的方法。

3. 空间滤波器

对沿 e 方向传播的平面波可表示为

$$\exp[\mathrm{j}(\omega t - \omega\langle \boldsymbol{r}, \boldsymbol{e}\rangle / c)]$$

式中，$\boldsymbol{e}$ 是传播方向的单位矢量；$\boldsymbol{r}$ 是空间一阵元的坐标矢量；$\langle \boldsymbol{r},\boldsymbol{e}\rangle$ 表示内积。由于

$$\omega t - \frac{\omega\langle \boldsymbol{r}, \boldsymbol{e}\rangle}{c} = \omega t - \omega \frac{\langle \boldsymbol{r}, \boldsymbol{e}\rangle}{\boldsymbol{r}} \frac{|\boldsymbol{r}|}{c} = \omega t - \omega_e \tau$$

定义 $\omega_e = \omega \dfrac{\langle \boldsymbol{r}, \boldsymbol{e}\rangle}{\boldsymbol{r}}$ 为空间频率。这样，沿 $\boldsymbol{e}$ 方向传播的平面波可以表示为 $\exp(\mathrm{j}(\omega t - \omega_e \tau))$。具有空间频率 ω_e 的声波经基阵系统后输出为 $\left[\sum_{i=1}^{M} a(i)\exp(-\mathrm{j}\omega_e \tau_i)\right]\exp(\mathrm{j}\omega t)$。

若不计振动因子 $\exp(\mathrm{j}\omega t)$，定义空间滤波器频率响应为

$$H(\omega_e) = \sum_{i=1}^{M} a(i)\exp(-\mathrm{j}\omega_e \tau_i) \tag{5.66}$$

式(5.66)实际就是基阵方向性函数的另一种表达形式。声波传播方向的改变(即 ω_e 改变)，就会引起基阵输出的变化。可以看出，空间滤波器的频率响应是时间频率与入射方向的二维函数。

二、基于空间重采样的恒定束宽波束形成器

考虑一个含有 M 个阵元的均匀线列阵，阵元间距为 Δ，声波入射方向与基阵法线夹角为 α，如图 5.8 所示。

以左边第一阵元为参考，则相应的空间滤波器频响为

$$H(\omega_\alpha) = \sum_{i=1}^{M} a(i)\exp(-\mathrm{j}\omega_\alpha \tau_i) = \sum_{i=1}^{M} a(i)\exp[-\mathrm{j}(\omega\sin\alpha)(\Delta(i-1)/c)] \tag{5.67}$$

其波束图如图 5.9 所示。

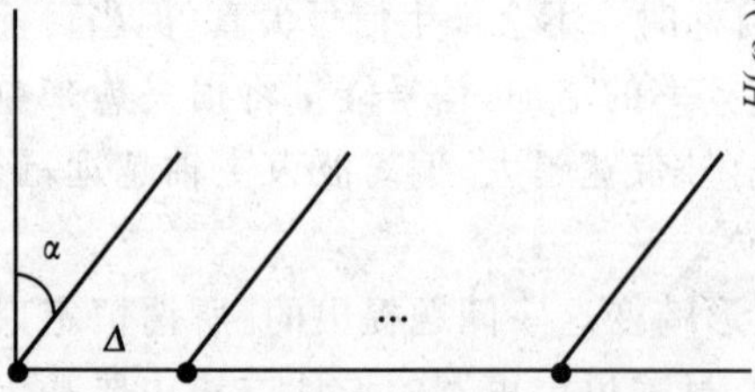

图 5.8 均匀线列阵示意图

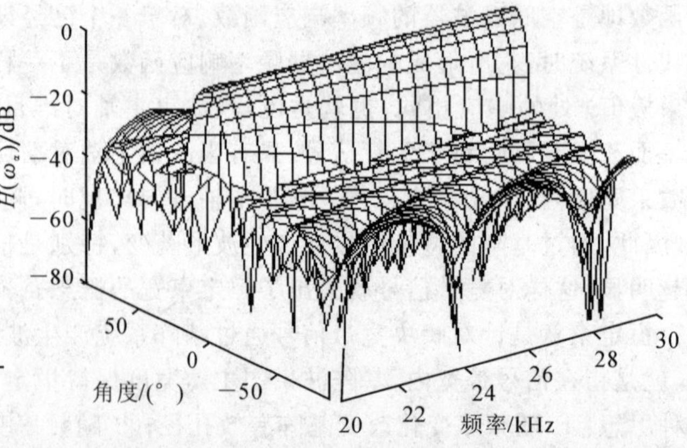

图 5.9 不同频率对应的波束图

可以看出，对同一入射方向的信号，空间滤波器随时间频率不同有不同的响应值，即波束宽度随频率的改变而变化。令 $\varphi = \frac{\omega\Delta\sin\alpha}{c}$，则

$$H(\varphi) = \sum_{i=1}^{M} a(i)\exp[-\mathrm{j}\varphi(i-1)] \tag{5.68}$$

式(5.68) 表明，$H(\varphi)$ 与 $a(i)$ 成一对傅里叶变换，由于 $H(\varphi)$ 代表空间滤波器的频率响应，所以称 $a(i)$ 为空间滤波器的脉冲响应。这样定义后各个参数具有明显的物理意义：$\frac{\Delta}{c}$ 是采样间隔；φ 是空间数字频率。

基阵确定后，采样间隔一定，因此，对同一入射方向的宽带信号，数字频率 φ 不同，产生不同的空间滤波器频率响应。当 M 一定时，如果有 $\omega\Delta =$ 常数，就会产生不同时间频率的信号在同一方向的相同响应。

考虑到采样定理和阵元间的相关性，一般要求阵元间距为信号频率所对应的半波长。如果基阵对某一时间频率 ω_0，有 $\Delta = \frac{\lambda_0}{2}$，称 ω_0 为基准频率，那么对另一时间频率 ω_x，有 $\Delta = \frac{\lambda_x}{2}\cdot\frac{\lambda_0}{\lambda_x}$。可见基阵已经等效地改变了采样间隔(阵元间距不等于该频率所对应的半波长)。空间重采样就是简单地调整空间采样间隔，使之成为 ω 的函数。

假设存在一虚拟的连续线阵，根据以上分析，可以视该阵为一模拟滤波器，有冲激响应 $ac(x)$，它满足这样的条件：实际存在的均匀线列阵是该连续线阵的均匀采样，形成数字滤波器，有脉冲响应 $a(i)$ 为

$$a(i) = \Delta ac[(i-1)\Delta] \quad (i = 1,\ 2,\ \cdots,\ M) \tag{5.69}$$

为了获得满足上述条件的虚拟模拟滤波器的冲激响应，再次假设：对任意时间频率 ω_x 都存在均匀离散阵，阵元间距 $\Delta_x = \frac{\lambda_x}{2}$，这些离散阵具有相同的权系数 $a'(i)$，也就是说，它们所代表的数字滤波器具有相同的脉冲响应，由于满足 $\omega_x\Delta_x =$ 常数，所以可以保证它们具有相同的响应。

根据信号处理理论中由数字信号到模拟信号的恢复公式，即可得到对应于任意时间频率的虚拟模拟滤波器的冲激响应，即

$$ac_{\omega_x}(x) = \sum_{i=-\infty}^{\infty} \frac{a'(i)}{\lambda_x/2} \frac{\sin\left[\pi\left(x - i\frac{\lambda_x}{2}\right)\Big/\frac{\lambda_x}{2}\right]}{\pi\left(x - i\frac{\lambda_x}{2}\right)\Big/\frac{\lambda_x}{2}} \approx$$

$$\sum_{i=-\infty}^{\infty} a'(i) \frac{\sin\left[\pi\left(x-(i-1)\frac{\lambda_x}{2}\right)\Big/\frac{\lambda_x}{2}\right]}{\pi\left(x-(i-1)\frac{\lambda_x}{2}\right)} \tag{5.70}$$

依式(5.69) 对该模拟滤波器进行重采样，$a_{\omega_x}(i) = \Delta ac_{\omega_x}((i-1)\Delta)$，即可得到 ω_x 所对应的一

组权系数。也就是说，对每一阵元都可以计算出频带范围内任意频率点所对应的权系数。按上述方法得到的恒定束宽波束图如图 5.10 所示。与图 5.9 对比，可以看出波束宽度基本保持恒定。

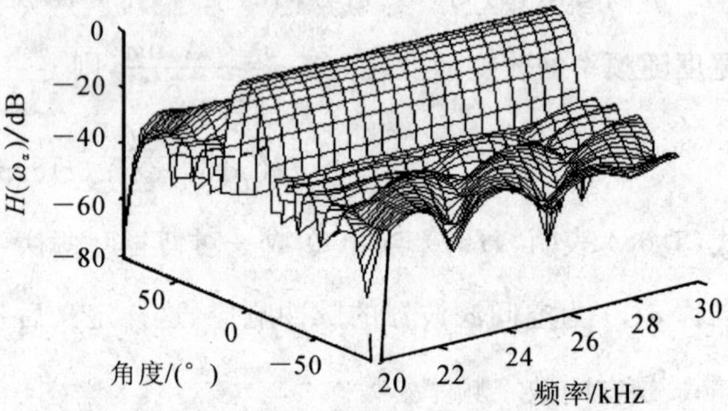

图 5.10 不同频率对应的恒定束宽波束图

上述宽带波束形成器也可以在频域实现。根据式 (5.67)，将 $H(\omega_\alpha)$ 记为 $R(\alpha, f)$，$\omega = 2\pi f$，则有

$$R(\alpha, f) = \sum_{i=1}^{M} a_i \exp\{-\mathrm{j}[2\pi f \Delta \sin\alpha (i-1)/c]\} \tag{5.71}$$

令 $\varphi = 2\pi f \Delta \sin\alpha / c$，则

$$R(\varphi) = \sum_{i=1}^{M} a_i \exp\{-\mathrm{j}[\varphi(i-1)]\} \tag{5.72}$$

将 φ 离散化，$\varphi_k = 2\pi k/M$，有

$$R(k) = \sum_{i=1}^{M} a_i \exp\left\{-\mathrm{j}\left[\frac{2\pi}{M}k(i-1)\right]\right\} = \mathrm{DFT}(a_i)$$

于是

$$a_i = \mathrm{IDFT}[R(k)] \tag{5.73}$$

式中，$i = 1,2,\cdots, M; k = 1,2,\cdots, M$。

实现的具体步骤：

(1) 选择基准频率 f_0，设定阵元间距 $\Delta = \dfrac{c}{2f_0}$ 和权系数 $a_i(f_0)$，对 $a_i(f_0)$ 补 0 至 P 点，求出 $R_{f_0}(k)$，得到 $R(\alpha_k, f_0)$。

(2) 令 $R(\alpha_k, f) = R(\alpha_k, f_0)$，再将 $R(\alpha_k, f)$ 映射为 $R_f(k)$，共取 $k = \dfrac{f_0 P}{f}$ 个点，使 φ_k 覆盖 2π 周期。

(3) 对 $R_f(k)$ 重采样，得到 M 个采样点，记为 $R_f'(l)$，取其反变换 $a_i = \mathrm{IDFT}[R_f'(l)]$，得到对应频率 f 的权系数。

上述方法又称为基于 DFT 的宽带波束形成器算法。

第 7 节 分裂波束目标定向[42]

一、目标定向概述

测量目标，即测定目标的距离、速度和方向，是鱼雷自导的一项主要任务，以便实现对鱼雷的导引。目标定向是指测定目标的方向(通常包括目标方位角和俯仰角),分裂波束定向是一种精确测定目标方向的方法。

测量目标方向的方法可分为两类,即振幅法和相位法。振幅法利用基阵的振幅特性,即方向性或波束测向,如单波束或多波束测向。相位法是利用目标信号到达基阵不同阵元的程差,对窄带信号则将其转换为相位差异来测向,对宽带信号则将其转换为时间差异来测向。

本节讨论分裂波束目标定向,其利用目标信号到达基阵等效声学中心的相位差或时间差来测定目标方向。

二、分裂波束定向原理

采用分裂波束定向,一是可以增加阵元间距 Δ,从而提高对时延的估计精度,二是可以提高输入信噪比。均匀线列阵的分裂波束系统示意图如图 5.11 所示。

图中,θ 为信号的入射角,由 1 至 M 的阵元输出求和后得到左波束输出 $l(t)$,由 $M+1$ 至 $2M$ 的阵元输出求和后得到右波束输出 $r(t)$。这实质是在 θ 较小情况下,把 $l(t)$ 和 $r(t)$ 看做是两个假想基元的输出,两个假想基元的位置称之为等效声学中心。目的是要计算两个等效声学中心的相对时延和信号入射角 θ 的关系。

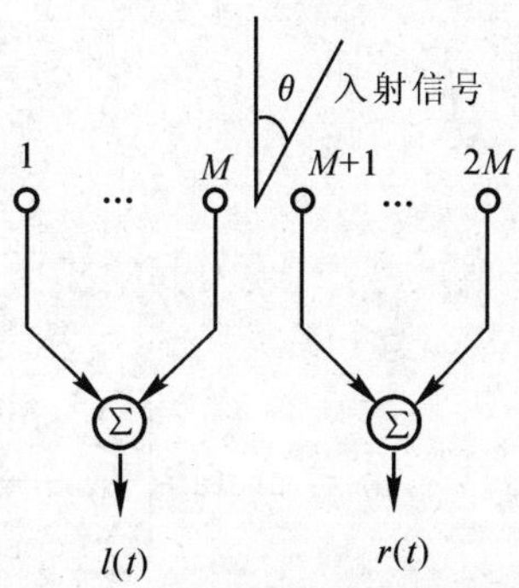

图 5.11 线列阵的分裂波束示意图

设输入为单频信号 $\cos 2\pi f_0 t$,f_0 为工作频率,第 m 个阵元接收的信号为

$$s_m(t) = \cos\{2\pi f_0[t + \tau_m(\theta)]\} \tag{5.74}$$

式中,$\tau_m(\theta)$ 为第 m 个阵元输出信号相对于第 1 个阵元输出的时延,其可表示为

$$\tau_m(\theta) = \frac{(m-1)\Delta\sin\theta}{c} \tag{5.75}$$

于是左波束输出为

$$l(t) = \Big(\sum_{m=1}^{M} u_m\Big)\cos(2\pi f_0 t) - \Big(\sum_{m=1}^{M} v_m\Big)\sin(2\pi f_0 t) \tag{5.76}$$

式中,$u_m = \cos[2\pi f_0 \tau_m(\theta)]$;$v_m = \sin[2\pi f_0 \tau_m(\theta)]$。式(5.76)为 $l(t)$ 的同相-正交调制形式,其也可表示为幅相调制形式

$$l(t) = A_l \cos(2\pi f_0 t + \alpha_l) \tag{5.77}$$

式中

$$\begin{aligned} A_l &= \Big\{\Big(\sum_{m=1}^{M} u_m\Big)^2 + \Big(\sum_{m=1}^{M} v_m\Big)^2\Big\}^{\frac{1}{2}} \\ \alpha_l &= \arctan\Big(\sum_{m=1}^{M} v_m \Big/ \sum_{m=1}^{M} u_m\Big) \end{aligned} \tag{5.78}$$

分别为 $l(t)$ 的振幅和相位。

类似地，右波束输出为

$$r(t)=A_r\cos(2\pi f_0 t+\alpha_r) \tag{5.79}$$

式中

$$A_r=\left\{\left(\sum_{m=M+1}^{2M}u_m\right)^2+\left(\sum_{m=M+1}^{2M}v_m\right)^2\right\}^{\frac{1}{2}}$$
$$\alpha_r=\arctan\left(\sum_{m=M+1}^{2M}v_m\Big/\sum_{m=M+1}^{2M}u_m\right) \tag{5.80}$$

令

$$\psi=\frac{2\pi\Delta}{\lambda}\sin\theta \tag{5.81}$$

根据式(5.74)和式(5.75)有

$$\sum_{m=1}^{M}u_m=\sum_{m=1}^{M}\cos[(m-1)\psi]$$
$$\sum_{m=1}^{M}v_m=\sum_{m=1}^{M}\sin[(m-1)\psi]$$

于是

$$\alpha_l=\arctan\left\{\frac{\sum_{m=1}^{M}\sin[(m-1)\psi]}{\sum_{m=1}^{M}\cos[(m-1)\psi]}\right\}=\arctan\left[\frac{\sin\left(\frac{M}{2}\psi\right)}{\cos\left(\frac{M}{2}\psi\right)}\right]=M\pi\frac{\Delta}{\lambda}\sin\theta \tag{5.82}$$

同理可得

$$\alpha_r=3M\pi\frac{\Delta}{\lambda}\sin\theta \tag{5.83}$$

根据式(5.82)和式(5.83)可以求得两波束输出的相位差为

$$\varphi=\alpha_r-\alpha_l=2\pi M\frac{\Delta}{\lambda}\sin\theta \tag{5.84}$$

可以看出，这一相位差与两个间隔为 $M\Delta$ 的基元接收信号的相位差是一样的。这两个假想的基元的等效声学中心分别位于1至 M 和 $M+1$ 至 $2M$ 联线的中心。相位差与时延 τ 的关系为

$$\tau=\frac{\varphi}{2\pi f_0}=M\frac{\Delta}{c}\sin\theta \tag{5.85}$$

因此，可得

$$\theta=\arcsin\left(\frac{\tau}{M\Delta}c\right) \tag{5.86}$$

当阵元数 $2M$ 较大时，$M\Delta\approx\frac{L}{2}$，$L$ 为线列阵长度，于是得到

$$\theta\approx\arcsin\left(\frac{2\tau c}{L}\right) \tag{5.87}$$

θ 的单位为弧度。根据式(5.86)或式(5.87)，在估计出时延值 τ 以后，即可求得 θ 值。

若波束指向不在基阵的法线方向，需要重新计算左波束和右波束输出，所得结果是类似的。

三、正交相关法定向

这是一种分裂波束的定向方法，其原理如图 5.12 所示。

这种方法不是直接对左、右波束输出进行处理的，而是将右波束先移相 $\pi/2$，记为 $r'(t)$，与左波束进行相乘运算，另一路则左、右波束输出直接进行相乘运算，两路积分后再求两路的相对相位，即

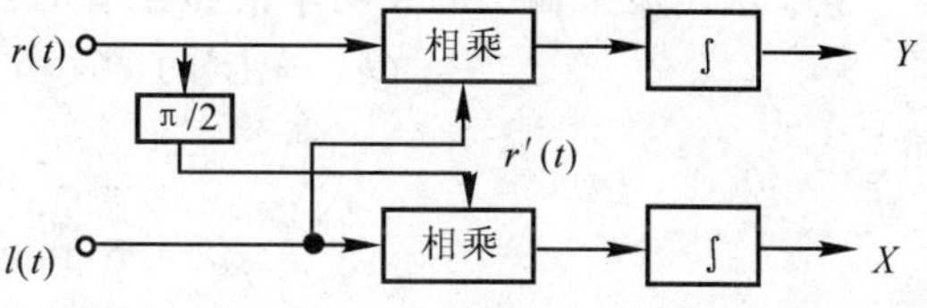

图 5.12　分裂波束相关定向方框图

$$\left.\begin{aligned} Y &= E[r(t)l(t)] \\ X &= E[r'(t)l(t)] \end{aligned}\right\} \tag{5.88}$$

$$\varphi = \arctan\frac{X}{Y} \tag{5.89}$$

求出 φ 后，根据式(5.84)就可解得信号入射角 θ。

这种方法运算量小，便于工程实现，但只适于窄带信号。

四、互谱法定向

首先讨论互谱法定向的基本原理。设间距为 Δ 的两个阵元的输出信号分别为 $x(t)$ 和 $y(t) = x(t+\tau)$，其中 $\tau = \Delta\sin\theta / c$ 为相对时延。对两阵元的输出作傅里叶变换，得到它们的谱分别为

$$X(f) = \int_{-\infty}^{+\infty} x(t)\exp(-\mathrm{j}2\pi ft)\,\mathrm{d}t \tag{5.90}$$

和

$$Y(f) = \int_{-\infty}^{+\infty} x(t+\tau)\exp(-\mathrm{j}2\pi ft)\,\mathrm{d}t = X(f)\exp(-\mathrm{j}2\pi f\tau) \tag{5.91}$$

$$P_{XY}(f) = X(f)Y^*(f) = |X(f)|^2\exp(-\mathrm{j}2\pi f\tau) \tag{5.92}$$

两阵元输出信号的互谱为

可以看出，τ 的信息包含于互谱 $P_{XY}(f)$ 的相位角之中，互谱的相位角可表示为

$$\varphi = 2\pi f\tau = \arctan\left\{\frac{\mathrm{Im}[P_{XY}(f)]}{\mathrm{Re}[P_{XY}(f)]}\right\} \tag{5.93}$$

求得 τ 以后，可进一步求得信号入射角 θ。

分裂波束互谱法定向是将左、右波束视作两个假想的基元，对数字式自导，求信号入射角的具体步骤如下：

(1) 对两波束输出进行采样，得到左、右波束输出序列 $l(n)$ 和 $r(n)$，$n = 0,1,\cdots,N-1$。

(2) 对两波束输出 $l(n)$ 和 $r(n)$ 作离散傅里叶变换，得到

$$L(k)=\sum_{n=0}^{N-1}l(n)\exp[-\mathrm{j}(2\pi/N)kn] \tag{5.94}$$

$$R(k)=\sum_{n=0}^{N-1}r(n)\exp[-\mathrm{j}(2\pi/N)kn] \tag{5.95}$$

式中，$k=0,1,\cdots,N-1$，且有 $L(k)=L(k+N)$；$R(k)=R(k+N)$。

(3) 求两波束输出的互功率谱和互谱中各条谱线的相位为

$$P_{LK}(k)=L(k)R^{*}(k)\quad(k=0,1,\cdots,N-1) \tag{5.96}$$

和

$$\varphi_k=\arctan\left\{\frac{\mathrm{Im}[P_{LK}(k)]}{\mathrm{Re}[P_{LK}(k)]}\right\} \tag{5.97}$$

(4) 求时延估计值。理论上，各条谱线的时延 τ_k 应该相等，且等于真值 τ。实际中由于噪声的影响求得的各个 τ_k 不可能完全相等。可以采用对各时延值加权平均的方法求得时延的估计值，加权平均可采用下述三种方法。它们的表达式为

$$\hat{\tau}_1=\frac{\sum_{k=1}^{N-1}f_k^2\tau_k}{\sum_{k=1}^{N-1}f_k^2} \tag{5.98}$$

$$\hat{\tau}_2=\frac{1}{N-1}\sum_{k=1}^{N-1}\tau_k=\frac{1}{N-1}\frac{\sum_{k=1}^{N-1}f_k^2\tau_k}{\sum_{k=1}^{N-1}f_k^2} \tag{5.99}$$

$$\hat{\tau}_3=\frac{\sum_{k=1}^{N-1}|P_{LK}(k)|^2\tau_k}{\sum_{k=1}^{N-1}|P_{LK}(k)|^2} \tag{5.100}$$

式(5.98)为频率加权，式(5.99)为平均加权，式(5.100)为互谱模值的加权。

(5) 根据式(5.85)求得信号的入射角 θ。

分裂波束互谱法定向是一种精确定向方法，其可工作在宽带情况下。可以看出，它是一种批处理方法。

第 8 节 空间谱估计

一、概述[40, 50]

前面讨论的常规波束形成技术，其算法简单，运算量小，便于实时实现。但其固有的缺点是

分辨能力差，分辨性能受阵列孔径限制。无论信噪比多高，观测时间多长，都无法分辨波束宽度内的两个或多个源，这就是常说的瑞利限。为了提高常规波束的分辨能力，必须减小束宽，因此，需要增大阵列孔径，这往往受到实际条件的限制。

空间谱估计技术是近 30 年来发展起来的一门新兴的空域信号处理技术，它是在波束形成技术和时域谱估计技术的基础上发展起来的一种新技术，其主要目标是研究在处理带宽内空间信号的方位估计精度、角分辨力和提高运算速度的各种算法。由于其高的方位估计精度和角分辨力，又称其为高分辨方位估计。典型的高分辨方位估计算法可分为以下几类：

第一类为经典方法。为了解决常规波束分辨力受瑞利限制约的问题，人们提出了许多改进的方法，其中典型的有 Burg 最大熵谱法(MEM) 和 Capon 最小方差法(MVM)。

最大熵谱法的基本思想是保持加权矢量中第一个权系数为 1，而其余权系数可依据约束准则选取。这里采用的约束准则是在第一阵元约束条件下使基阵的输出最小，并在信号强方向上置零。满足这一约束的加权矢量，可使所有的基阵响应中不含强信号成分，同时弱信号成分及噪声成分也达到最小。倒置这一响应即可得到角谱估计，且该谱中谱峰位置就指示了入射信号的方位。若定义第一加权矢量为 $\boldsymbol{u}_1 = [1 \quad 0 \quad \cdots \quad 0]^{\mathrm{T}}$，则最大熵谱法的空间谱为

$$P_{\mathrm{MEM}}(\theta) = \frac{\boldsymbol{u}_1^{\mathrm{T}} \boldsymbol{R}^{-1} \boldsymbol{u}}{\| \boldsymbol{u}_1^{\mathrm{T}} \boldsymbol{R}^{-1} \boldsymbol{a}(\theta) \|^2} \tag{5.101}$$

式中，$\boldsymbol{R}^{-1}$ 是输入协方差矩阵 $\boldsymbol{R}$ 的逆；$\boldsymbol{a}(\theta)$ 为扫描矢量；$\boldsymbol{\theta}$ 为方位角；$\| \cdot \|^2$ 为矢量模的平方。

最大熵谱法的优点是其分辨能力较常规波束形成高，在短的采样数据情况下有较好的性能；其主要缺点是存在伪峰和谱线分裂，同时需要预测误差滤波器的阶数。这种方法只适用于线列阵。

Capon 最小方差法是存在约束条件下的最优化问题。这一最优化问题的判决准则是在保证期望方向上基阵的增益为一常数的条件下，使基阵的输出功率达到最小。这可表述为一个零阶主瓣方向增益约束的最优化问题，即在条件

$$\| \boldsymbol{w}^{\mathrm{H}} \boldsymbol{a}(\theta_0) \| = 1 \tag{5.102}$$

下，使

$$P(\theta) = \boldsymbol{w}^{\mathrm{H}} \boldsymbol{R} \boldsymbol{w} \tag{5.103}$$

达到最小。在上述两式中，θ_0 为期望方向，$\boldsymbol{w}$ 为加权矢量。

求解上述问题等效于约束基阵的加权矢量，使期望方向上形成一个单位幅度的波束，同时使基阵的均方输出达到最小。采用拉格朗日法求解上述最优化问题，构造一个代价函数，即

$$H(\boldsymbol{w}) = P + \lambda(1 - \boldsymbol{w}^{\mathrm{H}} \boldsymbol{a}) \tag{5.104}$$

式中，λ 为任意常数。将式(5.104) 对 $\boldsymbol{w}$ 微分并令其为零，可求得最佳加权矢量为

$$\boldsymbol{w}_{\mathrm{opt}} = \frac{\boldsymbol{R}^{-1} \boldsymbol{a}(\theta)}{\boldsymbol{a}^{\mathrm{H}}(\theta) \boldsymbol{R}^{-1} \boldsymbol{a}(\theta)} \tag{5.105}$$

相应的空间谱为

$$P_{\mathrm{MVM}}(\theta) = \frac{1}{\boldsymbol{a}^{\mathrm{H}}(\theta) \boldsymbol{R}^{-1} \boldsymbol{a}(\theta)} \tag{5.106}$$

Capon 的最小方差法也称最大似然法，但它与真正最大似然技术有区别，是真正意义上最大似然技术在仅有一个信号存在时的实现。

最小方差法可以给出信号的功率估计，分辨力较常规波束好，它不要求阵元间隔为等距的，也不需知道信号源的个数，但不适于解相干源。

第二类为参数模型法。它根据信号过程的特点，利用有限参数的模型来拟合信号过程，其较好地解决了由于数据加窗带来的不利影响。在数据不太短和信噪比不太低的情况下，与经典方法相比，具有较好的分辨力和估计性能，如线性预测方法等。

第三类为子空间类方法。这类方法明确地把观测数据的协方差矩阵的特征矢量划分为信号子空间和噪声子空间，其物理意义明确，其估计精度和分辨性能比前两类方法要高。这类方法具有代表性的有多重信号分类法（MUSIC）、最小范数法（MNM）、子空间旋转法（ESPRIT）和加权子空间拟合法（WSF）等。

第四类为解卷积方法。这类方法把基阵输出数据看做是目标信号（激励）与系统响应的卷积。解卷积是逆线性滤波，即系统响应的逆与基阵输出数据卷积，从而得到系统激励（目标信号）的估计。解卷积过程都是以迭代方式实现的，它对空间谱做多级估计，并将这些估计有关的统计量与一预先设定的门限做比较，从而给出信号的方位估计。这类算法有多种方法，如增阶多参数估计法（IMP）和迭代滤波法（IFA）等。

第五类为其他方法，包括基于最大似然方法的简化算法、波束域定向方法，基于自适应技术、高阶累积量理论和模糊数学等领域的高分辨定向方法，或是几种方法的结合及几种方法的改进。

上述各类算法中，多数方法不能求解相干源。若空间存在相干信号，空间谱估计将出现较大误差，甚至无法估计信号的到达角。解决空间相干信号的处理问题，大致有两类方法：一类是以牺牲阵列有效孔径来换取信号的非相关性，即先对阵列信号做去相干处理，再进行信号到达角的精确估计；另一类方法是不损失阵列孔径，利用移动阵列的方法处理相干信号。

目前，空间谱估计需要解决的问题还很多，主要集中在提高空间谱估计精度、减小运算量、宽带空间谱估计和空间谱估计理论应用于实践等方面的研究。

本节讨论几种典型的空间谱估计方法、相干源处理、统计性能分析和实际应用等问题。

二、多重信号分类法（MUSIC）[49]

根据对基本的信号和噪声模型的理论讨论，对具有 M 个阵元任意配置的基阵，远场中有 d 个信号源 $s_i(t)(i=1,2,\cdots,d)$，其入射方向相对于参考方向的夹角为 θ_i，则基阵输出（观测值）可表示为

$$\boldsymbol{x}(t)=\sum_{i=1}^{d}\boldsymbol{a}(\theta_i)s_i(t)+\boldsymbol{n}(t) \tag{5.107}$$

式中，$\boldsymbol{x}(t)$ 为 $M\times 1$ 列矢量，即

$$\boldsymbol{x}(t)=[x_1(t)\quad\cdots\quad x_m(t)\quad\cdots\quad x_M(t)]^{\mathrm{T}}$$

$$\boldsymbol{n}(t) = [n_1(t) \quad \cdots \quad n_m(t) \quad \cdots \quad n_M(t)]^{\mathrm{T}}$$

为噪声矢量；$\boldsymbol{a}(\theta_i)$ 为第 i 个入射信号的方向矢量，即

$$\boldsymbol{a}(\theta_i) = [a_1(\theta_i)\exp[\mathrm{j}\omega\,\tau_1(\theta_i)] \quad \cdots \quad a_m(\theta_i)\exp[\mathrm{j}\omega\,\tau_m(\theta_i)] \quad \cdots \quad a_M(\theta_i)\exp[\mathrm{j}\omega\,\tau_M(\theta_i)]]^{\mathrm{T}} \tag{5.108}$$

$\tau_m(\theta_i)$ 为第 m 个阵元与参考点间对第 i 个信号源的时间延迟。将式(5.107) 写为更简洁的形式，即

$$\boldsymbol{x}(t) = \boldsymbol{A}(\theta)\boldsymbol{s}(t) + \boldsymbol{n}(t) \tag{5.109}$$

式中，$\boldsymbol{A}(\theta)$ 为 $M\times d$ 阶方向矩阵；$\boldsymbol{s}(t)$ 为 $d\times 1$ 信号矢量，它们可表示为

$$\boldsymbol{A}(\theta) = [\boldsymbol{a}(\theta_1) \quad \cdots \quad \boldsymbol{a}(\theta_i) \quad \cdots \quad \boldsymbol{a}(\theta_d)]^{\mathrm{T}}$$

$$\boldsymbol{s}(t) = [s_1(t) \quad s_2(t) \quad \cdots \quad s_d(t)]^{\mathrm{T}}$$

假设：

(1) 信号源的数目 d 是已知的，且 $d < M$；

(2) 各信号的方向矢量是相互独立的，即 $\boldsymbol{A}(\theta)$ 是一个列满秩矩阵；

(3) 噪声 $\boldsymbol{n}(t)$ 是空间平稳随机过程，且为具有各态历经性的均值为零、方差为 σ_n^2 的高斯过程；

(4) 噪声各取样间是统计独立的。

在上述假设条件下，基阵输出的协方差矩阵可表示为

$$\boldsymbol{R} = E[\boldsymbol{x}(t)\boldsymbol{x}^{\mathrm{H}}(t)] = \boldsymbol{A}\boldsymbol{R}_{\mathrm{s}}\boldsymbol{A}^{\mathrm{H}} + \sigma_n^2\boldsymbol{I} \tag{5.110}$$

其中，$\boldsymbol{R}_{\mathrm{s}}$ 为信号的协方差矩阵；$\boldsymbol{I}$ 为单位矩阵。对 $\boldsymbol{R}$ 进行特征分解，并以特征值降值排列可得

$$\boldsymbol{R} = \sum_{m=1}^{d}\lambda_m\boldsymbol{e}_m\boldsymbol{e}_m^{\mathrm{H}} + \sum_{m=d+1}^{M}\lambda_m\boldsymbol{e}_m\boldsymbol{e}_m^{\mathrm{H}} \tag{5.111}$$

式中，$\lambda_1 \geqslant \lambda_2 \geqslant \cdots \geqslant \lambda_d > \lambda_{d+1} = \lambda_{d+2} = \cdots = \lambda_M = \sigma_n^2$ 为特征值，其中较大的特征值 λ_1 至 λ_d 对应的特征矢量 $\boldsymbol{e}_1$ 至 $\boldsymbol{e}_d$ 构成信号子空间，而其余较小特征值 σ_n^2 对应的 $M-d$ 个特征矢量 $\boldsymbol{e}_{d+1}$ 至 $\boldsymbol{e}_M$ 构成噪声子空间。所有信号方向矢量 $\boldsymbol{a}(\theta_i)(i=1,2,\cdots,d)$ 都处在信号子空间中，信号子空间与噪声子空间正交。

若噪声子空间记为 $\boldsymbol{E}_{\mathrm{N}}$，即

$$\boldsymbol{E}_{\mathrm{N}} = \sum_{m=d+1}^{M}\boldsymbol{e}_m\boldsymbol{e}_m^{\mathrm{H}} \tag{5.112}$$

则有

$$\boldsymbol{E}_{\mathrm{N}}\boldsymbol{a}(\theta_i) = 0 \tag{5.113}$$

因此，对矩阵 $\boldsymbol{R}$ 进行特征分解后，取噪声特征矢量，就可得到信号源的到达角。

定义多重信号分类法的空间谱函数为

$$P_{\mathrm{MUSIC}} = \frac{1}{\boldsymbol{a}^{\mathrm{H}}(\theta)\boldsymbol{E}_{\mathrm{N}}\boldsymbol{E}_{\mathrm{N}}^{\mathrm{H}}\boldsymbol{a}(\theta)} \tag{5.114}$$

或记作

$$P_{\mathrm{MUSIC}}=\frac{1}{\|\boldsymbol{a}(\theta)\boldsymbol{E}_{\mathrm{N}}\|^2}=\frac{1}{\sum\limits_{m=d+1}^{M}\|\boldsymbol{a}^{\mathrm{H}}(\theta)\boldsymbol{e}_m\|^2} \tag{5.115}$$

式中，$\boldsymbol{a}(\theta)$ 称为扫描矢量。当 θ 扫过信号入射角 θ_i 时，由于 $\boldsymbol{a}(\theta_i)$ 与噪声子空间正交，P_{MUSIC} 出现峰值，此时的 θ_i 即为信号入射方向。

在实际中，基阵输出的协方差矩阵 $\boldsymbol{R}$ 是不能精确已知的，是根据观测数据进行估计的，因而只能给出信号方位的渐近无偏估计。式(5.115) 表明，入射信号个数的正确估计是至关重要的，否则，会出现伪峰或影响信号方位的正确估计。由于谱峰估计仅利用了噪声子空间，因而谱峰只提供方位信息，而不能提供信号功率的信息。再者，由于谱峰是通过扫描得到的，因而运算量较大。

三、幂法方位估计

对 MUSIC 方法，当只有一个信号源存在时，确定信号方位矢量的问题变得特别简单。这时基阵输出的协方差矩阵式(5.110) 的特征分解为

$$\boldsymbol{R}=\lambda_1\boldsymbol{e}_1\boldsymbol{e}_1^{\mathrm{H}}+\sum_{m=2}^{M}\lambda_m\boldsymbol{e}_m\boldsymbol{e}_m^{\mathrm{H}} \tag{5.116}$$

式中，$\lambda_1\geqslant\lambda_2=\lambda_3=\cdots=\lambda_M=\sigma_n^2$。显然，最大特征值 λ_1 对应的特征矢量 $\boldsymbol{e}_1$ 正好与信号方向矢量 $\boldsymbol{a}(\theta_1)$ 重合，即

$$\boldsymbol{e}_1=\boldsymbol{a}(\theta_1) \tag{5.117}$$

根据 $\boldsymbol{e}_1$ 可以求出信号源的到达角估计值 $\hat{\theta}_1$。

采用幂法求基阵输出协方差矩阵的最大特征值对应的特征矢量，作为信号的方向矢量。其算法为

(1) 根据观测数据计算基阵输出协方差矩阵的估计，即

$$\hat{\boldsymbol{R}}=\frac{1}{M}\sum_{m=1}^{M}\boldsymbol{x}(t)\boldsymbol{x}^{\mathrm{H}}(t) \tag{5.118}$$

(2) 求特征矢量的迭代算法为

$$\left.\begin{aligned}\boldsymbol{V}^{(k)}&=\hat{\boldsymbol{R}}\boldsymbol{e}^{(k)}\\ \boldsymbol{e}^{(k+1)}&=\frac{1}{\alpha}\boldsymbol{V}^{(k)}\end{aligned}\right\} \tag{5.119}$$

式中

$$\alpha=\pm\|\boldsymbol{V}^{(k)}\|$$

k 为迭代次数。迭代中，当采用 $\hat{\boldsymbol{R}}$ 的最大元素范数时，α 应取最大元素的符号。

(3) 给定一个门限，当两次迭代最大元素范数 α 的误差小于此门限时，α 即为 λ_1，$\boldsymbol{e}$ 即为 $\boldsymbol{e}_1$，根据式(5.15) 可求得方位估计值 $\hat{\theta}_1$。

上述算法称幂法方位估计器。该算法简单，便于实现，但只适于单源。当输入信噪比较低、各阵元输出的幅度和相位一致性较差时，算法性能下降。

四、多重信号分类根法(Root-MUSIC)

多重信号分类法是根据式(5.114)或式(5.115)计算空间谱函数的峰值位置作为信号入射角的估计的。根据式(5.115),也可用它的零点,即

$$\boldsymbol{a}^{\mathrm{H}}(\theta)\boldsymbol{e}_k = 0 \quad (k = d+1, \cdots, M) \tag{5.120}$$

估计信号方位。为此,用噪声子空间的特征矢量构成一个多项式,即

$$\boldsymbol{e}_m(z) = \frac{1}{\sqrt{M}}\sum_{m=1}^{M} e_{mk} z^{(m-1)} \quad (k = d+1, \cdots, M) \tag{5.121}$$

式中,e_{mk} 是特征矢量 $\boldsymbol{e}_m$ 的元素,即

$$\boldsymbol{e}_m = [e_{1k} \quad e_{2k} \quad \cdots \quad e_{Mk}]^{\mathrm{T}} \tag{5.122}$$

于是,每一个多项式的根为

$$z_i = \mathrm{e}^{\mathrm{j}\varphi_i} \quad (i = 1, 2, \cdots, d) \tag{5.123}$$

$$\varphi_i = \frac{2\pi\Delta}{\lambda}\sin\theta_i \tag{5.124}$$

是信号零点。现在,重新定义一个多项式,即

$$\boldsymbol{D}(z) = \sum_{k=d+1}^{M}\left[\frac{\boldsymbol{e}_k(z)\boldsymbol{e}_k^*(z)}{z^*}\right] \tag{5.125}$$

式中,“*”表示复共轭。计算上式位于单位圆上的根即可获得零谱

$$\boldsymbol{D}(z)\Big|_{z=\mathrm{e}^{\mathrm{j}\varphi}} = \boldsymbol{D}(\mathrm{e}^{\mathrm{j}\varphi}) \tag{5.126}$$

由于 $\boldsymbol{e}_k(z)(k = d+1, \cdots, M)$ 是信号零点,可将式(5.126)写为

$$\begin{aligned}\boldsymbol{D}(z) = {} & c\prod_{m=1}^{N}(1 - z_m z^{-1})(1 - z_i^* z) = \\ & c\prod_{m=1}^{d}(1 - z_m z^{-1})(1 - z_m^* z)\prod_{m=d+1}^{N}(1 - z_m z^{-1})(1 - z_m^* z)\end{aligned} \tag{5.127}$$

式中,c 为常数。令

$$\boldsymbol{H}_1 = \prod_{m=1}^{d}(1 - z_m z^{-1})$$

$$\boldsymbol{H}_2 = \prod_{m=d+1}^{M}(1 - z_m z^{-1})$$

则式(5.127)可写为

$$\boldsymbol{D}(z) = \boldsymbol{H}_1(z)\boldsymbol{H}_1^*\left(\frac{1}{z^*}\right)\boldsymbol{H}_2(z)\boldsymbol{H}_2^*\left(\frac{1}{z^*}\right) = \boldsymbol{H}(z)\boldsymbol{H}^*\left(\frac{1}{z^*}\right) \tag{5.128}$$

式中

$$\boldsymbol{H}(z) = \boldsymbol{H}_1(z)\boldsymbol{H}_2(z)$$

$\boldsymbol{H}(z)$ 可以从 $\boldsymbol{D}(z)$ 中求得,它的根在单位圆上或单位圆内,$\boldsymbol{H}(z)$ 在单位圆上的根就是 d

个信号零点(零谱)。上述方法称为多重信号分类根法(Root - MUSIC),这种方法仅适用于等间距配置阵元的线列阵,其方位估计性能优于 MUSIC。

求得信号零点,根据式(5.124) 可得到信号方位估计。

五、相干源的空间平滑处理[48]

在讨论信道相干性时曾指出,相干性是指在空间上分开的两个接收器上,或单个接收器在不同频率上或不同时间上接收信号波形的相似性,通常用两个波形振幅的互相关来度量。若两个波形完全相关,则称它们是相干的,否则,称它们是相关的,或不相关。或者说相关系数非零的信号为相关信号,而相关系数为 1 的信号为相干信号。相干的概念在阵列信号处理中应用很广泛,对于波形或谱结构完全相同的两个信号源或同一信号源经过不同路径汇于一点,它们相加后可能导致波形或谱结构的畸变。相干性可描述为不变可加性,不变是指相加前后波形或谱结构不变,对于这样两个源,称它们为相干源。

在讨论多重信号分类法时,假设各信号源的方向矢量是相互独立的,即它们是不相干的,这时方向矩阵 $\boldsymbol{A}(\theta)$ 是列满秩的。若 d 个信号源中,某些源是相干的,这样,相干的几个信号就会合并为一个信号,到达阵列的独立信号源数减少。换句话说,信号协方差矩阵的秩将小于 d。因而基阵输出协方差矩阵特征分解后,较大特征值的个数及对应的特征矢量均小于 d,有些源在空间谱曲线上不呈现峰值,造成谱估计漏报。也就是说,多重信号分类法不能解相干源。

为了在含有相干源情况进行空间谱估计,需要在空间谱估计前进行去相干预处理,一类方法是降维处理,以牺牲有效阵元数来去相干。另一类是非降维处理,将去相干与空间谱估计结合起来处理。下面将讨论降维处理,即空间平滑技术。

两个相干信号进入基阵将使基阵协方差矩阵的信号子空间的矢量减少,但若两个相干信号同时进入不同的基阵,那么这两个基阵协方差矩阵之和的信号子空间的矢量就有可能不减少,这种处理称空间平滑处理。空间平滑可以去相干,求解相干源。

1. 前向平滑

将整个基阵分成若干个子阵,每个子阵的阵元数为 $n > d$。每个子阵从左逐步右移,如图 5.13 所示。

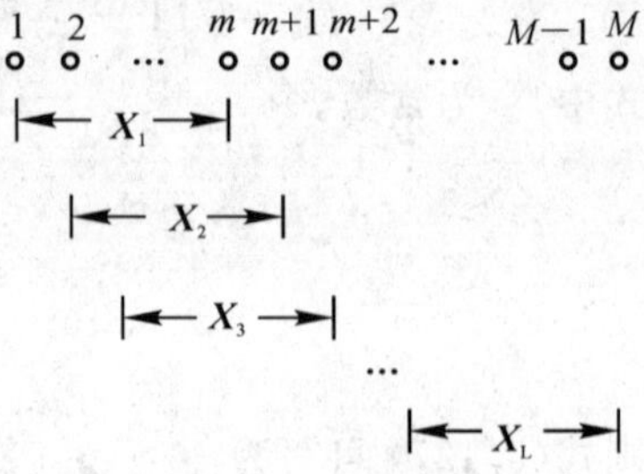

图 5.13 子阵选取

每个子阵的输出矢量分别为

$$\left.\begin{aligned}
\boldsymbol{x}_1^{\mathrm{f}} &= [x_1 \quad x_2 \quad \cdots \quad x_n]^{\mathrm{T}} \\
\boldsymbol{x}_2^{\mathrm{f}} &= [x_2 \quad x_3 \quad \cdots \quad x_{n+1}]^{\mathrm{T}} \\
&\cdots\cdots \\
\boldsymbol{x}_l^{\mathrm{f}} &= [x_l \quad x_{l+1} \quad \cdots \quad x_{n+l-1}]^{\mathrm{T}} \\
&\cdots\cdots \\
\boldsymbol{x}_L^{\mathrm{f}} &= [x_L \quad x_{L+1} \quad \cdots \quad x_{n+L-1}]^{\mathrm{T}}
\end{aligned}\right\} \tag{5.129}$$

式中,$M = n + L - 1$ 为阵元总数;上标 f 表示前向。第 l 个子阵的输出矢量 $\boldsymbol{x}_l^{\mathrm{f}}$ 可表示为

$$\boldsymbol{x}_l^{\mathrm{f}} = \boldsymbol{A}_n(\theta)\boldsymbol{D}^{(l-1)}\boldsymbol{s} + \boldsymbol{n}_l \tag{5.130}$$

式中，$\boldsymbol{A}_n(\theta)$ 是子阵的方向矩阵(阵簇)，对均匀线列阵，其为 $n \times d$ 维的范德蒙(Vandermonde)矩阵，即

$$\boldsymbol{A}_n(\theta) = [\boldsymbol{a}_n(\theta_1) \quad \boldsymbol{a}_n(\theta_2) \quad \cdots \quad \boldsymbol{a}_n(\theta_d)] \tag{5.131}$$

$$\boldsymbol{a}_n(\theta_k) = [1 \quad \exp(\mathrm{j}\varphi_k) \quad \cdots \quad \exp[\mathrm{j}(n-1)\varphi_k]]^{\mathrm{T}} \tag{5.132}$$

$$\boldsymbol{D} = \mathrm{diag}[\exp(\mathrm{j}\varphi_1) \quad \exp(\mathrm{j}\varphi_2) \quad \cdots \quad \exp(\mathrm{j}\varphi_k)] \tag{5.133}$$

$$\boldsymbol{n}_l = [n_l \quad n_{l+1} \quad \cdots \quad n_{l+n-1}]^{\mathrm{T}} \tag{5.134}$$

$$\boldsymbol{s} = [s_1 \quad s_2 \quad \cdots \quad s_d]^{\mathrm{T}} \tag{5.135}$$

第 l 个子阵的协方差矩阵为

$$\boldsymbol{R}_l^{\mathrm{f}} = E[\boldsymbol{x}_l^{\mathrm{f}}\boldsymbol{x}_l^{\mathrm{fH}}] = \boldsymbol{A}_n(\theta)\boldsymbol{D}^{(l-1)}\boldsymbol{R}_{\mathrm{s}}\boldsymbol{D}^{-(l-1)}\boldsymbol{A}_n^{\mathrm{H}}(\theta) + \sigma_n^2\boldsymbol{I}_n \tag{5.136}$$

式中，$\boldsymbol{I}_n$ 为 $n \times n$ 单位矩阵。式(5.134) 为第 l 个子阵的噪声矢量。

取所有子阵协方差矩阵的均值有

$$\boldsymbol{R} = \frac{1}{L}\sum_{l=1}^{L}\boldsymbol{R}_l^{\mathrm{f}} = \boldsymbol{A}_n(\theta)\,\frac{1}{L}\sum_{l=1}^{L}\boldsymbol{D}^{(l-1)}\boldsymbol{R}_{\mathrm{s}}\boldsymbol{D}^{-(l-1)}\boldsymbol{A}_n^{\mathrm{H}}(\theta) + \sigma_n^2\boldsymbol{I}_n =$$
$$\boldsymbol{A}_n(\theta)\boldsymbol{R}_{\mathrm{s}}^{\mathrm{f}}\boldsymbol{A}_n^{\mathrm{H}}(\theta) + \sigma_n^2\boldsymbol{I}_n \tag{5.137}$$

式中，$\boldsymbol{R}_{\mathrm{s}}^{\mathrm{f}}$ 称为前向平滑信号协方差矩阵，且有

$$\boldsymbol{R}_{\mathrm{s}}^{\mathrm{f}} = \frac{1}{L}\sum_{l=1}^{L}\boldsymbol{D}^{(l-1)}\boldsymbol{R}_{\mathrm{s}}\boldsymbol{D}^{-(l-1)} \tag{5.138}$$

可以证明

$$\mathrm{rank}\{\boldsymbol{A}_n(\theta)\boldsymbol{R}_{\mathrm{s}}^{\mathrm{f}}\boldsymbol{A}_n^{\mathrm{H}}(\theta)\} = \mathrm{rank}\{\boldsymbol{R}_{\mathrm{s}}^{\mathrm{f}}\} \tag{5.139}$$

由此，可以得出以下结论：

(1) 若满足 $n > d$，$\mathrm{rank}\{\boldsymbol{R}_{\mathrm{s}}\} = 1$，则当 $L \geqslant d$ 时，$\mathrm{rank}\{\boldsymbol{R}_{\mathrm{s}}^{\mathrm{f}}\} = d$。也就是说，若子阵阵元数 $n > d$，子阵数 $L \geqslant d$，则可将 d 个相干信号源转变为 d 个独立源。此时，有效阵元数减为 n。若有 d 个相干源进入阵列，此时阵元数 M 最少应为

$$M_{\min} = L + n - 1 \geqslant 2d \tag{5.140}$$

若是 d 个独立源，M 最少为 $d+1$。这说明对 d 个相干源处理，阵元数要牺牲 $d-1$ 个。

(2) 若有 d 个源，其中有 j 个为相干源，子阵阵元数 $n > d$，则当子阵数 $L \geqslant j$ 时，

$$\mathrm{rank}\{\boldsymbol{R}_{\mathrm{s}}^{\mathrm{f}}\} = d$$

这时最小阵元数为

$$M_{\min} = L + n - 1 = d + j \tag{5.141}$$

有效阵元数损失了 $j-1$ 个。

2. 前后向平滑

采用前后向组合的平滑技术，可以减少有效阵元的损失。

首先讨论后向平滑。后向平滑子阵的选取类似于前向平滑，每个子阵从右逐步左移，其子阵输出矢量为

$$\left.\begin{array}{l} x_1^{\mathrm{b}} = \begin{bmatrix} x_{L+n-1}^* & x_{L+n-2}^* & \cdots & x_L^* \end{bmatrix}^{\mathrm{T}} \\ x_2^{\mathrm{b}} = \begin{bmatrix} x_{L+n-2}^* & x_{L+n-3}^* & \cdots & x_{L-1}^* \end{bmatrix}^{\mathrm{T}} \\ \qquad\cdots\cdots \\ x_{L-l+1}^{\mathrm{b}} = \begin{bmatrix} x_{l+n-1}^* & x_{l+n-2}^* & \cdots & x_l^* \end{bmatrix}^{\mathrm{T}} \\ \qquad\cdots\cdots \\ x_L^{\mathrm{b}} = \begin{bmatrix} x_n^* & x_{n-1}^* & \cdots & x_1^* \end{bmatrix}^{\mathrm{T}} \end{array}\right\} \tag{5.142}$$

与式(5.129)比较，x_{L-l+1}^{b} 与 x_l^{f} 有如下关系

$$x_{L-l+1}^{\mathrm{b}} = J x_l^{\mathrm{f}*} \tag{5.143}$$

式中，J 为 $n \times n$ 维交换矩阵，即

$$J = \begin{bmatrix} & & & 1 \\ & & \cdots & \\ & 1 & & \\ 1 & & & \end{bmatrix}$$

将式(5.130)代入式(5.143)可得

$$x_{L-l+1}^{\mathrm{b}} = J[A_n(\theta)D^{(l-1)}s]^* + Jn_l^* = JA_n^*(\theta)D^{-(l-1)}s^* + Jn_l^*$$

由于 $JA_n^*(\theta) = A_n(\theta)D^{-(n-1)}$，故有

$$x_{L-l+1}^{\mathrm{b}} = A_n(\theta)D^{-(n+l-2)}s^* + Jn_l^* \tag{5.144}$$

后向平滑子阵协方差矩阵为

$$R_{L-l+1}^{\mathrm{b}} = E\{x_{L-l+1}^{\mathrm{b}} X_{L-l+1}^{\mathrm{bH}}\} = A_n(\theta)D^{-(n+l-2)}R_s^* D^{(n+l-2)}A_n^{\mathrm{H}}(\theta) + \sigma_n^2 I_n \tag{5.145}$$

平滑后得

$$R^{\mathrm{b}} = \frac{1}{L}\sum_{l=L}^{1} R_{L-l+1}^{\mathrm{b}} = A_n(\theta)R_s^{\mathrm{b}}A_n^{\mathrm{H}}(\theta) + \sigma_n^2 I_n \tag{5.146}$$

式中，R_s^{b} 为后向平滑信号协方差矩阵

$$R_s^{\mathrm{b}} = \frac{1}{L}\sum_{l=L}^{1} D^{-(l+n-2)}R_s^* D^{(l+n-2)} \tag{5.147}$$

同前向平滑一样，可以证明，若 d 个源都是相干的，则当 $L \geqslant d$ 时，$\mathrm{rank}\{R_s^{\mathrm{b}}\} = d$。

　　组合前向平滑和后向平滑，将它们的信号协方差矩阵求平均得前后向平滑信号协方差矩阵为

$$R_s^{\mathrm{bf}} = \frac{1}{2}(R_s^{\mathrm{f}} + R_s^{\mathrm{b}}) \tag{5.148}$$

对于前后向平滑有如下结论：

（1）对 d 个相干源，只要满足 $L \geqslant \dfrac{d}{2}$，即可将平滑信号协方差矩阵的秩恢复为 d。此时最小阵元数为

$$N_{\min} = L + n - 1 = L + d = \frac{3}{2}d \tag{5.149}$$

(2) 对 d 个信号源，其中有 j 个相干源，其最小阵元数为

$$N_{\min} = L + d = \frac{j}{2} + d \tag{5.150}$$

六、子空间旋转不变技术(ESPRIT)[48, 52, 54]

子空间旋转不变技术是一种子空间类方法，同 MUSIC 方法相比，ESPRIT 方法对阵列误差不敏感，计算空间谱不需要进行方向矢量扫描，因而减少了运算量。同 MUSIC 方法一样，其可提供信号参数的渐近无偏估计。

1. ESPRIT 算法

适于 ESPRIT 算法的基阵由两个结构和性能相同的子阵 $\boldsymbol{Z}_x$ 和 $\boldsymbol{Z}_y$ 组成，每个子阵具有 M 个阵元，因此，基阵由 M 对阵元组成，阵元对中阵元之间有一个平移量 Δ，因而两个子阵的平移量为 Δ。

若远场有 d 个信号源入射，根据信号和噪声模型，两个子阵的输出矢量为

$$\boldsymbol{x}(t) = \boldsymbol{A}(\theta)\boldsymbol{s}(t) + \boldsymbol{n}_x(t) \tag{5.151}$$

$$\boldsymbol{y}(t) = \boldsymbol{A}(\theta)\boldsymbol{\Phi}\,\boldsymbol{s}(t) + \boldsymbol{n}_y(t) \tag{5.152}$$

式中，$\boldsymbol{A}(\theta)$ 和 $\boldsymbol{s}(t)$ 分别为子阵 $\boldsymbol{Z}_x$ 的阵簇和输出信号矢量；$\boldsymbol{n}_x(t)$ 和 $\boldsymbol{n}_y(t)$ 分别为子阵 $\boldsymbol{Z}_x$ 和 $\boldsymbol{Z}_y$ 的输出噪声矢量，它们是均值为零、方差为 σ^2 的空间高斯白噪声过程；$\boldsymbol{\Phi}$ 为 $d\times d$ 维对角矩阵，是两阵列之间的相位延迟，可表示为

$$\boldsymbol{\Phi} = \mathrm{diag}(\exp(\mathrm{j}\varphi_1) \quad \exp(\mathrm{j}\varphi_2) \quad \cdots \quad \exp(\mathrm{j}\varphi_d)) = \mathrm{diag}(\lambda_1 \quad \lambda_2 \quad \cdots \quad \lambda_d) \tag{5.153}$$

其中

$$\varphi_k = \frac{\omega\Delta\sin\theta_k}{c} = \arg\lambda_k \quad (k = 1,\ 2,\ \cdots,\ d) \tag{5.154}$$

式中，c 为声速；λ_k 正是后面将要讨论的广义特征值。$\boldsymbol{\Phi}$ 是一个酉矩阵，相当于一个旋转变换，将 $\boldsymbol{x}(t)$ 变换成了 $\boldsymbol{y}(t)$。因此，$\boldsymbol{\Phi}$ 称为旋转矩阵。

可以看出，信号源入射角 θ_k 的信息完全包含于旋转矩阵 $\boldsymbol{\Phi}$ 中，只要求得 $\boldsymbol{\Phi}$，就可根据式(5.154) 求得信号方位为

$$\hat{\theta}_k = \arcsin\left\{\frac{c\varphi_k}{\omega\Delta}\right\} = \arcsin\left\{\frac{c}{\omega\Delta}\arg(\lambda_k)\right\} \quad (k = 1,\ 2,\ \cdots,\ d) \tag{5.155}$$

从两个子阵 $\boldsymbol{Z}_x$ 和 $\boldsymbol{Z}_y$ 的输出可以得到 $\boldsymbol{Z}_x$ 子阵输出的自协方差矩阵 $\boldsymbol{R}_{xx}$ 和 $\boldsymbol{Z}_x$ 子阵与 $\boldsymbol{Z}_y$ 子阵输出的互协方差矩阵 $\boldsymbol{R}_{xy}$，即

$$\boldsymbol{R}_{xx} = E[\boldsymbol{x}(t)\boldsymbol{x}^{\mathrm{H}}(t)] = \boldsymbol{A}(\theta)\boldsymbol{R}_{\mathrm{s}}\boldsymbol{A}^{\mathrm{H}}(\theta) + \sigma^2 \tag{5.156}$$

$$\boldsymbol{R}_{xy} = E[\boldsymbol{x}(t)\boldsymbol{y}^{\mathrm{H}}(t)] = \boldsymbol{A}(\theta)\boldsymbol{R}_{\mathrm{s}}\boldsymbol{\Phi}^{\mathrm{H}}\boldsymbol{A}^{\mathrm{H}}(\theta) \tag{5.157}$$

可以证明，在式(5.151) 和式(5.152) 中，若 $\boldsymbol{s}(t)$ 中 d 个信号源非相干，即 $\boldsymbol{R}_{\mathrm{s}}$ 为非奇异，那么从矩阵束 $\{(\boldsymbol{R}_{xx} - \gamma_{\min}\boldsymbol{I}),\ \boldsymbol{R}_{xy}\}$ 的广义特征分解可以得到旋转矩阵 $\boldsymbol{\Phi}$。

根据式(5.156)，$\boldsymbol{R}_{xx}$ 有 d 个较大特征值，且有$(M-d)$ 重最小特征值均为 σ^2，所以

$$\boldsymbol{R}_{xx} - \gamma_{\min}\boldsymbol{I} = \boldsymbol{R}_{xx} - \sigma^2\boldsymbol{I} = \boldsymbol{C}_{xx} \tag{5.158}$$

$$\begin{aligned}\boldsymbol{C}_{xx} - \boldsymbol{\Lambda}\boldsymbol{R}_{xy} &= \boldsymbol{A}(\theta)\boldsymbol{R}_s\boldsymbol{A}^{\mathrm{H}}(\theta) - \boldsymbol{\Lambda}\boldsymbol{A}(\theta)\boldsymbol{R}_s\boldsymbol{\Phi}^{\mathrm{H}}\boldsymbol{A}^{\mathrm{H}}(\theta) = \\ &\boldsymbol{A}(\theta)\boldsymbol{R}_s(\boldsymbol{I} - \boldsymbol{\Lambda}\boldsymbol{\Phi}^{\mathrm{H}})\boldsymbol{A}^{\mathrm{H}}(\theta)\end{aligned} \tag{5.159}$$

由于 $\boldsymbol{\Phi}$ 为酉矩阵，所以当 $\boldsymbol{\Lambda} = \boldsymbol{\Phi}$ 时，$\boldsymbol{I} - \boldsymbol{\Lambda}\boldsymbol{\Phi}^{\mathrm{H}} = 0$，即 $\boldsymbol{C}_{xx} - \boldsymbol{\Lambda}\boldsymbol{R}_{xx} = 0$。根据广义特征值定义，$\boldsymbol{\Lambda}$ 就是 $\boldsymbol{C}_{xx}$ 相对于 $\boldsymbol{R}_{xy}$ 的广义特征值。

由于 $\boldsymbol{R}_{xy}$ 是半正定的，即 $\boldsymbol{R}_{xy}$ 是奇异的，矩阵束 $\{\boldsymbol{C}_{xx}, \boldsymbol{R}_{xy}\}$ 的广义特征值不能转化为求普通特征值的求解。M. Zoltowski 提出了一种用于 ESPRIT 的求解广义特征值的方法[56]，现归纳如下：

(1) 根据两个子阵的输出和式(5.156)和式(5.157)计算子阵 $\boldsymbol{Z}_x$ 的自协方差矩阵 $\boldsymbol{R}_{xx}$ 和两个子阵 $\boldsymbol{Z}_x$ 和 $\boldsymbol{Z}_y$ 的互协方差矩阵 $\boldsymbol{R}_{xy}$。

(2) 计算 $\boldsymbol{R}_{xx}$ 的特征值 γ_m 和相应的特征矢量 $\boldsymbol{e}_m(m = 1,2,\cdots,M)$，估计信号源的个数 d，将特征值 γ_m 按递减排列：$\gamma_1 \geqslant \gamma_2 \geqslant \cdots \geqslant \gamma_d > \gamma_{d+1} = \cdots = \gamma_M = \gamma_{\min}$，并令 $\beta_i = \sqrt{\gamma_i - \gamma_{\min}}$ $(i = 1,2,\cdots,d)$。

(3) 对 $\boldsymbol{C}_{xx}$ 进行 Choleski 分解，有

$$\boldsymbol{C}_{xx} = \boldsymbol{G}\boldsymbol{G}^{\mathrm{H}} \tag{5.160}$$

并计算伪逆 $\boldsymbol{G}^{+}$。可以证明

$$\boldsymbol{G} = [\beta_1\boldsymbol{e}_1 \quad \beta_2\boldsymbol{e}_2 \quad \cdots \quad \beta_d\boldsymbol{e}_d] \tag{5.161}$$

$$\boldsymbol{G}^{\mathrm{H}} = \left[\frac{1}{\beta_1}\boldsymbol{e}_1 \quad \frac{1}{\beta_2}\boldsymbol{e}_2 \quad \cdots \quad \frac{1}{\beta_d}\boldsymbol{e}_d\right]^{\mathrm{H}} \tag{5.162}$$

(4) 计算矩阵 $(\boldsymbol{G}^{+})^{\mathrm{H}}\boldsymbol{R}_{xy}\boldsymbol{G}^{+}$ 的特征值 $\lambda_i(i = 1,2,\cdots,d)$。

(5) 根据式(5.154)计算信号源的入射角 $\theta_i(i = 1,2,\cdots,d)$。

2. 其他形式的 ESPRIT 算法

目前，已有的其他形式的 ESPRIT 算法有总体最小二乘子空间旋转不变方法 TLS-ESPRIT 算法[54]、PRO-ESPRIT 算法[52] 和广义的(Extended)ESPRIT 算法[55]。TLS-ESPRIT 算法改善了 ESPRIT 算法在低信噪比情况下的估计性能。PRO-ESPRIT 算法的估计性能与 ESPRIT 算法相当，但其可进行数据的并行处理，提高数据的处理速度。广义的 ESPRIT 算法适于进行宽带源的方位估计。

七、加权子空间拟合技术[40, 57, 58]

加权子空间拟合(WSF)技术，不仅适于非相干信号处理，而且适于相干信号处理。

根据前面讨论，对于一个 M 源组成的基阵，远场有 d 个信号源照射，阵列输出的协方差矩阵为

$$\boldsymbol{R}_{xx} = \boldsymbol{A}(\theta)\boldsymbol{R}_s\boldsymbol{A}^{\mathrm{H}}(\theta) + \sigma_n^2\boldsymbol{I} \tag{5.163}$$

式中，$\boldsymbol{\theta} = [\theta_1 \quad \theta_2 \quad \cdots \quad \theta_d]^{\mathrm{T}}$ 表示 d 个信号源的到达角。由于信号源的非相干或者是相干，故信号协方差矩阵的秩可能是 d，也可能是 $d' < d$。$\boldsymbol{R}_{xx}$ 可作如下特征分解，即

$$\boldsymbol{R}_{xx}=\sum_{m=1}^{M}\lambda_m\boldsymbol{e}_m\boldsymbol{e}_m^{\mathrm{H}}=\boldsymbol{E}_{\mathrm{s}}\boldsymbol{\Lambda}\boldsymbol{E}_{\mathrm{s}}^{\mathrm{H}}+\sigma_n^2\boldsymbol{E}_n\boldsymbol{E}_n^{\mathrm{H}} \tag{5.164}$$

式中，$\boldsymbol{\Lambda}$ 为对角矩阵，对角线元素为 $\boldsymbol{R}_{xx}$ 的从大到小排列的 d' 个大的特征值。

$$\boldsymbol{E}_{\mathrm{s}}=[\boldsymbol{e}_1 \quad \boldsymbol{e}_2 \quad \cdots \quad \boldsymbol{e}_{d'}]$$

$$\boldsymbol{E}_n=[\boldsymbol{e}_{d+1} \quad \boldsymbol{e}_{d+2} \quad \cdots \quad \boldsymbol{e}_m]$$

分别为以信号特征矢量和噪声特征矢量为列矢量构成的酉矩阵。并且 $\boldsymbol{E}_{\mathrm{s}}$ 的列张成了一个由 $\boldsymbol{A}(\boldsymbol{\theta})$ 的列张成的空间的子空间。在正确估计信号个数的前提条件下，由于 $\boldsymbol{E}_{\mathrm{s}}$ 和 $\boldsymbol{A}(\boldsymbol{\theta})$ 张成了同一个空间，故必定存在一个 $d\times d$ 维的满秩矩阵 $\boldsymbol{T}$，使得

$$\boldsymbol{E}_{\mathrm{s}}=\boldsymbol{A}(\boldsymbol{\theta})\boldsymbol{T} \tag{5.165}$$

在实际处理中，$\boldsymbol{\theta}$ 和 $\boldsymbol{T}$ 均是未知的，$\boldsymbol{E}_{\mathrm{s}}$ 也只能通过估计得到。子空间拟合技术，就是要寻求 $\hat{\theta}$ 和 $\hat{\boldsymbol{T}}$，使得 $\boldsymbol{A}(\boldsymbol{\theta})\hat{\boldsymbol{T}}$ 能最佳地逼近矩阵 $\hat{\boldsymbol{E}}_{\mathrm{s}}$。考虑到 $\hat{\boldsymbol{E}}_{\mathrm{s}}$ 各列矢量对子空间的不同贡献，引入一个正定的加权矩阵 $\boldsymbol{W}$，对 $\hat{\boldsymbol{E}}_{\mathrm{s}}$ 的列矢量进行加权，这种技术称为加权子空间拟合。当 $\hat{\boldsymbol{E}}_{\mathrm{s}}$ 已知时，求解式(5.165)得到 $\boldsymbol{\theta}$ 和 $\boldsymbol{T}$ 的估计值 $\hat{\boldsymbol{\theta}}$ 和 $\hat{\boldsymbol{T}}$ 的方法是求信号子空间和模型子空间的最佳最小二乘拟合，即

$$[\hat{\boldsymbol{\theta}},\ \hat{\boldsymbol{T}}]=\arg\min_{\boldsymbol{\theta}\boldsymbol{T}}\|\hat{\boldsymbol{E}}_{\mathrm{s}}\boldsymbol{W}^{1/2}-\boldsymbol{A}(\boldsymbol{\theta})\boldsymbol{T}\|_F^2 \tag{5.166}$$

式中，argmin 表示极小化变量，即后面表达式极小化时变量 $\boldsymbol{\theta}$ 和 $\boldsymbol{T}$ 的取值。式(5.166)表明，在 Frobenius 范数意义上，使得 $\hat{\boldsymbol{E}}_{\mathrm{s}}\boldsymbol{W}^{1/2}$ 距离最近的 $\boldsymbol{A}(\boldsymbol{\theta})\boldsymbol{T}$ 中的参数 $\boldsymbol{\theta}$ 作为目标的方位估计。

式(5.166)中的求极小值问题可对两个参变量 $\boldsymbol{\theta}$ 和 $\boldsymbol{T}$ 分开进行，当 $\boldsymbol{\theta}$ 给定时，先估计 $\boldsymbol{T}$，可求得其最佳解为

$$\hat{\boldsymbol{T}}=[\boldsymbol{A}^{\mathrm{H}}(\boldsymbol{\theta})\boldsymbol{A}(\boldsymbol{\theta})]^{-1}\boldsymbol{A}^{\mathrm{H}}(\boldsymbol{\theta})\hat{\boldsymbol{E}}_{\mathrm{s}}\boldsymbol{W}^{1/2} \tag{5.167}$$

将式(5.167)代入式(5.166)，并记

$$\boldsymbol{P}_A^{\perp}=\boldsymbol{I}-\boldsymbol{A}(\boldsymbol{\theta})[\boldsymbol{A}^{\mathrm{H}}(\boldsymbol{\theta})\boldsymbol{A}(\boldsymbol{\theta})]^{-1}\boldsymbol{A}^{\mathrm{H}}(\boldsymbol{\theta}) \tag{5.168}$$

$\boldsymbol{P}_A^{\perp}$ 是 $\boldsymbol{P}_A$ 的正交矩阵，具有幂等性质，即

$$\boldsymbol{P}_A^{\perp}(\boldsymbol{\theta})\boldsymbol{P}_A^{\perp}(\boldsymbol{\theta})=\boldsymbol{P}_A^{\perp}(\boldsymbol{\theta})$$

则可得

$$\hat{\boldsymbol{\theta}}=\arg\min_{\boldsymbol{\theta}}\mathrm{Tr}\{\boldsymbol{P}_A^{\perp}(\boldsymbol{\theta})\}\hat{\boldsymbol{E}}_{\mathrm{s}}\boldsymbol{W}\hat{\boldsymbol{E}}_{\mathrm{s}}^{\mathrm{H}} \tag{5.169}$$

上式可采用迭代方法求解。

须要说明几个问题：

(1) 加权矩阵的选取：文献[40]对此问题进行了说明和论证，结论是使估计误差的方差最小的最佳加权矩阵为

$$\boldsymbol{W}_{\mathrm{opt}}=(\hat{\boldsymbol{\Lambda}}-\hat{\sigma}^2\boldsymbol{I})\hat{\boldsymbol{\Lambda}}^{-1} \tag{5.170}$$

式中

$$\hat{\boldsymbol{\Lambda}}=\mathrm{diag}\{\lambda_1 \quad \lambda_2 \quad \cdots \quad \lambda_d\}$$

(2) 算法的迭代形式：求解式(5.166)可采用迭代方法，文献[40]详细讨论和推导了算法的迭代形式，并给出了实现的方法。

(3) 算法的初始化问题:进行算法的迭代运算,需要给定参数的初始值,如入射角 θ,信号源的个数等,初始化不仅影响算法的收敛性能,也影响参数的估计精度。文献[40] 推荐了可用于任意相关系数的可靠的初始化方法,称为交替最大值技术(AM),其可保证最佳子空间拟合算法在非相干和相干两种情况下的性能。

八、波束域高分辨方位估计

1. 概述

前面主要讨论了阵元域高分辨方位估计方法,与常规波束形成技术相比,其方位估计精度和分辨能力有很大提高。但是这些方法也存在一定的缺点,一般地,运算复杂度较高,受阵元扰动的影响较大,需要的信噪比门限较高。波束域高分辨方位估计方法同阵元域方法相比,其在运算复杂度、受阵元扰动的灵敏度和需要的信噪比门限等性能有较大提高,所以近年来一直受到关注。

2. 数学模型

(1) 波束域处理的原理:波束域处理的原理框图如图 5.14 所示。这种方法可分为两步:

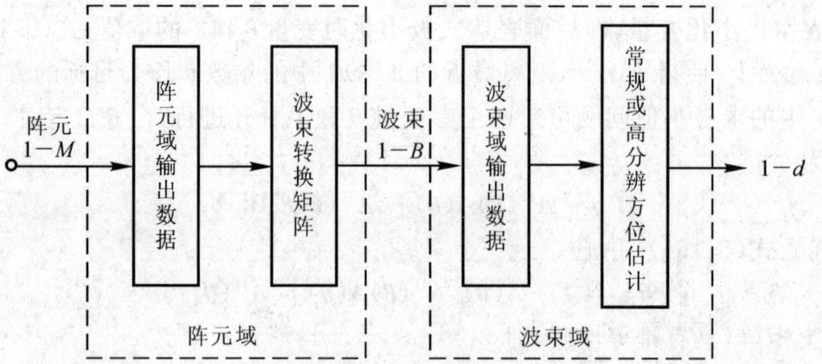

图 5.14　波束域处理原理框图

第一步,阵元域输出数据,经过多波束形成器,或称波束转换矩阵处理,得到波束域输出数据;

第二步,对波束域输出数据进一步采用常规的或高分辨的方位估计方法估计信号源的方位。

(2) 窄带模型:若基阵由 M 个阵元组成,远场有 d 个信号源照射,则阵列输出矢量为

$$\boldsymbol{x}(t)=\boldsymbol{A}(\boldsymbol{\theta})\boldsymbol{s}(t)+\boldsymbol{n}_x(t) \tag{5.171}$$

式中各矢量和矩阵的定义同式(5.109)。阵列输出的协方差矩阵为

$$\boldsymbol{R}_{xx}=E[\boldsymbol{x}(t)\boldsymbol{x}^{\mathrm{H}}(t)]=\boldsymbol{A}(\boldsymbol{\theta})\boldsymbol{R}_{\mathrm{s}}\boldsymbol{A}^{\mathrm{H}}(\boldsymbol{\theta})+\sigma^2\boldsymbol{I} \tag{5.172}$$

对其进行特征分解有

$$\boldsymbol{R}_{xx} = \boldsymbol{E}\boldsymbol{\Lambda}\boldsymbol{\Lambda}^{\mathrm{H}} = \sum_{m=1}^{M}\lambda_m \boldsymbol{e}_m \boldsymbol{e}_m^{\mathrm{H}} \tag{5.173}$$

式中，$\boldsymbol{E} = [\boldsymbol{e}_1 \quad \boldsymbol{e}_2 \quad \cdots \quad \boldsymbol{e}_M]$ 为特征矢量组成的酉矩阵；$\boldsymbol{\Lambda} = \mathrm{diag}[\lambda_1 \quad \lambda_2 \quad \cdots \quad \lambda_M]$ 为特征值构成的对角矩阵，$\lambda_1 \geqslant \lambda_2 \geqslant \cdots \geqslant \lambda_d > \lambda_{d+1} = \lambda_{d+2} = \cdots = \lambda_M = \lambda_{\min} = \sigma^2$。与 $\lambda_1, \lambda_2, \cdots, \lambda_d$ 对应的特征矢量张成信号子空间，与小特征值 σ^2 对应的特征矢量张成噪声子空间，于是有

$$\boldsymbol{R}_{xx} = \boldsymbol{E}_{\mathrm{s}}\boldsymbol{\Lambda}\boldsymbol{E}_{\mathrm{s}}^{\mathrm{H}} + \boldsymbol{E}_n\boldsymbol{\Lambda}_n\boldsymbol{E}_n^{\mathrm{H}} = \sum_{m=1}^{d}\lambda_m \boldsymbol{e}_m \boldsymbol{e}_m^{\mathrm{H}} + \sigma^2 \sum_{m=d+1}^{M} \boldsymbol{e}_m \boldsymbol{e}_m^{\mathrm{H}} \tag{5.174}$$

若信号源处于空间区域$[\theta_{\mathrm{a}}, \theta_{\mathrm{b}}]$内，在该区域内形成 B 个连续的波束，则 B 个波束形成器的输出可表示为

$$\boldsymbol{y}(t) = \boldsymbol{T}^{\mathrm{H}}\boldsymbol{x}(t) \tag{5.175}$$

式中，$\boldsymbol{T}$ 为波束转换矩阵，其维数为 $M \times B$，它的每一列形成一个波束。波束转换矩阵 $\boldsymbol{T}$ 将阵元域输出转换为波束域输出。将式(5.171) 代入式(5.175) 得到

$$\boldsymbol{y}(t) = \boldsymbol{T}^{\mathrm{H}}\boldsymbol{A}(\boldsymbol{\theta})\boldsymbol{s}(t) + \boldsymbol{n}_y(t) \tag{5.176}$$

式中

$$\boldsymbol{n}_y(t) = \boldsymbol{T}^{\mathrm{H}}\boldsymbol{n}_x(t) \tag{5.177}$$

为波束域噪声矢量。

B 个波束输出的协方差矩阵为

$$\boldsymbol{R}_{yy} = E[\boldsymbol{y}(t)\boldsymbol{y}^{\mathrm{H}}(t)] = \boldsymbol{T}^{\mathrm{H}}\boldsymbol{R}_{xx}\boldsymbol{T} = \boldsymbol{T}^{\mathrm{H}}\boldsymbol{A}(\boldsymbol{\theta})\boldsymbol{R}_{\mathrm{s}}\boldsymbol{A}^{\mathrm{H}}(\boldsymbol{\theta})\boldsymbol{T} + \sigma^2\boldsymbol{T}^{\mathrm{H}}\boldsymbol{T} \tag{5.178}$$

若波束转换矩阵满足列正交条件，即 $\boldsymbol{T}^{\mathrm{H}}\boldsymbol{T} = \boldsymbol{I}$，则式(5.178) 变为

$$\boldsymbol{R}_{yy} = \boldsymbol{T}^{\mathrm{H}}\boldsymbol{A}(\boldsymbol{\theta})\boldsymbol{R}_{\mathrm{s}}\boldsymbol{A}^{\mathrm{H}}(\boldsymbol{\theta})\boldsymbol{T} + \sigma^2\boldsymbol{I} \tag{5.179}$$

同样地，$\boldsymbol{R}_{yy}$ 的特征分解可用其特征值 $\mu_1 \geqslant \mu_2 \geqslant \cdots \geqslant \mu_B$ 和对应的特征矢量 $\boldsymbol{t}_1, \boldsymbol{t}_2, \cdots, \boldsymbol{t}_B$ 表示为

$$\boldsymbol{R}_{yy} = \sum_{b=1}^{B}\mu_b \boldsymbol{t}_b \boldsymbol{t}_b^{\mathrm{H}} \tag{5.180}$$

还可用信号子空间 $\boldsymbol{E}_{B\mathrm{s}}$ 和噪声子空间 $\boldsymbol{E}_{Bn}$ 表示为

$$\boldsymbol{R}_{yy} = \boldsymbol{E}_{B\mathrm{s}}\boldsymbol{M}\boldsymbol{E}_{B\mathrm{s}}^{\mathrm{H}} + \boldsymbol{E}_{Bn}\boldsymbol{M}_n\boldsymbol{E}_{Bn}^{\mathrm{H}} = \sum_{b=1}^{d}\mu_b \boldsymbol{t}_b \boldsymbol{t}_b^{\mathrm{H}} + \sigma^2 \sum_{b=d+1}^{B} \boldsymbol{t}_b \boldsymbol{t}_b^{\mathrm{H}} \tag{5.181}$$

(3) 宽带模型[46]：仍然考虑 d 个远场宽带源照射由 M 个阵元组成的基阵，其阵元噪声为均值为零、方差为 σ^2 的高斯白噪声过程。采用频域模型，则阵列输出矢量的谱和互谱密度矩阵分别为

$$\boldsymbol{X}(f_j) = \boldsymbol{A}(f_j, \boldsymbol{\theta})\boldsymbol{S}(f_j) + \boldsymbol{N}(f_j) \tag{5.182}$$

和

$$\boldsymbol{R}_{xx}(f_j) = E[\boldsymbol{X}(f_j)\boldsymbol{X}^{\mathrm{H}}(f_j)] = \boldsymbol{A}(f_j, \boldsymbol{\theta})\boldsymbol{R}_{\mathrm{s}}(f_j)\boldsymbol{A}^{\mathrm{H}}(f_j, \boldsymbol{\theta}) + \sigma^2\boldsymbol{I} \tag{5.183}$$

式中

$$\boldsymbol{R}_{\mathrm{s}}(f_j) = E[\boldsymbol{S}(f_j)\boldsymbol{S}^{\mathrm{H}}(f_j)] \tag{5.184}$$

为信号的谱密度矩阵；j 为谱线（或子带）的序号。

若对每一个频率，有波束转换矩阵 $\boldsymbol{T}(f_j)$（$M\times B$ 维，B 为波束数），$\boldsymbol{T}(f_j)$ 的每一列形成一个波束，并假设 $\boldsymbol{T}(f_j)\boldsymbol{T}^{\mathrm{H}}(f_j)=I$，则波束输出矢量的谱为

$$\boldsymbol{Y}(f_j)=\boldsymbol{T}(f_j)\boldsymbol{X}(f_j) \tag{5.185}$$

波束域互谱密度矩阵为

$$\boldsymbol{R}_{yy}(f_j)=E[\boldsymbol{Y}(f_j)\boldsymbol{Y}^{\mathrm{H}}(f_j)]=\boldsymbol{T}^{\mathrm{H}}(f_j)\boldsymbol{A}(f_j,\boldsymbol{\theta})\boldsymbol{R}_{\mathrm{s}}(f_j)\boldsymbol{A}^{\mathrm{H}}(f_j)\boldsymbol{T}(f_j)+\sigma^2\boldsymbol{I} \tag{5.186}$$

若

$$\boldsymbol{T}^{\mathrm{H}}(f_j)\boldsymbol{A}(f_j,\boldsymbol{\theta})=\boldsymbol{T}^{\mathrm{H}}(f_0)\boldsymbol{A}(f_0,\boldsymbol{\theta}) \tag{5.187}$$

式中，f_0 为参考频率，对于整个频带则有

$$\boldsymbol{R}_{yy}=\frac{1}{J}\sum_{j=1}^{J}\boldsymbol{R}_{yy}(f_j)=\boldsymbol{T}^{\mathrm{H}}(f_0)\boldsymbol{A}(f_0,\boldsymbol{\theta})\left(\frac{1}{J}\sum_{j=1}^{J}\boldsymbol{R}_{\mathrm{s}}(f_j)\right)\boldsymbol{A}^{\mathrm{H}}(f_0)\boldsymbol{T}(f_0)+\sigma^2\boldsymbol{I} \tag{5.188}$$

$\boldsymbol{R}_{yy}$ 还可表示成特征分解的形式，其表达式类同于式(5.181)。

(4) 波束域高分辨方位估计：将 MUSIC，Root-MUSIC，ESPRIT 和 WSF 等高分辨方位估计算法用于波束域输出，则得到波束域 MUSIC[59]，波束域 Root-MUSIC[60]，波束域 ESPRIT[61] 和波束域 WSF 算法[51]。

3. 对波束域高分辨方位估计的讨论

(1) 波束转换矩阵 $\boldsymbol{T}$：波束转换矩阵相当于一个空间带通滤波器，通带为波束覆盖的扇面。因此，其可在一定程度上抑制扇面外的干扰，一般地，也会降低分辨信噪比门限。

波束转换矩阵应满足下述条件：

1) 波束数目 B 大于信号源数目 d，且 $\mathrm{rank}[\boldsymbol{T}^{\mathrm{H}}\boldsymbol{A}(\boldsymbol{\theta})]=d$；

2) 在建立波束域模型时，假设 $\boldsymbol{T}$ 满足正交性，即

$$\boldsymbol{T}^{\mathrm{H}}\boldsymbol{T}=\boldsymbol{I}$$

若正交性条件不满足，可进行正交化变换。设 $\boldsymbol{T}_1$ 为不满足正交性条件的矩阵，则可进行如下变换得到波束转换矩阵 $\boldsymbol{T}$，即

$$\boldsymbol{T}=\boldsymbol{T}_1(\boldsymbol{T}_1^{\mathrm{H}}\boldsymbol{T}_1)^{-1/2} \tag{5.189}$$

(2) 估计方差：可以证明，无论波束转换矩阵 $\boldsymbol{T}$ 如何选取，总有

$$\mathrm{CRB}_{\mathrm{Es}}(\theta)\leqslant\mathrm{CRB}_{\mathrm{Bs}}(\theta) \tag{5.190}$$

式中，$\mathrm{CRB}_{\mathrm{Es}}(\theta)$ 和 $\mathrm{CRB}_{\mathrm{Bs}}(\theta)$ 分别为阵元域和波束域方位估计的克拉美罗界(CRB)。上式表明，对同一种估计方法，波束域方法的估计方差大于阵元域方法的估计方差。

(3) 运算量：当 $B\ll M$ 时，与阵元域方位估计算法相比，波束域方位估计算法的运算量会显著降低。

习题与思考题

1. 鱼雷自导信号处理重点研究哪些问题？

2. 以均匀线列阵为例，给出阵列输出的信号和噪声模型，并对模型进行必要的说明。

3. 给出阵处理增益的定义及其表达式，说明阵处理增益与哪些因素有关。给出完全相干信号在不相干的噪声场中和在部分相干的噪声场中的阵处理增益，举例说明之。

4. 已知三元阵，要求形成三个波束如图5.15所示。试给出用移相法形成三个波束的系统方框图，并给出形成三个波束时三个阵元输出的相应的相移值。(图中1,2,3为阵元，d为阵元间距，$d=\lambda/2$，λ为波长)

5. 为什么采用数字内插波束形成器？简述数字内插波束形成器的工作原理。

6. 试述数字移带波束形成器的工作原理，并给出其具体实现步骤。

7. 说明宽带信号的定义。

8. 若有一个16元的均匀线列阵，阵元间距为Δ，系统工作频率为25～35 kHz，Δ等于频率为30 kHz的半波长。试采用空间重采样方法计算并绘制波束主轴在与基阵法线夹角为10°的恒定束宽波束图，主旁瓣之比不大于20 dB。

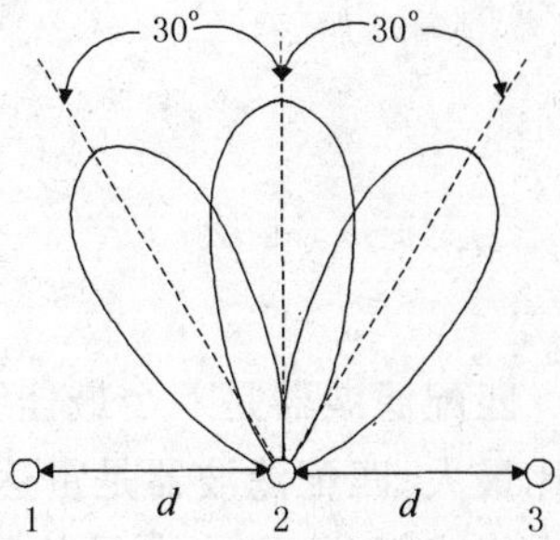

图5.15 题4示意图

9. 阐述分裂波束定向原理。

10. 说明分裂波束互谱法定向的基本原理及确定目标方向的具体步骤。

11. 试推导多重信号分类法(MUSIC)的空间谱函数。

12. 若有一个10阵元的均匀线列阵，阵元间距为$\Delta=\dfrac{\lambda}{2}$，$\lambda$是频率为30 kHz的半波长。中心频率为30 kHz的窄带信号从与基阵法线夹角为10°的方向入射，噪声为各向同性的高斯白噪声，输入信噪比为12 dB。试采用幂法估计信号的入射角。

13. 试述ESPRIT方法的工作原理。

14. 试述加权子空间拟和技术的工作原理。

15. 试述前向空间平滑和前向后向空间平滑解相干源的原理。

16. 试述波束域处理的原理。

第 6 章　鱼雷自导信号检测

第 1 节　匹配滤波器

匹配滤波器是一个最佳线性滤波器，在输入信号为已知且背景为白噪声条件下，其输出信噪比最大。匹配滤波器是雷达、声纳和鱼雷自导信号处理的核心部件，是许多最佳检测系统的基本组成部分，它也在最佳信号参量估计、信号分辨、某些信号的产生和压缩等方面起重要作用。

一、匹配滤波器[62]

设匹配滤波器的输入为

$$x(t) = s(t) + n(t) \tag{6.1}$$

式中，$s(t)$ 为确知信号；$n(t)$ 为平稳白噪声。则其输出可表示为

$$y(t) = s_0(t) + n_0(t) \tag{6.2}$$

式中，$s_0(t)$ 和 $n_0(t)$ 分别为输出的信号成分和噪声成分，它们的表达式为

$$s_0(t)\int_{-\infty}^{+\infty} s(t-\tau)h(\tau)\mathrm{d}\tau \tag{6.3}$$

或

$$s_0(t) = \frac{1}{2\pi}\int_{-\infty}^{+\infty} S(\omega)H(\omega)\exp(\mathrm{j}\omega t)\mathrm{d}\omega \tag{6.4}$$

在 $t = t_0$ 时，输出信号达到峰值 $s_0(t)_{t=t_0}$，即

$$s_0(t)_{t=t_0} = s_0(t_0) = \frac{1}{2\pi}\int_{-\infty}^{+\infty} S(\omega)H(\omega)\exp(\mathrm{j}\omega t_0)\mathrm{d}\omega \tag{6.5}$$

$$n_0(t)\int_{-\infty}^{+\infty} n(t-\tau)h(\tau)\mathrm{d}\tau \tag{6.6}$$

在式(6.3) 和式(6.6) 中，$h(t)$ 和 $H(\omega)$ 分别为匹配滤波器的冲激响应函数和传输函数，其表达式为

$$h(t) = cs(t_0 - t) \tag{6.7}$$

$$H(\omega) = cS^*(\omega)\exp(-\mathrm{j}\omega t_0) \tag{6.8}$$

式中，c 为常数，$S(\omega)$ 为输入信号 $s(t)$ 的谱。可以看出，匹配滤波器的冲激响应是输入信号的镜像函数，传输函数是输入信号频谱的复共轭。当式(6.7) 和式(6.8) 得到满足时，匹配滤波器可给出最大输出信噪比为

$$d_0 = \frac{2E}{N_0} \tag{6.9}$$

式中，E 和 $\frac{N_0}{2}$ 分别为输入信号的能量和输入噪声的功率谱密度，它们与信号形式无关。

根据式(6.8)，匹配滤波器的传输函数由幅频特性和相频特性组成，它们分别为

$$| H(\omega) | = | S(\omega) | \tag{6.10}$$

和

$$\arg H(\omega) = -\arg S(\omega) - \omega t_0 \tag{6.11}$$

即匹配滤波器的幅频特性与输入信号的幅频特性相同，匹配滤波器的相频特性与输入信号的相频特性相反，并有一个附加的延迟项。从物理概念上可解释如下：因为输入信号在某些频率分量上强，在另一些频率分量上弱，而噪声的频谱是均匀的，因而滤波器在信号强的地方增益大，在信号弱的地方增益小，结果在输出端相对地加强了信号而削弱了噪声。输入信号各频率分量的相对相位是按照 $\arg S(\omega)$ 分布的，如果滤波器的相频特性正好和它相反，则通过此滤波器后各频率分量的相位成为一致，仅保留一个线性相位项。这表示这些不同频率分量在特定时刻 t_0 全部同相相加，从而使输出信号形成峰值。由于噪声各频率分量的相位是随机的，因此滤波器的相频特性对它们不起作用。

匹配滤波器对信号的作用还可进行如下矢量解释。匹配滤波器输出可看做无穷正弦矢量和，当 $t \neq t_0$ 时，各矢量之间取向不一致，而当 $t = t_0$ 时，各矢量之间取向一致，使和矢量的长度 $s_0(t)$ 达到最大，从而使输出信号的瞬时功率达到最大，如图 6.1 所示。

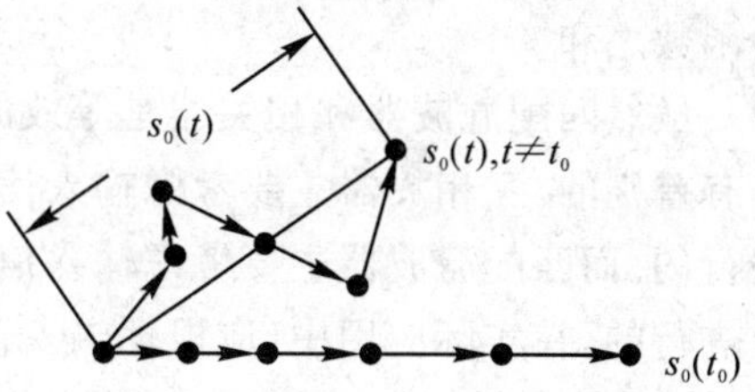

图 6.1　匹配滤波器的矢量解释

根据式(6.8) 可以看出，匹配滤波器对振幅和时延不同的信号具有适应性，而对频移信号不具有适应性。

二、互相关接收与匹配滤波

互相关接收的原理框图如图 6.2 所示。

图中，$x(t)$ 为输入信号，其可表示为

$$x(t) = s(t - t_r) + n(t)$$

式中，$s(t - t_r)$ 为慢起伏点目标回波信号，$t_r = \frac{2R}{c}$ 为目标回波延迟；$n(t)$ 为平稳白噪声过程；$s(t)$ 为参考信号，通常取为发射信号，τ 为参考信号延迟，相关接收机输出为互相关函数，即

$$R_{xs}(\tau)\int_{-\infty}^{+\infty}[s(t-t_r)+n(t)]s(t-\tau)\mathrm{d}t = R_{ss}(\tau-t_r)+R_{ns}(\tau) \tag{6.12}$$

式中，R_{ss} 和 R_{ns} 分别为信号的自相关函数和信号与噪声的互相关函数。当 $\tau = t_r$ 时，$R_{xs}(\tau)$ 取得最大值。

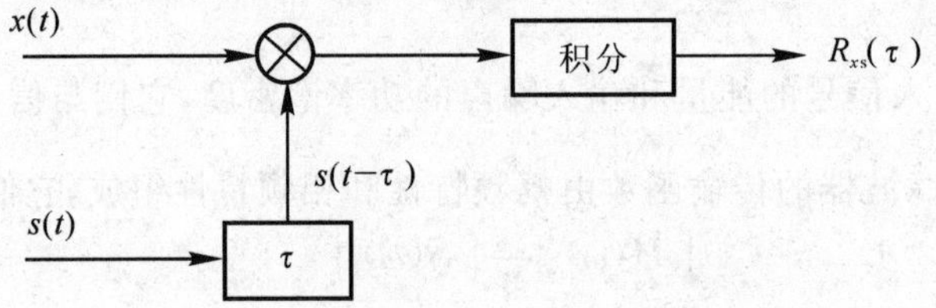

图 6.2　互相关接收原理框图

须要说明的是，上述只是在某一距离单元 $\tau = t_r$ 的互相关函数，如果要探测其他距离信号，需在距离上扫描，即依次改变 τ 计算 $R_{xs}(\tau)$ 或同时给出多个不同的 τ，多路并联计算 $R_{xs}(\tau)$。如果信号具有多普勒频移，同样需要在频率上进行扫描，以覆盖期望的频率范围。

相关接收与匹配滤波对信号的处理在本质上是一致的。根据式(6.3)和式(6.7)，匹配滤波器的输出为

$$y(t) = \int_{-\infty}^{+\infty}h(\tau)x(t-\tau)\mathrm{d}\tau\int_{-\infty}^{+\infty}s(t_0-\tau)[s(t-\tau)+n(t-\tau)]\mathrm{d}\tau = R_{ss}(t-t_0)+R_{ns}(t-t_0) \tag{6.13}$$

可见，匹配滤波器可等效为一个互相关器，它的输出是信号的自相关函数和信号与噪声的互相关函数之和。

虽然匹配滤波器和相关器是等效的，但在具体应用中，二者考虑问题的出发点和实现方法是有差别的。互相关器主要考虑输入信号在时域上的特性，因而对互相关器的综合是在时域上进行的。而匹配滤波器主要考虑输入信号在频域上的特性，因而对匹配滤波器的综合是在频域上进行的。在实际应用中，应根据输入信号及其频谱函数的特点来确定选用何者。

第 2 节　鱼雷自导信号最佳检测

一、概述

信号检测是鱼雷自导的主要功能之一。鱼雷自导信号检测问题就是判断观测数据中是否有目标信号存在。检测系统的输入(即观测数据)$x(t)$ 有两种可能，即

$$x(t) = s(t) + n(t)$$

或

$$x(t) = n(t)$$

式中，$s(t)$ 和 $n(t)$ 分别为信号和干扰，检测系统的任务就是对输入 $x(t)$ 进行处理或运算，然后

对检测系统的输出进行判断是否有信号存在。这是一个双择检验问题，通常把检测系统所做的判断过程叫做检验，而把检验对象的可能情况或状态叫做假设，并记为

$$\left.\begin{aligned} H_1: x(t) &= s(t) + n(t) \\ H_0: x(t) &= n(t) \end{aligned}\right\} \tag{6.14}$$

于是检验问题归结为检验 H_0 假设和 H_1 假设的真伪问题。由于干扰或噪声的随机性，在有限的时间内所做的判断可能会出现 4 种情况，即在确有信号时判断为有信号，在确无信号时判断为无信号，在无信号时判断为有信号，在有信号时判断为无信号。前两种是正确判断，后两种是错误判断。确有信号判断为有信号的概率称为检测概率 P_d，无信号判断为有信号的概率称为虚警概率 P_{fa}，有信号判断为无信号的概率称为漏报概率 P_l。几种概率之间存在一定的关系。

对于检测系统，在判断过程中需要设置一个阈值或称为门限，超过门限就做出"有目标"的判断。如果设定门限较高，检测概率和虚警概率都较小；如果设定门限较低，则两种概率都变大。对于固定的输出信噪比，不同的门限对应有一对不同的检测概率和虚警概率。在检测概率和虚警概率的关系图上，当阈值改变时，相应地可绘出一条曲线，再改变检测指数 d，可得到一族这样的曲线，称为接收机工作特性曲线，如图 6.3，图 6.4 和图 6.5 所示。

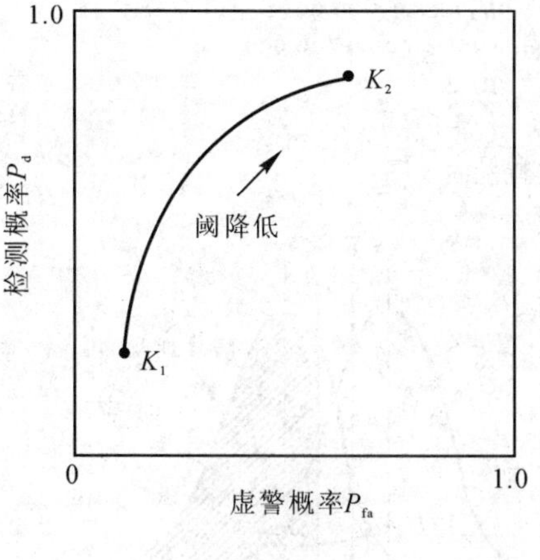

图 6.3　d 为常数的接收机工作特性曲线图

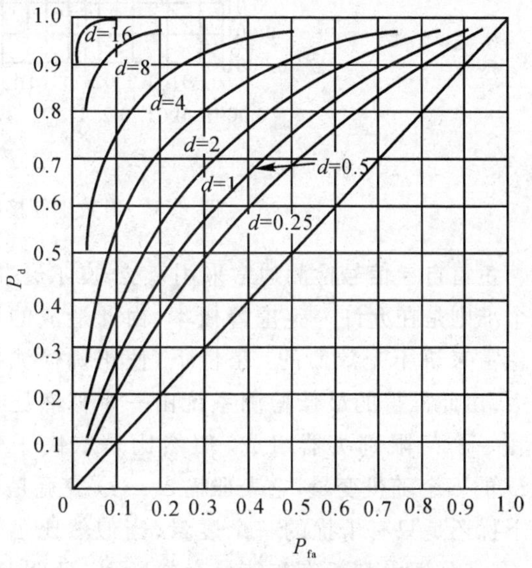

图 6.4　接收机工作特性曲线

接收机工作特性曲线是严格地由接收机输出端的信号和噪声的概率密度函数决定的。图 6.6 表示了噪声和信号加噪声的概率密度，图中 $p(a)$ 为输出包络幅度落在以 a 为中心的单位小区间的概率。$M(N)$ 为噪声均值，$M(S+N)$ 为信号加噪声均值，若噪声和信号加噪声均是高斯分布的，其方差为 σ^2，则定义

$$d=\frac{[M(S+N)-M(N)]^2}{\sigma^2} \tag{6.15}$$

称 d 为检测指数，这实际是系统输出信噪比。图 6.6 还表示了 P_d 和 P_{fa} 与门限 K 的关系，并且与 d 有关。

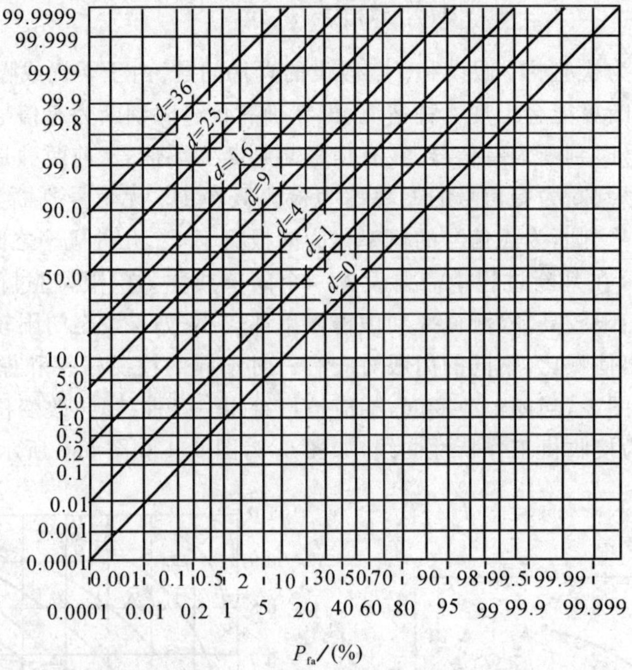

图 6.5 对数坐标接收机工作特性曲线图

鱼雷自导信号检测通常采用奈曼-皮尔逊准则，这个准则是在允许一定虚警概率（由此造成的后果对鱼雷来讲不是致命的）条件下，使正确检测概率最大。由此推得的最佳检测系统由一个似然比计算器和一个门限判决器组成。似然比是取决于输入 $x(t)$ 的一个随机变量，它表征输入 $x(t)$ 究竟是信号加干扰还是只有干扰的一个度量，当似然比足够大时，有充分理由判断确有信号存在。可以证明，在不同的检测准则下，上述检测系统都是最佳的，差别仅在于门限的取值不同。

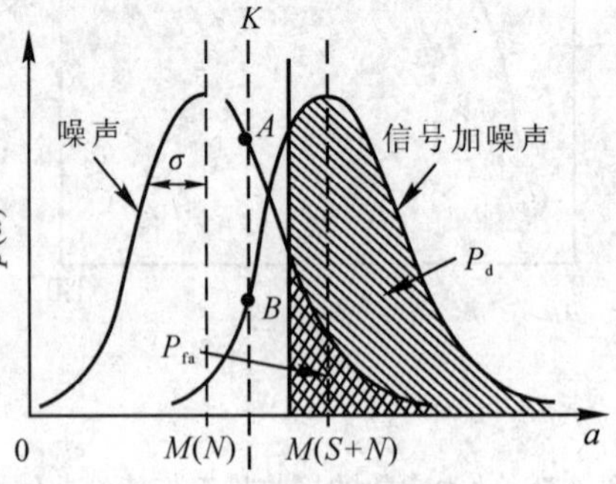

图 6.6 信号和信号加噪声的概率密度曲线

二、被动自导信号的最佳检测[42]

被动自导所要检测的信号是淹没于鱼雷自噪声中的舰艇辐射噪声。若 $n(t)$ 表示鱼雷自噪声，$s(t)$ 表示舰艇辐射噪声，则自导接收到的信号（观测数据）可能是 $x(t)=n(t)$，也可能是 $x(t)=s(t)+n(t)$。被动自导信号检测面临的是这样一个假设检验的问题，即

$$\left.\begin{aligned}&H_0:\text{仅有噪声}\qquad x(t)=n(t)\\&H_1:\text{有信号}\qquad x(t)=s(t)+n(t)\end{aligned}\right\}\tag{6.16}$$

我们可以把鱼雷自噪声和舰艇辐射噪声都视为高斯分布的平稳随机过程，则要处理的信号模型是高斯噪声背景下高斯信号的最佳检测问题。其原理框图及实现方法如图 6.7 所示。

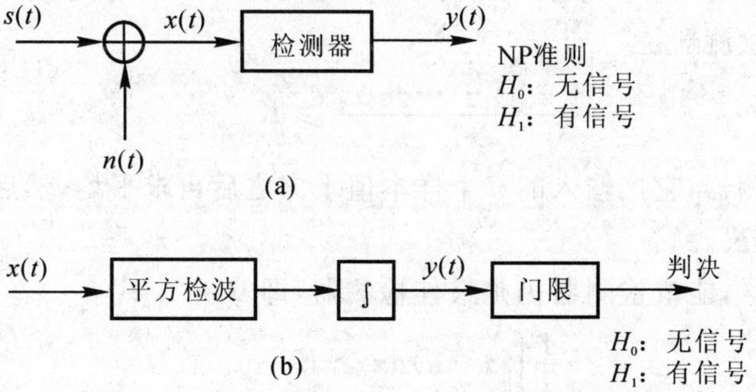

图 6.7　被动自导最佳检测原理框图

设观察到的 n 个样本是 $x(t_1),x(t_2),\cdots,x(t_n)$，为简单起见，记为 $x_1, x_2,\cdots, x_n$，它们的联合概率密度函数为 $p_n(x_1, x_2,\cdots,x_n)$，若 $x_i(i=1,2,\cdots,n)$ 相互独立，则 $p_n(x_1, x_2, \cdots,x_n)=p(x_1)\,p(x_2)\cdots p(x_n)$，这里 $p(x)$ 表示一维概率密度函数。当仅有噪声时，概率密度函数为

$$p(x_i)\Big|_{n(t)}=\frac{1}{\sqrt{2\pi}\,\sigma_n}\exp\left(-\frac{x_i^2}{2\sigma_n^2}\right)\tag{6.17}$$

于是有

$$p_0(x_1, x_2, \cdots, x_n)=\frac{1}{(2\pi\sigma_n^2)^{n/2}}\exp\left(-\frac{x_1^2+x_2^2+\cdots+x_n^2}{2\sigma_n^2}\right)\tag{6.18}$$

类似地，有信号时的概率密度函数为

$$p_1(x_1, x_2, \cdots, x_n)=\frac{1}{[2\pi(\sigma_n^2+\sigma_s^2)]^{n/2}}\exp\left(-\frac{x_1^2+x_2^2+\cdots+x_n^2}{2(\sigma_n^2+\sigma_s^2)}\right)\tag{6.19}$$

式中，σ_s^2 和 σ_n^2 分别为信号和噪声功率。由此得出似然函数为

$$l(x_1, x_2, \cdots, x_n)=\frac{p_1(x_1, x_2, \cdots, x_n)}{p_0(x_1, x_2, \cdots, x_n)}=$$

$$\left(\frac{\sigma_n}{\sqrt{\sigma_n^2+\sigma_s^2}}\right)^n\exp\left[\frac{\sigma_s^2}{2(\sigma_n^2+\sigma_s^2)\sigma_n^2}(x_1^2+x_2^2+\cdots+x_n^2)\right]\tag{6.20}$$

采用奈曼-皮尔逊准则，判定为有目标的区域为

$$X_1=\{(x_1, x_2, \cdots, x_n):l(x_1, x_2, \cdots, x_n)\geqslant Z_0\}\tag{6.21}$$

将式(6.20)代入式(6.21)可得

$$X_1 = \left\{ (x_1, x_2, \cdots, x_n): \frac{x_1^2 + x_2^2 + \cdots + x_n^2}{n} \geqslant \frac{2\sigma_n^2(\sigma_s^2 + \sigma_n^2)}{n\,\sigma_s^2} \ln\left[Z_0 \left(\frac{\sqrt{\sigma_s^2 + \sigma_n^2}}{\sigma_n} \right)^n \right] \right\} \tag{6.22}$$

令

$$K = \frac{2\sigma_n^2(\sigma_s^2 + \sigma_n^2)}{n\,\sigma_s^2} \ln\left[Z_0 \left(\frac{\sqrt{\sigma_s^2 + \sigma_n^2}}{\sigma_n} \right)^n \right]$$

可以求得被动信号最佳检测器是

$$\frac{x_1^2 + x_2^2 + \cdots + x_n^2}{n} \geqslant K \tag{6.23}$$

这种检测器称为能量检测器，它把输入的 n 个样本值平方之后再求平均，然后再与一个阈值 K 比较，做出有无目标的判决。

对于连续的模拟信号，能量检测器仍是最佳检测器，即

$$\frac{1}{T}\int_T x^2(u)\,\mathrm{d}u \geqslant K \tag{6.24}$$

式中，T 是积分时间，相应于离散情况下的平均次数 n。

可以求得能量检测器的处理增益 GT 为

$$GT = 5(\lg T - \lg\hat{\tau}) \tag{6.25}$$

式中，$\hat{\tau}$ 为噪声的等效相关半径，其计算式为

$$\hat{\tau} = 2\int_0^T \left(1 - \frac{|\tau|}{T}\right)\rho_u^2(\tau)\,\mathrm{d}\tau \tag{6.26}$$

当 T 远大于 $\rho_u(\tau)$ 的有值区间时($\rho_u(\tau)$ 为噪声的自相关系数)，有

$$\hat{\tau} = 2\int_0^{+\infty} \rho_u^2(\tau)\,\mathrm{d}\tau \tag{6.27}$$

三、主动自导信号的最佳检测

主动自导信号的最佳检测通常采用奈曼-皮尔逊准则，其似然比计算采用匹配滤波器。匹配滤波器是一个最佳线性滤波器，在输入信号为已知且背景为白噪声条件下，其输出信噪比为最大。主动自导信号最佳检测的原理框图和实现方法如图 6.8 所示。图中输入信号为 $s(t)$，输入噪声为 $n(t)$，假设 $n(t)$ 是白噪声，其功率谱密度为 $\frac{N_0}{2}$。

可以看出，匹配滤波器是用互相关器实现的。对时间和频率的扫描，可以用两种方法实现。一是时间细扫，频率粗扫，即时间用小于时间分辨单元的步长扫描，而频率用小于模糊度函数覆盖的最大频率范围扫描，例如采用时间压缩相关器来实现；二是频率细扫，时间粗扫，即频率用小于频率分辨单元的步长扫描，时间用小于模糊度函数覆盖的最大时间范围扫描，例如采用频率压缩复本相关器来实现。

我们已经讨论过匹配滤波器的有关问题，这里给出匹配滤波器的处理增益 GT，其表达式为

$$GT = 10\lg(2Tw_i) \tag{6.28}$$

式中，T 为信号时宽，w_i 为系统带宽，通常 $w_i = B + 2f_{\mathrm{dmax}}$，$B$ 为信号带宽，f_{dmax} 为目标回波可能的最大多普勒频移值。应当指出的是，这里 GT 与波形带宽无关，而与噪声带宽有关，增加噪声带宽可以增加 GT，但 w_i 的增加并不增加输出信噪比，w_i 增加引起的 GT 增加只是因为输入信噪比降低而产生的。

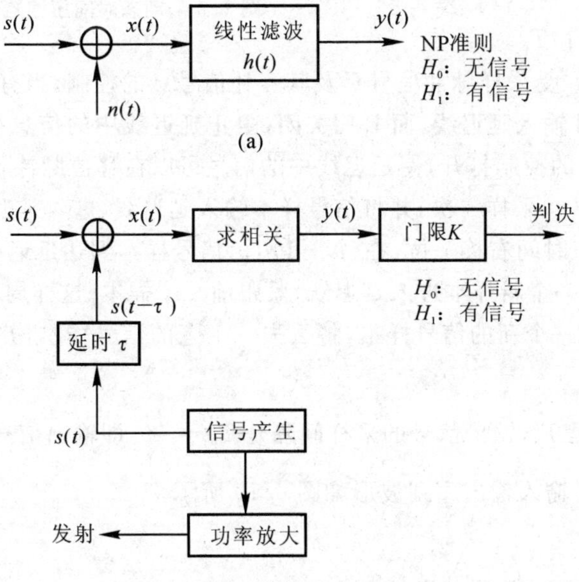

图 6.8　主动自导信号最佳检测原理框图

第3节　常用鱼雷自导信号检测方法

一、差频时间压缩相关器[43]

已经指出，鱼雷自导信号最佳检测的似然比计算器为匹配滤波器，通常用相关器来实现。为了在时间上和频率上扫描，相关处理实现起来是相当复杂的。采用时间压缩相关器，不仅可以在每一个采样周期内输出一组相关函数值，而且可以实现在时间轴上的细扫描，从而实时计算相关函数值。

1. 时间压缩器的工作原理

时间压缩器有动态和静态之分。动态时间压缩器存储和输出输入信号，静态时间压缩器存储和输出参考信号。

动态时间压缩器的原理如图 6.9 所示。图中A,B为与门,+为或门,C为采样脉冲信号,p为延迟线移位脉冲信号。延迟线长度为 NT_{p},钟频为 $Nf_{\mathrm{s}}=\dfrac{1}{T_{\mathrm{p}}}$,$T_{\mathrm{p}}$ 为延迟线移位时间间隔,$f_{\mathrm{s}}=\dfrac{1}{T_{\mathrm{s}}}$ 为输入信号采样频率,T_{s} 为输入信号采样间隔,显然 $T_{\mathrm{s}}=NT_{\mathrm{p}}$。延迟线中参与循环的长度为 $(N-1)T_{\mathrm{p}}$。

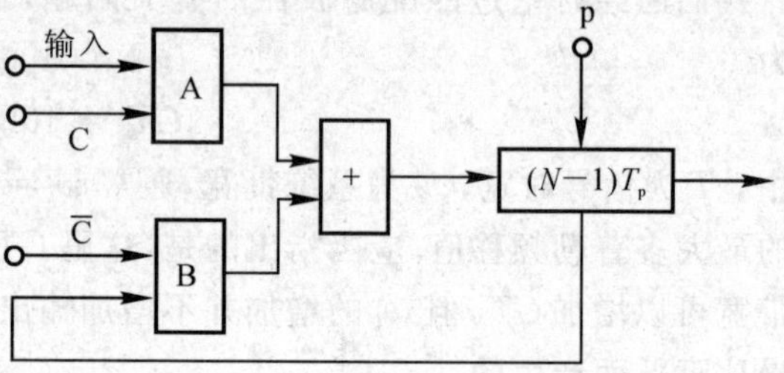

图 6.9 动态时间压缩器原理框图

与门A和与门B的工作受采样脉冲信号C及其互补信号 $\overline{\mathrm{C}}$ 的控制。当有采样信号C时,A门打开,输入 $x(t)$ 被采样并输入延迟线,而B门关闭,阻止延迟线中的信息循环;当无采样脉冲C时,A门关闭,B门受 $\overline{\mathrm{C}}$ 的控制打开,使延迟线中的信息可以在移位脉冲p的作用下进行循环。每隔 T_{s} 时间,对信号 $x(t)$ 采样一次,并将信号样本输入延迟线。进入延迟线的信号样本在移位脉冲的作用下,每隔 T_{p} 时间右移一位,在 $(N-1)T_{\mathrm{p}}$,信号样本到达延迟线的第 N 位,并返回第1位。在 $T_{\mathrm{s}}=NT_{\mathrm{p}}$ 时,一个新样本进入延迟线,紧跟前一个样本。这样周而复始,延迟线将 N 个数据填满,此后每输入一个新的信号样本,将丢失一个老的信号样本,并在输出端依次输出信号样本。

输入信号的采样间隔是 T_{s},输出信号的采样间隔是 $T_{\mathrm{p}}=\dfrac{T_{\mathrm{s}}}{N}$,即输出信号在时间上被压缩了 N 倍。动态时间压缩器的输入输出序列波形如图 6.10 所示。

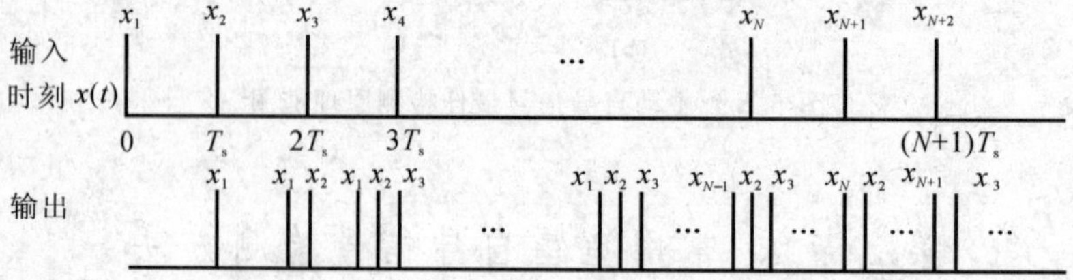

图 6.10 动态压缩器输入输出波形

如果动态时间压缩器、延迟线 NT_{p} 均参与循环,且在 $t=(N-1)T_{\mathrm{s}}$ 以后,B门常通,A门常断,则延迟线变为静态工作,数据在 $x_1,x_2,\cdots,x_N$ 间循环,且以 T_{p} 为间隔,相继输出 $x_1,x_2,\cdots,x_N,x_1,x_2,\cdots,x_N,\cdots$

2. *差频时间压缩相关器的基本原理分析*

差频时间压缩相关器的结构如图 6.11 所示。参考信号 $s_{\mathrm{r}}(t)$ 及接收信号 $s_i(t)$ 预先由两个频率差为 f_α 的本振信号分别把频谱移至低频段,通过硬限幅后再各自进入两个时间压缩器。数字乘法器将两个时间压缩 N 倍后的信号 $\hat{s}_{\mathrm{r}}(t)$ 和 $\hat{s}_i(t)$ 进行相乘运算,最后通过多普勒滤波

器组输出信号 $y(t)$ 提供检测。信号的时间压缩比为

$$N=\frac{T}{T_s}=\frac{T_s}{T_p} \tag{6.29}$$

式中，T 为信号 $s_r(t)$ 和 $s_i(t)$ 的时宽，T_s 和 T_p 分别为输入信号的采样周期和时间压缩器的移位脉冲周期。通常情况下 N 取 $10^2\sim10^3$ 数量级。

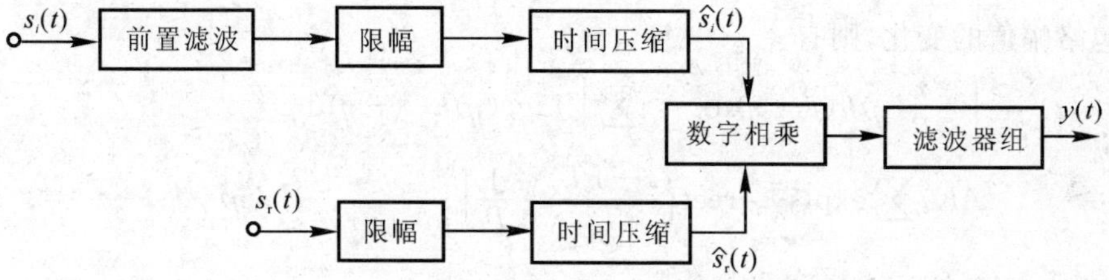

图 6.11　差频时间压缩相关器结构

接收通道的时间压缩器为动态的，处于移位状态，不断丢弃信号的最老采样而补充新采样，并依次输出输入信号的各采样；参考通道的时间压缩器为静态的，处于存储状态，以 T_s 为周期保持信号原样不断循环输出。运动目标的回波信号可表示为

$$s_i(t)=s_r(t)\exp[\mathrm{j}2\pi(f_d+\beta f_0)t] \tag{6.30}$$

式中，$\beta=\dfrac{2v}{c}$ 为多普勒因子（v 为目标相对速度，c 为介质声速），f_0 为发射信号的载频。注意到信号在时间上压缩 N 倍，相应地在频率上增加 N 倍，则数字乘法器输出可表示为（只考虑差频项）

$$g(t)=\sum_n g_n(t)=A\sum_n \mathrm{rect}\left(\frac{t-nT_s}{T_s}\right)\hat{s}_r^*(t-nT_s)\hat{s}_r\left[t+\frac{T_0}{N}-n(T_s-T_p)\right]\times$$
$$\exp\left\{\mathrm{j}2\pi N(f_d+\beta f_0)\left[(t-nT_s)+nT_p+\frac{\tau_0}{N}\right]\right\} \tag{6.31}$$

式中，$\mathrm{rect}[\cdot]$ 为矩形函数，其确定了各个乘积 $g_n(t)$ 定义的时间长度；$\sum\limits_n$ 指对 $n=0,\pm1,\pm2,\cdots,\pm N$ 的所有项求和；“ * ”表示复共轭；τ_0/N 表示在逐点改变 $\hat{s}_i(t)$ 和 $\hat{s}_r(t)$ 的相对延迟 T_p 的过程中，它们之间可能存在的最小相对延迟，显然，τ_0 由 $s_i(t)$ 输入相关器时刻的任意性所决定，$|\tau_0|\leqslant T_s/2$。乘积 $g(t)$ 的幅度因子为

$$A=\frac{1}{2}A_iA_rU_0 \tag{6.32}$$

这里 A_i，A_r 分别是时间压缩器输出硬限幅信号的功率归一化后，其中信号基波分量 $\hat{s}_i(t)$ 和 $\hat{s}_r(t)$ 的振幅；U_0 是数字乘法器输出的硬限幅信号的幅度。

按照差频相关原理，对各个 $g_n(t)$ 进行包络积分的多普勒滤波器的脉冲响应为

$$h(t)=\frac{K_f}{T_s}\mathrm{rect}\left(\frac{t}{T_s}\right)\exp(\mathrm{j}2\pi Nf_dt) \tag{6.33}$$

相应的频率响应为

$$H(f)\int_{-\infty}^{+\infty} h(t)\exp(-\mathrm{j}2\pi ft)\mathrm{d}t = K_{\mathrm{f}}\frac{\sin[\pi T_{\mathrm{s}}(f-Nf_{\mathrm{d}})]}{\pi T_{\mathrm{s}}(f-Nf_{\mathrm{d}})} \tag{6.34}$$

式中，K_{f} 为 $f=Nf_{\mathrm{d}}$ 时的滤波器传输系数。

滤波器的输出信号 $y(t)$ 可由卷积定理求得。若不考虑在 $\left(n-\frac{1}{2}\right)T_{\mathrm{s}}\leqslant t\leqslant\left(n+\frac{1}{2}\right)T_{\mathrm{s}}$ 区间内 $y(t)$ 包络幅值的变化，则有

$$\begin{aligned}
y(t) &= \int_{-\infty}^{+\infty} g(\eta)h(t-\eta)\mathrm{d}\eta = \sum_{n}\int_{-\infty}^{+\infty} g_n(\eta)h(t-\eta)\mathrm{d}\eta = \\
& AK_{\mathrm{f}}\sum_{n}\exp(\mathrm{j}\chi_n)\mathrm{rect}\left(\frac{t-nT_{\mathrm{s}}}{T_{\mathrm{s}}}\right)\frac{1}{T_{\mathrm{s}}}\int_{-(t-nT_{\mathrm{s}}-T_{\mathrm{s}}/2)}^{(t-nT_{\mathrm{s}}+T_{\mathrm{s}}/2)}\hat{s}_{\mathrm{r}}^{*}(\eta)\times \\
& \hat{s}_{\mathrm{r}}\left(\eta+nT_{\mathrm{p}}+\frac{\tau_0}{N}\right)\exp(\mathrm{j}2\pi N\beta f_0\eta)\mathrm{d}\eta
\end{aligned} \tag{6.35}$$

式中

$$\chi_n = 2\pi Nf_{\mathrm{d}}(t-nT_{\mathrm{s}})+\Phi_n,\quad \Phi_n = 2\pi(f_{\mathrm{d}}+\beta f_0)(nT_{\mathrm{s}}+\tau_0) \tag{6.36}$$

若 $s_{\mathrm{r}}(t)$ 是线性调频信号，即

$$s_{\mathrm{r}}(t) = \mathrm{rect}\left(\frac{t-T/2}{T}\right)\exp\left[\mathrm{j}2\pi\left(f_{\mathrm{s}}t+\frac{B}{2T}t^2\right)\right] \tag{6.37}$$

式中，B 和 T 分别为 $s_{\mathrm{r}}(t)$ 的调频宽度和时宽。代入式(6.35)得

$$\begin{aligned}
y(t) &= AK_{\mathrm{f}}\sum_{n}\mathrm{rect}\left(\frac{t-t_n}{T_{\mathrm{s}}}\right)\left(1-\frac{|t_n+\tau_0|}{T}\right)\times \\
& \frac{\sin\left\{\pi[B(t_n+\tau_0)+\beta f_0T]\left(1-\frac{|t_n+\tau_0|}{T}\right)\right\}}{\pi[B(t_n+\tau_0)+\beta f_0T]\left(1-\frac{|t_n+\tau_0|}{T}\right)}\times \\
& \exp\left\{\mathrm{j}2\pi\left[N(f_{\mathrm{d}}+\beta f_0)+\frac{B}{T}(t_n+\tau_0)(t-t_n)+(f_{\mathrm{s}}+\beta f_0+f_{\mathrm{d}})(t_n+\tau_0)\right]\right\}
\end{aligned} \tag{6.38}$$

在上式中，$t_n=nT_{\mathrm{s}}$，并且只有 $|n|\ll N$ 的项才有意义。由此可见，相关器输出信号是时间上依次出现的 $(2N+1)$ 个脉冲振荡信号，它们的宽度都是 T_{s}，初相位逐个跃变 $2\pi(f_{\mathrm{s}}+f_{\mathrm{d}}+\beta f_0)$ 的值。各个脉冲振荡信号的幅值变化能够逐点描绘出信号复相关函数的包络形状。在 LFM 信号情况下，各脉冲信号频率要依次逐个增加一个 B 值。

3. 多普勒滤波器的设置

在讨论线性调频矩形脉冲信号时，已经讨论了信号波形的多普勒容限的概念，窄带多普勒容限实际是波形不确定椭圆的最大频移值，它表示利用一个多普勒滤波器所能覆盖的多普勒范围。对于线性调频信号其窄带多普勒容限为

$$\beta_{\mathrm{z}} = \pm\frac{0.3B}{f_0}$$

相应的窄带速度容限为

$$v_z = \pm \frac{450B}{f_0} \quad (\text{kn})$$

当要求检测的目标相对速度 $|v| > |v_z|$ 时，应设置多个滤波器，对应的中心频率分别为

$$f_q = N(f_d \pm 0.6qB) \quad (q = 1, 2, \cdots) \tag{6.39}$$

二、频率压缩复本相关器

若目标多普勒频移为 $f_d = \beta f_0$，其中 $\beta = \frac{2v}{c}$，v 为目标的径向速度，c 为介质声速，目标时延为 τ_r，在满足 $|\beta TB| \leqslant 1$ 的条件下，可以忽略多普勒色散问题的影响，则匹配滤波器的传输函数为

$$H(f) = S^*(f + \beta f_0)\exp(j2\pi f\tau_r) \tag{6.40}$$

因而接收信号 $x(t)$ 通过上述匹配滤波器的输出为

$$y(t', \beta f_0)\int_{-\infty}^{+\infty} X(f)S^*(f + \beta f_0)\exp[j2\pi f(t' + \tau_r)]df \tag{6.41}$$

式中，$X(f)$ 是接收信号的谱。进行变量置换 $\tau = t' + \tau_r$，并利用帕斯瓦尔定理可得

$$y(\tau, f_d)\int_{-\infty}^{+\infty} x(t)s^*(t-\tau)\exp[-j2\pi f_d(t-\tau)]dt\int_{-\infty}^{+\infty} x(t+\tau)s^*(t)\exp(-j2\pi f_d t)dt \tag{6.42}$$

上式说明，匹配于(τ, f_d)的匹配滤波器的输出是函数$[x(t+\tau)s^*(t)]$的一个频谱分量，而参数 f_d 即为接收信号 $x(t)$ 的多普勒频移。上述导致匹配滤波器的一种实现方法，称为差频相关器，也称为频率压缩复本相关器，其结构图如图 6.12 所示。这是一种在时间上粗扫描，在频率上细扫描的相关器。图中 $s(t)$ 为参考信号，通常取为发射信号。若忽略多普勒色散问题，则 $x(t+\tau)s^*(t)$ 的差频为 f_d，$x(t+\tau)s^*(t)$ 的输出通过梳状滤波器取出差频 f_d 则得到相关峰值。对线性调频信号，其把调频宽度为 B 的信号压缩到 f_d 输出，因而称为频率压缩复本相关器。

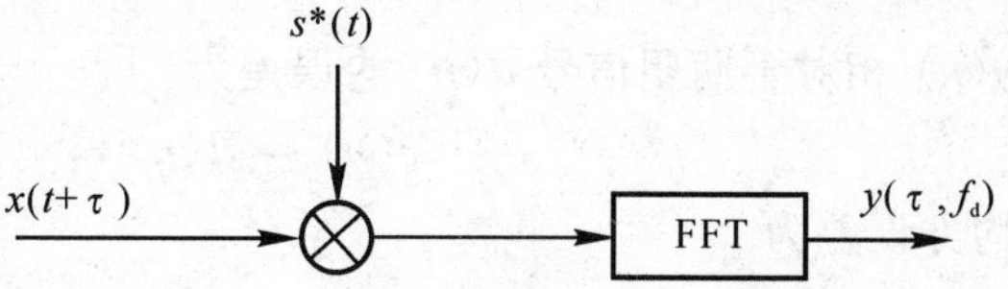

图 6.12　频率压缩复本相关器结构

频率压缩复本相关器是一个批处理器，具体实现时，通常选择批的长度大于发射信号的长度；每批数据补充的新数据（或丢弃的旧数据）的长度不大于信号模糊度函数在 τ 轴方向占有的最大长度；梳状滤波器的带宽（即 FFT 的谱线间隔）不大于信号波形的频率分辨单元。

三、推广的自适应相干累积器

1. LMS 算法自适应横向滤波器[63]

(1) 自适应最小均方误差横向滤波器：自适应横向滤波器的原理框图如图 6.13 所示。其输

入矢量为

$$\boldsymbol{x}(n)=[x_1(n)\quad x_2(n)\quad\cdots\quad x_L(n)]^{\mathrm{T}}=[x(n)\quad x(n-1)\quad\cdots\quad x(n-L+1)]^{\mathrm{T}} \tag{6.43}$$

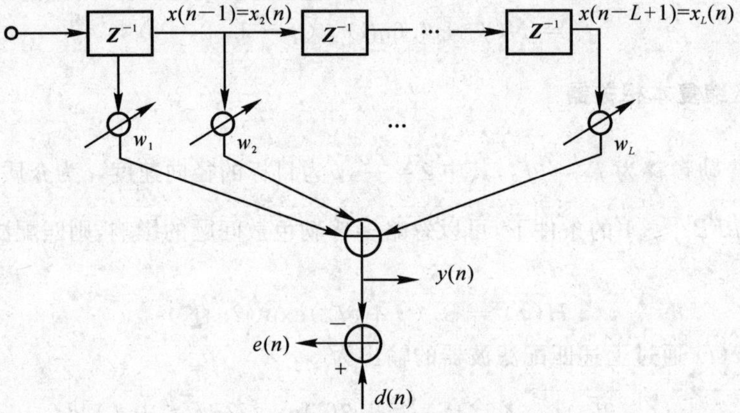

图 6.13　自适应横向滤波器原理框图

加权矢量(滤波器参数矢量)为

$$\boldsymbol{w}=[w_1\quad w_2\quad\cdots\quad w_L]^{\mathrm{T}} \tag{6.44}$$

滤波器的输出为

$$y(n)=\sum_{i=1}^{L}w_i x(n-i+1)=\boldsymbol{w}^{\mathrm{T}}\boldsymbol{x}(n)=\boldsymbol{x}^{\mathrm{T}}(n)\boldsymbol{w} \tag{6.45}$$

$y(n)$ 相对于期望信号 $d(n)$ 的误差为

$$e(n)=d(n)-y(n)=d(n)-\boldsymbol{w}^{\mathrm{T}}\boldsymbol{x}(n) \tag{6.46}$$

均方误差为

$$\xi=E\{e^2(n)\} \tag{6.47}$$

最小均方误差横向滤波器可以看成一个估计问题,根据输入矢量去估计 $\boldsymbol{d}(n)$,$\boldsymbol{w}$ 的最佳值 $\boldsymbol{w}_{\mathrm{opt}}$ 应使估计误差的均方值为最小。

将式(6.46)代入式(6.47)可求得

$$\xi=E\{e^2(n)\}=E\{d^2(n)\}-2\boldsymbol{w}^{\mathrm{T}}\boldsymbol{r}_{xd}-\boldsymbol{w}^{\mathrm{T}}\boldsymbol{R}_{xx}\boldsymbol{w} \tag{6.48}$$

式中,$\boldsymbol{r}_{xd}$ 和 $\boldsymbol{R}_{xx}$ 分别为 $\boldsymbol{x}(n)$ 与 $d(n)$ 的互相关矢量和 $\boldsymbol{x}(n)$ 的自相关矩阵,可表示为

$$\boldsymbol{r}_{xd}=[r_{xd}(0)\quad r_{xd}(-1)\quad\cdots\quad r_{xd}(1-L)]^{\mathrm{T}} \tag{6.49}$$

和

$$\boldsymbol{R}_{xx}=E\{\boldsymbol{x}(n)\boldsymbol{x}(n)\}=\begin{bmatrix} r_{xx}(0) & r_{xx}(1) & \cdots & r_{xx}(L-1)\\ r_{xx}(1) & r_{xx}(0) & \cdots & r_{xx}(L-2)\\ \vdots & \vdots & & \vdots\\ r_{xx}(L-1) & r_{xx}(L-2) & \cdots & r_{xx}(0)\end{bmatrix} \tag{6.50}$$

根据式(6.48)对 $\boldsymbol{w}$ 的梯度为零，即

$$\nabla_{w}\xi = \nabla_{w}E\{e^2(n)\} = 0 \tag{6.51}$$

可求得 $\boldsymbol{w}_{\text{opt}}$ 应满足的方程为

$$\boldsymbol{R}_{xx}\boldsymbol{w}_{\text{opt}} = \boldsymbol{r}_{xd} \tag{6.52}$$

式(6.52)称为正规方程，当输入相关矩阵 $\boldsymbol{R}_{xx}$ 为满秩时，其有惟一解为

$$\boldsymbol{w}_{\text{opt}} = \boldsymbol{R}_{xx}^{-1}\boldsymbol{r}_{xd} \tag{6.53}$$

这个解称为维纳解，加权矢量为 $\boldsymbol{w}_{\text{opt}}$ 的滤波器称为维纳滤波器。

当 $\boldsymbol{w} = \boldsymbol{w}_{\text{opt}}$ 时，均方误差(又称性能函数)为最小，可以求得

$$\xi_{\min} = E\{e^2(n)\}_{\min} = E\{d^2(n)\} - \boldsymbol{w}_{\text{opt}}\boldsymbol{r}_{xd} \tag{6.54}$$

称 $\xi_{\min}$ 为维纳误差。

(2) LMS 算法：LMS 算法用瞬时平方误差性能函数 $e^2(n)$ 代替均方误差性能函数式(6.47)，即

$$\xi = e^2(n) \tag{6.55}$$

由此可得到 LMS 算法的梯度估值为

$$\hat{\nabla}_{w}\xi = \nabla_{w}[e^2(n)] \tag{6.56}$$

即 LMS 算法采用了瞬时输出误差功率的梯度。根据式(6.56)可求得 LMS 算法权值的递推公式为

$$\boldsymbol{w}(n+1) = \boldsymbol{w}(n) + 2\mu e(n)\boldsymbol{x}(n) \tag{6.57}$$

LMS 算法的递推式没有交叉项，因而可写成纯量方程组，即

$$w_i(n+1) = w_i(n) + 2\mu e(n)x_i(n) \quad (i = 1, 2, \cdots\cdots, L) \tag{6.58}$$

在横向滤波器情况下，$x_i(n) = x(n-i+1)$，于是有

$$w_i(n+1) = w_i(n) + 2\mu e(n)x(n-i+1) \quad (i = 1, 2, \cdots, L) \tag{6.59}$$

式中，μ 为常数，称为步长因子。LMS 算法的递推校正值 $2\mu e(n)\boldsymbol{x}(n)$ 为随机量，因而加权矢量以随机方式变化，所以 LMS 算法又称为随机梯度法。

LMS 算法具有如下主要特性：

1) 收敛性：当且仅当

$$0 < \mu < \frac{1}{\lambda_{\max}} \tag{6.60}$$

时

$$\lim_{n\to\infty}E\{\boldsymbol{w}(n)\} = \boldsymbol{w}_{\text{opt}} \tag{6.61}$$

式(6.60)为 LMS 算法的加权矢量平均值的收敛条件，式中 $\lambda_{\max}$ 为输入相关矩阵的最大特征值，还可用输入信号功率写出下面的收敛充分条件

$$0 < \mu < (Lp_{\text{in}})^{-1} \tag{6.62}$$

在实际使用中，通常选 μ 足够小，使

$$0 < \mu \ll (Lp_{in})^{-1} \tag{6.63}$$

式中，p_{in} 为输入信号 $x(n)$ 的功率。

2）学习曲线：自适应算法的均方误差的过渡过程又称为学习曲线。LMS 算法的学习曲线的近似表达式为

$$\xi = \xi_{min} + \sum_{i=1}^{L} [\lambda_i v_i'^2(0)] \exp\left(-\frac{2n}{\tau_i}\right) \tag{6.64}$$

式中，λ_i 为输入相关矩阵的第 i 个特征值，$\boldsymbol{v}(n) = \boldsymbol{w}(n) - \boldsymbol{w}_{opt}$ 为加权误差矢量，$\boldsymbol{v}(0) = \boldsymbol{w}(0) - \boldsymbol{w}_{opt}$ 为初始加权误差矢量；$\boldsymbol{v}'(n) = Q^{-1}\boldsymbol{v}(n)$，$Q$ 为使输入相关矩阵对角线化的正交矩阵。均方误差收敛的时间常数为

$$\tau_{imse} = \frac{\tau_i}{2} \approx \frac{1}{4\mu\lambda_i} \quad (i = 1, 2, \cdots, L) \tag{6.65}$$

由式(6.64)可知，均方误差按 L 个具有不同时间常数的指数函数之和的规律变化，各时间常数由式(6.65)确定，它的最终收敛取决于最慢的一个指数过程，相应的时间常数为

$$\tau_{max} = (4\mu\lambda_{min})^{-1} \tag{6.66}$$

而 μ 值受限于 λ_{max}，所以当 $\boldsymbol{R}_{xx}$ 的特征值分散时，即 λ_{max} 和 λ_{min} 相差很大时，LMS 算法的收敛性能很差。

3）超调误差与失调系数：LMS 算法收敛后，稳态误差与维纳误差的差为超调误差，即

$$E_M = \xi - \xi_{min} \tag{6.67}$$

定义失调系数

$$\delta = \frac{E_M}{\xi_{min}} = \frac{\xi - \xi_{min}}{\xi_{min}} \tag{6.68}$$

来描述稳态误差对维纳误差的相对偏差，可以求得

$$\delta = \mu \sum_{i=1}^{k} \lambda_i \tag{6.69}$$

或

$$\delta = \mu L p_{in} \tag{6.70}$$

可以看出，滤波器的阶数越高，步长因子 μ 和输入信号功率越大，失调系数越大。

2. 推广的自适应相干累积器(GACI)[64]

(1) 自适应相干累积器(ACI)：LMS 算法的自适应横向滤波器可用于检测和跟踪噪声中的单频和调频脉冲信号，称之为自适应线谱增强器(ALE)。但是鉴于 LMS 算法的特性，ALE 在信号检测和跟踪方面存在明显的矛盾。在信号调频速率较大和输入信噪比较低的情况下，ALE 的性能变得较差。

为了改进 ALE 的性能，出现了自适应相干累积(ACI) 算法，基于 ACI 算法的横向滤波器原理框图如图 6.14 所示，图中 Δ 为固定延时，应选取其大于噪声 $n(n)$ 的相关半径。ACI 算法权值的递推公式为

$$\boldsymbol{w}(n+1) = \boldsymbol{w}(n) + \alpha[\boldsymbol{w}(n) - \boldsymbol{w}(n-1)] + 2\mu e(n)\boldsymbol{x}(n) \tag{6.71}$$

式中，α 为相干累积系数。可以看出，与式(6.57)相比，式(6.71)增加了一个预测项 $\alpha[\boldsymbol{w}(n)-\boldsymbol{w}(n-1)]$，在权系数的迭代过程中，不仅利用了现时刻的信息 $\boldsymbol{w}(n)$，还利用了前一时刻的信息 $\boldsymbol{w}(n-1)$。若权系数变化量大，即 $[\boldsymbol{w}(n)-\boldsymbol{w}(n-1)]$ 大，则权系数的修正量就大，这样就加速了收敛过程。适当选取权长 L，相干累积系数 α 和步长因子 μ，就可实现对输入数据中的相干分量(通常为信号分量)的相干累积作用，而对噪声并不累积，从而实现较强的信号检测功能。与 ALE 相比，ACI 对弱信号的检测和跟踪性能都得到了改进。特别要指出的是，其在检测信号时，无须知道信号参量，对严重畸变信号也有较好检测性能。

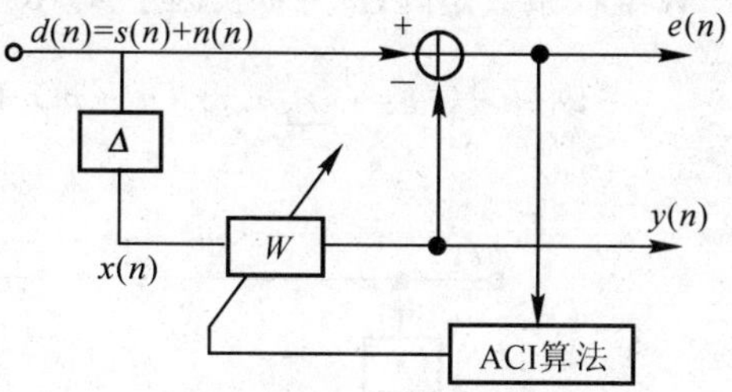

图 6.14　基于 ACI 算法的横向滤波器

有人将 ACI 算法用于加速神经网络的学习过程，称之为动量 LMS 算法(MLMS)，α 也称动量因子。

(2) 推广的自适应相干累积算法(GACI)：ACI 算法在权系数迭代过程中，由于利用了前一时刻的信息，在其权系数迭代公式中加入了一个动量因子，从而与 LMS 算法相比，在收敛速度和跟踪性能等方面都得到了改善。可以预料，如果在 LMS 算法权系数迭代公式中引入更多的历史信息，将会使 ACI 算法的性能得到进一步的改善。这是提出 GACI 算法的基本出发点，其权系数的迭代公式为

$$\boldsymbol{w}(n+1)=\boldsymbol{w}(n)\boldsymbol{h}+2\mu e(n)\boldsymbol{x}(n) \tag{6.72}$$

式中

$\boldsymbol{h}=[h_1 \quad h_2 \quad \cdots \quad h_{M-1}]^{\mathrm{T}}$ 为 GACI 算法 M 维参数矢量；

$e(n)=d(n)-y(n)$ 为 n 时刻输出误差信号；

$y(n)=\sum_{i=1}^{L} w_i(n)x_i(n)$ 为 n 时刻输出信号；

$d(n)$ 为 n 时刻主通道输入信号或期望信号；

$\boldsymbol{x}(n)=[x_1(n) \quad x_2(n) \quad \cdots \quad x_L(n)]^{\mathrm{T}}$ 为 n 时刻 L 维输入参考信号矢量；

$\boldsymbol{w}(n)=[w_1(n) \quad w_2(n) \quad \cdots \quad w_L(n)]^{\mathrm{T}}$ 为 n 时刻 L 维权系数矢量；

$$\boldsymbol{W}(n)=[\boldsymbol{w}(n) \quad \boldsymbol{w}(n-1) \quad \cdots \quad \boldsymbol{w}(n-M+1)]=$$

$$\begin{bmatrix} w_1(n) & w_1(n-1) & \cdots & w_1(n-M+1) \\ w_2(n) & w_2(n-1) & \cdots & w_2(n-M+1) \\ \vdots & \vdots & & \vdots \\ w_L(n) & w_L(n-1) & \cdots & w_L(n-M+1) \end{bmatrix}$$

为 $L\times M$ 维权系数矩阵；μ 为步长因子。GACI 算法还可写为纯量方程组的形式，即

$$w_l(n+1)=\sum_{m=0}^{M-1}h_m w_l(n-m)+2\mu e(n)x_l(n)\quad(l=1,\ 2,\ \cdots,\ L)\tag{6.73}$$

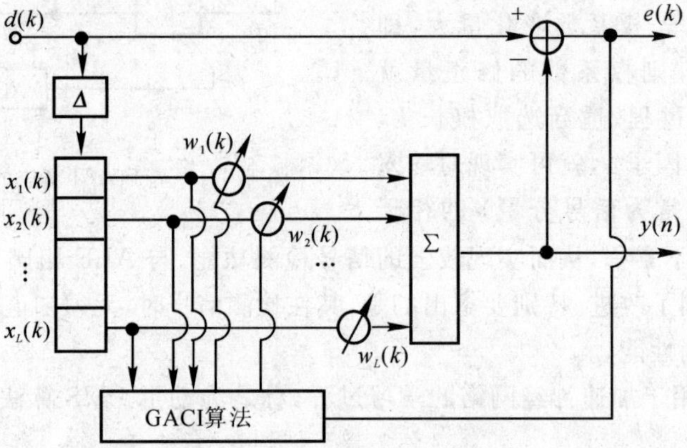

图 6.15 GACI 算法原理图

图 6.15 为 GACI 算法的原理框图，图 6.16 为相应的权系数调整的方框图。显然，当 $M=1,h_0=1$ 时，GACI 算法就变成了 LMS 算法，而当 $M=2,h_0=1+\alpha,h_1=-\alpha$ 时，则为 ACI 算法。可见 GACI 算法具有更普遍的意义，所以称之为推广的自适应相干累积算法。

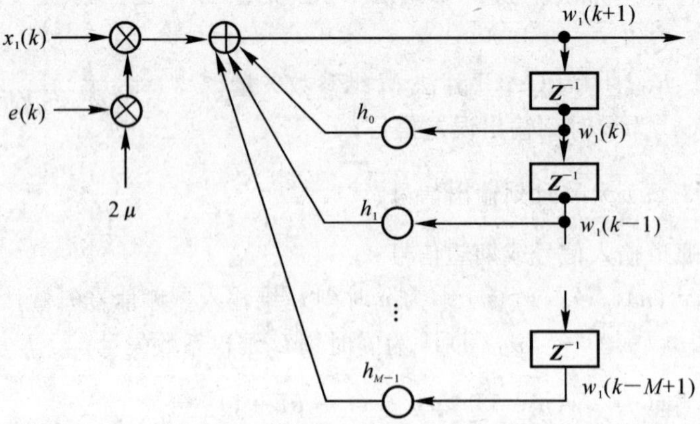

图 6.16 GACI 算法权系数调整原理图

可以证明，在无信号情况下，如果输入数据序列$\{x(n)\}$满足如下两个假设条件：

1) $\{x(n)\}$在时间上互不相关，即 $E\{\boldsymbol{x}(k)\boldsymbol{x}^{\mathrm{T}}(j)\}=0$，对于 $k\neq j$；

2) $\{x(n)\}$与$\{d(n)\}$互不相关，且为零均值的联合高斯平稳随机序列。

则 GACI 算法权系数序列的均值是 $L \times M$ 个指数和的过程，均方误差是 $L(L + C_M^2)$ 个指数和的过程（C_M 为与初始权值 $\boldsymbol{w}(0)$ 有关的常数），它们最终都收敛于维纳解。其收敛时间常数和算法的稳定性条件由输入相关矩阵的特征值 λ_i，GACI 算法参数 $\boldsymbol{h}$，μ，M 和 L 共同决定。这说明适当选取算法参数，即可保证背景输入是收敛的。当输入数据中存在信号时，假设条件不成立，这时输出将呈指数规律迅速增长，出现信号的自适应相干累积过程，在脉冲持续时间结束时，达到峰值，此后又迅速收敛到无信号状态，从而实现自适应信号检测功能。GACI 算法对微弱信号的检测能力比 ACI 算法好，比 ALE 更好。

GACI 算法的超调误差 E_{M} 和失调系数 δ 分别为

$$E_{\mathrm{M}} = \sum_{i=1}^{L} [(1 - \alpha_0 + 4\mu\lambda_i h_0) + \boldsymbol{U}_i \boldsymbol{G}_i^{-1} \boldsymbol{g}_i]^{-1} 4\mu\lambda_i^2 \xi_{\min} \tag{6.74}$$

和

$$\delta = \sum_{i=1}^{L} [(1 - \alpha_0 + 4\mu\lambda_i h_0) + \boldsymbol{U}_i \boldsymbol{G}_i^{-1} \boldsymbol{g}_i]^{-1} 4\mu\lambda_i^2 \tag{6.75}$$

式中

$$\alpha_0 = \sum_{i=0}^{M-1} h_i h_i$$

$$\boldsymbol{U}_i = [4\mu h_1 \lambda_i - \alpha_1 \quad 4\mu h_2 \lambda_i - \alpha_2 \quad \cdots \quad 4\mu h_{M-1} \lambda_i - \alpha_{M-1}], \quad 1 \leqslant i \leqslant L$$

$$\alpha_m = \sum_{i=0}^{M-1-m} 2 h_i h_{i+m}, \quad 1 \leqslant m \leqslant M-1$$

$$\boldsymbol{G}_i = \begin{bmatrix} h_1 - 1 & h_2 & h_3 & \cdots & h_{M-2} & h_{M-1} \\ h_0 + h_2 - 2\mu\lambda_i & h_3 - 1 & h_4 & \cdots & h_{M-1} & 0 \\ \vdots & \vdots & \vdots & & \vdots & \vdots \\ h_{M-1} + h_{M+3} & h_{M-4} & h_{M-5} & \cdots & h_0 - 2\mu\lambda_i & -1 \end{bmatrix}_{(M-1)\times(M-1)}$$

$$\boldsymbol{g}_i = -[h_0 - 2\mu\lambda_i \quad h_1 \quad h_2 \quad \cdots \quad h_{M-1}]^{\mathrm{T}}$$

对 ACI 算法和 GACI 算法在高速信号处理系统上进行了大量的实验室实验研究，并进行了水池试验和海上试验，取得了非常满意的效果。图 6.17 和图 6.18 给出了两组典型的实验室实验结果，从图中可以看出，与 ACI 相比，GACI 有更强的信号检测能力，特点是无须知道信号参量，在很低信噪比（－8 dB）情况下，GACI 仍能很稳定地检测出信号来。

（3）深海远程自适应信号检测器：选择线性调频长脉冲信号，GACI 算法可用做深海自适应信号检测器的检测统计量计算器。实验室和海上试验表明，这种信号检测器在深海具有很好的信号检测性能。

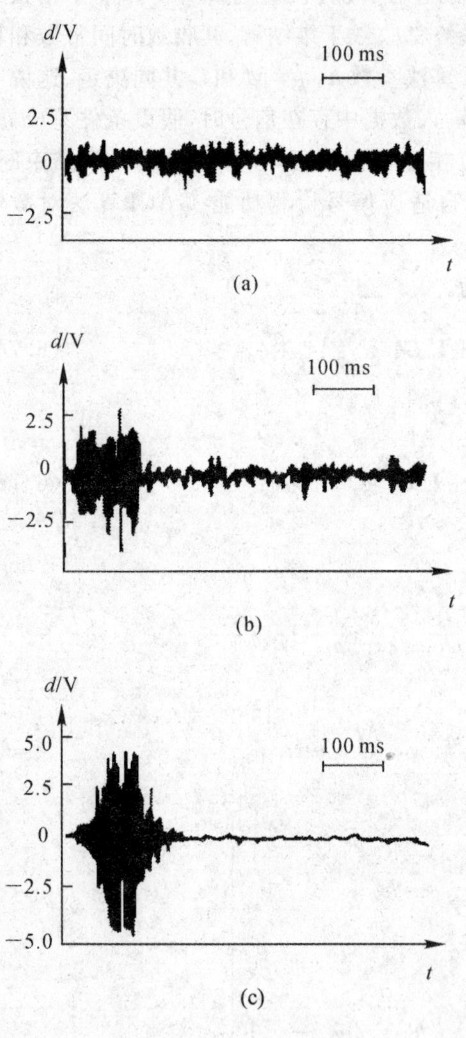

图 6.17 ACI 和 GACI 算法的输入输出波形(1)

(a) 输入信号波形:100 ms CW 脉冲加 2.0 kHz 带限高斯噪声;输入信噪比 SNR_{in} =－3 dB;

(b) ACI 对应于(a) 的输出波形;

(c) GACI 对应于(a) 的输出波形

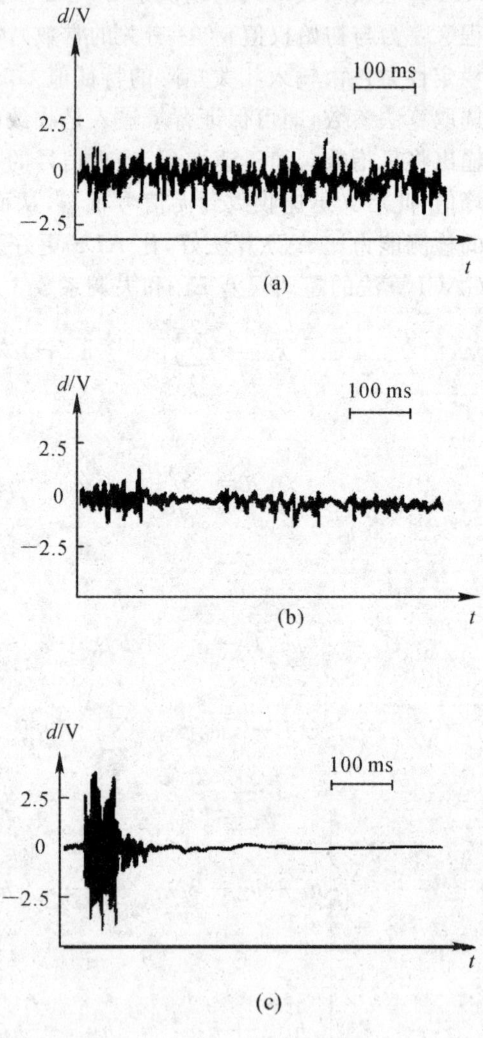

图 6.18 ACI 和 GACI 算法的输入输出波形(2)

(a) 输入信号波形:100 ms CW 脉冲加 2.0 kHz 带限高斯噪声;输入信噪比 SNR_{in} =－8 dB;

(b) ACI 对应于(a) 的输出波形;

(c) GACI 对应于(a) 的输出波形

四、自适应动目标检测器

当鱼雷自导工作在浅海时,由于界面散射强度很强,混响是主动自导的主要干扰,这里研究混响背景中的信号检测问题。

1. 混响背景中检测信号的最佳波形选择

这里用图解法进行简要说明。设混响散射函数为

$$S_{DR}(f,\tau)=\frac{N_r}{\sqrt{2\pi}\ \sigma_r}\exp[-f^2/(2\sigma_R^2)] \tag{6.76}$$

它表征散射体在空间上和速度上的分布状况。其沿频率轴为高斯分布，中心在 $f=0$ 处，均方根多普勒弥散为 σ_R，沿 τ 轴在 $-\infty\sim+\infty$ 为均匀分布，N_r 为混响强度。

设目标多普勒为 f_0。图 6.19 为目标无多普勒频移时几种信号波形的模糊度函数。由图可看出，在没有多普勒频移或多普勒频移很小（$f_0<\sigma_R$）时，单频短脉冲和线性调频长脉冲与混响散射函数的重叠小，因而抗混响性能优于单频长脉冲。

图 6.20 为目标多普勒频移较大（$f_0>\sigma_R$）时的情况。从图中可看出，这种情况下的单频长脉冲优于单频短脉冲和线性调频脉冲。

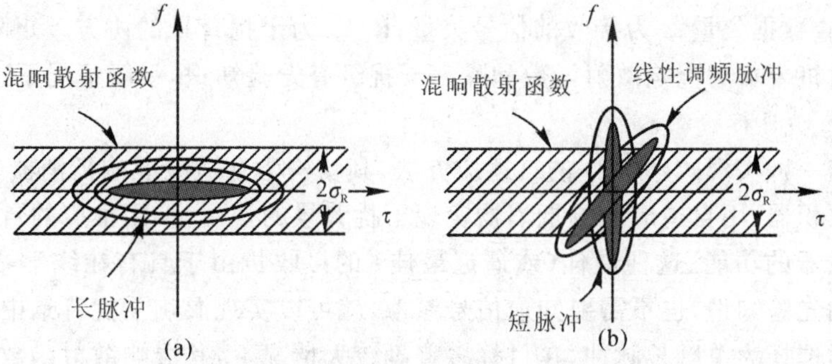

图 6.19　无多普勒频移时信号波形的模糊度函数图

(a) 单频长脉冲的模糊度函数及混响散射函数图；

(b) 单频短脉冲和线性调频长脉冲的模糊度函数及混响散射函数图

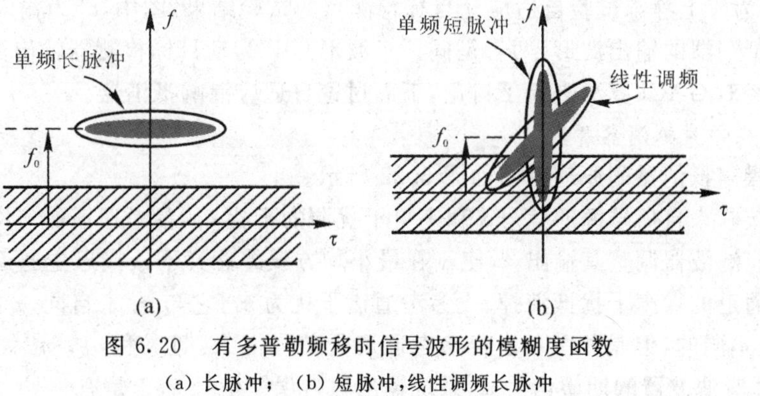

图 6.20　有多普勒频移时信号波形的模糊度函数

(a) 长脉冲；(b) 短脉冲，线性调频长脉冲

2. 抗混响干扰的最佳接收机

匹配滤波器对于白噪声干扰是最佳接收机，但在混响干扰背景下，它不一定最佳。当信号

能够选择得使信号模糊度函数与混响散射函数分开时，广义匹配滤波器就是最佳接收机；否则有寻找最佳接收机的必要。

下面讨论在混响干扰背景中工作的最佳接收机结构。需要进行判决的两种假设为

$$\begin{aligned} H_1: r(t) &= s(t) + n_R(t) + n(t) \\ H_0: r(t) &= n_R(t) + n(t) \end{aligned} \tag{6.77}$$

式中，$s(t)$ 为接收的反射信号；$n_R(t)$ 和 $n(t)$ 分别为混响和噪声。

这个问题类似于在非白噪声背景中检测形式已知、参量未知信号的问题。先通过白化滤波器将干扰背景（混响加噪声）白化，再用匹配滤波器接收。检测统计量和判决方程为

$$\left| \boldsymbol{r}^{*\mathrm{T}} \boldsymbol{R}_{n_R+n}^{-1} \boldsymbol{s} \right| \underset{H_0}{\overset{H_1}{\gtrless}} \eta \tag{6.78}$$

式中，$\boldsymbol{r}$ 为接收数据矢量；$\boldsymbol{s}$ 为接收的信号矢量；$\boldsymbol{R}_{n_R+n}$ 为干扰背景的协方差矩阵；η 为门限值。

这种接收机要求对混响散射函数和噪声干扰级有先验知识，一般情况下这是不会知道的。

3. 自适应动目标检测器

这里提出一种实现式(6.78)的自适应方法，其结构为自适应混响抵消器(ARC)加推广的自适应相干累积器。用自适应混响抵消器实现干扰背景的预白化，用推广的自适应相干累积器实现匹配滤波器的功能。这种最佳（或逼近最佳）的接收机由于具有在线学习功能，所以不需要混响干扰的先验知识，也不需要知道信号参量，就可以实现混响干扰背景中的动目标检测。

信号波形选择为单频长脉冲，在目标多普勒较大情况下，其混响散射函数与信号模糊度函数无重叠，同时信号带宽较窄，便于进行预白化。

这种最佳接收机结构曾在高速数字信号处理系统上实现，经过实验室实验和海上静态试验表明，其具有良好的动目标检测性能，且具有很好的海洋信道适应能力。

图 6.21 为海上静态试验自适应动目标检测器的试验结果。图中，a′ 为输入信号，b′ 和 c′ 为自适应混响抵消器的输出波形（两者是同一个波形），d′ 为动目标检测器输出波形。

前面已经对 GACI 算法进行了讨论，下面讨论自适应混响抵消器。

4. 自适应噪声抵消器原理

自适应噪声抵消器的原理框图如图 6.22 所示。

主通道接收来自信号源的信号 s 和来自干扰源的干扰 n_0，参考通道的作用在于检测干扰，并通过自适应滤波器调整其输出 y，使 y 在最小均方误差意义下最接近主通道干扰。这样通过相减器将主通道的噪声干扰抵消掉。设参考通道干扰为 n_1，它与 n_0 来自同一干扰源，由于路径不同，两者是不同的，但是相关的。若参考通道无信号漏入，且 s 和 n_0，n_1 无关。主通道输入 $s+n_0$ 为自适应滤波器的期望信号 d，系统输出取自误差信号 e，于是有

$$e = d - y = s + n_0 - y \tag{6.79}$$

均方误差为

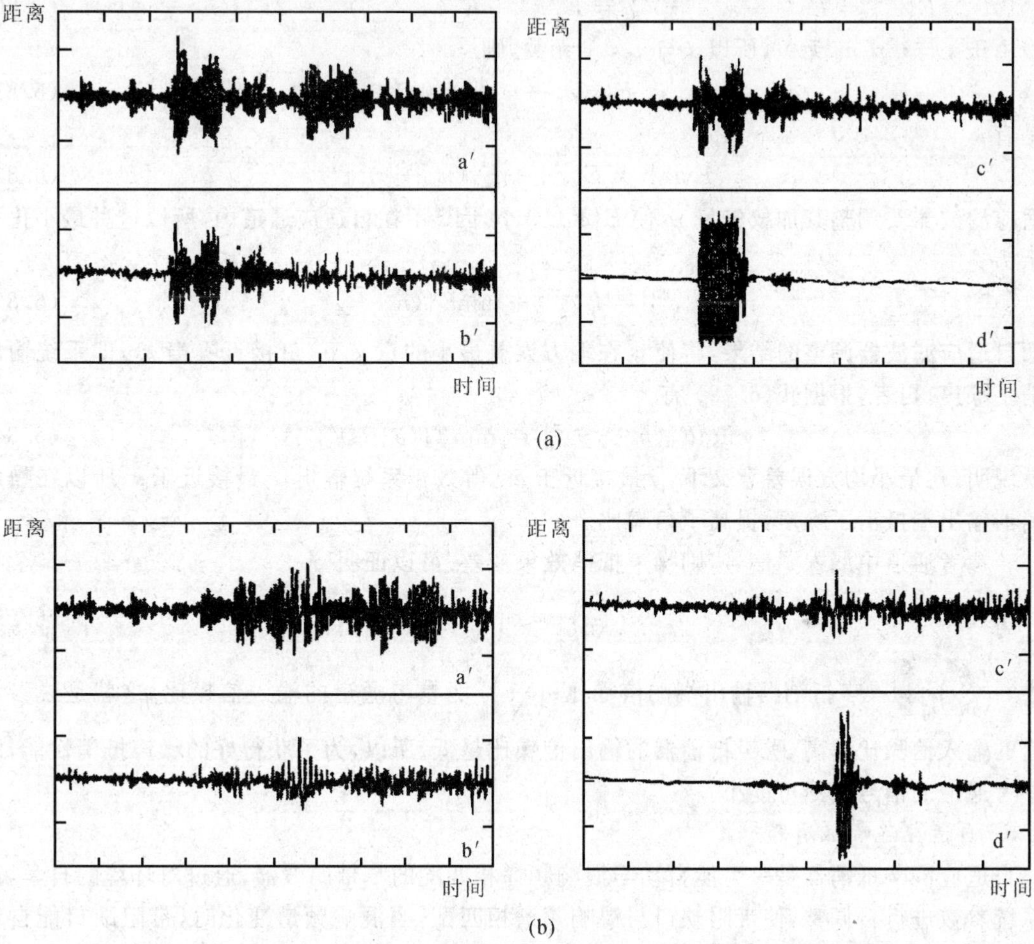

图 6.21　自适应动目标检测器的试验结果

(a) $R = 170$ m, $q = 36°$;　(b) $R = 280$ m(船尾), $q = 159.1°$

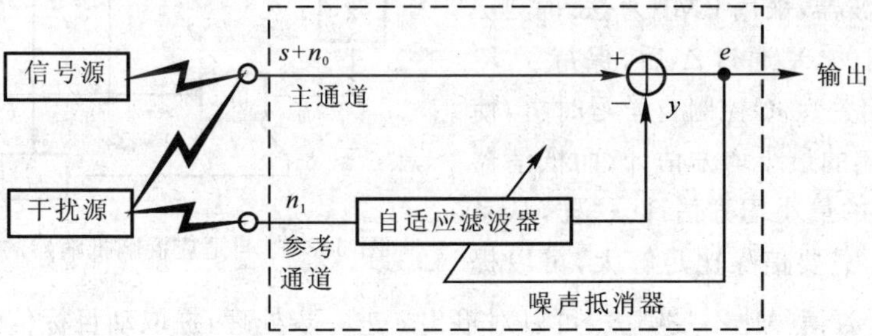

图 6.22　自适应动噪声抵消器原理

$$E\{e^2\} = E\{(s + n_0 - y)^2\} = E\{s^2\} + E\{(n_0 - y)^2\} + 2E\{s(n_0 - y)\} \tag{6.80}$$

由于 s 与 n_0，n_1 无关，所以 s 与 n_0，y 无关，则

$$E\{s(n_0 - y)\} = 0 \tag{6.81}$$

于是有

$$E\{e^2\} = E\{s^2\} + E\{(n_0 - y)^2\} \tag{6.82}$$

自适应滤波器要调整其加权矢量 $\boldsymbol{w}$，使 $E\{e^2\}$ 最小。因 s 不在自适应通道内，所以这种最小化可表示为

$$\min_w E\{e^2\} = E\{s^2\} + \min_w E\{(n_0 - y)^2\} \tag{6.83}$$

从而自适应滤波器调整的结果，将使 y 在均方误差最小的意义下，最接近噪声 n_0，即系统输出抵消了噪声。再者，根据式(6.79) 有

$$\min E\{(n_0 - y)^2\} = \min E\{(e - s)^2\} \tag{6.84}$$

这就说明，在最小均方误差意义下，y 最接近于 n_0，等效于系统输出，e 最接近于 s。所以在噪声抵消器输出端抵消了噪声，提高了信噪比。

若参考通道中漏入了信号，则噪声抵消效果变差。可以证明

$$\left(\frac{S}{N}\right)_{出} \approx \left(\frac{S}{N}\right)_{参}^{-1} \tag{6.85}$$

式中，$\left(\frac{S}{N}\right)_{出}$ 为噪声抵消器输出端的信噪比；$\left(\frac{S}{N}\right)_{参}$ 为参考通道的输入信噪比。这就是说参考通道的输入信噪比越高，噪声抵消器的输出信噪比越低。所以，为了获得好的噪声抵消性能，漏入参考通道的信号应尽可能小。

5. 自适应混响抵消器

自适应混响抵消器是一个能自动与混响频谱相匹配的窄带滤波器，通过对环境的自学习，对系统参数进行自调整，使带阻缺口与混响频谱相匹配，当混响频谱变化时，带阻缺口能自动跟踪这种变化，从而达到对混响进行抵消的目的。

自适应混响抵消器原理框图如图 6.23 所示。图中 X 为输入数据，Δ 为时延，C 为控制开关，W 为自适应滤波器，采用 LMS 算法。时延 Δ 的作用是噪声解相关，X 通过 Δ 后，保持了 R' 与 R 和 S' 与 S 的相关性。C 控制自学习时机，使 W 的输出 Y 为混响的最小均方估计，而抵消器输出 e 为 $S_{动} + N$ 的最小均方估计。这样，从系统输出端 ① 来看，只要信噪比足够大，可以提取动目标信号 $S_{动}$。若信噪比不足够大，可以对输出 e 进一步处理，提取动目标信号 $S_{动}$；从系统输出端 ② 来看，只要信混比足够大，可以提取静目标信号 $S_{静}$。

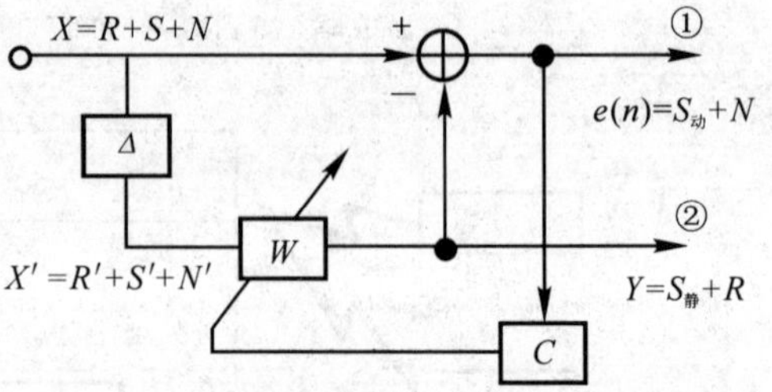

图 6.23 自适应混响抵消器的原理框图

在理论分析、计算机仿真和实验室应用研究中，较深入地揭示了技术参数对系统性能的影

响，确定了系统参数选取原则。几个主要参数的选取原则如下：

(1) 自适应步长因子 μ，直接影响自适应过程的收敛速度和失调误差。通常希望收敛速度要快，失调误差要小，两者对 μ 的要求是矛盾的。在选择 μ 时应采取在保证自适应过程收敛的情况下，失调误差尽量小的原则。

(2) 自适应滤波器长度 L。一般说来，L 增加，会增加混响抵消器带阻缺口的深度，即提高混响抵消器的性能，然而 L 增加会使失调误差增加，同时增加了运算量。在选择 L 时，应采取在保证实时运算和失调误差允许的情况下，使 L 尽可能长的原则。

(3) 时延 Δ 的选择应满足如下关系：

$$\tau_n < \Delta < \tau_R$$

式中，τ_n 和 τ_R 分别为噪声和混响的相关半径。

(4) 控制开关 C 的导通与断开时机是一个很重要的问题。C 导通时，系统处于自适应状态，对环境进行自学习；C 断开时，系统处于非自适应状态或混响抵消状态。为了保证不抵消信号，C 导通应选在回波信号没有到达期间。为了保证跟踪性能，每个发射重复周期，系统均安排自适应状态。此外，C 的选择还应考虑实际工作环境。

应当说明的是，自适应混响抵消器的性能还与系统输入有关，当输入混响噪声比降低和混响带宽增加时，系统性能有一定程度的下降。

五、频域匹配滤波器

通常，卷积公式可表达如下：

$$y(m) = \sum_{n=0}^{N-1} h(n)x(m-n) \tag{6.86}$$

式中，$x(n)$ 和 $h(n)$ 分别为系统输入和脉冲响应函数。若选取 $h(n)$ 为系统输入信号的延迟共轭镜像，则式(6.86)为匹配滤波器。根据卷积定理，其在频域可实现如下：

$$Y(k) = H(k)X(k) \tag{6.87}$$

式中，$Y(k)$ 为 $y(m)$ 的谱；$H(k)$ 和 $X(k)$ 分别为 $h(n)$ 和 $x(n)$ 的谱。初看起来，只要先用 FFT 计算 $H(k)$ 和 $X(k)$，然后两者相乘得到 $Y(k)$，再做反变换就可以得到 $y(m)$。事实上，由于周期延拓，这样做是不准确的。上述是循环卷积，为了使卷积不产生重叠，必须选取周期 $N' \geqslant 2N-1$。

具体实现上，对连续输入序列 $x(n)$，可直接在输入序列上截取 $2N$ 点一段，对 $h(n)$，在其后补零至 $2N$ 点，然后做卷积。输入序列每次重叠 50% 取样，输出 $y(m)$ 每次只取后 N 点，就可以得到正确的卷积结果，连续输出 $y(m)$。上述过程如图 6.24 所示，即 FFT 用重叠 50% 的滑动时间窗提供了连续卷积输出信号。

在鱼雷自导系统中，$h(n)$ 实际用发射信号的延迟共轭镜像。

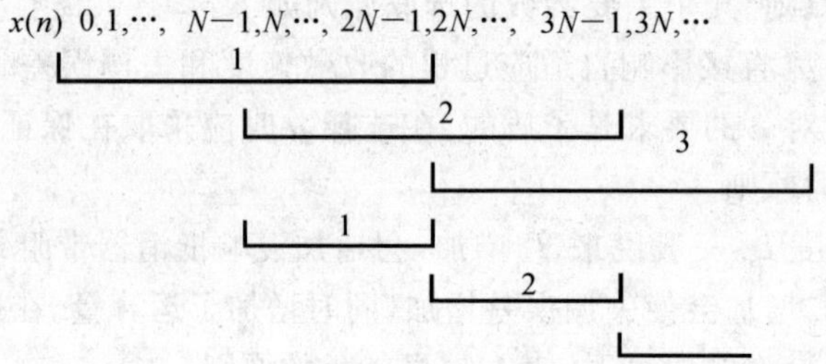

图 6.24 循环卷积输入及输出序列示意图

习题与思考题

1. 给出匹配滤波器的冲激响应函数和传输函数的表达式,并从物理概念上和矢量上对匹配滤波做出解释。

2. 证明互相关器和匹配滤波器等效。

3. 给出被动自导信号最佳检测原理框图,证明被动自导信号的最佳检测器是能量检测器。能量检测器的处理增益与哪些因素有关?

4. 给出主动自导信号最佳检测原理框图。

5. 简述频率压缩复本相关器的工作原理。

6. 频域匹配滤波器是如何实现的。

7. 若输入信号为线性调频矩形脉冲信号,中心频率为 $f_0 = 20$ kHz,时宽 $T = 100$ ms,调频宽度为 1 kHz,叠加高斯白噪声,试计算并绘制下列波形:

(1) 输入信噪比为 0 dB 时,输入信号波形、线谱增强器、自适应相干累积器和推广的自适应相干累积器的输出波形。计算时步长因子 $\mu(0.1 \sim 0.000\,1)$,权长和 α 自行调节。

(2) 输入信噪比为 −6 dB,重做(1)。

(3) 输入信噪比为 −10 dB,重做(1)。

(4) 输入信噪比为 0 dB,计算并绘制线谱增强器、自适应相干累积器和推广的自适应相干累积器的学习曲线。

8. 若发射信号为单频梯形脉冲信号,中心频率为 $f_0 = 20$ kHz,时宽 $T = 50$ ms,梯形包络平顶部分宽度为 30 ms,输入信号为来自径向速度为 10 kn 的目标反射,叠加混响和高斯白噪声,混响噪声比为 10 dB,信号噪声比为 −6 dB,该输入信号通过自适应动目标检测器(自适应混响抵消器加推广的自适应相干累积器),计算并绘制:

(1) 自适应混响抵消器的输出 ① 和输出 ②(见图 6.23)。

(2) 混响频率估计 $\hat{f}_R$。

(3) 自适应动目标检测器的输出。

第7章　目标参量估计

第1节　目标参量估计

目标参量一般是指目标相对于鱼雷的距离、速度和方位。为了精确导引，必须精确估计目标参量。同时，目标参量估计还可为鱼雷目标反对抗提供依据。

关于目标方位估计，在“目标定向”一节已做了简要讨论，本节只讨论目标距离和速度估计，即讨论目标回波延迟时间 τ 和多普勒频移 f_d 的估计，τ 和 f_d 分别代表了目标径向距离和径向速度。

自导基阵对信道中信号的接收称为观测，观测所得到的量称为观测量。由于信道的复杂性和噪声的影响，使得连续观测得到的信号为随机过程，其采样数据为随机变量，它的样本称为观测值，它的值用 $\boldsymbol{x}$ 表示。鉴于上述，只能对目标参量进行统计推断，也就是进行估计。

需要估计的参量称为被估计量，一般用 θ 表示。根据观测量和被估计量的统计特性，按照一种最佳准则构造出某个函数，它是观测量的函数，称为估计量。估计量的样本，称为估计值，用 $\hat{\theta}(\boldsymbol{x})$ 表示。估计就是指求得估计量或估计值的过程。

采用不同的最佳准则，存在着各种不同的构造估计量的方法，也就是产生不同的估计方法，这些方法有贝叶斯估计、最大后验概率估计、最大似然估计等。不同的估计方法，估计量的统计特性不同，通常采用它的某些数字特征来分析和评价各种估计的质量。

第2节　估计量的性质

1. 无偏性

如果估计量的均值等于被估计量的均值(对于随机参量)，即

$$E(\hat{\theta}) = E(\theta) \tag{7.1}$$

或者被估计量的真值(对于非随机参量)，即

$$E(\hat{\theta}) = \theta \tag{7.2}$$

则称估计量具有无偏性，也就是说 $\hat{\theta}$ 是 θ 的无偏估计量；否则是有偏的，其偏差用 $B(\theta)$ 表示，可写为

$$B(\theta) = E(\hat{\theta}) - \theta \tag{7.3}$$

它表示估计量的平均值与真值的差。若 $\hat{\theta}$ 满足下述关系

$$\lim_{N \to \infty} E(\hat{\theta}) = \theta \tag{7.4}$$

则称 $\hat{\theta}$ 为渐近无偏估计量，N 为观测矢量 $\boldsymbol{x}$ 的维数。

2. 一致性

我们希望，当观测样本数 N 增大时，估计量的概率密度函数越来越尖锐，即方差越来越小，这时估计值越来越集中于真值附近。若对于任意 $\varepsilon > 0$，有

$$\lim_{N \to \infty} P[\,|\hat{\theta} - \theta| < \varepsilon] = 1 \tag{7.5}$$

则称估计量是一致估计量，式中 $P[\cdot]$ 表示概率。其含义是当观测样本数无限增加时，估计量取被估计量真值的可能性为 100%，即 $\hat{\theta}$ 以概率 1 收敛于 θ。

3. 充分性

如果存在观测值 $\boldsymbol{x}$ 的一个函数 $\hat{\theta}(\boldsymbol{x})$，估计量 $\hat{\theta} = \hat{\theta}(\boldsymbol{x})$，使得 $\boldsymbol{x}$ 的概率密度函数 $P(\boldsymbol{x} \mid \theta)$，其又称为 θ 的似然函数，可分解成

$$P(\boldsymbol{x} \mid \theta) = P[\hat{\theta}(\boldsymbol{x}) \mid \theta] h(\boldsymbol{x}) \tag{7.6}$$

式中，$P[\hat{\theta}(\boldsymbol{x}) \mid \theta]$ 是估计量 $\hat{\theta}$ 的概率密度函数，与 θ 有关；$h(\boldsymbol{x})$ 与参量 θ 无关，则称 $\hat{\theta}$ 为充分估计量。函数 $\hat{\theta}(\boldsymbol{x})$ 含有观测值 $\boldsymbol{x}$ 中有关参量 θ 的全部有用信息，再没有别的估计量可以提供比充分估计量还多的参量信息，这就是"充分性"的含义。

4. 有效性

可以用均方误差 MSE 来衡量参数估计量的质量，均方误差可表示为

$$\text{MES} = E[(\hat{\theta} - \theta)^2] \tag{7.7}$$

其可进一步表示为估计量方差和估计量偏差平方的和，即

$$\text{MSE} = E\{[\hat{\theta} - E(\hat{\theta})]^2\} + B^2(\theta) = E\{[\hat{\theta} - E(\hat{\theta})]^2\} + [E(\hat{\theta}) - \theta]^2 \tag{7.8}$$

式中，第一项是方差，第二项是偏差的平方。根据前面的讨论，对于所有的 θ，如果 $B(\theta) = 0$，则估计量是无偏的，这时，均方误差退化为方差。一般地，我们感兴趣的是无偏估计量，因此，衡量估计量性能的品质因素是方差。任何一个无偏估计量的方差都不可能小于根据 $\boldsymbol{x}$ 的概率密度函数算出的一个下限，即

$$\text{var}(\hat{\theta}) \geqslant \frac{1}{E\left\{\left[\dfrac{\partial \ln P(\boldsymbol{x}, \theta)}{\partial \theta}\right]^2\right\}} \tag{7.9}$$

式中，$P(\boldsymbol{x}, \theta)$ 为与 θ 有关的 $\boldsymbol{x}$ 的概率密度函数。式(7.9)取等号时称为克拉美-罗限，达到克拉美-罗限的估计量称为有效估计量，因为它有效地利用了观测数据。

第 3 节　最大似然估计

前面已经提及，采用不同的最佳准则，会得到不同的参数估计方法，主要的有贝叶斯估计、

最大后验概率估计和最大似然估计等。贝叶斯估计和最大后验概率估计都需已知先验概率分布 $p(\theta)$，贝叶斯估计还需已知代价函数，这些条件对鱼雷自导系统往往难以满足。在这种情况下，可以采用最大似然估计，其选择使似然函数 $p(\boldsymbol{x}\mid\theta)$ 最大的 θ 值，作为估计值 $\hat{\theta}$。当给定一组观测样本 $\boldsymbol{x}$ 时，参量 θ 的最大似然估计值 $\hat{\theta}$，可由对似然函数求极大值的方法解得，即由

$$\frac{\partial}{\partial\theta}p(\boldsymbol{x}\mid\theta)\Big|_{\theta=\hat{\theta}_{\mathrm{mle}}}=0 \tag{7.10}$$

或

$$\frac{\partial}{\partial\theta}\ln p(\boldsymbol{x}\mid\theta)\Big|_{\theta=\hat{\theta}_{\mathrm{mle}}}=0 \tag{7.11}$$

求极大值，从而得到最大似然估值 $\hat{\theta}\Big|_{\mathrm{mle}}$。式(7.10)和式(7.11)称为似然方程。

这个方法的理论基础是：因为 $\boldsymbol{x}$ 是被观测的，则它必然是可信的。因此，用 $\boldsymbol{x}$ 的观测值以最大概率得到的 θ 值将接近于真值。最大似然估计具有很多良好性能，对于较长观测数据，最大似然估计量是无偏的和有效的。

设背景噪声是均值为零、方差为 σ^2 的高斯白噪声过程 $\boldsymbol{n}(t)$，且其功率谱密度为 $\frac{N_0}{2}$，信号为 $\boldsymbol{s}(t,\theta)$，若在 $(0,\ T)$ 观测时间内，得到 N 个独立的观测样本 $x_i\ (i=1,2,\cdots,N)$，则其似然函数为

$$p(x\mid\theta)=\frac{1}{(2\pi\sigma^2)^{N/2}}\exp\left[-\frac{1}{2\sigma^2}\sum_{i=1}^{N}(x_i-s_i)^2\right] \tag{7.12}$$

式中，$s_i(i=1,2,\cdots,N)$ 为信号在观测点的值；$\sigma^2=\frac{N_0}{2\Delta t}$；$\Delta t$ 为采样间隔。当 $\Delta t\to 0$ 时，可得连续观测的似然函数为

$$p(x\mid\theta)=\left(\frac{\Delta t}{\pi N_0}\right)^{N/2}\exp\left\{-\frac{1}{N_0}\int_0^T[\boldsymbol{x}(t)-\boldsymbol{s}(t,\ \theta)]^2\mathrm{d}t\right\} \tag{7.13}$$

式中，θ 为待估计参数。将式(7.13)展开并整理，可得

$$\begin{aligned}p(x\mid\theta)&=K\exp\left\{-\frac{1}{N_0}\int_0^T\boldsymbol{s}^2(t,\ \theta)\mathrm{d}t-\int_0^T2\boldsymbol{x}(t)\boldsymbol{s}(t,\ \theta)\mathrm{d}t\right\}=\\&K\exp\left(-\frac{E_{\mathrm{s}}}{N_0}\right)\exp\left(\frac{2\gamma}{N_0}\right)\end{aligned} \tag{7.14}$$

式中

$$E_{\mathrm{s}}=\int_0^T\boldsymbol{s}^2(t,\ \theta)\mathrm{d}t \tag{7.15}$$

$$y=\int_0^T\boldsymbol{x}(t)\boldsymbol{s}(t,\ \theta)\mathrm{d}t \tag{7.16}$$

$$K=\left(\frac{\Delta t}{\pi N_0}\right)^{N/2}\exp\left\{-\frac{1}{N_0}\int_0^T\boldsymbol{x}^2(t)\mathrm{d}t\right\} \tag{7.17}$$

它们分别为信号能量、互相关函数和常数。

将式(7.14)代入似然方程(7.11)求解，或通过对式(7.14)观察，可以看出，在实现最大似然估计时，需要对观测值 $\boldsymbol{x}(t)$ 和信号 $\boldsymbol{s}(t,\theta)$ 进行互相关运算。当信号能量一定时，使似然函数最大，就是使 $\boldsymbol{x}(t)$ 与 $\boldsymbol{s}(t)$ 匹配或使互相关函数最大。也就是说，进行最大似然估计时，对观测数据的运算规则是进行匹配滤波或互相关运算，并且使之最大化。

当信号的未知参量为 $\theta=\theta_1,\theta_2,\cdots,\theta_M$ 时，观测值为

$$\boldsymbol{x}(t)=\boldsymbol{s}(t;\theta_1,\theta_2,\cdots,\theta_M)+\boldsymbol{n}(t) \tag{7.18}$$

似然函数为

$$p(x(t)\mid\theta_1,\theta_2,\cdots,\theta_M)=\frac{1}{(2\pi\sigma^2)^{N/2}}\exp\left[-\frac{1}{N_0}\int_0^T[\boldsymbol{x}(t)-\boldsymbol{s}(t;\theta_1,\theta_2,\cdots,\theta_M)]^2\mathrm{d}t\right] \tag{7.19}$$

似然方程为

$$\frac{\partial}{\partial\theta_i}\{p[\boldsymbol{x}(t)\mid\theta_i]\}=0\quad(i=1,2,\cdots,M) \tag{7.20}$$

可以看出，为了求 M 个未知参数，需要解 M 个联立方程式。

第 4 节　距离估计

一、基本原理

鱼雷自导系统通常采用脉冲法测距。主动自导系统工作时，发射机产生具有一定重复周期 T、一定脉冲宽度和一定频率调制的脉冲，通过换能器阵转换成声脉冲辐射出去，并以海水中的声速在海水中传播，声波遇到目标后，产生散射或反射，有部分能量被反射回来，为自导基阵所接收，并送接收机进行处理，实现检测、参量估计和目标识别等功能。声波在鱼雷和目标之间的往返时间为

$$\tau=\frac{2R}{c} \tag{7.21}$$

于是得

$$R=\frac{1}{2}c\tau \tag{7.22}$$

式中，R 为鱼雷和目标之间的距离；c 为声波在海水中的速度。可以看出，求距离 R 就是要求得回波相对于发射脉冲的时延 τ，也就是说，鱼雷主动自导测距是通过测量目标反射回波相对于发射信号的时延 τ 来实现的。由于噪声的存在，时延的测量会出现误差，因此，只能对时延进行估计。

二、距离估计误差

根据前面的讨论，采用最大似然估计方法就是对观测数据和信号进行匹配滤波或互相关

运算，并求最大值点出现的时刻作为时延估值，再换算为距离估值。

根据第 4 章的讨论，理想点目标回波的窄带模型为

$$s(t;\ \tau,\ f_{\mathrm{d}}) = u(t-\tau)\mathrm{e}^{\mathrm{j}2\pi f_{\mathrm{d}} t} \tag{7.23}$$

式中，$u(t)$ 为发射信号；τ 为回波信号相对于发射信号的时延；f_{d} 为多普勒频移。因此，时延估计的观测模型可表示为

$$\boldsymbol{x}(t) = \boldsymbol{u}(t-\tau) + \boldsymbol{n}(t) \tag{7.24}$$

式中，$\boldsymbol{n}(t)$ 为零均值高斯白噪声过程。

对最大似然估计，需要对观测信号 $\boldsymbol{x}(t)$ 进行匹配滤波或互相关处理。在 τ 未知的情况下，处理的方式为

$$y(\tau) = \left|\int_{-\infty}^{+\infty} \boldsymbol{x}(t)\boldsymbol{u}^*(t-\tau)\mathrm{d}t\right| \tag{7.25}$$

求 $y(\tau)$ 的极大值点即 $y(\tau)$ 的峰点位置来估计 τ，并记为 $\hat{\tau}$。其可表示为

$$\max_{\tau=\hat{\tau}} |\boldsymbol{x}(t)\boldsymbol{u}^*(t-\tau)| \tag{7.26}$$

并称为峰点估计法。峰点估计法估计时延的原理框图如图 7.1 所示。

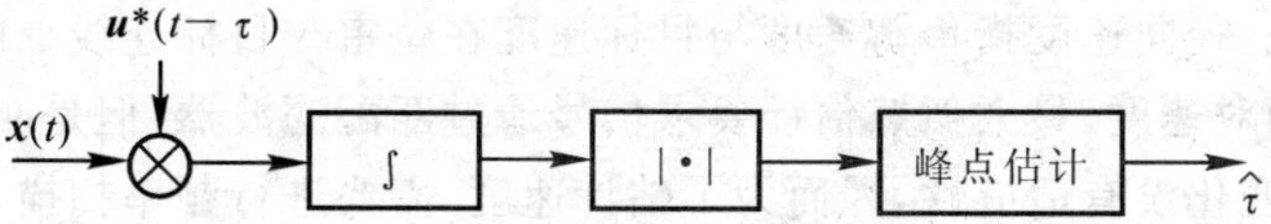

图 7.1　峰点估计法的原理框图

函数在峰点处的一阶导数为零，因此对函数峰点的估计也可代之以对导数零点的估计，即

$$\left[\frac{\partial}{\partial\tau} y(\tau)\right]_{\tau=\hat{\tau}} = 0 \tag{7.27}$$

称其为零点估计法。零点估计法估计时延的原理框图如图 7.2 所示。

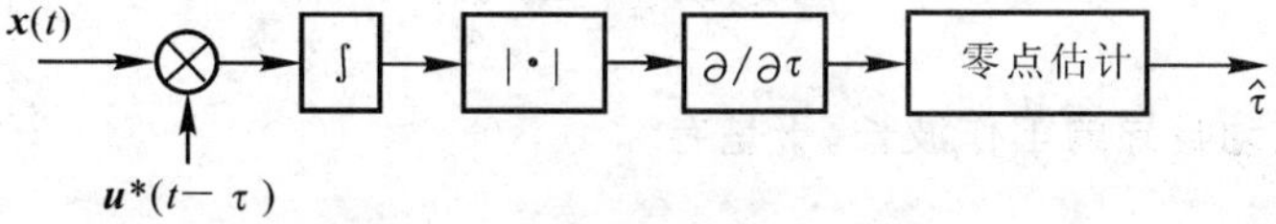

图 7.2　零点估计法的原理框图

由于噪声的影响，最大似然估值的最大值点出现的时刻也会出现偏移，因此，产生距离估计误差。根据式(7.25)可以求得时延估计的均方根误差为

$$\Delta\tau_{\mathrm{RMS}} = \frac{1}{B_0\sqrt{\dfrac{2E}{N_0}}} \tag{7.28}$$

于是，距离估计的均方根误差，即测距误差为

$$\Delta R_{\mathrm{RMS}} = \frac{c}{2}\Delta\tau_{\mathrm{RMS}} = \frac{c}{2}\,\frac{1}{B_0\sqrt{\frac{2E}{N_0}}} \tag{7.29}$$

式中，$\frac{N_0}{2}$ 为噪声的功率谱密度；E 为信号能量；$\beta = 2\pi B_0$，B_0 为信号的均方根带宽；c 为海水中的声速。可以看出，距离估计是以时延估值表示的，其均方根误差与信号的均方根带宽成反比，信号带宽越大，估计误差越小；与噪声谱密度的平方根成正比，也与信号能量的平方根成反比，即与信噪比的平方根成反比，信噪比越大，估计误差越小。同时，距离估计误差还与声速有关，声速受海区和季节的影响很大，提供的声速越准确，距离估计误差越小。

第 5 节　速度估计

一、基本原理

主动自导接收的回波，除了相对于发射信号的时延以外，还产生多普勒频移，多普勒频移与目标径向速度有关。径向速度指鱼雷速度与目标速度在鱼雷与目标连线上的投影之和，也称鱼雷相对于目标的相对速度。最大似然估计要求信号通过匹配滤波器，但是匹配滤波器对时延有适应性，而对频率变化没有适应性，因而为了估计速度，需要进行频率扫描，或是设定一系列中心频率相邻的匹配滤波器，形成对多普勒频移的匹配滤波器组，取匹配滤波器输出最大值点的频率作为多普勒频移的估值，然后换算成径向速度估计。

设鱼雷主动自导的工作频率为 f_0，径向速度 v_r 产生的多普勒频移为

$$f_d = \frac{2v_r}{c - v_r} f_0 \tag{7.30}$$

式中，c 为海水中的声速。由于 $v_r \ll c$，所以有

$$f_d \approx \frac{2v_r}{c} f_0 = \frac{2v_r}{\lambda} \tag{7.31}$$

式中，$\lambda = \frac{c}{f_0}$ 是主动自导的工作波长。于是有

$$v_r = \frac{1}{2}\lambda f_d \tag{7.32}$$

于是求得多普勒频移后即可求得径向速度。

二、速度估计误差

可以证明，采用最大似然估计得到的多普勒频移估值的均方根误差为

$$\Delta f_{d\mathrm{RMS}} = \frac{1}{\delta\sqrt{\frac{2E}{N_0}}} \tag{7.33}$$

式中，$\delta = 2\pi T_0$，T_0 为信号的均方根时宽。相应的速度估计的均方根误差为

$$\Delta v_{\text{rRMS}} = \frac{\lambda}{2} \frac{1}{\delta\sqrt{\frac{2E}{N_0}}} \tag{7.34}$$

可以看出，径向速度估计的均方根误差与均方根时宽成反比，与信噪比的平方根成反比，与工作波长成正比。

第 6 节　距离和速度联合估计

前面讨论了距离估计和速度估计，当对距离和速度中的一个参量进行估计时，均认为另一个参量是已知的。在实际中，往往两个参量均是未知的，鱼雷自导系统需要对距离和速度同时进行估计，即目标距离和速度的联合估计问题。目标距离和速度联合估计实质上是时延和多普勒频移（对宽带信号为多普勒扩展）的联合估计问题。本节讨论时延和多普勒频移（或多普勒扩展）联合估计的基本原理、理论误差和典型的实现方法。

一、基本原理

在对鱼雷自导信号分析的讨论中，已经给出了点目标回波的数学模型。点目标回波的宽带模型为

$$s(t) = \sqrt{s}\, bu[s(t-\tau_0)] \tag{7.35}$$

式中，$u(t)$ 为发射信号；b 为反射增益，其与目标特性、信道损失和自导基阵特性有关；τ_0 是目标回波的时间中心，即目标回波相对于发射信号的时延；s 为时间尺度或多普勒压缩因子，其表达式为

$$s = \frac{c-v}{c+v} \tag{7.36}$$

其中，c 为海水中的声速；v 为目标径向速度。$\sqrt{s}$ 为能量归一化因子。在距离和速度联合估计中，若略去反射增益 b 的影响，则式(7.30) 可写成

$$s(t) = \sqrt{s}\, u[s(t-\tau_0)] \tag{7.37}$$

当满足窄带条件时，即

$$\frac{2v}{c} \ll \frac{1}{TB} \tag{7.38}$$

时，宽带回波模型可简化为点目标回波的窄带模型，其表达式为

$$s(t) = u(t-\tau_0)\mathrm{e}^{\mathrm{j}\omega_{\mathrm{d}}(t-\tau_0)} \tag{7.39}$$

式中

$$u(t-\tau_0) = u_{\mathrm{c}}(t-\tau_0)\mathrm{e}^{\mathrm{j}\omega_0(t-\tau_0)} \tag{7.40}$$

其中，$u_{\mathrm{c}}(t)$ 为发射信号的复包络；而

$$\omega_d \approx \frac{2v}{c}\omega_0$$

为多普勒频移；$\omega_d = 2\pi f_d$ 为发射中心角频率；T 和 B 为信号时宽和信号带宽。

根据上述，鱼雷自导的宽带观测数据模型和窄带观测数据模型分别为

$$x_w(t) = \sqrt{s}\, u[s(t-\tau_0)] + n(t) \tag{7.41}$$

和

$$x_n(t) = u(t-\tau_0)\exp[j\omega_d(t-\tau_0)] + n(t) \tag{7.42}$$

式中，$n(t)$ 为均值为零、方差为 σ^2 的时域和空域高斯白噪声过程，其功率谱密度为$\frac{N_0}{2}$。

已经指出，匹配滤波器是目标参数估计的最大似然估计器，即对目标参数进行最大似然估计时，需要对观测值 $x(t)$ 和信号 $s(t,\theta)$ 进行匹配滤波。对鱼雷自导来说，由于目标回波的参数并不是完全确知的，因而实际实现会遇到困难。这里讨论时延和多普勒频移(或扩展)联合估计的渐近最佳估计器，其用联合时频表示来实现[66, 67]。采用联合时频表示的信号处理系统的结构如图 7.3 所示。

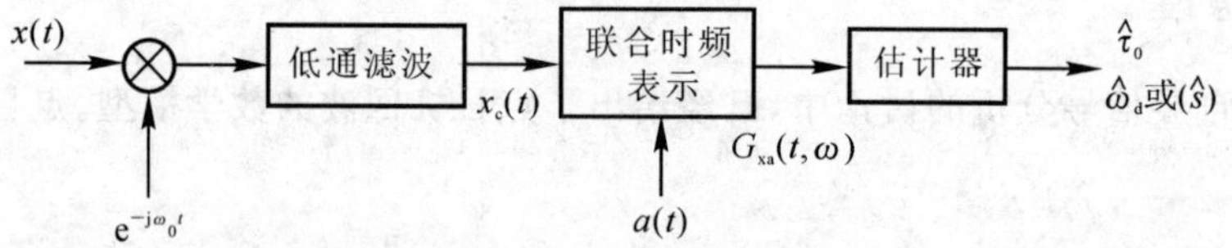

图 7.3　时延和多普勒频移(或扩展)联合估计的信号处理系统框图

观测信号 $x(t)$ 经解调和滤波得到信号复包络 $x_c(t)$，通过联合时频表示输出得到 $G_{xa}(t,\omega)$，其用于时延和多普勒频移(或扩展)的联合估计得到时延估计 $\hat{\tau}_0$ 和多普勒频移估计 $\hat{\omega}_d$(或多普勒扩展估计 $\hat{s}$)。联合时频表示将一个一维信号映射为二维的时频信号函数。通常信号处理中的时频表示有短时傅里叶变换、模糊函数(或模糊度函数)、维格纳分布(Wigner distribution)[66, 68] 和小波变换[27]。联合时频表示输出 $G_{xa}(t,\omega)$ 的最大值点 τ_0 和 ω_d(或 s)将作为时延估计 $\hat{\tau}_0$ 和多普勒频移估计 $\hat{\omega}_d$(或多普勒扩展估计 $\hat{s}$)。

根据式(7.22)可以求得目标距离估计，根据式(7.32)(窄带情况)或式(7.36)(宽带情况)可以求得目标径向速度估计。

二、时延和多普勒频移联合估计的估计误差

我们回忆，在鱼雷自导信号分析的讨论中曾得到“不确定性关系”，其可表示为

$$B_0^2 T_0^2 - c_0^2 \geqslant \frac{1}{16\pi^2} \tag{7.43}$$

式中，B_0 和 T_0 分别为信号的均方根带宽和均方根时宽；c_0 为时间调频常数，它说明信号的复调制函数 $u(t) = A(t)e^{j\theta(t)}$ 中的相位调制函数的导数 $\theta'(t)$ 和时间 t 之间的相关程度，表明了时

延估值和频移估值的耦合情况，只有当 $\theta'(t)$ 存在时，c_0 才有值。对简单信号，$c_0=0$，则有

$$B_0^2T_0^2 \geqslant \frac{1}{4\pi} \tag{7.44}$$

令

$$\left.\begin{aligned} \beta &= 2\pi B_0 \\ \delta &= 2\pi T_0 \\ \alpha &= 4\pi^2 c_0 \end{aligned}\right\} \tag{7.45}$$

则式(7.38)和式(7.39)变为

$$\delta^2\beta^2-\alpha^2 \geqslant \pi^2 \tag{7.46}$$

和

$$\delta\beta \geqslant \pi \tag{7.47}$$

上述两式又称为"测不准关系"或"测不准原理"，它表明信号不能同时具有任意小的时宽和任意小的带宽，两者的乘积具有一个下限。在进行时延和频移联合估计时，估计误差要受到"测不准原理"的制约，对简单信号，时延和频移联合估计的估计误差不能同时达到很小；对复杂信号，时延和频移联合估计还要考虑时间调频常数的影响。

下面给出时延和频移联合估计的估计误差，通常其用均方根时延估计误差和均方根频移估计误差的乘积来描述[65]。

对于简单信号，即不同包络的单频正弦填充脉冲信号，均方根时延估计误差和均方根频移估计误差的乘积为

$$\Delta\tau_{\mathrm{RMS}}\Delta f_{\mathrm{dRMS}} = \frac{1}{\delta\beta\dfrac{2E}{N_0}} \tag{7.48}$$

式中，E 为信号能量。可以看出，估计误差与信噪比和波形参数有关，而且目标距离和速度不能同时精确测量。

对复杂信号，即时间调频常数不为零的脉冲信号，时延估计的均方根误差和频移估计的均方根误差分别为

$$\Delta\tau_{\mathrm{RMS}} = \frac{1}{\beta\sqrt{\dfrac{2E}{N_0}}}\frac{1}{\sqrt{1-\dfrac{c_0^2}{\delta^2\beta^2}}} \tag{7.49}$$

和

$$\Delta f_{\mathrm{dRMS}} = \frac{1}{\delta\sqrt{\dfrac{2E}{N_0}}}\frac{1}{\sqrt{1-\dfrac{c_0^2}{\delta^2\beta^2}}} \tag{7.50}$$

均方根时延估计误差和均方根频移估计误差的乘积为

$$\Delta\tau_{\mathrm{RMS}}\Delta f_{\mathrm{dRMS}} = \frac{\delta\beta}{\dfrac{2E}{N_0}(\delta^2\beta^2-c_0^2)} \tag{7.51}$$

这里要说明的几点是：

(1) 将式(7.49)和式(7.50)与式(7.28)和式(7.33)比较，可以看出，对于复杂信号，由于耦合的存在，使得联合估计的时延估计误差和频移估计误差都增大了。

(2) 对于复杂信号，一般地，由于信号时宽由包络决定，信号带宽由时间调频常数决定，因而可选择时宽和带宽，同时提高频移和时延的估计精度。

(3) 对于复杂信号，由于时延估计和频移估计间存在耦合，因而在工程实践中需要设法去耦合，以精确估计时延和频移。

须要指出的是，上述讨论的估计误差是窄带情况下的理论误差。

三、两种时延和频移联合估计的方法简述

1. 基于频率压缩复本相关器的时延和频移的联合估计

在第6章，讨论了频率压缩复本相关器，其结构如图6.12所示。为了讨论方便，在图7.4中重新给出。

频率压缩复本相关器的输出为

$$y(\tau, f_d)\int_{-\infty}^{+\infty} x(t+\tau)s^*(t)\exp(-j2\pi f_d t)dt \tag{7.52}$$

式中，f_d 为接收信号 $x(t)$ 的多普勒频移；$s(t)$ 为参考信号，通常取为发射信号。在满足窄带条件的情况下，可忽略多普勒色散问题，则 $x(t+\tau)s^*(t)$ 的差频为 f_d，$x(t+\tau)s^*(t)$ 的输出通过梳状滤波器取出差频 f_d 则得到相关峰值。这是一种在时间上粗扫描，在频率上细扫描的相关器，可用于信号检测以及时延和频移联合估计。

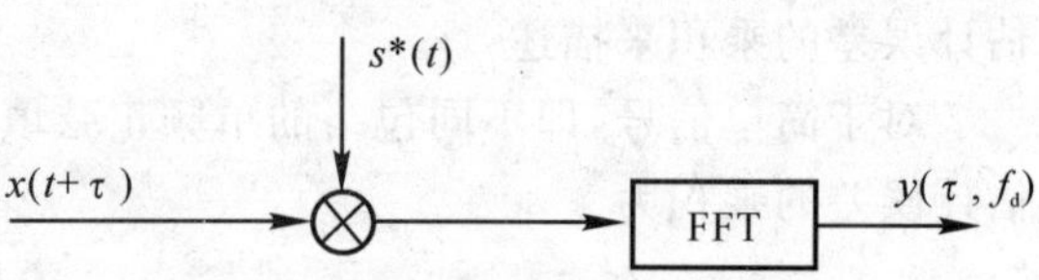

图 7.4　频率压缩复本相关器结构

在用作时延和频移联合估计时，为了消除时延估计和频移估计之间的耦合，通常采用正负线性调频的双脉冲信号，其模糊度函数具有对称交叉双峰结构，如图4.17所示。时延估计和频移估计的表达式见式(4.171)和式(4.172)。

2. 基于模糊度函数的时延和多普勒频移(或多普勒扩展)联合估计

模糊度函数的计算被认为是对目标回波进行时延和多普勒频移(或多普勒扩展)联合估计的基础。在前面的讨论中，得到了运动点目标回波的宽带模型和窄带模型，它们分别是

$$s(t)=\sqrt{s}\,u[s(t-\tau_0)]$$

和

$$s(t)=u(t-\tau_0)e^{j\omega_d(t-\tau_0)}$$

由此得出鱼雷自导的宽带观测数据模型和窄带观测数据模型分别为

$$x_w(t)=\sqrt{s}\,u[s(t-\tau_0)]+n(t)$$

和

$$x_n(t)=u(t-\tau_0)e^{j\omega_d(t-\tau_0)}+n(t)$$

上述表达式即式(7.37)、式(7.39)、式(7.41) 和式(7.42)。

根据定义，观测数据与发射信号的宽带互模糊函数和窄带互模糊函数分别为

$$\chi_{wc}(s,\ \tau_0)=\sqrt{s}\int_{-\infty}^{+\infty}x(t)u^*[s(t-\tau_0)]\mathrm{d}t \tag{7.53}$$

和

$$\chi_{nc}(\tau_0,\ \varphi)\int_{-\infty}^{+\infty}x(t)u^*(t-\tau_0)\exp(\mathrm{j}2\pi\varphi t)\mathrm{d}t \tag{7.54}$$

式中，φ 即多普勒频移 f_d。将式(7.41) 和式(7.42) 分别代入式(7.53) 和式(7.54) 得到

$$\chi_{wcxu}(s,\ \tau_0)=\chi_{wcsu}(s,\ \tau_0)+\chi_{wcnu}(s,\ \tau_0) \tag{7.55}$$

和

$$\chi_{ncxu}(\tau_0,\ \varphi)=\chi_{ncsu}(\tau_0,\ \varphi)+\chi_{ncnu}(\tau_0,\ \varphi) \tag{7.56}$$

式中，$\chi_{wcsu}(s,\tau_0)$ 和 $\chi_{wcnu}(s,\tau_0)$ 分别为宽带回波信号与发射信号的互模糊函数和噪声与发射信号的互模糊函数；$\chi_{ncsu}(\tau_0,\varphi)$ 和 $\chi_{ncnu}(\tau_0,\varphi)$ 分别为窄带回波信号与发射信号的互模糊函数和噪声与发射信号的互模糊函数。宽带互模糊度函数和窄带互模糊度函数分别为

$$\Psi_{wxu}(s,\ \tau_0)=|\chi_{wcsu}(s,\ \tau_0)+\chi_{wcnu}(s,\ \tau_0)|^2 \tag{7.57}$$

和

$$\Psi_{nxu}(\tau_0,\ \varphi)=|\chi_{ncsu}(\tau_0,\ \varphi)+\chi_{ncnu}(\tau_0,\ \varphi)|^2 \tag{7.58}$$

基于模糊度函数的时延和多普勒扩展的联合估计为求解下式

$$\max_{s,\ \tau_0}[\Psi_{wxu}(s,\ \tau_0)] \tag{7.59}$$

上式表明，以模糊度函数峰值的参数 s 和 τ_0，作为时延估计 $\hat{\tau}_0$ 和多普勒扩展估计 $\hat{s}$。基于模糊度函数的时延和多普勒频移联合估计为求解下式

$$\max_{\tau_0,\ \varphi}[\Psi_{nxu}(\tau_0,\ \varphi)] \tag{7.60}$$

即以模糊度函数的峰值参数 τ_0 和 φ 作为时延估计 $\hat{\tau}_0$ 和多普勒频移估计 $\hat{\varphi}$。

须要指出的是：

(1) 采用模糊度函数方法进行时延和多普勒频移(或扩展) 联合估计，要求高信噪比条件[67, 69, 70]，这样，可以略去噪声对求解模糊度函数峰值参数的影响，提高参数估计精度。

(2) 采用各种方法进行时延与频移(或扩展) 联合估计，需要进行最佳波形选择或设计，以参数估计误差最小为准则，可以提高参数估计精度[67, 69, 70]。

(3) 需要合理选择采样率，以保证时延估计精度；也可采用内插的方法提高时延估计精度[70~72]。

习题与思考题

1. 采用哪些性质评估估计量的性质？

2. 推导式(7.9)(可参阅有关文献)。

3. 什么是最大似然估计?为什么通常采用最大似然估计?

4. 试述鱼雷自导测距的基本原理。测距误差与哪些因素有关?

5. 试述鱼雷自导速度估计的基本原理。速度估计的均方根误差与哪些因素有关?

6. 时延和多普勒频移联合估计的基本原理是什么?联合估计误差与哪些因素有关?

7. 设鱼雷与目标的径向距离为 500 m,径向速度为 10 kn,若采用频率压缩复本相关器对距离和速度进行联合估计。

(1) 设计发射波形;

(2) 对距离和速度进行联合估计。

第8章 目标识别与反对抗技术

第1节 引 言

现代反潜武器以鱼雷和反潜导弹为主，大部分反潜导弹都以鱼雷作为有效载荷，所以在导弹、核武器技术高度发展的今天，鱼雷仍然是潜艇的主要克星。同时，鱼雷还是潜艇防御和进攻的重要武器，其不仅用于攻击潜艇，也用于攻击水面舰船。由于结构原因，目标受到水下爆炸或鱼雷攻击时非常易损，在此情况下，其幸存概率比受到导弹攻击时小。

鉴于鱼雷在现代海战中的作用，世界各国在重视发展鱼雷技术的同时，十分重视发展反鱼雷技术，即目标对鱼雷攻击的对抗。这些反鱼雷技术曾有效地扼制了鱼雷攻击。据报道，英阿马岛海战，仅直航鱼雷命中目标，自导鱼雷均攻击失败。

针对反鱼雷技术的发展，现代鱼雷均采用了反对抗措施。据报道，意大利 A184 鱼雷具有识别目标尺度的功能；英国的鲻鱼(Sting Ray) 鱼雷依据目标亮点模型，对目标做尺度估计和精确的末弹道控制；许多现代鱼雷，如美国的 MK48ADCAP，MK50，法国的海鳝鱼雷等均在提高反对抗能力方面采取了积极的措施。目标对抗和反对抗是在矛盾和斗争中发展的，随着现代科学技术的发展，人们正把最新的科学技术发展成就引入到目标对抗和鱼雷反对抗技术中来。

目标参量和特征均为鱼雷自导信息，鱼雷自导信息的全体构成鱼雷自导信息空间。鱼雷自导系统利用信息空间中的某些信息进行工作，完成对目标信号的提取、目标参量的估计和对鱼雷的导引。反鱼雷技术针对鱼雷自导系统的工作原理，模拟鱼雷自导信息中的某些信息，或降低信息的量级，干扰和破坏鱼雷攻击。因此，鱼雷反对抗就是要扩大对鱼雷信息空间的利用范围和对获得的信息进行合理的综合，优先采用那些不易为反鱼雷技术模拟的信息及信息组合，达到反对抗的目的。目标信号是鱼雷自导信息的载体，因此，对目标信号进行提取、分析和识别是鱼雷反对抗技术的关键。

目标识别是鱼雷反对抗技术的一个重要方面，它是反对抗决策的重要依据，鱼雷自导目标识别是当今高技术领域的发展方向，比较简单的目标识别是区分真假目标，进一步要求是判断目标类型，更高的要求是区分同类目标的级别。目标识别能力已成为现代鱼雷最重要的品质因素之一。

第2节 反鱼雷技术简述

一、寂静设计和隐形设计

在潜艇设计和制造时,尽量降低辐射噪声的能级和其目标反射本领,例如采用低噪声螺旋桨,在艇表面涂吸声防护层及覆盖消声瓦等,这样就减少了潜艇被探测的可能性和鱼雷攻击的威胁。

二、战术机动

在遭遇鱼雷攻击时,施放诱饵,并向不易被攻击的方向机动,或机动规避至声影区或跃变层的另一侧。

三、软杀伤

施放各类人工干扰器材,即鱼雷诱饵,其模仿目标诱骗鱼雷,破坏鱼雷攻击,使鱼雷攻击失效。鱼雷诱饵的种类很多,可以从不同角度出发进行分类。

1. 按目标模拟方式分类

(1) 模拟目标信号:

1) 宽带噪声:这是一种连续的宽带噪声,可以用电声转换的方法,也可以用机械的方法或连续爆炸的方法产生。它的特点是功率大、频带宽,可以模拟特定的噪声,例如某种水面舰艇的辐射噪声。这种干扰信号可诱骗被动自导或使自导装置阻塞。

2) 随机脉冲:周期地产生脉冲信号,脉冲信号的周期、脉冲宽度、填充频率可根据需要设定。这种干扰信号可诱骗主动自导鱼雷。

3) 扫频信号:这是一种周期地进行扫频的连续信号,合理地选择信号参量,例如扫频宽度和扫频周期,可以模拟被动信号和主动信号,从而诱骗被动自导和主动自导。

4) 应答机:它产生一个模拟目标回波的信号。当应答机收到鱼雷的发射信号时,即回答一个信号,模拟目标回波。回发信号参量可以是固定的,或者是接收信号的重发。后者是回波重发式的,具有更强的欺骗性和干扰能力。

5) 拖曳线列阵:模拟目标亮点和目标尺度。

(2) 模拟反射体:

1) 气幕弹:其中发泡剂与海水接触后,形成气泡团或气泡幕。当发泡剂中加入固体质点时,固体质点就悬在气泡上,这样就降低了气泡上升的速度,从而加长了气泡在海水中的滞留时间。气泡幕可以模拟目标反射。此外,气泡幕还有声屏蔽作用,目标可以在气泡幕掩护下,机动逃离。

2) 固定在水下航行器尾部的金属带:平时这些金属带折叠固定于航行器尾部,航行器入水时，将金属带展开，模拟运动目标。

3）拖曳空气筏：在舰艇尾部拖曳一串气球，使用时，将气球充气，模拟具有尺度和亮点结构的运动目标。

2. 按运动方式分类

按运动方式，诱饵可分为拖曳式、悬浮式和自航式。

拖曳式诱饵通常在水面舰艇上装备，可以布放和回收，多次使用。在舰艇上有控制操纵台，水下有一个或两个拖曳体，距舰艇一定距离。拖曳体上有目标信号模拟器，产生连续噪声或应答目标回波，把鱼雷引离舰艇，去攻击拖曳体。

悬浮式诱饵可以装备水面舰艇，也可以装备潜艇，一次性使用。悬浮式诱饵类似于声纳浮标，由浮体和发声部分组成，发声部分可产生宽带干扰或目标回波。较先进的还有浮力控制系统，可预设定工作深度。使用时，一般抛射于舰艇和鱼雷之间，然后舰艇做机动规避或逃离。

自航式诱饵类似于一条靶雷，上面装备被动信号和主动信号模拟器。由于其自身在运动，对鱼雷具有更大的欺骗性。

上述分类方法基本上反映了当前鱼雷诱饵的种类和特点。诚然，还可以做其他分类，如按产生干扰信号的机理分类，有机械式的、电声式的和爆炸式的；按距离分类，有远程的、中程的和近程的，等等。

四、硬杀伤

硬杀伤就是摧毁来袭鱼雷。可以采用深弹或反鱼雷鱼雷拦截、防雷网或电磁炮和水下高速旋涡的方法破坏鱼雷攻击。

第3节　目标识别的基本原理

鱼雷自导目标识别是模式识别在鱼雷自导中的应用，模式识别的理论和方法可用于鱼雷自导目标识别。模式识别诞生于20世纪20年代，随着40年代计算机的出现，50年代人工智能的兴起，模式识别在60年代初迅速发展成为一门学科。

通常，把通过对具体的个别事物进行观测所得到的具有时间和空间分布的信息称为模式，而把模式所属的类别或同一类模式的总体称为模式类，或简称为类。

有两种基本的模式识别方法，即统计模式识别方法和结构（句法）模式识别方法。与此对应的模式识别系统都由设计和实现两个过程实现。设计是指用一定数量的样本（称为训练集或学习集）进行分类器设计。实现是指用所设计的分类器对待识别的样本进行分类决策。鱼雷自导目标识别系统的基本结构如图8.1所示，它主要由数据获取、预处理、特征提取和选择及分类决策4个部分组成。

1. 数据获取

通常，模式识别系统输入的信息有二维图像、一维波形和物理参量及逻辑值，通过观测、采样和量化，可以得到用矩阵或矢量表示的二维图像或一维波形，这就是数据获取过程。

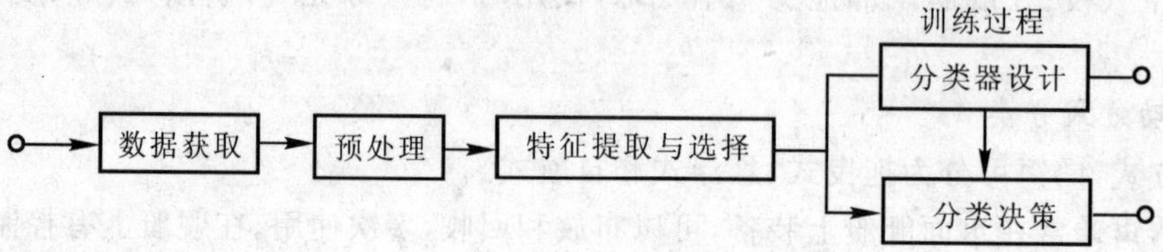

图 8.1 模式识别系统的基本结构

2. 预处理

预处理的目的是去除噪声，加强有用信息，并对换能器基阵或其他因素造成畸变或失真现象进行复原。

3. 特征提取和选择

数据获取所获得的数据量是相当大的，为了有效地实现分类识别，就要对原始数据进行变换，得到最能反映分类本质的特征，这就是特征提取和选择过程。一般把原始数据组成的空间称为测量空间，把分类识别赖以进行的空间称为特征空间，通过变换，可以把维数较高的测量空间中表示的模式变为在维数较低的特征空间中表示的模式，所以这一过程也称为特征压缩。通常，在特征空间中的一个模式也叫做一个样本，它往往可表示为一个矢量，即特征空间中的一个点。

4. 分类决策

分类决策就是在特征空间中用统计方法把识别对象归为某一类别。基本做法是在样本训练集基础上确定某个判决规则，使按这种判决规则对被识别对象进行分类所造成的错误率最小或引起的损失最小。

鱼雷自导目标识别可分为主动和被动两类。主动目标识别利用目标回波的多种参数作为特征量，可以利用的目标特征有回波展宽特征、回波幅度和相位特征、二进制字频数特征、反射系数特征、目标亮点特征、目标尺度特征、傅里叶-梅林变换特征、与波形有关的边差、凹度、尖度、跳动和扭动特征等。被动目标识别通常利用目标辐射噪声的频谱特征，以目标的线谱、宽带平均功率谱、子带能量谱和宽带调制功率谱等作为特征量。随着现代信号处理理论的发展，子波变换、高阶统计量和混沌与分形描述的多种特征量也可作为鱼雷自导目标识别的信息。

第 4 节 鱼雷反对抗技术

一、利用和识别目标的主要特性和特征

1. 逻辑门

由于目标和鱼雷惯性的作用，鱼雷和目标间的相对速度、相对距离和相对方位的变化是需

要一定的时间的，有一定的变化规律，因此，目标多普勒频移、目标距离和目标角不能突变。遵照目标这一特性，建立逻辑门，允许落入逻辑门内的信号通过，将没落入逻辑门内的信号作为干扰剔除。

逻辑门的建立可以有两种方法。一是预先设定的，以前一周期目标信号为基准，根据鱼雷特性（如速度、角速度）和目标特性（如速度）确定本周期门的宽度，确保在极限情况下，目标信号能落入逻辑门内。另一方法是自动设定的，逻辑门为 Gate，则

$$\text{Gate} = P(t) \pm \Delta P(t) \tag{8.1}$$

式中，$P(t)$ 为套门基点；$\Delta P(t)$ 是逻辑门的宽度。本周期的 $P(t)$ 和 $\Delta P(t)$ 值可根据本周期的 $P(t)$ 预估值及实测值和上周期的 $P(t)$ 值，并考虑到系统和信道的实际情况计算确定。这样确定的逻辑门更合理，它考虑了鱼雷跟踪阶段目标和鱼雷的特性。

逻辑门可分为距离门、角度门和速度门，分别限制目标信号应落入一定的距离、角度和速度范围内。目前逻辑门广泛应用于现役鱼雷中，其可对抗随机脉冲干扰，也可抑制由于混响或其他因素产生的随机虚警。

2. 目标尺度识别

目标尺度是目标的主要特征之一，由于目标尺度较大，反鱼雷技术不易模拟，因此，现代鱼雷通常将目标尺度识别作为鱼雷反对抗的一种重要手段，如意大利现役鱼雷 A184 就采用了目标尺度识别技术。

在目标尺度识别过程中，涉及精确估计目标各散射点的时延和方位估计问题。然而近年来随着数字信号处理算法和 VLSI 技术的发展，出现了一些精确估计时延和方位的算法，具有较高的估计精度，可以满足目标尺度识别和体目标识别的要求。

3. 目标冲激响应识别

目标反射过程可以看做是一个网络或者系统对入射信号的响应。若入射信号序列为 $r(n)$，反射信号序列为 $e(n)$，目标冲激响应序列为 $h(n)$，则有

$$e(n) = r(n) * h(n) \tag{8.2}$$

式中，“$*$”表示卷积。如果略去信道影响，则 $r(n)$ 为发射信号序列，$e(n)$ 为回波信号序列，即回波信号序列为发射信号序列与目标冲激响应序列的卷积。目标冲激响应序列 $h(n)$ 表征了目标的反射特性，从中可以提取目标特征。

现在尚未发现现役鱼雷中采用这种技术进行反对抗的报道，由于目标的这一特性不易模拟，相信目标冲激响应识别技术用于鱼雷反对抗具有较好的前景。

二、波形设计和分析

鱼雷反对抗技术的一个重要方面是反对抗波形设计和回波波形分析。反对抗波形设计的出发点是：选择可以干扰鱼雷诱饵工作的信号波形；选择那些鱼雷诱饵不易模仿的信号波形。回波波形分析主要依据回波波形与发射波形的相似程度和目标反射的特点。

(1) 诱导脉冲:诱导脉冲又称超前脉冲,它不同于工作脉冲,是专门用于反对抗目的的,它欺骗鱼雷诱饵,干扰其正常工作。诱导脉冲的特点为:它先于工作脉冲发射,与工作脉冲相距一定时间间隔;工作脉冲的频谱处于自导接收机工作通带之内,而诱导脉冲的频谱处于接收机工作通带之外。诱导脉冲主要用于对抗应答机,由于应答机在对两个相邻发射脉冲做出响应之间需要一定时间间隔,当应答机对诱导脉冲做出响应并应答时,其对后续到达的工作脉冲不能做出响应。又由于诱导脉冲的频谱在接收机通带之外,因而自导系统不会对应答信号做出反应。

(2) 先进的信号结构:为了检测、参量估计和反对抗的需要,现代自导纷纷采用先进的信号结构,主要技术是脉冲编码,编码形式包括脉冲内重频、频率捷变和重频与跳频结合,双脉冲且每一脉冲采用不同频率或不同频率调制等。

脉冲内重频又称频率分集编码,在脉冲内同时发出多个频率。频率捷变是脉间或脉冲内码元间频率跳变。可以将上述两种编码结合,即码元内重频且码元间跳频。不同频率调制规律的双脉冲,脉冲间有一定间隔,其第一脉冲具有诱导脉冲作用。脉冲编码规律可以是固定的,也可以是随机的。脉冲编码信号增加了应答机信号处理的难度,使其不易模拟。当频带较宽时,反对抗效果更好。

与采用脉冲编码信号相适应,通常采用较复杂的信号处理、发射信号记忆和回波信号与发射信号比较技术。目前,由于VLSI技术、计算机技术和信号处理算法的发展,上述技术均可实现。

(3) 信号分析:在现役鱼雷中,自导系统信号分析的目的是抗人工干扰和自然干扰。信号分析分别在时域和频域进行。时域分析包括回波波形前后沿的变化率分析、持续时间分析和相关分析等。频域分析包括多普勒频移、波形谱的成分和各谱线的排列等。一般来说,回波波形前后沿变化率分析对波形前后沿变化率提出了一定要求,可对抗气泡幕干扰;根据发射信号的脉冲宽度,对回波持续时间提出一定限制,可对抗连续波或噪声干扰;多普勒频移分析可对抗悬浮式诱饵和气泡幕干扰;相关分析、波形频谱分析并与发射信号频谱比较,可对抗应答机干扰。

三、跟踪弹道程序

一般地,鱼雷均在目标进行确认后才转入对目标跟踪,确认的目标信号称为有效信号。尽管鱼雷采取多种目标识别措施,不能确保这种识别准确无误,跟踪弹道程序根据鱼雷目标和诱饵间的可能相对位置关系,增加鱼雷跟踪目标而不是诱饵的概率。

1. 有效信号逻辑关系式

有效信号逻辑关系式是一个逻辑系统,仅当自导接收的信号通过这一逻辑系统时,才被认为是有效信号。有效信号产生操纵指令,导引鱼雷跟踪目标。建立有效信号逻辑关系式的目的是尽量减小自然干扰和人工干扰对鱼雷自导系统工作的影响,增加捕获和跟踪真实目标的概率。

前述各种目标识别和反对抗技术所得的结果均可作为有效信号的判据,列入逻辑关系式。一般地,逻辑关系使用的判据越多,确认的有效信号可靠性越高,然而,判据过多,会遗漏对目标信号的确认,导致捕获概率降低。目前的做法是将确认目标必须满足的基本要求列入逻辑关系式,在鱼雷跟踪目标过程中,随着鱼雷接近目标,不断采取其他目标识别和反对抗措施,逐次地提高对目标确认的可信度。

现役鱼雷的有效信号逻辑关系式采用的判据主要包括信号幅值、逻辑套门(距离、角度、多普勒频移)、波形分析结果(波形前后沿变化率、信号持续时间、多普勒频移、谱的成分)等。

2. 跟踪弹道程序

为了反对抗需要,现代鱼雷改进了跟踪弹道形式。通常认为,目标发现鱼雷攻击时,采取的措施是施放诱饵,向远离鱼雷方向机动规避或逃离。根据这一特点,改进的跟踪弹道程序如下:

(1) 没有确认有效信号是干扰时,在跟踪目标的同时,在角度和距离上定时扫描,一旦发现远距离目标,则舍弃已跟踪目标,跟踪远距离目标。

(2) 确认有效信号是来自干扰时,鱼雷跟踪干扰,并在与干扰的不同深度上通过干扰,以发现目标概率最大的方式进行再搜索。

(3) 同时存在两个有效回波时,或是跟踪远距离目标,或是对两个信号进一步识别,舍弃干扰,跟踪目标。

四、结束语

鱼雷反对抗技术是现代鱼雷技术的一个重要方面,为了提高反对抗的效果,通常是综合采用多种反对抗技术,而不是简单地采用某一种技术。

可以预料,随着现代科学技术的发展,反鱼雷技术将不断发展。相应地,鱼雷反对抗技术也将进一步发展。

习题与思考题

1. 目标对鱼雷攻击通常采用哪些对抗措施?
2. 试述模式识别系统的基本结构。
3. 综述鱼雷反对抗技术。

参考文献

1 谢一清，李志舜．鱼雷自导系统．西北工业大学讲义,1985

2 吴永淑．反潜武器的现状及未来．现代军事，1987（11）:33～38

3 李溢池，王树宗等．现代鱼雷——水下导弹．北京:海洋出版社，1995

4 李志舜．现代鱼雷自导系统及其发展趋势．鱼雷技术，1999（1）:6～9

5 汪德昭，尚尔昌．水声学．北京:科学出版社，1981

6 （美）尤立克 R J. 水声原理．哈尔滨:哈尔滨工程大学出版社，1990

7 蒋兴舟，陈喜．鱼雷自导系统设计原理．海军工程学院讲义，1994

8 朱埜．主动声纳检测信息原理．北京:海洋出版社，1990

9 奥里雪夫斯基 B B. 声纳统计方法．北京:国防工业出版社，1984

10 刘伯胜，雷家煜．水声学原理．哈尔滨:哈尔滨工程大学出版社，1993

11 惠俊英．水下声信道．北京:国防工业出版社，1992

12 杨士莪．水声传播原理．哈尔滨:哈尔滨工程大学出版社，1994

13 Freedman A. A Mechanism of Acoustic Echo Formation. ACUSTICA，1962(12):10～21

14 Van Trees H L. Detection，Estimation and Modulation Theory，Part Ⅲ. John Wiley and Sons Inc.，New York，1971

15 林茂康，柯有安．雷达信号理论．北京:国防工业出版社,1984

16 张贤达，保铮．非平稳信号分析与处理．北京:国防工业出版社,1998

17 夏道行，吴卓人等．实变函数论与泛函分析．北京:人民教育出版社,1978

18 侯自强，李贵斌．声纳信号处理——原理与设备．北京:海洋出版社,1986

19 李衍达，常迥．信号重构理论及其应用．北京:清华大学出版社,1991

20 周肇锡，徐学雷，张学林．应用泛函分析基础．西安:西北工业大学出版社,1996

21 Peyton A，Peebles. Jr. Communication System Principles. Addison-Wesley Publishing Co.，Advanced Book Program Reading，Massachusetts，1976

22 Knight W C，Pridham R G，Kay S M. Digital Signal Processing for Sonar. Proc. IEEE，1981，69(11):1451～1506

23 Linden D A. A Discussion of Sampling Theorems. Proc. IRE，1959，1219～1216

24 （美）奥本海姆 A V，谢弗 R W. 离散时间信号处理．北京:科学出版社,1998

25 Tildon H G，Andrew P S. On Sonar Signal Analysis. IEEE Trans. Aerospace and Electronic Systems，1970，AES-6(1):37～49

26 Young R K. Wavelet Theory and Its Applications. Kluwer Academic Publishes, Boston, 1993

27 Weiss L G. Wavelets and Wideband Correlation Processing. IEEE Signal Processing Magazine, 1994, 13～32

28 Blualem Boashash. Estimation and Interpreting the Instantaneous Frequency of a Signal — Part 1: Fundamentals. Proc. IEEE, 1992, 80(4):520～538

29 Sibul L H, Titlebaum E L. Volume Properties for the Wideband Ambiguity Function. IEEE Trans. Aerospace and Electronic System, 1981, AES-17(1):83～87

30 Bernard Harris, Stuart A Kramer. Asymptonic Evaluation of the Ambiguity Functions of High-Gain FM Matched Filter Sonar Systems. Proc. IEEE, 1968, 56(12):2149～2157

31 Altes R A, Titlebaum E L. Bat Signal as Optimally Doppler Tolerant Waveforms. JASA 1992, 48(4):1014～1020

32 Kohlenberg A. Exact Interpolation of Band-Limited Functions. J. Applied Phusics, 1953, 24(12):1432～1436

33 Altes R A. Some Invariance Properties of the Wide-band Ambiguity Function. JASA, 1973, 53(4)

34 黄海宁．水下宽频带信号处理的理论与技术研究:[西北工业大学博士学位论文]．西安:1999

35 里海捷克 A W. 雷达分辨理论．北京:科学出版社,1973

36 Simon Hayhin, Editor. Array Signal Processing. Prentrce-Hall, Englewild Sliffs, New Jersey, 1985

37 Nielsen R O. Sonar Signal Processing. Artech House, Boston, London, 1991

38 Pridham R G, Mucci R A. Digital Interpalation Beamforming for Low-Pass and Bandpass Signals. Proc. IEEE, 1975, 67(6):904～919

39 Pridham R G, Mucci R A. Shifted Sideland Beamformer. IEEE Trans. on ASSP, 1979, 27(6):713～722

40 孙超,李斌．加权子空间拟合算法——理论与应用．西安:西北工业大学出版社,1994

41 王蕴平．数字波束形成与目标精确定向:[西北工业大学硕士学位论文]. 西安:1994

42 李启虎．声纳信号处理引论．北京:海洋出版社,1985

43 王玉泉．水声设备．北京:国防工业出版社,1985

44 周福洪．水声换能器及基阵．北京:国防工业出版社,1984

45 Pridham R G, Mucci R A. A Novel Approach to Digital Beamforming. JASA, 1978, 63(2):425～434

46 智婉君．水下宽带阵列信号处理的高分辨技术研究:[西北工业大学博士学位论文]. 西

安:1998

47 智婉君．一种水下宽带数字信号处理系统的实现．西安:西北工业大学博士后研究工作报告,2000

48 刘德树,罗景青,张剑云．空间谱估计及其应用．合肥:中国科学技术大学出版社,1997

49 Schmidt R O. Multiple Emitter Location and Signal Parameter Estimation. IEEE Trans. on Antennas Propagate, 1986 (34):276～280

50 陈建峰．水下高分辨关键技术研究:[西北工业大学博士学位论文]. 西安:1999

51 杨益新．声纳波束形成与波束域高分辨方位估计技术研究:[西北工业大学博士学位论文]. 西安:2002

52 冯晋利．低信噪比高分辨方位估计研究:[西北工业大学硕士学位论文]. 西安:1992

53 Alfred Hero. Highlights of Statistical Signal and Array Processing. IEEE Signal Processing Magazine, 1998(9):21～64

54 Roy R, Kailath T. ESPRIT－Estimation of Signal Parameters Via Rotational Invariance Techniques. IEEE Trans. on Acoustics, Speech and Signal Processing, 1989, 37(7):984～995

55 Ottersten B, Kailath T. Direction-of-Arrival Estimation for Wide-Band Signal Using the ESPRIT Algorithm. IEEE Trans. on Acoustics, Speech and Signal Processing, 1990, 38(2):317～327

56 Zoltowski M D. Solving the Semi-Definite Generalized Eigenvalue Problem with Application to ESPRIT. Proc. IEEE Int. Conf. Acoust., Speech, Signal Processing, 1987 (4):2316～2319

57 Viberg M, Ottersten B, Kailath T. Detection and Estimation in Sensor Arrays Using Weighted Subspace Fitting. IEEE Trans. on Signal Processing, 1991, 39(11):2436～2448

58 Viberg M, Ottersten B. Sensor Array Processing Based on Subspace Fitting. IEEE Trans. on Signal Processing, 1991, 39(5):1110～1121

59 Lee H B, Wengrovitz M S. Resolution Threshold of Beamspace MUSIC for Two Closely Spaced Emitters. IEEE Trans. on Acoust., Speech, Signal Processing, 1990, 38 (9):1545～1559

60 Zoltowski M D, Kautz G M, Silverstein S D. Beamspace Root-MUSIC. IEEE Trans. on Signal Processing, 1993, 41(1):344～364

61 Xu G, Silverstein S D, Roy R H, Kailath T. Beamspace ESPRIT. IEEE Trans. on Signal Processing, 1994, 42(2):349～355

62 许树声．信号检测与估计．北京:国防工业出版社,1985

63 龚耀寰．自适应滤波．北京:电子工业出版社,1989

64 李林山,李志舜,马远良.一种推广的自适应相干累积算法——基本原理与应用.西北工业大学学报,1992,10(2):147～151

65 丁鹭飞,张平.雷达系统.西安:西安电子科技大学出版社,1984

66 Wong K M, Luo Z Q, Jin Q. Design of Optimum Signals for the Simultaneous Estimation of Time Delay and Doppler Shift. IEEE Trans. on Signal Processing, 1993, 41(6): 2141～2154

67 Chengyou Y, Shanjia X, Dongjin W. Performance Analysis of the Estimation of Time Delay and Doppler Stretch by Wideband Ambiguity Function. Microwave and Milimeter Wave Technology Proceedings, 1998:452～455

68 Choen J. Time-Frequency Distributions－a Review. Proc. IEEE, 1989, 77(7):941～981

69 Jin Q, Wong K M Luo Z Q. The Estimation of Time Delay and Doppler Stretch of Wideband Signals. IEEE Trans on Signal Processing, 1995, 43(4):904～916

70 Stein S. Algorithms for Ambiguity Function Processing. IEEE Trans. on Acoust. Speech and Signal Processing, 1981, 29(3):588～599

71 Dooley S R, Nand A K. Adaptive Subsample Time Delay Estimation Using Lagrange Interpolators. IEEE Signal Processing Letters, 1999, 6(3):65～67

72 Dooley S R, Nand A K. Adaptive Time Delay and Doppler Shift Estimation for Narrowband Signals. IEE Proc. Radar, Sonar, Naving, 1999, 146(5):243～250